Perlen der Mathematik

Claudi Alsina · Roger B. Nelsen

Perlen der Mathematik

20 geometrische Figuren als Ausgangspunkte für mathematische Erkundungsreisen

Aus dem Englischen übersetzt von Thomas Filk

Claudi Alsina
SMI- UPC
Barcelona, Spanien

Roger B. Nelsen
Lewis and Clark College
Dept. Mathematical Sciences
Portland, USA

Aus dem Englischen übersetzt von Thomas Filk

ISBN 978-3-662-45460-2   ISBN 978-3-662-45461-9 (eBook)
DOI 10.1007/978-3-662-45461-9

Die Deutsche Nationalbibliothek verzeichnet diese Publikation in der Deutschen Nationalbibliografie;
detaillierte bibliografische Daten sind im Internet über http://dnb.d-nb.de abrufbar.

Springer Spektrum
© Springer-Verlag Berlin Heidelberg 2015

Gedruckt auf säurefreiem und chlorfrei gebleichtem Papier.

Springer-Verlag GmbH Berlin Heidelberg ist Teil der Fachverlagsgruppe Springer Science+Business
Media
(www.springer.com)

Vorwort

Überall in der Welt stoßen wir auf Piktogramme, Figuren oder Symbole. Flaggen und Schilde stehen für Länder, Logos und Embleme für Firmen. Gemälde, Fotografien und sogar Menschen können für Konzepte stehen oder auch für Ansichten oder Epochen. Computer-Piktogramme (Icons) sind wichtige Hilfen bei der Arbeit mit modernen elektronischen Geräten. Sie alle übernehmen auf ihre Weise eine Schlüsselrolle bei der Vermittlung von Information.

Was sind die Schlüsselfiguren der Mathematik? Zahlen? Symbole? Gleichungen? Seit vielen Jahren arbeiten wir mit visuellen Beweisen (die wir auch als „Beweise ohne Worte" oder „Bildbeweise" bezeichnen), und wir sind zu der Überzeugung gelangt, dass bestimmte geometrische Figuren eine wichtige Rolle bei der Visualisierung mathematischer Beweise spielen. In diesem Buch stellen wir zwanzig dieser Schlüsselfiguren vor. Wir untersuchen die Mathematik, die mit ihnen zusammenhängt und die sich mit ihnen entdecken lässt. Alle Figuren sind zweidimensional; dreidimensionalen Schlüsselfiguren wird ein weiteres Buch gewidmet sein.

Einige der Figuren sind schon sehr alt und werden seit langer Zeit sowohl innerhalb als auch außerhalb der Mathematik verwendet (Yin und Yang, sternförmige Vielecke, Venn-Diagramme usw.). Bei den meisten von ihnen handelt es sich jedoch um geometrische Figuren, mit denen wir eine Fülle an mathematischen Beziehungen veranschaulichen können (der Stuhl der Braut, der Halbkreis, die rechtwinklige Hyperbel, usw.).

Perlen der Mathematik hat folgenden Aufbau. Unmittelbar nach dem Vorwort stellen wir in einer Tabelle unsere zwanzig Schlüsselfiguren vor, auf die wir genauer eingehen werden. Jede dieser Figuren hat ihr eigenes Kapitel, in dem wir ihre allgemeine Bedeutung betonen, ihre wesentlichen mathematischen Eigenschaften beschreiben und zeigen, in welcher Form sie bei bildlichen Beweisen einer Großzahl mathematischer Tatsachen eine zentrale Rolle spielt. Dazu zählen klassische

Beziehungen aus der Geometrie der Ebene, Eigenschaften der ganzen Zahlen, Mittelwerte und Ungleichungen, Gleichungen zwischen den Winkelfunktionen, Sätze der Differential- und Integralrechnung sowie auch Rätsel aus dem Bereich der Unterhaltungsmathematik. Wie der amerikanische Schauspieler Robert Stack (über Schlüsselfiguren einer anderen Art) einmal sagte: „Diese Figuren muss man hüten wie einen Schatz."

Jedes Kapitel endet mit einer Auswahl an Aufgaben, anhand derer der Leser weitere Eigenschaften und Anwendungen der Schlüsselfigur erkunden kann. Im Anschluss an die zwanzig Kapitel folgen die Lösungen zu allen Aufgaben in diesem Buch. Wir hoffen allerdings, dass viele unserer Leser auch Lösungen finden werden, die noch besser sind als unsere. *Perlen der Mathematik* endet mit Literaturangaben und einem umfangreichen Stichwortverzeichnis.

Wie auch bei unseren früheren Büchern hoffen wir, dass Lehrer und Dozenten Teile dieses Buchs als Ergänzung zu den Übungsaufgaben oder auch als Zusatz in einer Vorlesung über Beweise oder mathematische Argumentation verwenden können. Natürlich kann die Kunst des Beweisens auch in den Geisteswissenschaften hilfreich sein.

Ein besonderer Dank gebührt Rosa Navarro für ihre ausgezeichneten Beiträge bei der Vorbereitung erster Entwürfe des Manuskripts. Vielen Dank auch an Underwood Dudley und die Mitglieder der Redaktionsleitung der Dolciani-Reihe, die eine frühere Version dieses Buchs gründlich gelesen und uns viele hilfreiche Vorschläge gemacht haben. Außerdem möchten wir Carol Baxter, Beverly Ruedi und Rebecca Elmo von der Redaktion von MAA danken, die uns bei der Veröffentlichung dieses Buchs geholfen haben. Und schließlich möchten wir noch dem Redaktionschef Don Albers danken, der uns zu diesem Projekt angeregt und uns bei seiner Fertigstellung geleitet hat.

Claudi Alsina
Universitat Politecnica de Catalunya
Barcelona, Spain
Roger B. Nelsen
Lewis & Clark College
Portland, Oregon

Zwanzig Schlüsselfiguren der Mathematik

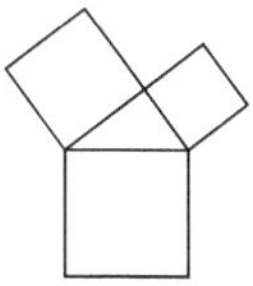 Der Stuhl der Braut	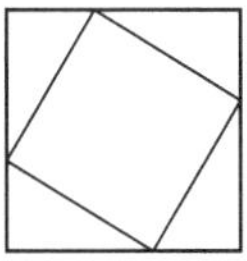 Das Zhoubi suanjing	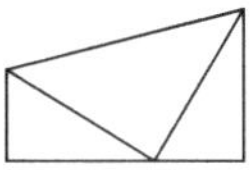 Das Trapez von Garfield	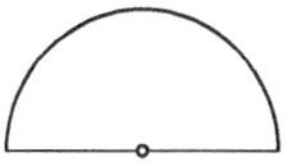 Der Halbkreis
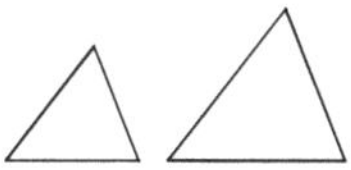 Ähnliche Figuren	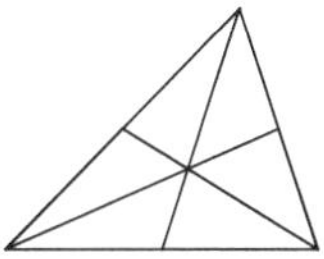 Transversale in Dreiecken	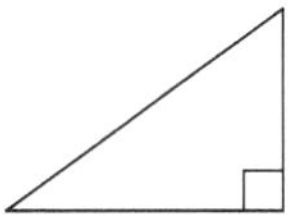 Das rechtwinklige Dreieck	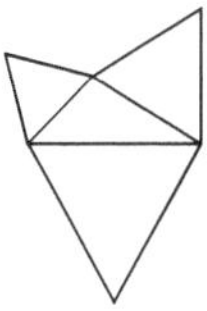 Das Napoleonische Dreieck
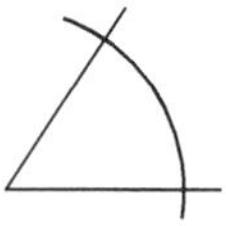 Winkel und Bogenlängen	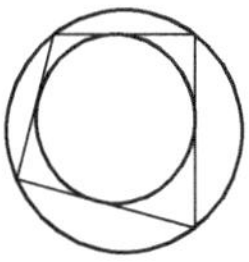 Vielecke mit Kreisen	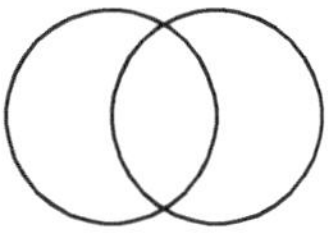 Zwei Kreise	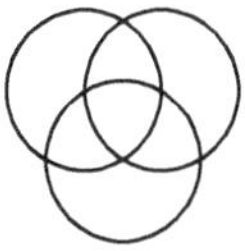 Venn-Diagramme
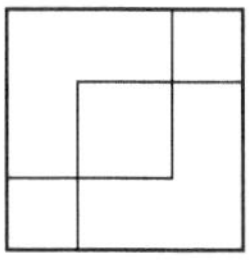 Überlappende Figuren	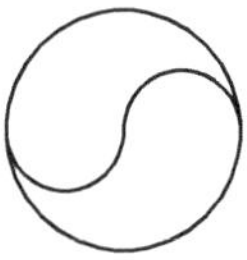 Yin und Yang	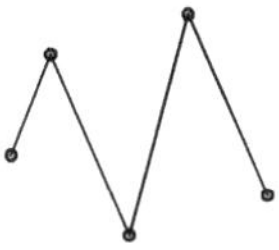 Polygonzüge	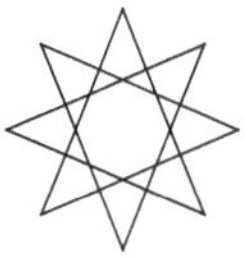 Sternförmige Vielecke
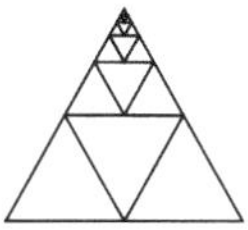 Selbstähnliche Figuren	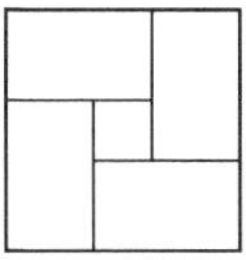 Tatami	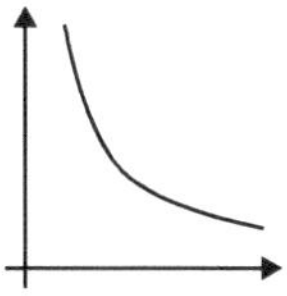 Die rechtwinklige Hyperbel	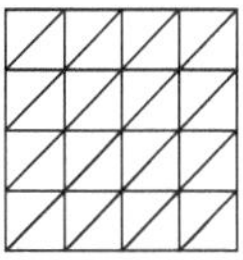 Parkettierungen

Inhaltsverzeichnis

Der Stuhl der Braut

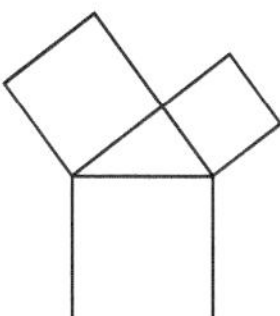

...es heißt, die Kunst der Geometrie bestehe in der richtigen Begründung abgeleitet aus irreführenden Zeichnungen.
(Jean Dieudonné, *Mathematics – The Music of Reason*)

Der vermutlich bekannteste Satz der Mathematik ist der *Satz des Pythagoras*, Proposition 47 in Buch I der *Elemente* von Euklid (um 300 v. Chr.). Dort heißt es:[1] *Am rechtwinkligen Dreieck ist das Quadrat über der dem rechten Winkel gegenüberliegenden Seite den Quadraten über den den rechten Winkel umfassenden Seiten zusammen gleich.* Beim Satz des Pythagoras findet man oft die Zeichnung einer mathematischen Figur, die vermutlich jeder von uns sofort erkennt und die unter der Bezeichnung *Stuhl der Braut* bekannt ist. Den ein oder anderen erinnert diese Figur auch an einen Fasan, der ein Rad schlägt, an eine schiefe Windmühle oder eine Franziskanerkutte. Abbildung 1.1 zeigt den Stuhl der Braut aus dem Buch *Los Seis Libros Primeros de la Geometria de Euclides*, einer 1576 in Sevilla veröffentlichten spanischen Übersetzung der *Elemente*, sowie auf einer griechischen Briefmarke aus dem Jahre 1955.

Die Figur des Stuhls der Braut tritt in vielen Beweisen des Satzes des Pythagoras auf, daher beginnen wir mit einigen Beweisen, die von der Figur in unterschiedlicher Weise Gebrauch machen. Anschließend verallgemeinern wir sie zur *Vecten-Figur* (bei der die Quadrate über einem beliebigen Dreieck liegen) und stellen mehrere überraschende Beziehungen vor, deren Beweise diese Figur verwenden. Alle Ergebnisse, die wir aus der Vecten-Figur ableiten, gelten auch für den Stuhl der Braut.

---

[1] Alle Übersetzungen von Zitaten aus Euklids *Elementen* in diesem Buch stammen aus der klassischen Übersetzung von Wilhelm Ostwald, erschienen in der Reihe *Ostwalds Klassiker* im Verlag Harri Deutsch.

© Springer-Verlag Berlin Heidelberg 2015
C. Alsina, R.B. Nelsen, *Perlen der Mathematik*, DOI 10.1007/978-3-662-45461-9_1

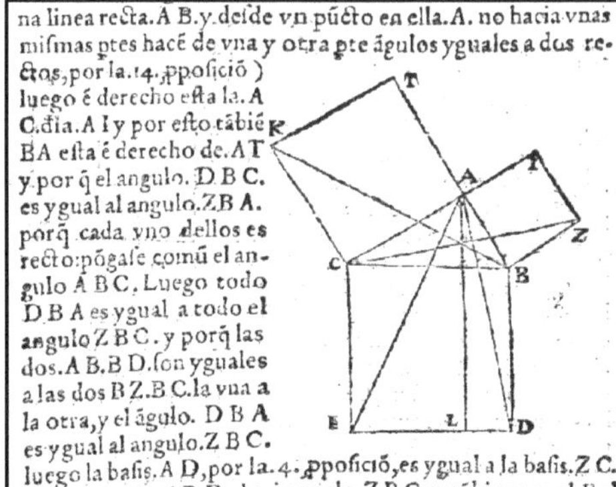

Abb. 1.1

> **Woher kommt der Name *Stuhl der Braut*?**
> Florian Cajori [Cajori, 1899] gibt folgende Antwort: „Einige arabische Ge-
> lehrte, unter anderem Behâ Eddîn, bezeichnen den Satz des Pythagoras als
> ‚Figur der Braut'. Seltsamerweise scheint diese romantische Bezeichnung
> auf eine Fehlübersetzung des griechischen Worts $\nu\upsilon\mu\phi\eta$ zurückzugehen,
> die einem byzantinischen Übersetzer im 13. Jahrhundert unterlaufen ist. Das
> griechische Wort besitzt zwei Bedeutungen, ‚Braut' und ‚geflügeltes Insekt'.
> Die Abbildung des rechtwinkligen Dreiecks mit den drei Quadraten erin-
> nert an ein Insekt, doch Behâ Eddîn übernahm anscheinend die Übersetzung
> ‚Braut'."

1.1 Der Satz des Pythagoras – Euklids und andere Beweise

> Wie auch immer man es sieht, aber der Satz des Pythagoras ist die berühmteste Aussage
> der Mathematik.
> (Eli Maor, *The Pythagorean Theorem: A 4000-Year History*)

Sehr wahrscheinlich gibt es mehr Beweise für den Satz des Pythagoras als für
irgendeinen anderen Satz der Mathematik. Der Buchklassiker *The Pythagorean
Proposition* von Elisha Scott Loomis [Loomis, 1968] enthält über 370 Beweise,
und Alexander Bogomolnys Webseite www.cut-the-knot.org enthält 92 Beweise,
einige davon sind sogar interaktiv. Viele davon verwenden den Stuhl der Braut.

In seinem Beweis für den Satz des Pythagoras zeigt Euklid zunächst, dass die
beiden überlappenden Dreiecke in Abb. 1.2a kongruent sind und damit dieselbe

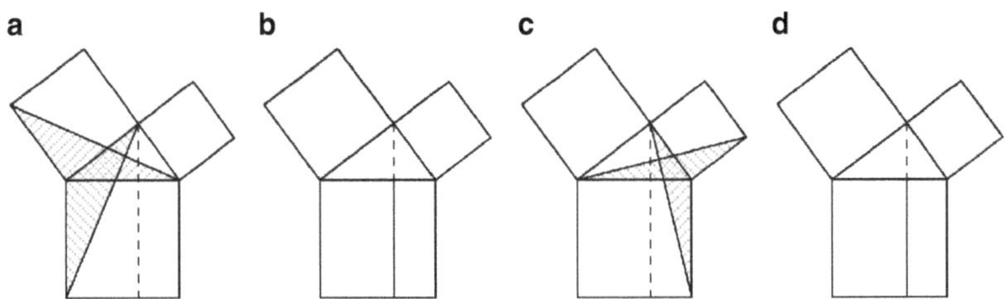

Abb. 1.2

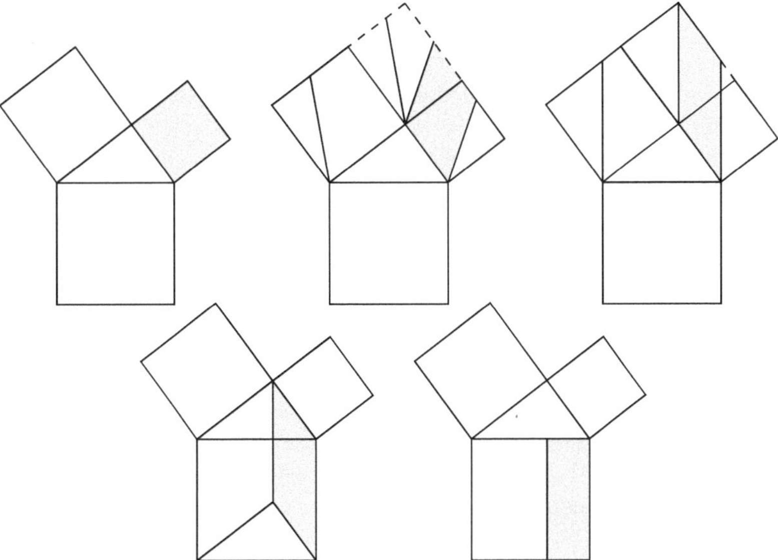

Abb. 1.3

Fläche haben. Daraus schließt er, dass die Flächen des grau unterlegten Quadrats und Rechtecks in Abb. 1.2b gleich sind. Den entsprechenden Schluss zieht er für die Dreiecke in Abb. 1.2c und das grau unterlegte Quadrat und Rechteck in Abb. 1.2d. Damit ist der Satz bewiesen.

Eine moderne dynamische Version von Euklids Beweis zeigt Abb. 1.3 [Eves, 1983]. Hier werden zum Beweis des Satzes die Quadrate durch Flächen erhaltende Transformationen zunächst in Parallelogramme und anschließend in Rechtecke verformt.

Abbildung 1.4 zeigt drei Beweise, bei denen der Stuhl der Braut zerlegt wird. Die Quadrate über den Dreiecksseiten, die am rechten Winkel anliegen (den Katheten), werden zerschnitten und anschließend die Teile zu dem Quadrat über der Hypotenuse zusammengefügt. Es wird zwar immer noch debatiert, auf wen diese Beweise zurückgehen, doch meist wird der erste Beweis Liu Hui (3. Jahrhundert) zugeschrieben [Wagner, 1985], der zweite Thābit ibn Qurra (836–901) und der drit-

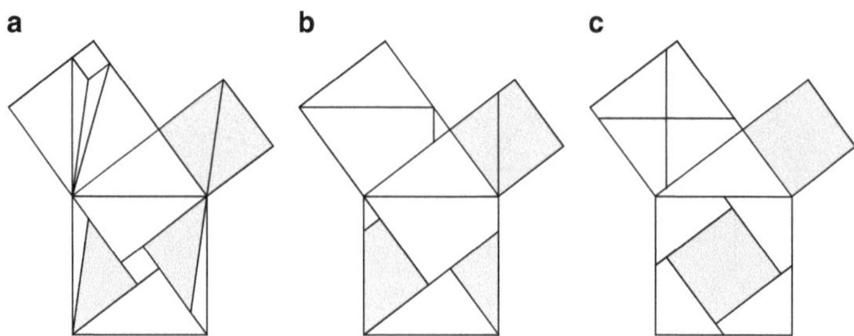

Abb. 1.4

te Henry Perigal (1801–1899) [Frederickson, 1997]. Es gibt viele Beweise, die auf solchen Zerlegungen beruhen, siehe Absch. 20.4. In den Kapiteln 2, 3 und 18 folgen weitere Beweise mit anderen Figuren.

Der Stuhl der Braut in drei Dimensionen
Was ist das dreidimensionale Analogon zum Satz des Pythagoras? Meist verweist die Antwort auf die Beziehung zwischen der Diagonalen d eines Quaders mit den Kantenlängen a, b und c: $d^2 = a^2 + b^2 + c^2$. Der französische Mathematiker Jean Paul de Gua de Malves (1713–1785) untersuchte jedoch das *rechtwinklige Tetraeder* (ein Tetraeder, bei dem drei Seitenflächen an einem Eckpunkt senkrecht aufeinanderstehen) und bewies, dass das Quadrat der Seitenfläche gegenüber diesem ausgezeichneten Eckpunkt gleich der Summe der Flächenquadrate über den anderen drei Seitenflächen ist.

1.2   Die Vecten-Figur

Ersetzen wir das rechtwinklige Dreieck im Stuhl der Braut durch ein beliebiges Dreieck, erhalten wir die *Vecten-Figur* aus Abb. 1.5a. Über Vecten ist nur wenig bekannt (noch nicht einmal seinen Vornamen kennen wir). Wir wissen nur, dass er 1810–1816 „professeur de mathématiques spéciales" am Lycée de Nîmes in Frankreich war. Er war der erste, der die „Windmühle" – seine Bezeichnung für die Vecten-Figur – untersuchte [Ayme, 2010]. Insgesamt veröffentlichte er 22 Artikel darüber in der Fachzeitschrift *Annales* seines Kollegen Joseph Diaz Gergonne (1771–1859).

Verbindet man in der Vecten-Figur benachbarte Eckpunkte der Quadrate, so erhält man drei weitere Dreiecke, die man als *Flanken* der Konfiguration bezeichnet. Dies sind die drei grau unterlegten Dreiecke in Abb. 1.5b.

In einer Vecten-Figur hat jede der Flanken dieselbe Fläche wie das Ausgangsdreieck. Zum Beweis [Snover, 2000] entfernen wir die Quadrate und drehen wie in Abb. 1.6a die Flanken um 90° entgegen dem Uhrzeigersinn in die Positionen

Abb. 1.5

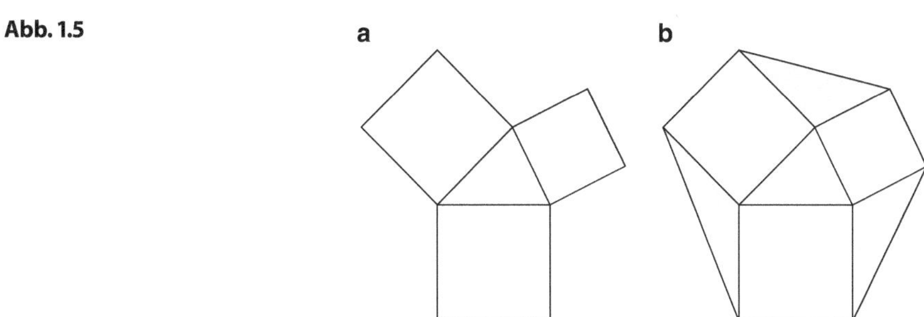

in Abb. 1.6b, wo jede Flanke dieselbe Grundlinie und Höhe (und damit dieselbe Fläche) wie das Ausgangsdreieck hat.

Als Korollar folgt: Besitzen zwei Quadrate einen gemeinsamen Eckpunkt und zwei Flankendreiecke, wie in Abb. 1.7a, dann haben die Dreiecke dieselbe Fläche. Das folgt unmittelbar aus der Vecten-Figur aus Abb. 1.5b. Außerdem bilden die Mittelpunkte der Quadrate zusammen mit den Mittelpunkten der Flankenseiten, die nicht gleichzeitig Seiten der Quadrate sind, die Eckpunkte eines weiteren Quadrats. Diese Aussage ist als *Satz von Finsler und Hadwiger* bekannt (Abb. 1.7b). Zum Beweis siehe Aufgabe 1.6.

Es gibt viele bemerkenswerte Eigenschaften von Vecten-Figuren, von denen wir nur einige erwähnen möchten. In Abb. 1.8a erkennen wir, dass die Verlängerungen der Seitenhalbierenden der Flanken mit den Höhen des zentralen Dreiecks übereinstimmen. Außerdem hat jede Seitenhalbierende die halbe Länge der gegenüberliegenden Seite des zentralen Dreiecks, d. h. $2\,|AP| = |BC|$, $2\,|BQ| = |AC|$ und $2\,|CR| = |AB|$.

Zum Beweis [Warburton, 1996] drehen wir die Flanken wieder um $90°$ entgegen dem Uhrzeigersinn, wie in Abb. 1.8b. Nach der Drehung ist AP parallel zu

Abb. 1.6

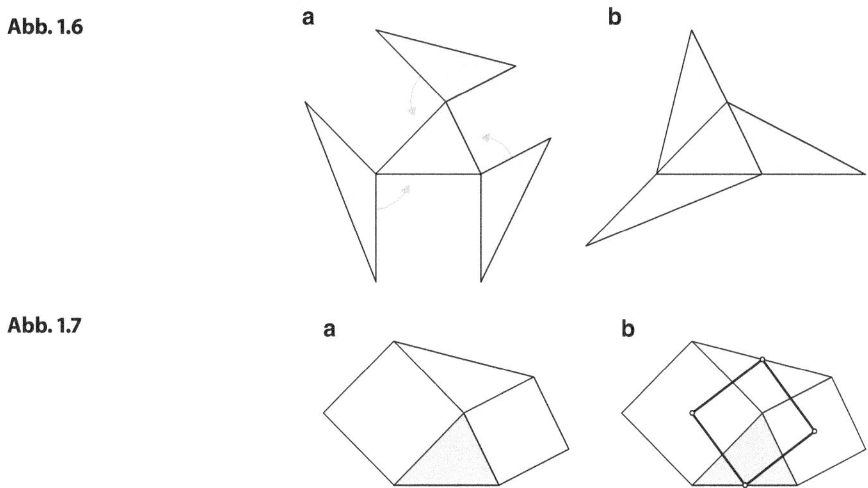

Abb. 1.7

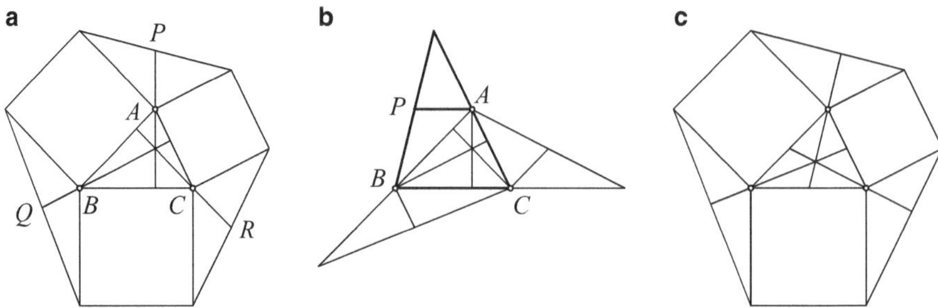

Abb. 1.8

BC und $2\,|AP| = |BC|$. Also steht in Abb. 1.8a AP senkrecht auf BC, entsprechend für die anderen Seitenhalbierenden. Außerdem ist das zentrale Dreieck ein Flankendreieck zu jedem seiner Flanken und damit sind die Seitenhalbierenden des zentralen Dreiecks gleichzeitig die Höhen der Flankendreiecke, wie man in Abb. 1.8c erkennt.

In Abb. 1.9 sind P_a, P_b und P_c die Mittelpunkte der Quadrate in einer Vecten-Figur. Wir zeichnen die Strecke zwischen zwei dieser Punkte (beispielsweise P_a und P_b) und verbinden den dritten Punkt mit dem gegenüberliegenden Eckpunkt des Dreiecks (hier P_c mit C). Wir beweisen nun, dass die beiden Streckenabschnitte $P_a P_b$ und $C P_c$ senkrecht aufeinanderstehen und dieselbe Länge haben. Unser Beweis stammt aus [Coxeter und Greitzer, 1967].

Wir zeichnen die Dreiecke ABK und CBK wie in Abb. 1.10a und verkürzen beide um einen Faktor $\sqrt{2}/2$ wie in Abb. 1.10b. Die beiden verkürzten Bilder der Strecke BK sind parallel und haben dieselbe Länge. Wir drehen das hellgraue Dreieck um den Punkt A im Uhrzeigersinn um $45°$ in ACP_c und das dunkelgraue Dreieck um $45°$ entgegen dem Uhrzeigersinn um den Punkt C in $CP_a P_b$, wie in Abb. 1.10c. Damit wird deutlich, dass $P_a P_b$ und $C P_c$ senkrecht aufeinanderstehen und gleiche Längen haben.

Die drei Strecken AP_a, BP_b und CP_c (Abb. 1.11) sind daher jeweils senkrecht zu $P_b P_c$, $P_a P_c$ und $P_a P_b$. Da sie die Höhen des Dreiecks $P_a P_b P_c$ enthalten, schneiden sie sich in einem Punkt. Diesen Schnittpunkt bezeichnet man als *Vecten-Punkt* des Dreiecks ABC.

Abb. 1.9

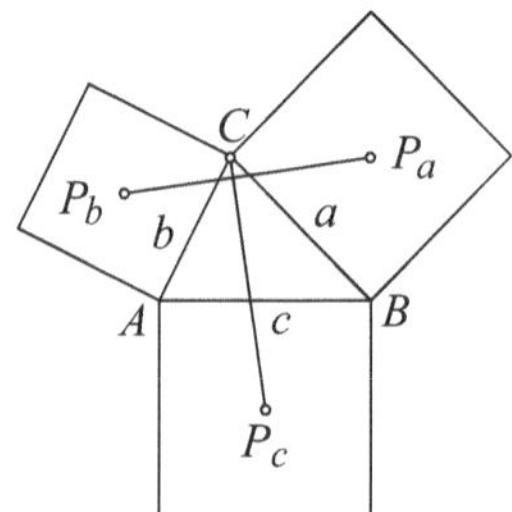

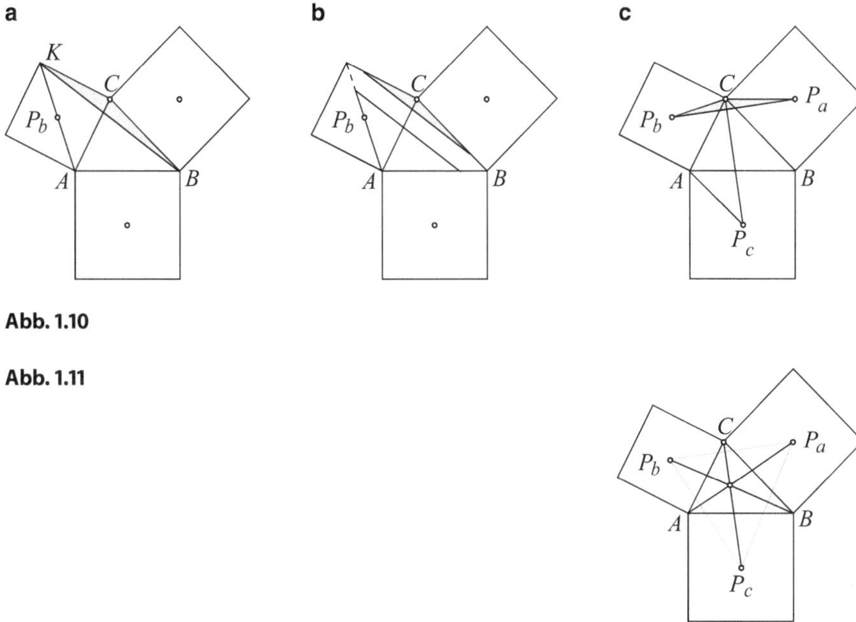

Abb. 1.10

Abb. 1.11

1.3 Der Kosinussatz

Wir zeigen nun einen schönen Beweis für den Kosinussatz, der sowohl den Stuhl
der Braut als auch die Vecten-Figur benutzt. Er stammt aus [Sipka, 1988]. Gegeben
sei ein beliebiges Dreieck mit den Seiten a, b, c. Wir konstruieren die Vecten-Figur
wie in Abb. 1.12a und zeichnen die Höhe von A auf die Seite BC. Nun drehen wir
diese Höhe, wie in der Abbildung angegeben, entgegen dem Uhrzeigersinn um den
Eckpunkt A. Die Länge dieser Höhe ist $b \sin C$. Wir zeichnen nun die Quadrate mit
den Seitenlängen $b \sin C$ und $a - b \cos C$. Diese beiden Quadrate bilden zusammen
mit der Fläche c^2 einen Stuhl der Braut, wie in Abb. 1.12b, also folgt nach dem Satz
des Pythagoras das gesuchte Ergebnis:

$$c^2 = (b \sin C)^2 + (a - b \cos C)^2$$
$$= a^2 + b^2 - 2ab \cos C,$$

(und entsprechend $a^2 = b^2 + c^2 - 2bc \cos A$ und $b^2 = a^2 + c^2 - 2ac \cos B$).

1.4 Der Satz von Grebe und die Erweiterung von van Lamoen

Wir verlängern die äußeren Seiten der Quadrate in einer Vecten-Figur, bis sie sich
zu einem Dreieck treffen (Abb. 1.13a). Das große Dreieck ist offensichtlich ähnlich zu dem zentralen Dreieck, da seine Seiten parallel zu den Seiten des zentralen

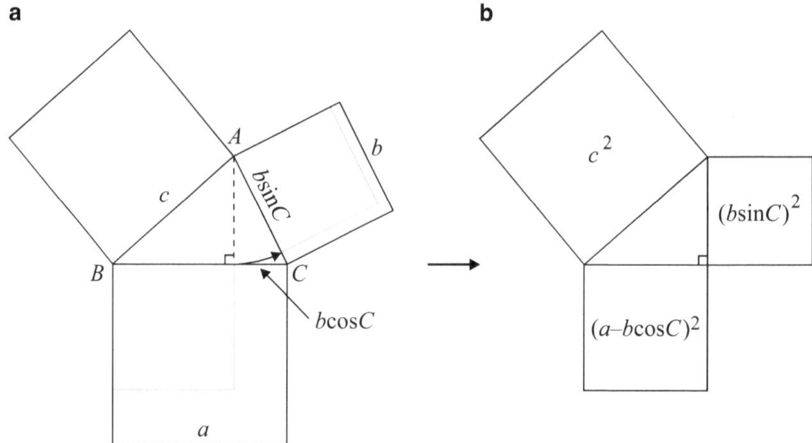

Abb. 1.12

Dreiecks liegen. Doch darüber hinaus sind die beiden Dreiecke auch *homothetisch*, d. h., die Strecken, die entsprechende Punkte (hier die Eckpunkte) der Dreiecke miteinander verbinden, schneiden sich in einem Punkt. Diese Aussage bezeichnet man als *Satz von Grebe*. Den Schnittpunkt (oder auch *Homothetizitätspunkt*) bezeichnet man manchmal als *Lemoine-Punkt* oder *Grebe-Punkt* des Dreiecks.

Entsprechend können wir das Dreieck betrachten, das von den Umkreismittelpunkten der Flankendreiecke gebildet wird (Abb. 1.13b). Da die Umkreismittelpunkte bei den Schnittpunkten der Mittelsenkrechten der Flankendreiecke liegen, sind die Seiten des so erhaltenen Dreiecks genau die Halbierenden der Quadrate parallel zu den Seiten des zentralen Dreiecks in einer Vecten-Figur. Also ist auch dieses Dreieck ähnlich zu dem zentralen Dreieck und, wie F. van Lamoen [van Lamoen, 2001] gezeigt hat, homothetisch zum zentralen Dreieck mit demselben Homothetizitätspunkt wie beim Satz von Grebe.

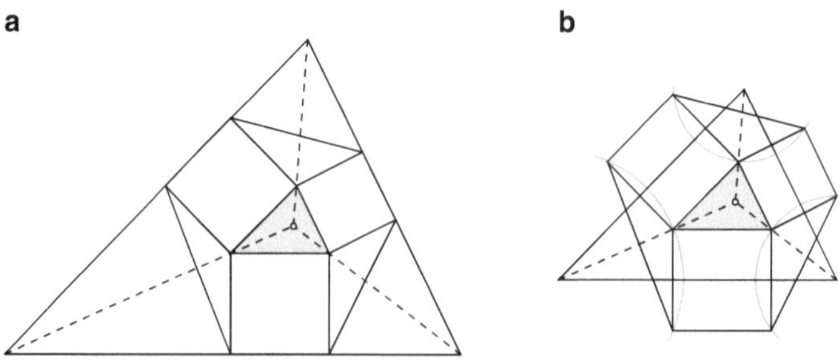

Abb. 1.13

1.5 Pythagoras und Vecten in der Unterhaltungsmathematik

Sam Loyd (1841–1911) war einer der bekanntesten Schöpfer mathematischer Rätsel seiner Zeit. Das Buch *Sam Loyd's Cyclopedia of 5000 Puzzles, Tricks, and Conundrums (With Answers)* [Loyd, 1914] enthält ungefähr 2700 mathematische Rätsel und Unterhaltungsaufgaben.

In „Das klassische Problem des Pythagoras" auf Seite 101 seiner *Cyclopedia* schreibt Loyd: „Man nehme ein Stück Papier mit den Abmessungen von zwei Quadraten, wie in der Abbildung, und zerschneide es in drei Teile, die sich zu einem einzelnen Quadrat zusammenlegen lassen." Abbildung 1.14 zeigt ein Bild von Loyd und seinem Problem.

Die Bezeichnung des Rätsels deutet auf seine Lösung – der Satz des Pythagoras, insbesondere der Zerlegungsbeweis aus Abb. 1.4b (Abb. 1.15).

Die Vecten-Figur tritt auch im „See-Rätsel" von Seite 267 der *Cyclopedia* auf, in dem es um einen dreieckigen See geht, der von drei quadratischen Parzellen Land umgeben ist (Abb. 1.16). Loyd schreibt: „Die Frage, die ich unseren Rätselliebhabern stelle, lautet: Man bestimme die Fläche des dreieckigen Sees, der wie abgebildet von den drei quadratischen Parzellen von 370, 116 und 74 Morgen Land umgeben ist."

Es seien a, b, c die Seitenlängen, K die Fläche und $s = (a + b + c)/2$ der halbe Umfang des Dreiecks. Die Formel von Heron $K = \sqrt{s(s - a)(s - b)(s - c)}$ ist gleichbedeutend mit $16K^2 = 2(a^2b^2 + b^2c^2 + c^2a^2) - (a^4 + b^4 + c^4)$. Hier wird das Quadrat der Fläche des Dreiecks durch die Flächen der Quadrate über den Seiten ausgedrückt. Mit $a^2 = 370, b^2 = 116$ und $c^2 = 74$ erhalten wir $16K^2 = 1936$ und somit $K = 11$ Morgen.

Abb. 1.14

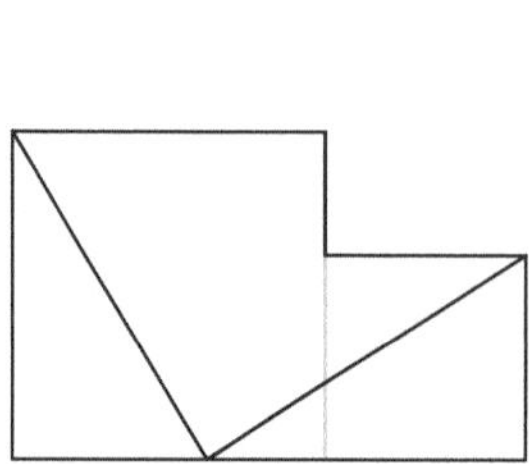 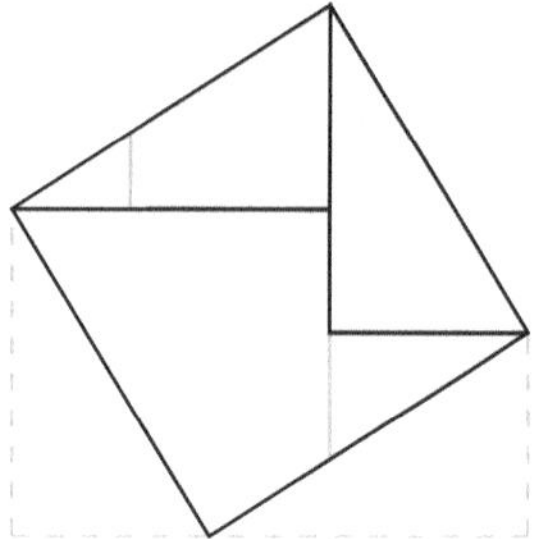

Abb. 1.15

Abb. 1.16

Eine andere Lösung ergibt sich aus den Beziehungen $370 = 9^2 + 17^2$, $116 = 4^2 + 10^2$ und $74 = 5^2 + 7^2$. Damit erhalten wir die Situation aus Abb. 1.17, aus der sich für die Fläche K des Sees (des grauen Dreiecks) ergibt:

$$K = \frac{9 \cdot 17}{2} - \left(4 \cdot 7 + \frac{4 \cdot 10}{2} + \frac{5 \cdot 7}{2} \right) = 11 \, \text{Morgen} \,.$$

Abb. 1.17

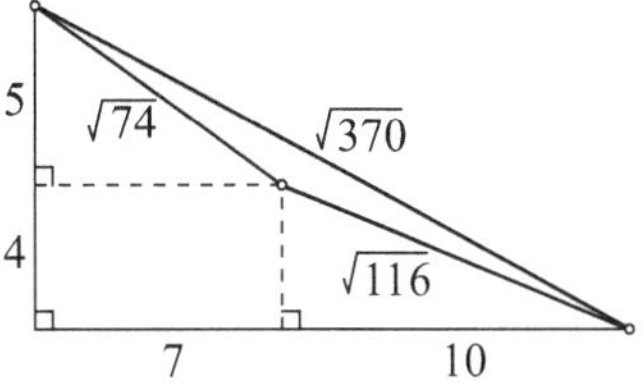

In Aufgabe 20.5 geht es um ein weiteres Rätsel bezüglich einer Vecten-Figur.

Wie sah Pythagoras aus?

Porträts und Büsten von Mathematikern aus der Antike beruhen auf der Phantasie der Künstler und Bildhauer. Der Ruhm des Satzes des Pythagoras hat über die Jahrhunderte hinweg immer wieder zu Abbildungen von seiner Person angeregt. In Abb. 1.18 sehen wir von links nach rechts zunächst eine Büste aus dem kapitolinischen Museum in Rom, eine Darstellung aus der *Nürnberger Chronik* (1493), einen Ausschnitt aus Rafaels *Die Schule von Athen* (1509) und eine Briefmarke von San Marino aus dem Jahre 1982.

Abb. 1.18 1. Bild von links: © picture alliance/Prisma Archivo; 3. Bild von links: picture alliance/Daniel Kalker

1.6 Aufgaben

1.1 Das rechtwinklige Dreieck auf der Briefmarke in Abb. 1.1 ist das 3-4-5 Dreieck.

(i)   Gibt es andere rechtwinklige Dreiecke, deren Seitenlängen drei ganze Zahlen in arithmetischer Folge bilden?

(ii)   Gibt es Stühle der Braut, bei denen die Flächen der drei Quadrate in arithmetischer Folge sind?

(iii) Gibt es Stühle der Braut, bei denen die Flächen der drei Quadrate eine geometrische Folge bilden?

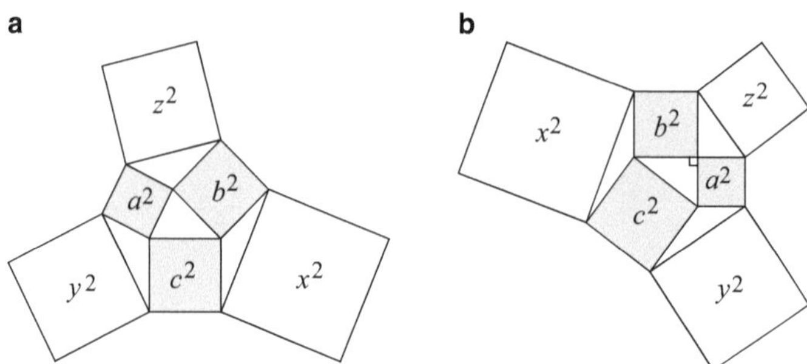

Abb. 1.19

1.2 Erweitern Sie die Vecten-Figur, indem Sie zusätzlich noch Quadrate über den Seiten der Flankendreiecke konstruieren (Abb. 1.19). Beweisen Sie:

(i) Die Summe der Flächen der äußeren Quadrate ist das Dreifache der Summe der Flächen der inneren Quadrate, d. h., wenn x, y, z die Seiten der äußeren Quadrate bezeichnen, dann gilt $x^2 + y^2 + z^2 = 3(a^2 + b^2 + c^2)$.

(ii) Falls die ursprüngliche Figur einen Stuhl der Braut mit $a^2 + b^2 = c^2$ darstellt (wie in Abb. 1.19b), dann gilt $x^2 + y^2 = 5z^2$.

1.3 In der erweiterten Vecten-Figur in Abb. 1.19a seien P_a, P_b, P_c, P_x, P_y, P_z jeweils die Mittelpunkte der Quadrate mit den Seiten a, b, c, x, y, z. Zeigen Sie, dass der Eckpunkt A der Mittelpunkt von $P_a P_x$ ist und entsprechend B der Mittelpunkt von $P_b P_y$ und C der Mittelpunkt von $P_c P_z$ (Abb. 1.20).

1.4 Unter *Sangaku* versteht man in Japan Sätze aus der Geometrie, die während der Edo-Zeit (1603–1867) oft auf hölzerne Tafeln geschrieben und an buddhistischen Tempeln als Opfergaben aufgehängt wurden. Die folgende Aufgabe stammt aus dem Jahr 1844 aus der Präfektur Aichi [Konhauser et al., 1996]: Fünf Quadrate

Abb. 1.20

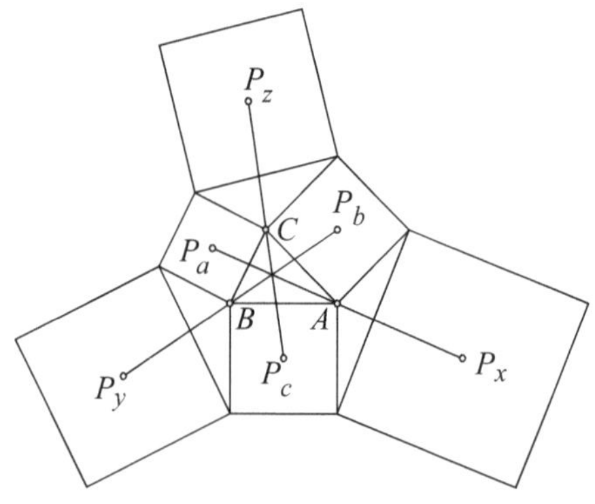

Abb. 1.21

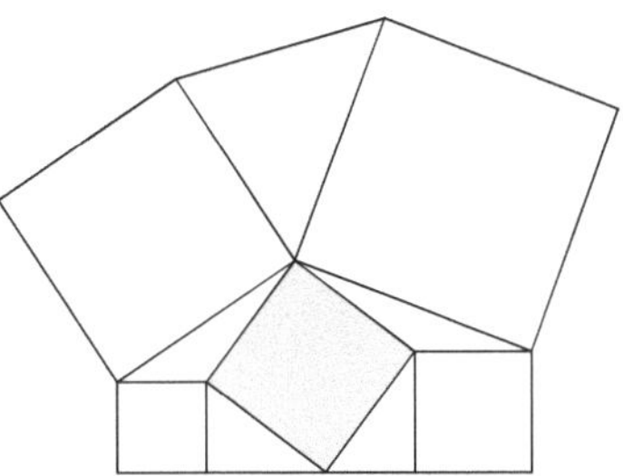

sind wie in Abb. 1.21 angeordnet. Man zeige, dass die Fläche des grau unterlegten Dreiecks gleich der Fläche des grau unterlegten Quadrats ist.

1.5 Man betrachte den Stuhl der Braut ohne das Quadrat über der Hypotenuse, wie in Abb. 1.22. Von jedem Eckpunkt der spitzen Winkel zeichne man wie in der Figur die Streckenabschnitte zu einem Eckpunkt des Quadrats über der gegenüberliegenden Seite. Welche Figur hat die größere Fläche: Dreieck ABH oder das Viereck $HIJC$.

1.6 Man beweise den *Satz von Finsler und Hadwiger*: Die beiden Quadrate $ABCD$ und $AB'C'D'$ in Abb. 1.23 haben A als gemeinsamen Eckpunkt. Dann bilden die Mittelpunkte Q und S der Strecken BD' und $B'D$ zusammen mit den Mittelpunkten R und T der ursprünglichen Quadrate wieder ein Quadrat $QRST$.

Abb. 1.22

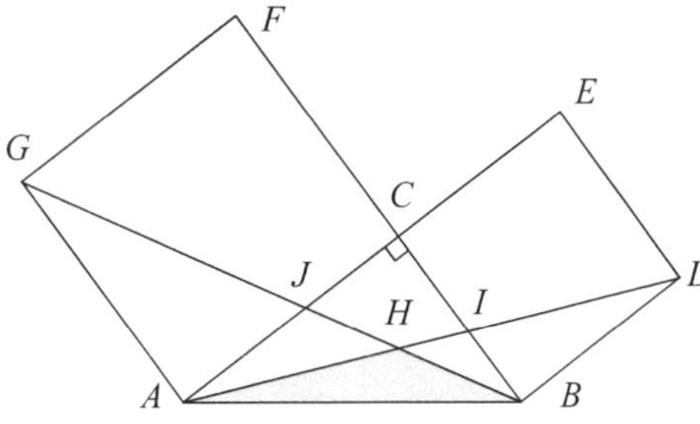

Abb. 1.23

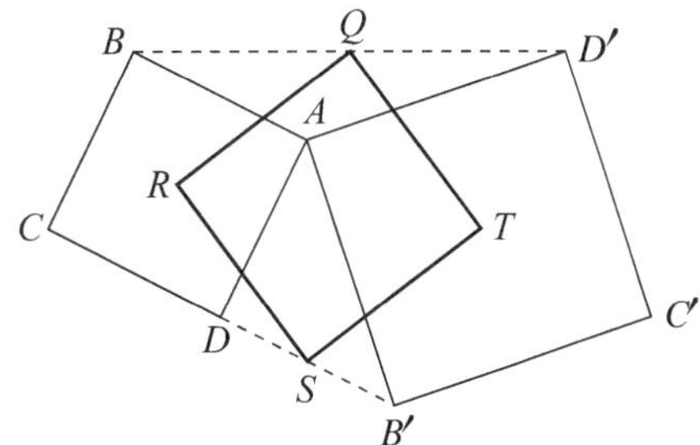

Abb. 1.24

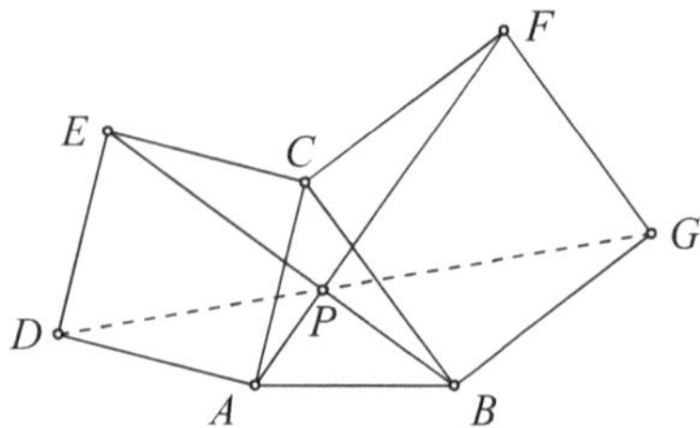

1.7 Die Quadrate $ACED$ und $BCFG$ in Abb. 1.24 seien über den Seiten eines beliebigen Dreiecks ABC konstruiert. P bezeichne den Schnittpunkt von AF und BE. Beweisen Sie, dass D, P und G auf einer Geraden liegen.

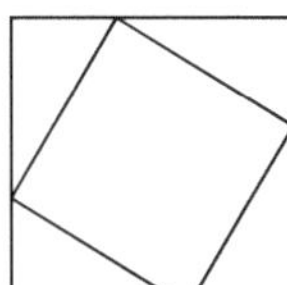

Die Hsuan-Thu-Figur des Zhoubi suanjing zeigt den ältesten nachgewiesenen Beweis für den Satz des „Pythagoras".
(Frank J. Swetz und T. I. Kao, *Was Pythagoras Chinese?*)

Das *Zhoubi suanjing* (周髀算经), „arithmetischer Klassiker des Zhou-Gnomons", ist ein chinesischer Text, der auf die Zhou-Dynastie zurückgeht (1046–256 v. Chr.). Obwohl es sich in erster Linie um einen astronomischen Text handelt, wird auch die Geometrie des rechtwinkligen Dreiecks betrachtet. Das Bild aus Abb. 2.1, das

Abb. 2.1

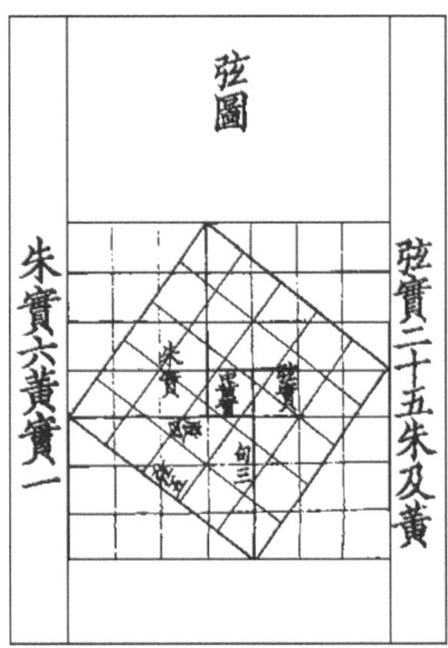

© Springer-Verlag Berlin Heidelberg 2015
C. Alsina, R.B. Nelsen, *Perlen der Mathematik*, DOI 10.1007/978-3-662-45461-9_2

im Chinesischen als *Hsuan-Thu* bekannt ist, erscheint in diesem Text. Wir werden diese Figur jedoch als *Zhoubi suanjing* bezeichnen, verwenden also den Titel des Textes, in dem es erscheint.

Zunächst untersuchen wir den *Zhoubi-suanjing*-Beweis für den Satz des Pythagoras, anschließend verallgemeinern wir die Figur zu einer rechteckigen Form und beweisen damit Zusammenhänge wie die Ungleichung zwischen dem arithmetischen und geometrischen Mittelwert, die Cauchy-Schwarz-Ungleichung und zwei trigonometrische Gleichungen.

2.1 Der Satz des Pythagoras – ein Beweis aus dem alten China

Das *Zhoubi suanjing* zeigt den Satz des Pythagoras für das 3-4-5-Dreieck, es lässt sich jedoch leicht abwandeln, sodass es den Satz im Allgemeinen beweist. Für ein rechtwinkliges Dreieck mit den Katheten a und b, der Hypotenuse c und der Fläche T stellen wir die Fläche eines Quadrats mit der Seitenlänge $a + b$ auf zwei verschiedene Weisen dar: einmal als $4T + c^2$ und einmal als $4T + a^2 + b^2$. Damit folgt $a^2 + b^2 = c^2$ (Abb. 2.2).

Mit dem *Zhoubi suanjing* lässt sich auch beweisen, *dass die innere Winkelhalbierende des rechten Winkels in einem rechtwinkligen Dreieck das Quadrat über der Hypotenuse halbiert* (Abb. 2.3a). Der Beweis folgt unmittelbar aus Abb. 2.3b [Eddy, 1991]: Die Winkelhalbierende verläuft durch den Mittelpunkt des Quadrats.

Teilt man das *Zhoubi suanjing* entlang einer Diagonale durch das innere Quadrat, erhält man zwei gleiche Trapeze, mit denen sich ebenfalls der Satz des Pythagoras sowie noch viele weitere interessante Ergebnisse des nächsten Kapitels beweisen lassen.

Abb. 2.2

Abb. 2.3

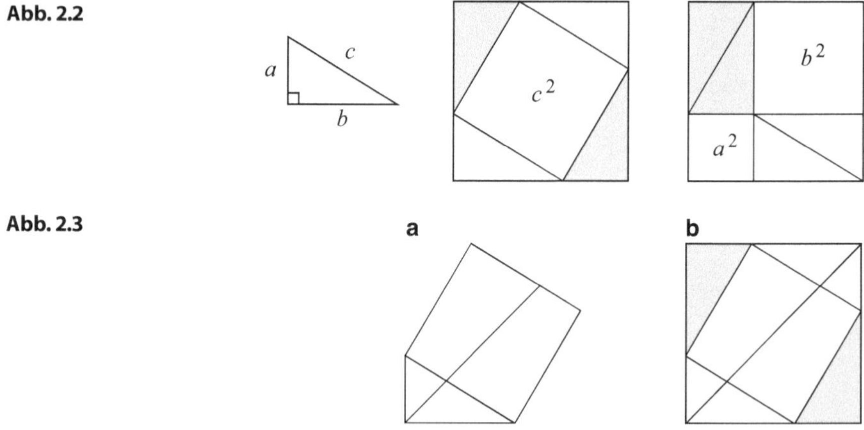

Die hundert größten mathematischen Sätze

Im Juli 1999 präsentierten Paul und Jack Abad eine Liste der „einhundert größten Theoreme". Die Kriterien für die Einteilung beruhten auf der Rolle des Theorems in der Literatur, der Qualität des Beweises und dem „Überraschungseffekt" des Ergebnisses. Der Satz des Pythagoras ist die Nummer vier auf dieser Liste. Der Satz mit der Nummer eins geht ebenfalls auf die Schule des Pythagoras zurück und bezieht sich auf die Irrationalität der Quadratwurzel von zwei (siehe Abschn. 13.2).

Nicaragua gab 1971 eine Serie von zehn Briefmarken heraus, die den Titel trug: *Die zehn mathematischen Formeln, die das Gesicht der Erde veränderten*. Abbildung 2.4 zeigt die fünfte Briefmarke in dieser Serie.

Abb. 2.4

2.2   Zwei klassische Ungleichungen

Verzerrt man das *Zhoubi suanjing* zu einem Rechteck mit vier Dreiecken, erhält man Bildbeweise für zwei klassische Ungleichungen: die *Ungleichung zwischen dem arithmetischen und geometrischen Mittelwert* (oder *AM-GM-Ungleichung*) zweier Zahlen und die zweidimensionale Form der *Cauchy-Schwarz-Ungleichung*. In diesen Beweisen verwenden wir die Tatsache, dass die Fläche eines Parallelogramms mit den Seiten a und b und einem Innenwinkel θ gleich $ab \sin \theta$ ist und die Ungleichung $\sin \theta \leq 1$ gilt.

$(a + b)/2$ ist der arithmetische Mittelwert und $\sqrt{ab}$ der geometrische Mittelwert von a und b. Die AM-GM-Ungleichung besagt, dass für positive a und b gilt:

$$\sqrt{ab} \leq (a + b)/2 \,. \tag{2.1}$$

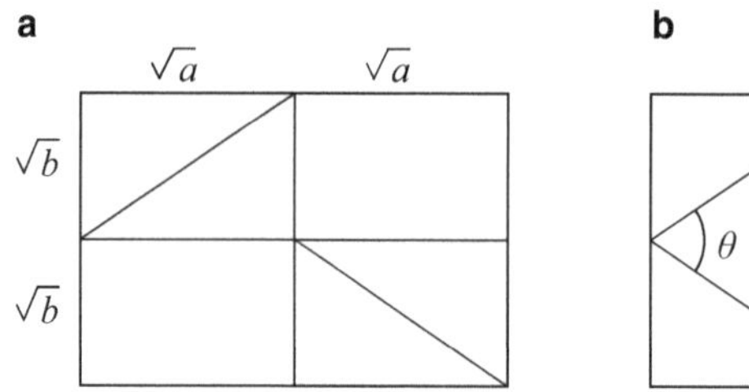
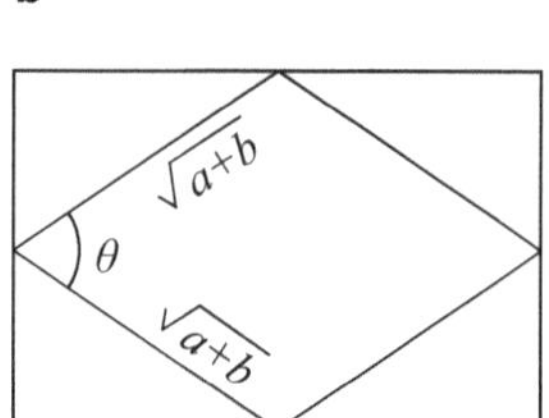

Abb. 2.5

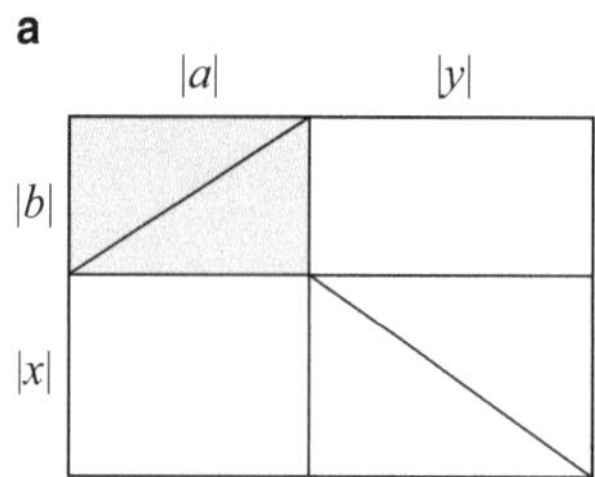
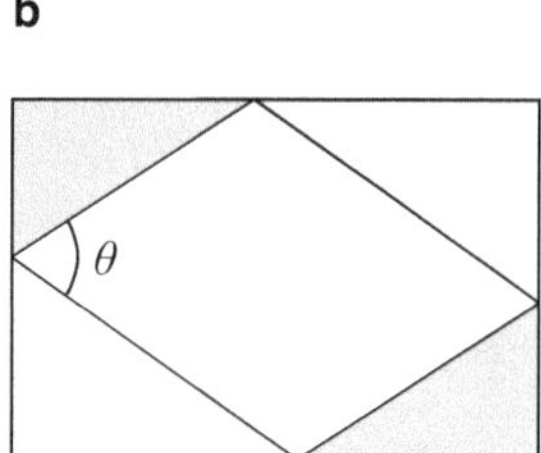

Abb. 2.6

Jedes weiße Rechteck in Abb. 2.5a hat die Fläche $\sqrt{ab}$, und das weiße Parallelogramm in Abb. 2.5b hat die Fläche $(\sqrt{a+b})^2 \sin\theta$. Also ist $2\sqrt{ab} = (\sqrt{a+b})^2 \sin\theta \le a+b$, womit die Ungleichung bewiesen ist.

Für reelle Zahlen a, b, x, y besagt die Cauchy-Schwarz-Ungleichung:

$$|ax + by| \le \sqrt{a^2 + b^2}\sqrt{x^2 + y^2}\,. \tag{2.2}$$

Da $|ax + by| \le |a||x| + |b||y|$ müssen wir nur zeigen: $|a||x| + |b||y| \le \sqrt{a^2 + b^2}\sqrt{x^2 + y^2}$. Dazu verwenden wir Abb. 2.6 [Kung, 2008]. Die Summe der Flächen der weißen Rechtecke in Abb 2.6a ist $|a||x| + |b||y|$, die Fläche des Parallelogramms in Abb 2.6b ist $\sqrt{a^2 + b^2}\sqrt{x^2 + y^2}\sin\theta$. Damit folgt:

$$|ax + by| \le |a||x| + |b||y|$$
$$= \sqrt{a^2 + b^2}\sqrt{x^2 + y^2}\sin\theta \le \sqrt{a^2 + b^2}\sqrt{x^2 + y^2}\,.$$

Weitere Beweise mit anderen Figuren folgen in den Kap. 13 und 18.

2.3 Zwei trigonometrische Gleichungen

Dem Leser wird aufgefallen sein, dass sich das *Zhoubi suanjing* sehr gut zur Veranschaulichung von Ausdrücken verwenden lässt, bei denen die Summe aus dem

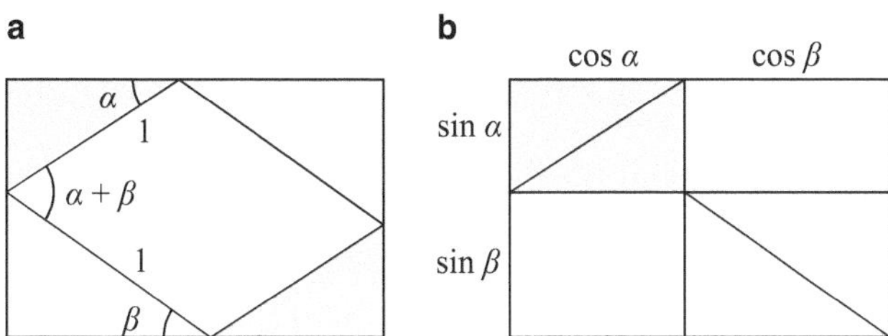

Abb. 2.7

Produkt von zwei Zahlen auftritt, also Ausdrücke der Form $pq + rs$. Zwei trigonometrische Gleichungen dieser Form sind die Additionstheoreme für den Sinus und Kosinus (wobei wir für den Kosinus die Differenz zweier Winkel betrachten):

$$\sin(\alpha + \beta) = \sin\alpha\cos\beta + \cos\alpha\sin\beta\,,$$
$$\cos(\alpha - \beta) = \cos\alpha\cos\beta + \sin\alpha\sin\beta\,.$$

In Abb. 2.7a ist die Fläche des weißen Parallelogramms gleich $\sin(\alpha + \beta)$, und sie ist offensichtlich gleich der Summe der Flächen der beiden weißen Rechtecke in Abb. 2.7b [Priebe und Ramos, 2000].

Die Gleichung für den Kosinus einer Winkeldifferenz lässt sich ähnlich beweisen (siehe Aufgabe 2.2). Das nächste Kapitel behandelt andere Beweise für diese Gleichungen sowie Beweise für andere Additions- und Subtraktionstheoreme von Winkelfunktionen.

2.4 Aufgaben

2.1 Wann gilt für die AM-GM-Ungleichung (2.1) und die Cauchy-Schwarz-Ungleichung (2.2) die Gleichheit? (Hinweis: Die Antworten stecken in den Abb. 2.5 und 2.6).

2.2 Zeigen Sie $\cos(\alpha - \beta) = \cos\alpha\cos\beta + \sin\alpha\sin\beta$ mithilfe einer Verzerrung des *Zhoubi suanjing* zu einem Rechteck.

2.3 Zeigen Sie mithilfe einer Verzerrung des *Zhoubi suanjing* zu einem Rechteck, dass für reelle Zahlen a, b, t die Ungleichung $|a\sin t + b\cos t| \le \sqrt{a^2 + b^2}$ gilt.

2.4 Zeigen Sie für reelle a, b, c, x, y, z die Ungleichung

$$|ax + by + cz| \le \sqrt{a^2 + b^2 + c^2}\sqrt{x^2 + y^2 + z^2}\,.$$

2.5 Ein weiterer Mittelwert für zwei reelle Zahlen a und b ist die *Wurzel aus dem Mittelwert der Quadrate* oder auch das *quadratische Mittel* $\sqrt{(a^2 + b^2)/2}$, das in der Physik und der Elektrotechnik die Intensität von Größen angibt, die sowohl positiv wie negativ sein können, wie beispielsweise Wellen. Man zeige, dass für positive Zahlen a und b aus der Cauchy-Schwarz-Ungleichung auch die *Ungleichung zwischen dem arithmetischen und dem quadratischen Mittel* folgt:

$$\frac{a + b}{2} \leq \sqrt{\frac{a^2 + b^2}{2}} \, .$$

2.6 Es sei ABC ein Dreieck. In Abb. 2.3 haben wir gesehen, dass bei einem rechtwinkligen Dreieck (rechter Winkel bei C) die Winkelhalbierende des rechten Winkels das Quadrat über der Seite AB in zwei gleiche Trapeze unterteilt. Gilt auch die Umkehrung?

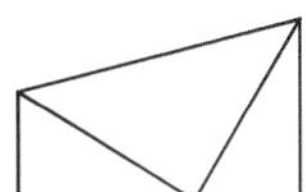

In der Mathematik scheint mein Geist außergewöhnlich klar und kraftvoll, was mir für die Zukunft eine beachtliche Hoffnung und Zuversicht verleiht.
(James A. Garfield)

Im Jahre 1876 erschien im *New England Journal of Education* (Band 3, Seite 161) ein neuer Beweis für den Satz des Pythagoras. Der Autor des Beweises war James Abram Garfield (1831–1881) aus Ohio, Mitglied des Repräsentantenhauses der Vereinigten Staaten (Abb. 3.1). Der Beweis war insofern ungewöhnlich, weil er auf einem Trapez aus zwei rechtwinkligen Dreiecken aufbaute. Diese Figur bezeichnen wir als das *Trapez von Garfield*. 1880 wurde Garfield zum zwanzigsten Präsidenten der Vereinigten Staaten gewählt, allerdings wurde er vier Monate nach seinem Amtsantritt ermordet. Er war der letzte amerikanische Präsident, der in einer Blockhütte geboren wurde. Mehr über das Leben von Garfield und seine Mathematik erfährt man bei [Hill, 2002].

In diesem Kapitel beschäftigen wir uns mit dem Beweis von Garfield und einigen anderen Ergebnissen, die man aus einer Verallgemeinerung des Trapezes sowie seiner Umbeschreibung durch ein Rechteck erhält.

Abb. 3.1 Präsident James A. Garfield

© Springer-Verlag Berlin Heidelberg 2015
C. Alsina, R.B. Nelsen, *Perlen der Mathematik*, DOI 10.1007/978-3-662-45461-9_3

Abb. 3.2

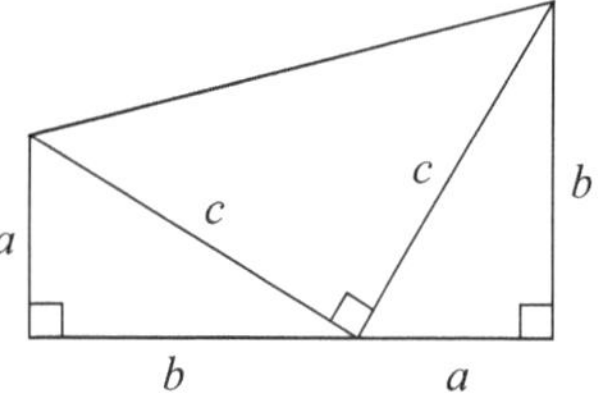

3.1 Der Satz des Pythagoras – der Präsidenten-Beweis

Obwohl sein Trapez dem Teilbereich des *Zhoubi suanjing* unterhalb einer Diagonalen durch das innere Quadrat gleicht, scheint Garfield soviel wir wissen den *Zhoubi suanjing*-Beweis nicht gekannt zu haben. Garfields Trapez führt auf einen vollkommen anderen Beweis für den Satz des Pythagoras, der eher algebraisch als geometrisch ist. Beim Beweis von Garfield wird die Fläche des Trapezes in Abb. 3.2 auf zwei verschiedene Weisen berechnet.

Die Trapezfläche ist das Produkt aus der Grundseite $a + b$ und der mittleren Höhe $(a + b)/2$, also $(a + b)^2/2$. Sie ist ebenfalls die Summe der Flächen aus den drei rechtwinkligen Dreiecken, also $ab/2 + ab/2 + c^2/2 = (2ab + c^2)/2$. Setzen wir die beiden Ausdrücke gleich und multiplizieren noch mit zwei, erhalten wir:

$$(a + b)^2 = 2ab + c^2\,,$$
$$a^2 + 2ab + b^2 = 2ab + c^2\,,$$
$$a^2 + b^2 = c^2\,.$$

3.2 Ungleichungen und das Trapez von Garfield

Die folgende Aufgabe erschien als Aufgabe 3 bei der kanadischen Mathematikolympiade 1969:

Es sei c die Länge der Hypotenuse eines rechtwinkligen Dreiecks und a und b seien die beiden Längen der Katheten. Man beweise:

$$a + b \leq c\sqrt{2}\,. \tag{3.1}$$

Wann gilt die Gleichheit?

Die Lösung ergibt sich unmittelbar aus dem Trapez von Garfield in Abb. 3.2. Die obere Kante des Trapezes hat die Länge $c\sqrt{2}$ (nach dem gerade bewiesenen Satz des Pythagoras) und ist mindestens so lang wie die Grundseite $a + b$. Die beiden sind genau dann gleich, wenn obere und untere Kante parallel sind, und das gilt nur für $a = b$.

Wenn wir beide Seiten von (3.1) durch 2 teilen und $c = \sqrt{a^2 + b^2}$ ausnutzen, erhalten wir:

$$\frac{a + b}{2} \leq \sqrt{\frac{a^2 + b^2}{2}}\,, \tag{3.2}$$

wobei die Gleichheit nur für $a = b$ gilt. Der Ausdruck auf der rechten Seite von (3.2) ist die Wurzel aus dem Mittelwert der Quadrate (also der quadratische Mittelwert) aus Aufgabe 2.5, und (3.2) ist die Ungleichung zwischen dem arithmetischen und dem quadratischen Mittelwert.

3.3 Trigonometrische Beziehungen und Identitäten

Da das Trapez von Garfield aus drei Dreiecken mit gemeinsamen Seiten konstruiert wird, eignet es sich besonders gut zur Darstellung einer Fülle von trigonometrischen Beziehungen und Identiäten. In diesem Abschnitt erweitern wir das Trapez oft um ein viertes Dreieck und verwenden das so entstandene Rechteck, um Beziehungen zwischen den Seiten und Winkeln der Dreiecke in dieser Konfiguration abzuleiten.

Zunächst setzen wir in Abb. 3.2 für die Kantenlängen $a = 1$ und $b = 2$ und platzieren die Figur in ein 2-auf-3-Rechteck wie in Abb. 3.3a. Damit können wir bestimmte Winkel, die in den unterlegten Dreiecken durch $\measuredangle$ gekennzeichnet wurden, durch Arkustangens (inverser Tangens) und Summen von Arkustangens ausdrücken.

Aus den Winkelbeziehungen in den Abb. 3.3b, 3.3c und 3.3d erhalten wir [Wu, 2003]:

$$\arctan(1/2) + \arctan(1/3) = \pi/4\,,$$
$$\arctan(1) + \arctan(1/2) + \arctan(1/3) = \pi/2, \tag{3.3}$$
$$\arctan(1) + \arctan(2) + \arctan(3) = \pi\,.$$

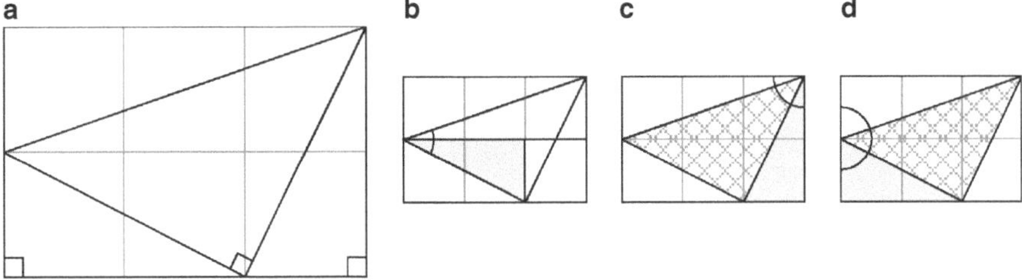

Abb. 3.3

Abb. 3.4

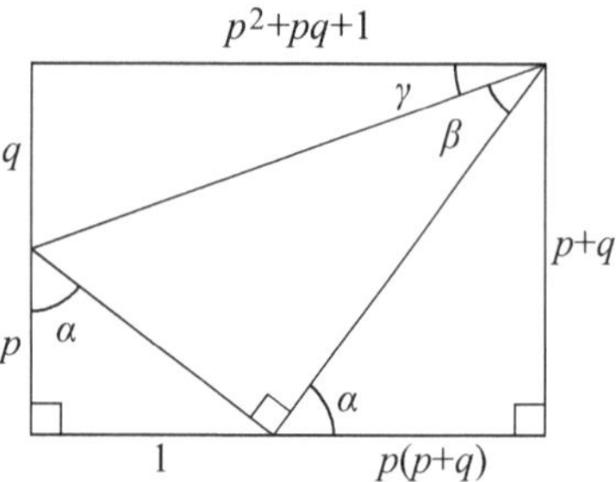

Das Argument lässt sich leicht zur *Euler'schen Arkustangens-Identität* verallgemeinern: Für positive Zahlen p und q gilt:

$$\arctan(1/p) = \arctan(1/(p+q)) + \arctan(q/(p^2 + pq + 1)) \,. \qquad (3.4)$$

Der Beweis folgt aus Abb. 3.4 [Wu, 2004]. Es gilt $\alpha = \beta + \gamma$, wobei $\alpha = \arctan(1/p)$, $\beta = \arctan(1/(p+q))$ und $\gamma = \arctan(q/(p^2 + pq + 1))$.

Für $p = q = 1$ erhalten wir (3.3) als einen Spezialfall von (3.4). Aufgaben 3.3 und 3.4 beziehen sich auf weitere Identitäten zum Arkustangens.

Die Werte der Winkelfunktionen zu 15° und 75° berechnet man üblicherweise über die Additions- bzw. Subtraktionstheoreme, z. B. $\sin(15°) = \sin(45° - 30°)$ oder $\sin(60° - 45°)$, $\tan(75°) = \tan(30° + 45°)$, usw. Sie lassen sich jedoch geometrisch sehr einfach mithilfe eines abgeänderten Garfield-Trapezes und einem Verfahren nach [Hoehn, 2004] bestimmen. In Abb. 3.5a haben wir das Trapez aus zwei gleichschenkligen rechtwinkligen Dreiecken konstruiert, einmal mit den Seitenlängen 1, 1 und $\sqrt{2}$ und einmal mit den Seitenlängen $\sqrt{3}$, $\sqrt{3}$ und $\sqrt{6}$. Da die Katheten des rechtwinkligen Dreiecks in Abb. 3.5a die Seitenlängen $\sqrt{2}$ und $\sqrt{6}$ haben, hat das grau unterlegte Dreieck die spitzen Winkel 30° und 60°.

Wir erweitern nun das Trapez zu einem Rechteck, indem wir wie in Abb. 3.5b ein rechtwinkliges Dreieck oben hinzufügen. Die spitzen Winkel des neuen Dreiecks (grau unterlegt) sind 15° und 75°; die Seitenlängen sind $\sqrt{3} - 1$, $\sqrt{3} + 1$ und $2\sqrt{2}$.

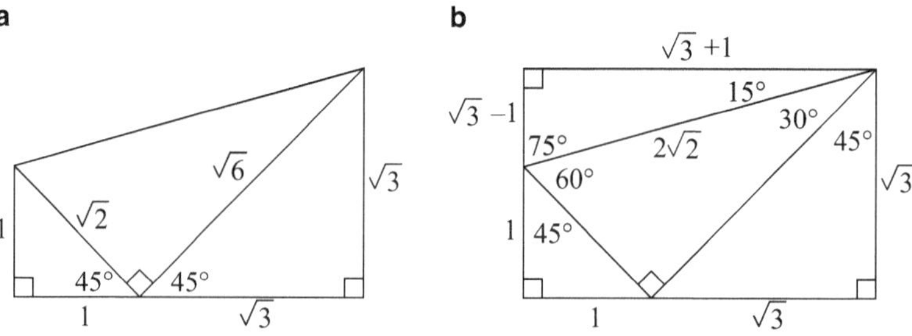

Abb. 3.5

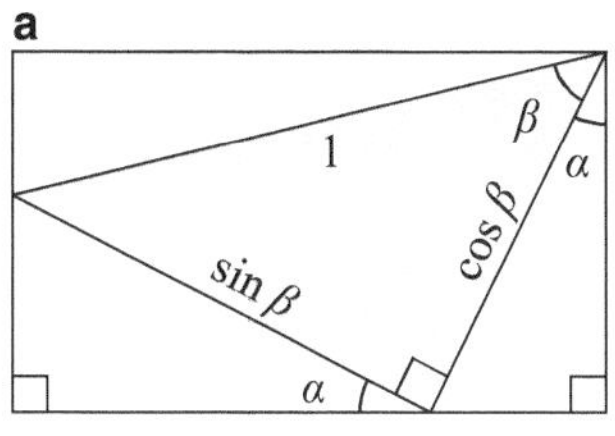
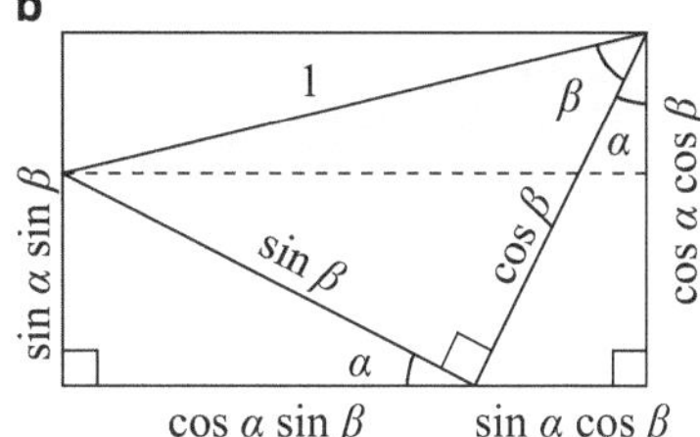

Abb. 3.6

Somit folgt:

$$\sin 15° = \frac{\sqrt{3}-1}{2\sqrt{2}}, \ \tan 75° = \frac{\sqrt{3}+1}{\sqrt{3}-1} \ \text{usw}.$$

Ganz ähnlich lassen sich auch die Additions- und Subtraktionstheoreme zumindest für kleine Winkel für Sinus, Kosinus und Tangens ableiten. Es seien α und β spitze Winkel, deren Summe kleiner als $\pi/2$ ist. Wir konstruieren zwei Dreiecke, eines mit einem spitzen Winkel α und eines mit einem spitzen Winkel β, wie in Abb. 3.6.

Die Seitenlängen des grauen Dreiecks in Abb. 3.6a seien $\sin \beta$, $\cos \beta$ und 1. Nun ist es leicht, die Seitenlängen des Dreiecks mit dem Winkel α wie in Abb. 3.6b zu bestimmen. Für die Längen des grauen Dreiecks in Abb. 3.6b erhalten wir damit:

$$\sin(\alpha + \beta) = \sin \alpha \cos \beta + \cos \alpha \sin \beta \,,$$
$$\cos(\alpha + \beta) = \cos \alpha \cos \beta - \sin \alpha \sin \beta \,.$$

Andere Beziehungen lassen sich ähnlich zeigen, vgl. Aufgaben 3.6 und 3.7.

Wir beenden diesen Abschnitt mit zwei vergleichsweise unbekannten Beziehungen für Summen und Produkte von Tangenswerten, die wir wieder an einem modifizierten Garfield-Trapez zeigen können. Aus Abb. 3.7 kann man für positive Winkel α, β und γ mit $\alpha + \beta + \gamma = \pi$ (beispielsweise den Winkeln in einem

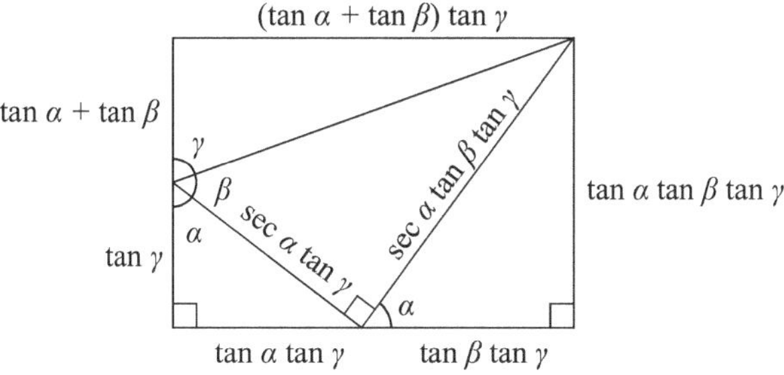

Abb. 3.7

Abb. 3.8

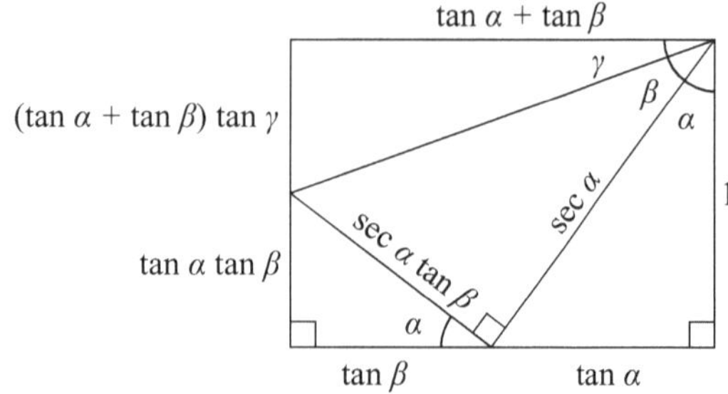

Dreieck) ablesen:

$$\tan\alpha + \tan\beta + \tan\gamma = \tan\alpha\,\tan\beta\,\tan\gamma\,.$$

Man erhält die Beziehung, indem man die beiden Ausdrücke für die senkrechte Höhe des Rechtecks gleichsetzt.

Abbildung 3.8 verdeutlicht eine ähnliche Beziehung: Für positive Winkel α, β und γ, die diesmal der Bedingung $\alpha + \beta + \gamma = \pi/2$ genügen, gilt:

$$\tan\alpha\,\tan\beta + \tan\beta\,\tan\gamma + \tan\gamma\,\tan\alpha = 1\,.$$

3.4 Aufgaben

3.1 Man zeige mithilfe des Trapezes von Garfield, dass für jeden Winkel θ die Ungleichung $|\sin\theta + \cos\theta| \le \sqrt{2}$ gilt.

3.2 Man zeige an dem Trapez von Garfield die AM-GM-Ungleichung.

3.3 Es sei $0 < a < b$. Zeigen Sie mithilfe einer Figur ähnlich wie in Abb. 3.3a die Beziehung
$$\arctan(a/b) + \arctan((b-a)/(b+a)) = \pi/4\,.$$

3.4 Es sei $\{F_n\}_{n=1}^{\infty}$ die Folge der Fibonacci-Zahlen, also $F_1 = F_2 = 1$ und $F_n = F_{n-1} + F_{n-2}$ für $n \ge 3$. Beweisen Sie:

$$\arctan\frac{1}{F_{2n}} = \arctan\frac{1}{F_{2n+1}} + \arctan\frac{1}{F_{2n+2}}$$

für $n \ge 1$. (Hinweis: Verwenden Sie die Euler'sche Arkustangens-Identität sowie die *Identität von Cassini* für die Fibonacci-Zahlen: $F_{k-1}F_{k+1} - F_k^2 = (-1)^k$ für $k \ge 2$. Die Identität von Cassini wird in Aufgabe 18.2 bewiesen.)

Abb. 3.9

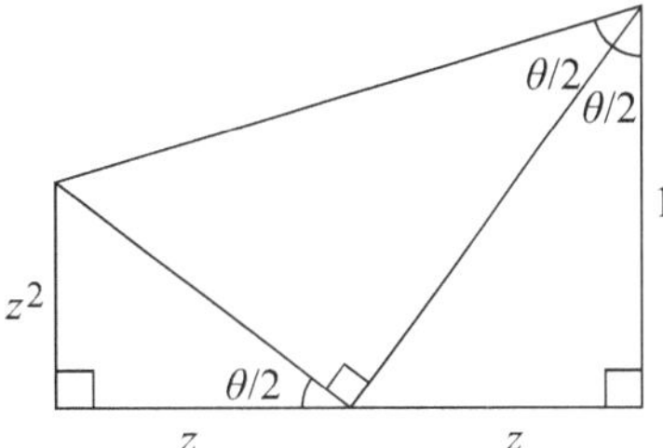

3.5 Man beweise die Subtraktionstheoreme für den Sinus und Kosinus anhand einer Figur ähnlich zu Abb. 3.5:

$$\sin(\alpha - \beta) = \sin\alpha\cos\beta - \cos\alpha\sin\beta\,,$$
$$\cos(\alpha - \beta) = \cos\alpha\cos\beta + \sin\alpha\sin\beta\,.$$

3.6 Mithilfe von Figuren ähnlich zu Abb. 3.5b zeige man die Additions- und Subtraktionstheoreme für den Tangens:

$$\tan(\alpha + \beta) = \frac{\tan\alpha + \tan\beta}{1 - \tan\alpha\tan\beta} \quad \text{und} \quad \tan(\alpha - \beta) = \frac{\tan\alpha - \tan\beta}{1 + \tan\alpha\tan\beta}\,.$$

3.7 Es seien a, b, c die Seiten eines rechtwinkligen Dreiecks mit der Hypotenuse c. Man zeige, dass sich drei rechtwinklige Dreiecke (jeweils ähnlich zu dem gegebenen Dreieck) mit den Seitenlängen a^2, ab, ac; ab, b^2, bc und ac, bc, c^2 zu einem Trapez von Garfield zusammensetzen lassen, bei dem es sich tatsächlich um ein Rechteck handelt. Damit erhalten wir einen weiteren Beweis für den Satz des Pythagoras.

3.8 In der Integralrechnung verwendet man oft die *Weierstrass-Substitution* zur Berechnung von Integralen von rationalen Funktionen von Sinus und Kosinus. Die Substitution $z = \tan(\theta/2)$ führt auf rationale Funktionen von z für $\sin\theta$ und $\cos\theta$. Man verwende das Trapez von Garfield aus Abb. 3.9 zur Bestimmung von $\sin\theta$ und $\cos\theta$ als Funktion von z.

3.9 Gegeben seien $a, b > 0$. Man betrachte für jedes $k > 0$ das Trapez aus Abb. 3.10, wobei P_k der Mittelpunkt der geneigten Kante ist. Man beschreibe die Lage von P_k als Funktion von k.

Abb. 3.10

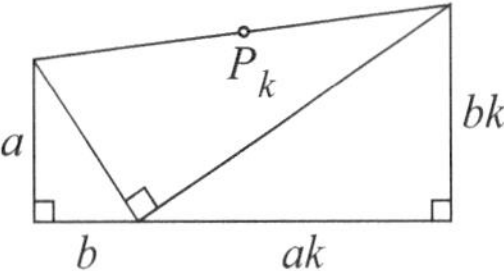

3.10 Aus der AM-GM-Ungleichung (siehe Abschn. 2.2 oder Aufgabe 3.2) folgt für beliebige positive x unmittelbar die Ungleichung $x + (1/x) \geq 2$. Man zeige, dass sich diese Ungleichung noch zu

$$x + \frac{1}{x} \geq \frac{1}{2}\left(\sqrt{x} + \frac{1}{\sqrt{x}}\right)^2 \geq 2 \,. \tag{3.5}$$

verschärfen lässt.

Der Halbkreis

4

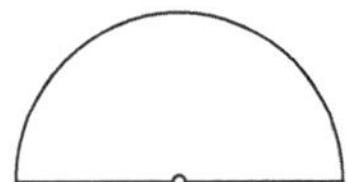

Das Auge ist der erste Kreis; der von ihm geformte Horizont der zweite; und überall in der Natur wiederholt sich diese grundlegende Figur. Es ist das höchste Symbol unter den Chiffren der Welt.
(Ralph Waldo Emerson, *Essays*)

Der Halbkreis spielte lange Zeit eine wichtige Rolle in der Architektur und der Kunst. Die Römer verwendeten halbkreisförmige Bögen bei ihren Bauwerken wie beispielsweise der Pont du Gard in der Nähe von Nîmes in Frankreich (Abb. 4.1a). Ähnliche Bögen finden sich überall in Europa in der romanischen Architektur. Auch die Mauren verwendeten halbkreisförmige Bögen bei ihren beeindruckenden Gebäuden, wie im Inneren der Mezquita in Córdoba in Spanien (Abb. 4.1b). Halbkreise findet man auch in den Gemälden moderner Künstler wie Wassily Kandinsky (*Halbkreis*, 1927) und Robert Mangold (*Semi-Circle I–IV*, 1995).

a   b

Abb. 4.1

© Springer-Verlag Berlin Heidelberg 2015
C. Alsina, R.B. Nelsen, *Perlen der Mathematik*, DOI 10.1007/978-3-662-45461-9_4

Die Schlüsselfigur dieses Kapitels ist ein Halbkreis, schnell und leicht mit Zirkel und Lineal konstruiert, aber trotzdem erstaunlich nützlich in der Geometrie und Trigonometrie. Er spielt in den Arbeiten der griechischen Geometer wie Thales, Euklid, Archimedes, Hippokrates und Pappus eine herausragende Rolle. Der Halbkreis tritt auch bei der Lösung des ersten Optimierungsproblems in der Literatur auf, dem Problem von Dido. Außerdem begegnen wir ihm in bildlichen Darstellungen vieler Identitäten für Winkelfunktionen sowie bei Untersuchungen der fünf Platonischen Körper, die einer Kugel einbeschrieben werden.

4.1   Der Satz des Thales

Vermutlich tritt die Figur des Halbkreises zum ersten Mal bei einem Satz auf, der nach einem der ersten griechischen Mathematiker, Thales von Milet (um 624–546 v. Chr.), benannt ist. Der Satz erscheint auch als Proposition 31 in Buch III von Euklids *Elementen*. Es gibt zwei mathematische Sätze, die gewöhnlich mit Thales in Verbindung gebracht werden: ein Satz über rechtwinklige Dreiecke, die einem Halbkreis einbeschrieben werden – diesen bezeichnen wir einfach als *Satz des Thales* – und einen weiteren Satz über ähnliche Dreiecke, den wir manchmal als *Proportionalitätensatz von Thales* bezeichnen, meist aber einfach als *Strahlensatz*, und auf den wir in Kap. 5 zurückkommen.

Satz des Thales *Ein Dreieck, das einem Halbkreis einbeschrieben ist, ist rechtwinklig* (Abb. 4.2a).

Wir benennen die Eckpunkte des Dreiecks wie in Abb. 4.2b und bezeichnen mit O den Mittelpunkt des Halbkreises. Dann gilt $|AO| = |BO| = |CO|$, da es sich in allen Fällen um den Radius handelt, und somit sind die Dreiecke AOC und BOC gleichschenklig. Also ist $\angle OAC = \angle OCA = \alpha$ und entsprechend $\angle OBC = \angle OCB = \beta$. Die Winkelsumme des Dreiecks ABC ist $180°$. Daraus folgt $2\alpha + 2\beta = 180°$ oder $\alpha + \beta = 90°$. Also ist der Winkel bei C, wie behauptet, ein rechter Winkel.

Außerdem folgt aus $2\alpha + 2\beta = 180°$, dass $\angle BOC = 2\alpha$.

Der Satz des Thales wird in diesem Kapitel wiederholt verwendet. Es gilt auch die Umkehrung (siehe Aufgabe 4.1).

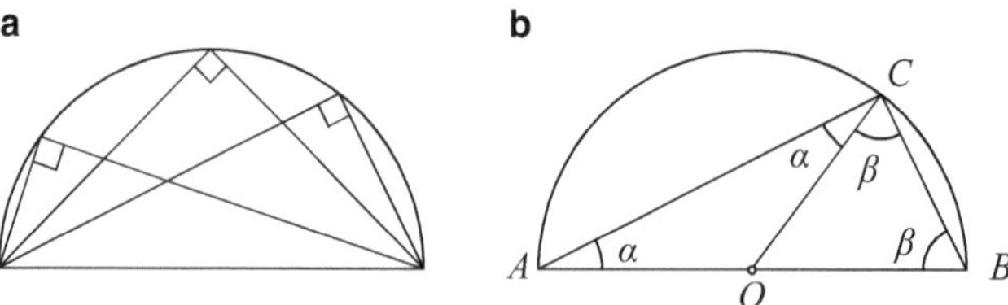

Abb. 4.2

4.2 Der Höhensatz von Euklid und der geometrische Mittelwert

In Abschn 2.2 sind wir dem *geometrischen Mittelwert* $\sqrt{ab}$ von zwei positiven Zahlen a und b begegnet (und wir werden nochmals in den Abschn. 13.4 und 18.4 darauf zurückkommen). Weshalb bezeichnet man diesen Mittelwert als „geometrisch"? Die drei Zahlen a, $\sqrt{ab}$, b bilden eine geometrische Folge, ebenso wie die drei Zahlen a, $(a + b)/2$, b eine arithmetische Folge bilden (wobei $(a + b)/2$ der arithmetische Mittelwert von a und b ist). Wahrscheinlicher ist jedoch, dass die Antwort in einer rein geometrischen Konstruktion liegt, die sich in Proposition 13 von Buch VI der *Elemente* von Euklid findet und in Abb 4.3a wiedergegeben ist.

Die Konstruktion aus Abb. 4.3a beruht auf dem Korollar zu Proposition 8 in diesem Buch, auch bekannt als

Höhensatz des Euklid *Die Länge der Höhe zur Hypotenuse eines rechtwinkligen Dreiecks ist gleich dem geometrischen Mittel der beiden Längen der durch die Höhe unterteilten Hypotenusenabschnitte.*

Für Abb 4.3a gilt somit $h = \sqrt{ab}$.

Nach dem Satz des Thales ist ABC ein rechtwinkliges Dreieck, und die Höhe CD unterteilt ABC in zwei Dreicke ACD und BCD, die beide ähnlich zu ABC sind. Für die Verhältnisse entsprechender Seiten in ACD und BCD gilt $a/h = h/b$, sodass $h = \sqrt{ab}$ der geometrische Mittelwert von a und b ist.

Da $h^2 = ab$, ist h die Seitenlänge eines Quadrats, dessen Fläche gleich der eines Rechtecks mit den Seiten a und b ist. In diesem Sinne erhalten wir ein geometrisches Mittel von a und b. Das arithmetische Mittel $(a + b)/2$ von a und b erscheint in Abb 4.3b als der Radius des Halbkreises. Da der Radius zu dem Punkt C (nicht eingezeichnet) mindestens so lang wie h ist, erhalten wir einen weiteren Beweis für die Ungleichung zwischen dem arithmetischen und geometrischen Mittelwert: $(a + b)/2 \geq \sqrt{ab}$.

Wenn wir ein Quadrat konstruieren können, dessen Fläche gleich der Fläche einer vorgegebenen Figur ist, sprechen wir von einer *Quadratur* dieser Figur. Abbildung 4.3a können wir entnehmen, wie man eine Quadratur eines Rechtecks erhält. Für die Quadratur eines Dreiecks muss man zunächst ein flächengleiches Rechteck konstruieren. Für die Quadratur eines konvexen n-Ecks muss man dieses zunächst in Dreiecke unterteilen und dann eine Quadratur dieser Dreiecke vornehmen. Nach

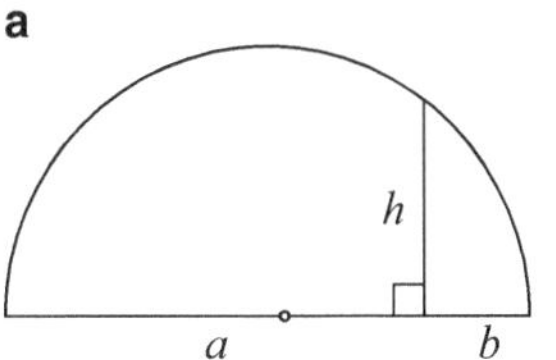

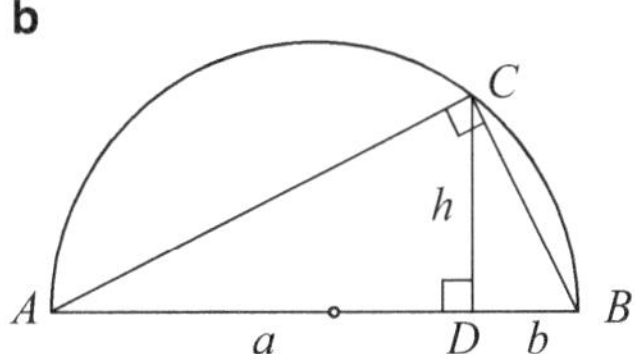

Abb. 4.3

dem Satz des Pythagoras können wir zu zwei Quadraten ein drittes mit der Gesamtfläche dieser Quadrate konstruieren und durch wiederholte Anwendung ein Quadrat mit der Fläche beliebig vieler Quadrate. Damit haben wir die Quadratur eines n-Ecks erreicht.

4.3 Der Halbkreis von Königin Dido

Die Legende von Dido ist uns aus dem Epos *Aeneis* des römischen Dichters Vergil (70–19 v. Chr.) überliefert. Dido war eine Prinzessin aus der phönizischen Stadt Tyros (im heutigen Libanon). Nachdem ihr Bruder ihren Ehemann ermordet hatte, musste Dido fliehen, und um 900 v. Chr. erreichte sie Afrika in der Nähe der Bucht von Tunis. Sie entschloss sich, von dem Herrscher, König Jarbas von Numidien, Land zu kaufen, sodass sie und ihr Gefolge sich dort niederlassen konnten. Dido zahlte Jarbas einen Geldbetrag, für den sie so viel Land erwerben durfte, wie sie mit dem Fell eines Ochsen umspannen konnte. Virgil (in der Übersetzung von W. Hertzberg) beschreibt die Szene wie folgt:

> Endlich landeten sie, wo du jetzt die gewaltigen Mauern
> Siehst und die eben erstehende Burg des neuen Karthago,
> Da von dem Grund so viel sie gekauft – man nennt mit der Tat ihn
> Byrsa –, so viel ein Stierfell wohl zu umspannen vermöchte.

Um so viel Land wie möglich zu erhalten, ließ Dido die Haut des Ochsen in dünne Streifen schneiden und zusammenbinden, wie es in dem Holzschnitt aus dem 17. Jahrhundert in Abb. 4.4 zu sehen ist. Auf diesem Landstück entstand später die Stadt Karthago.

Damit sind wir bei dem *Problem von Dido*: Wie sollte sie die Streifen auf dem Boden verlegen, damit sie so viel Land wie möglich umspannen konnte? Wenn der Boden flach ist und die Mittelmeerküste nahezu eine gerade Linie bildet, sollte man die Streifen in Form eines Halbkreises verlegen. Nach der Legende hat Dido genau das getan. Unser Beweis stammt aus [Niven, 1981], der ihn Jakob Steiner (1796–1863) zuschreibt.

Zum Beweis, dass der Halbkreis die optimale Lösung darstellt, benötigen wir zunächst ein einfaches Ergebnis: *Von allen Dreiecken mit zwei Seiten vorgegebener Länge und einer dritten Seite mit beliebiger Länge ist das Dreieck mit der größten Fläche das rechtwinklige Dreieck mit der beliebigen Seite als Hypotenuse.* Wenn die vorgegebenen Seiten die Längen a und b haben und θ den Winkel zwischen ihnen bezeichnet, dann ist die Fläche T des Dreiecks gleich $(ab \sin \theta)/2$. Für eine maximale Fläche T müssen wir nur $\sin \theta$ maximal wählen, und das ist für $\theta = 90°$ der Fall.

Das Problem von Dido ist eng verwandt mit dem *isoperimetrischen Problem* („isoperimetrisch" bedeutet „gleicher Umfang"): Welche Kurve unter allen geschlossenen Kurven fester Länge umschließt die größte Fläche? Der Unterschied ist, dass in Didos Fall nur die Länge der Streifen aus Stierfell vorgegeben war, sie

Abb. 4.4

aber so viel von der geraden Küstenlinie einbeziehen konnte, wie sie wollte. Wir bezeichnen die Lösung als

Satz von Dido *Angenommen, eine Kurve C von vorgegebener Länge und eine gerade Linie L umschließen eine Fläche. Wenn die Kurve C kein Halbkreis ist, können wir sie durch eine andere Kurve C′ derselben Länge ersetzen, sodass C′ und L ein Gebiet mit einer größeren Fläche umschließen. Wenn es also eine Kurve gibt, die zusammen (mit L) ein Gebiet maximaler Fläche umschließt, dann muss es sich um einen Halbkreis handeln.*

Es seien A und B die Endpunkte der Kurve C auf der geraden Linie L wie in Abb. 4.5a. Falls C kein Halbkreis ist, wissen wir nach dem Satz von Thales, dass es

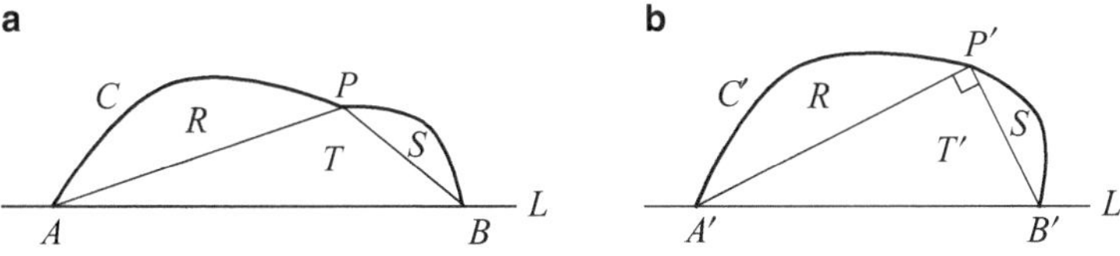

Abb. 4.5

einen Punkt P auf C gibt, sodass $\angle APB \neq 90°$. Das von C und L umschlossene Gebiet besteht nun aus drei Teilen: dem Gebiet R, das von der Strecke AP und C umfasst wird, dem Gebiet S, das von der Strecke BP und C umfasst wird, und dem Dreieck APB, das wir mit T bezeichnen.

Wir verschieben nun die Punkte A und B entlang L zu den Punkten A' und B', wobei wir $|A'P'| = |AP|$ und $|B'P'| = |BP|$ fest lassen, bis der Winkel $\angle A'P'B' = 90°$ wird, wie in Abb. 4.5b. Nach Konstruktion sind die grau unterlegten Flächen R und S unverändert, aber die Fläche von T' ist größer als die Fläche von T, sodass die Kurve C zu einer Kurve C' wurde, die dieselbe Länge wie C hat, aber eine größere Fläche mit L umfasst.

Wie in der Formulierung des Problems von Dido zum Ausdruck kommt, müssen wir die Existenz einer Kurve, die eine maximale Fläche umfasst, annehmen. Formal wurde die Existenz einer solchen Kurve von Karl Theodor Wilhelm Weierstrass (1815–1897) bewiesen.

4.4 Die Halbkreise des Archimedes

Das *Buch der Lemmata* (*Liber Assumptorum*, in der deutschen Übersetzung von Fritz Kliem [Kliem, 1914] wird es als *Buch der Hilfssätze* bezeichnet) ist eine Sammlung von fünfzehn mathematischen Sätzen und ihren Beweisen, die Archimedes (287–212 v. Chr.) zugeschrieben werden. Wir kennen es heute aus einer arabischen Übersetzung von Thabit ibn Qurra (836–901). Mehrere der Sätze im *Buch der Lemmata* beziehen sich auf Halbkreise und wir stellen vier davon vor: Satz 3, 4, 8 und 14. In Satz 3 geht es um eine Halbierung einer senkrechten Strecke in unserer Schlüsselfigur, Satz 8 verwendet den Halbkreis zur Drittelung eines Winkels, und die Sätze 4 und 14 beziehen sich auf Flächen von Figuren, die als *Arbelos* (Schustermesser) und *Salinon* (Salzfässchen) bekannt sind. In [Heath, 1897; Kliem, 1914] findet man alle Sätze und ihre Beweise.

Archimedes, Satz 3 *Es sei AB der Durchmesser eines Halbkreises. Die Tangenten an diesen Kreis im Punkt B und einem beliebigen anderen Punkt D schneiden sich im Punkt T. Zeichnet man nun DE senkrecht auf AB und treffen sich die Strecken AT und DE im Punkte F, dann ist $|DF| = |FE|$ (Abb. 4.6a).*

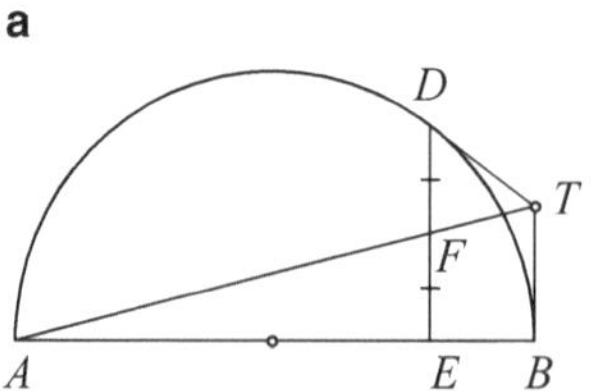

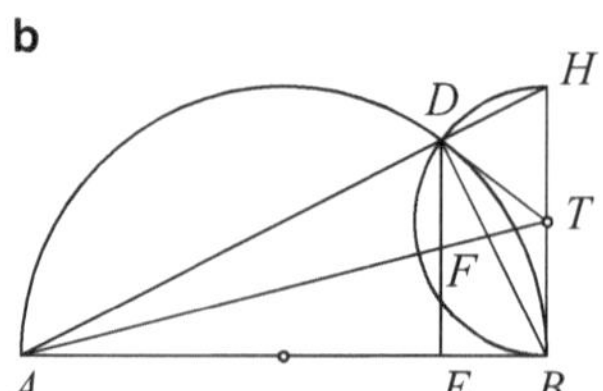

Abb. 4.6

Abb. 4.7

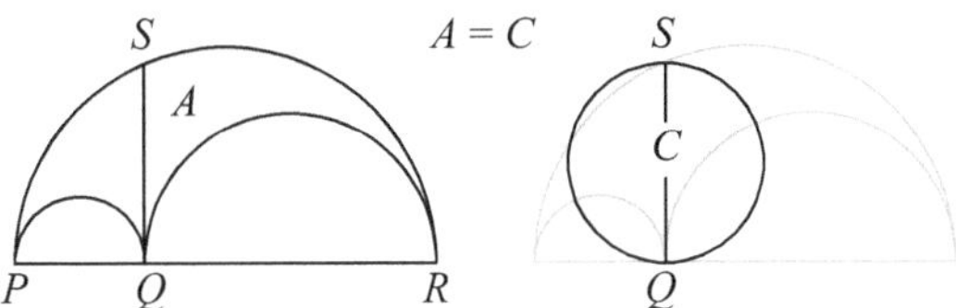

Man zeichne AD und verlängere diese Strecke sowie BT, bis sie sich im Punkt H treffen (Abb. 4.6b). Da $\angle ADB$ ein rechter Winkel ist, gilt dies auch für $\angle BDH$. Außerdem ist $|BT| = |TD|$. Also ist T der Mittelpunkt eines Halbkreises mit Durchmesser BH, und $|BT| = |TH|$. Da DE und BH parallel sind, folgt $|DF| = |FE|$.

Archimedes, Satz 4 *Es seien P, Q und R drei Punkte auf einer Geraden, und Q liege zwischen P und R. Man zeichne auf derselben Seite der Geraden die drei Halbkreise mit den Durchmessern PQ, QR und PR. Ein* Arbelos *ist die Figur, die von den drei Halbkreisen berandet wird. Man zeichne die Senkrechte zu PR im Punkt Q; diese schneide den größten Halbkreis bei S. Dann ist die Fläche A des Arbelos gleich der Fläche C des Kreises mit Durchmesser QS (Abb. 4.7).*

Es gibt einen direkten algebraischen Beweis von Satz 4, der auf dem geometrischen Mittelwert beruht und den wir in Aufgabe 4.2 vorstellen. Hier geben wir einen geometrischen Beweis [Nelsen, 2002b], der auf dem Satz des Pythagoras beruht. In Proposition 31 aus dem Buch VI der *Elemente* schreibt Euklid: *Im rechtwinkligen Dreieck ist eine Figur über der dem rechten Winkel gegenüberliegenden Seite den ähnlichen, über den den rechten Winkel umfassenden Seiten ähnlich gezeichneten Figuren zusammen gleich.* Als ähnliche Figuren über den Seiten wählen wir nun Halbkreise (Abb. 4.8).

In Abb 4.8a gilt $A + A_1 + A_2 = B_1 + B_2$, in Abb 4.8b ist $B_1 = A_1 + C_1$ und in Abbildung 4.8c ist $B_2 = A_2 + C_2$. Insgesamt erhalten wir aus diesen Gleichungen $A + A_1 + A_2 = A_1 + C_1 + A_2 + C_2$ oder $A = C_1 + C_2 = C$.

In Satz 8 verwendet Archimedes einen Kreis zur Drittelung eines Winkels. Wir stellen hier eine leicht abgewandelte Form mit einem Halbkreis vor [Aaboe, 1964].

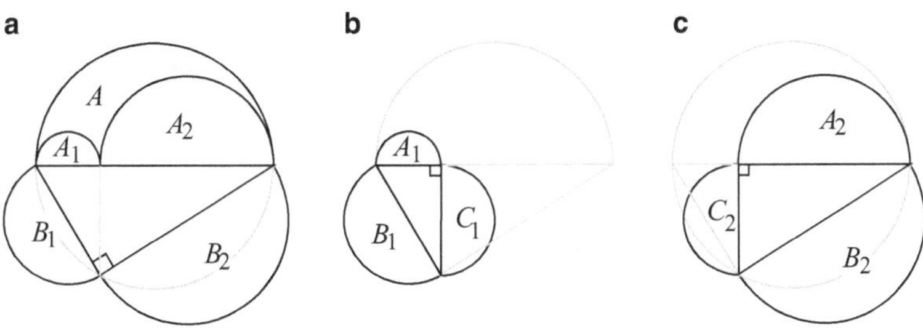

Abb. 4.8

Abb. 4.9

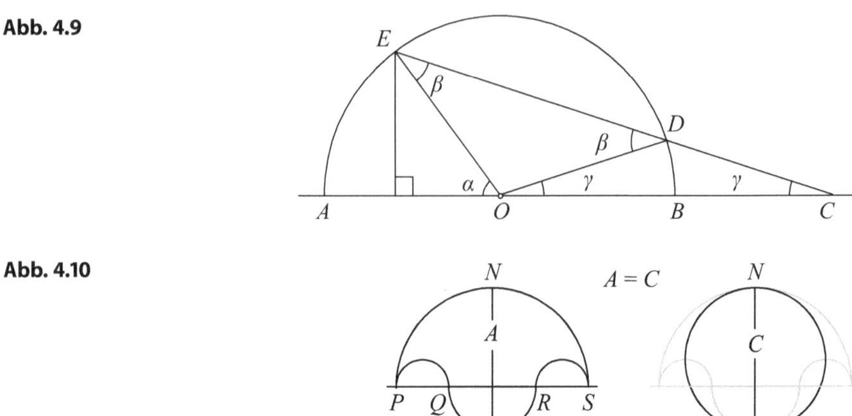

Abb. 4.10

Archimedes, Satz 8 *In einem Halbkreis mit Mittelpunkt O und Durchmesser AB sei $\angle AOE$ der zu drittelnde Winkel. Es sei C der Punkt auf der Verlängerung von AB, sodass die Strecke CE den Kreis bei D schneidet und $|CD|$ gleich dem Radius des Kreises ist. Dann ist $\angle ACE = (1/3)\angle AOE$ (Abb. 4.9).*

Es sei $\alpha = \angle AOE$. Da $|CD| = |OD| = |OE|$ sind die Dreiecke DOE und ODC gleichschenklig und haben somit jeweils gleiche Grundseitenwinkel β und γ (Abb. 4.9). Nach dem Außenwinkeltheorem (Proposition 32 in Buch I der *Elemente* von Euklid) gilt daher $\beta = 2\gamma$ und $\alpha = \beta + \gamma = 3\gamma$.

Mithilfe von Abb. 4.9 lassen sich auch die Formeln für das Dreifache eines Winkels für den Sinus und Kosinus ableiten (siehe Abschn. 7.5).

Archimedes, Satz 14 *Es seien P, Q, R, S vier Punkte auf einer Geraden (in dieser Reihenfolge), sodass $PQ = RS$. Oberhalb der Geraden zeichnen wir die Halbkreise mit den Durchmessern PQ, RS und PS, unterhalb der Geraden einen weiteren Halbkreis mit dem Durchmesser QR. Ein Salinon ist die Figur, die von den vier Halbkreisen umrandet wird. Die Symmetrieachse des Salinons schneide seinen Rand in den Punkten M und N. Dann ist die Fläche A des Salinons gleich der Fläche C des Kreises mit dem Durchmesser MN (Abb. 4.10).*

Für unseren Beweis [Nelsen, 2002a] verwenden wir die Tatsache, dass die Fläche eines Halbkreises gleich $\pi/2$ mal die Fläche des einbeschriebenen gleichschenkligen rechtwinkligen Dreiecks ist (Abb. 4.11).

Abb. 4.11

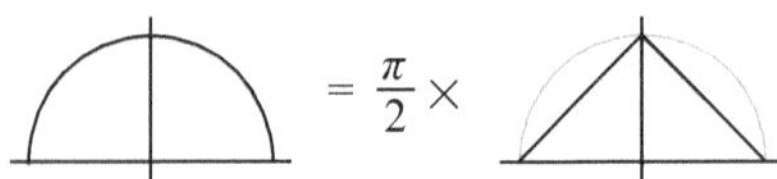

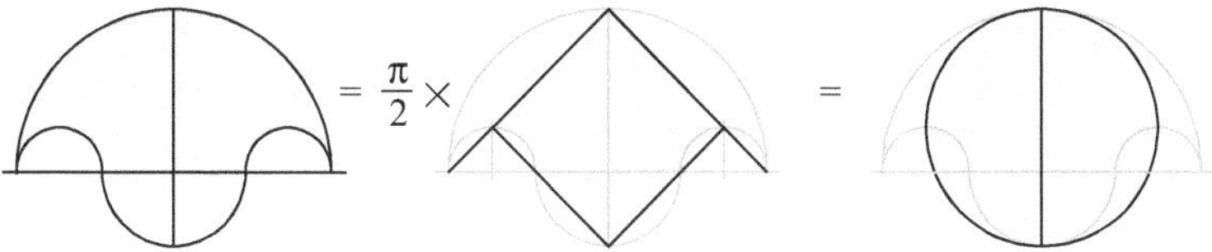

Abb. 4.12

Dementsprechend ist die Fläche des Salinons gleich $\pi/2$ mal der Fläche eines Quadrats (Abb. 4.12), und die ist wiederum gleich der Fläche eines Kreises, womit die Behauptung bewiesen ist.

4.5 Pappos und der harmonische Mittelwert

Der *harmonische Mittelwert* von zwei positiven Zahlen a und b wird oft als der Kehrwert des arithmetischen Mittelwerts der Kehrwerte von a und b definiert, also $([(1/a) + (1/b)]/2)^{-1}$, was sich zu $2ab/(a + b)$ vereinfacht. Die Bezeichnung „harmonisch" beruht auf der Beziehung zur harmonischen Folge $1, 1/2, 1/3, 1/4,$ ..., die in der Musik eine besondere Bedeutung hat. Bei der harmonischen Folge ist jeder Term gleich dem harmonischen Mittelwert seines Vorgängers und seines Nachfolgers, beispielsweise ist $1/3$ der harmonische Mittelwert von $1/2$ und $1/4$.

In Abb. 4.3a haben wir schon gesehen, wie der arithmetische und der geometrische Mittelwert von a und b als Strecken in einem Halbkreis vom Radius $a + b$ auftreten: Der Radius ist der arithmetische Mittelwert $(a + b)/2$ und die Halbsehne senkrecht zum Durchmesser ist der geometrische Mittelwert $\sqrt{ab}$. In Buch III seines Werks *Mathematische Sammlungen* fügte Pappos von Alexandrien (um 290–350) noch eine Strecke hinzu, die auch den harmonischen Mittelwert verdeutlicht (Abb. 4.13).

Wenn $|PG| = a$ und $|GQ| = b$ sind, dann sind der arithmetische Mittelwert $|AM| = (a + b)/2$ und der geometrische Mittelwert $|GM| = \sqrt{ab}$. Da GH senkrecht zu AM ist, sind die Dreiecke AGM und GHM zueinander ähnlich, sodass $|HM|/|GM| = |GM|/|AM|$. Also ist $|HM| = 2ab/(a + b)$ der harmonische Mittelwert, und es gilt $|HM| \leq |GM| \leq |AM|$. Außerdem ist der geometrische Mittelwert von a und b gleich dem geometrischen Mittelwert von $(a + b)/2$ und $2ab/(a + b)$.

Abb. 4.13

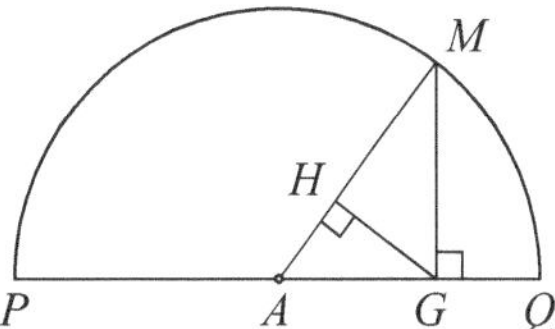

4.6 Weitere Identitäten für Winkelfunktionen

Die Winkelfunktionen lassen sich sowohl durch die Koordinaten von Punkten auf dem Einheitskreis als auch durch die Seitenverhältnisse rechtwinkliger Dreiecke ausdrücken. Zusammen mit unserer Schlüsselfigur, dem Halbkreis, können wir auf diese Weise eine Fülle an trigonometrischen Identitäten verdeutlichen.

In Abb. 4.2b ist die Beziehung $\angle BOC = 2\alpha$ eine unmittelbare Folgerung aus dem Außenwinkelsatz. Damit erhalten wir direkt die beiden Halbwinkelbeziehungen für die Tangensfunktion.

Aus dem hellgrauen Dreieck in Abb. 4.14 folgt $\tan(\theta/2) = \sin\theta/(1+\cos\theta)$, und aus dem dunkelgrauen Dreieck folgt $\tan(\theta/2) = (1 - \cos\theta)/\sin\theta$ [Walker, 1942]. Mit Abb. 4.14 lassen sich auch bestimmte Identitäten für inverse Winkelfunktionen ableiten (siehe Aufgabe 4.3).

Ersetzen wir in Abb. 4.14 den Winkel θ durch 2θ, erhalten wir die Doppelwinkelformeln für den Sinus und Kosinus (Abb. 4.15).

In dem hellgrauen Dreieck gilt $\sin\theta = \sin 2\theta/2\cos\theta$ und somit $\sin 2\theta = 2\sin\theta\cos\theta$, $\cos\theta = (1 + \cos 2\theta)/2\cos\theta$ oder $\cos 2\theta = 2\cos^2\theta - 1$. In dem dunkelgrauen Dreieck gilt $\sin\theta = (1 - \cos 2\theta)/2\sin\theta$, sodass $\cos 2\theta = 1 - 2\sin^2\theta$ [Woods, 1936]. Siehe Aufgabe 4.4 für eine weitere Ableitung dieser Beziehungen.

In Aufgabe 3.8 ging es um die Weierstrass-Substitution, die zur Berechnung von Integralen über rationale Funktionen von Sinus und Kosinus hilfreich ist. Die Variablensubstitution $z = \tan(\theta/2)$ führt für $\sin\theta$ und $\cos\theta$ auf rationale Funktionen in z, wie man Abb. 4.16 entnehmen kann.

Da $z = \tan(\theta/2)$, sind die Seitenlängen des hellgrauen Dreiecks 1, z, und $\sqrt{1 + z^2}$, und dementsprechend ist die Hypotenuse des dunkelgrauen Dreiecks $2\sin(\theta/2) = 2z/\sqrt{1 + z^2}$. Da die beiden grau unterlegten Dreiecke ähnlich sind,

Abb. 4.14

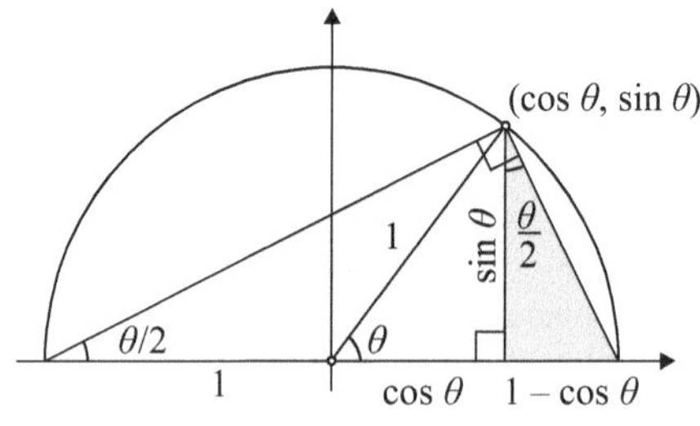

Abb. 4.15

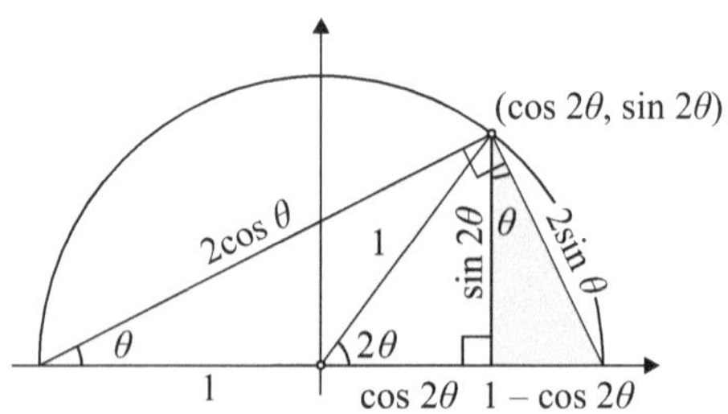

Abb. 4.16

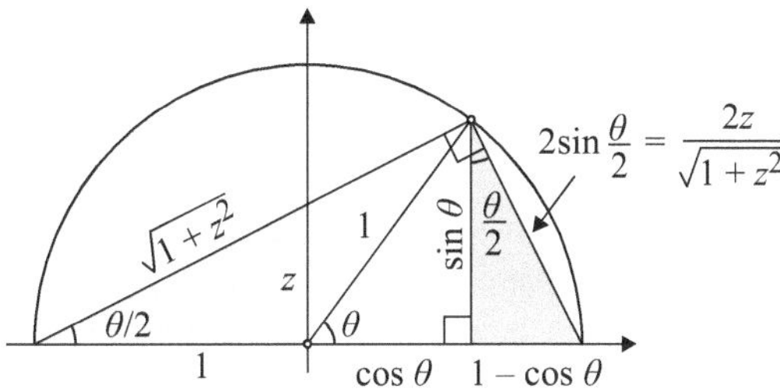

folgt:

$$\frac{\sin\theta}{2z/\sqrt{1+z^2}} = \frac{1}{\sqrt{1+z^2}} \quad \text{und} \quad \frac{1-\cos\theta}{2z/\sqrt{1+z^2}} = \frac{z}{\sqrt{1+z^2}}$$

und somit $\sin\theta = 2z/(1+z^2)$ und $\cos\theta = (1-z^2)/(1+z^2)$ [Deiermann, 1998].

4.7 Flächen und Umfänge regulärer Vielecke

Es gibt eine nette Beziehung zwischen dem Umfang eines regulären Vielecks mit n Seiten (einem n-Eck) und der Fläche eines regulären Vielecks mit $2n$ Seiten, wenn beide einem Kreis vom Radius r einbeschrieben sind. Es seien s_n die Seitenlänge, $P_n = ns_n$ der Umfang und A_n die Fläche eines regulären n-Ecks, dann ist die Fläche $A_{2n}/2n$ des grauen Dreiecks in Abb. 4.17 gleich der Hälfte seiner Grundlinie r multipliziert mit seiner Höhe $s_n/2$, also $A_{2n}/2n = rs_n/4$.

Somit ist die Fläche des $2n$-Ecks $A_{2n} = rns_n/2 = rP_n/2$, also einhalb mal das Produkt aus dem Umkreisradius und dem Umfang des n-Ecks. Beispielsweise ist der Umfang eines regulären Sechsecks, das einem Kreis vom Radius r einbeschrieben ist, gleich $P_6 = 6r$, und damit ist die Fläche eines demselben Kreis einbeschriebenen regulären Zwölfecks $A_{12} = rP_6/2 = 3r^2$.

Eine Folgerung aus dieser Beziehung ist, dass die Fläche eines Kreises gleich einhalb mal dem Produkt aus seinem Radius und seinem Umfang ist. Diese Tatsache kannte bereits der indische Mathematiker Bhāskara (um 1114–1185).

Abb. 4.17

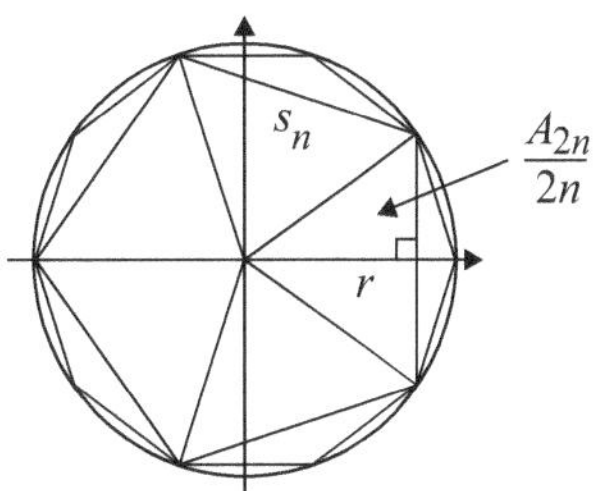

4.8   Euklids Konstruktion der fünf platonischen Körper

Das letzte der dreizehn Bücher der *Elemente* von Euklid beschäftigt sich mit den fünf Platonischen Körpern – dem Tetraeder, Würfel, Oktaeder, Dodekaeder und Ikosaeder. Nach vielen Propositionen über die einzelnen Körper beschreibt Proposition 18, die letzte Proposition des letzten Buchs, eine Konstruktion für die Kantenlängen jedes der Körper, wenn sie derselben Kugelfläche einbeschrieben sind. Die Konstruktion ist erstaunlich einfach und beruht auf einem Halbkreis und mehreren Streckenabschnitten senkrecht zum Durchmesser. Abbildung 4.18 zeigt eine vereinfachte Version einer Figur, die in vielen Übersetzungen der *Elemente* erscheint.

Man zeichne einen Halbkreis mit AB als Durchmesser und bestimme die Punkte C und D auf AB, sodass $|AC| = |CB|$ und $|AD| = 2|DB|$. Außerdem zeichne man AG senkrecht auf AB mit $|AG| = |AB|$. Der Schnittpunkt von GC mit dem Halbkreis sei H, und man zeichne die Strecke HK senkrecht zu AB. Schließlich zeichne man CE und DF senkrecht zu AB sowie AH, AE, AF und BF. Abschließend bestimme man noch den Punkt N auf BF, sodass $|BF| = \phi|BN|$, wobei $\phi = (1 + \sqrt{5})/2$ der Goldene Schnitt ist, also die positive Wurzel der quadratischen Gleichung $\phi^2 = \phi + 1$. (Diese Konstruktion beschreibt Euklid in Proposition II.11.) Dann folgt:

> AF ist die Kante des Tetraeders,
> BF ist die Kante des Würfels,
> AE ist die Kante des Oktaeders,
> BN ist die Kante des Dodekaeders und
> AH ist die Kante des Ikosaeders.

Wir zeigen die letzte Behauptung und überlassen die anderen Aufgabe 4.8. Die zwölf Eckpunkte eines Ikosaeders mit Kantenlänge s lassen sich durch die Eckpunkte von drei *Goldenen Rechtecken* mit den Kantenlängen s und $s\phi$ beschreiben (Abb. 4.19).

Bezeichnen wir in Abb 4.18 $|AB| = d$, folgt aus einfacher Dreiecksgeometrie $|AH| = d/\sqrt{2 + \phi}$. Andererseits ist die Diagonale des Goldenen Rechtecks gleichzeitig der Durchmesser der Kugel, also $d = \sqrt{s^2 + s^2\phi^2} = s\sqrt{2 + \phi}$. Damit ergibt sich wie gefordert $s = d/\sqrt{2 + \phi} = |AH|$.

Abb. 4.18

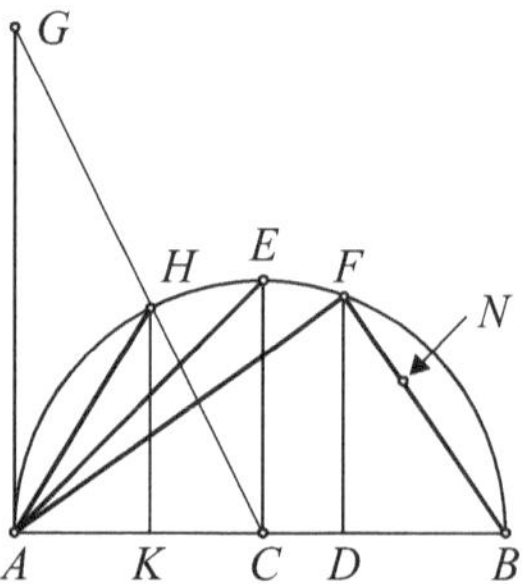

Abb. 4.19

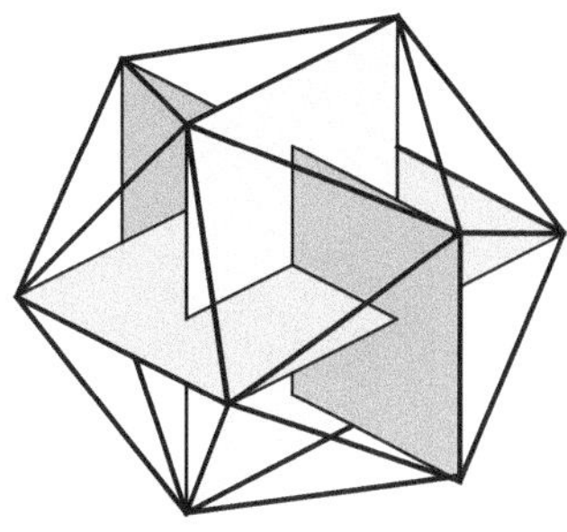

4.9 Aufgaben

4.1 Man beweise die Umkehrung des Satzes von Thales: Die Hypotenuse eines rechtwinkligen Dreiecks ist der Durchmesser seines Umkreises.

4.2 Man beweise Satz 4 aus dem *Buch der Lemmata* mithilfe der Tatsache, dass in Abb. 4.7 $|QS|$ der geometrische Mittelwert von $|PQ|$ und $|QR|$ ist.

4.3 Viele Identitäten der Umkehrfunktionen der Winkelfunktionen sind äquivalent zu Identitäten der Winkelfunktionen. Man zeige die folgenden Identitäten, indem man in Abb. 4.14 die Seiten und Winkel geeignet umbenennt:

$$\text{(i)}\qquad \frac{\arcsin x}{2} = \arctan\frac{x}{1+\sqrt{1-x^2}} = \arctan\frac{1-\sqrt{1-x^2}}{x}\;;$$

$$\text{(ii)}\qquad \frac{\arccos x}{2} = \arctan\frac{1-x}{\sqrt{1-x^2}} = \arctan\frac{\sqrt{1-x^2}}{1+x} = \arctan\sqrt{\frac{1-x}{1+x}}\;;$$

$$\text{(iii)}\qquad \frac{\arctan x}{2} = \arctan\frac{x}{1+\sqrt{1+x^2}} = \arctan\frac{\sqrt{1+x^2}-1}{x}\;.$$

4.4 Man leite mithilfe von Abb. 4.20 die Doppelwinkelformeln für den Sinus und Kosinus ab. (Hinweise: Berechnen Sie die Fläche des grauen Dreiecks auf zwei Weisen und drücken Sie die Länge der Sehne auf zwei Weisen aus.)

4.5 Zeigen Sie mithilfe der Figur des Halbkreises, dass für x im Intervall $[0,1]$ die Ungleichung $\arctan x \le \arcsin x$ gilt.

Abb. 4.20

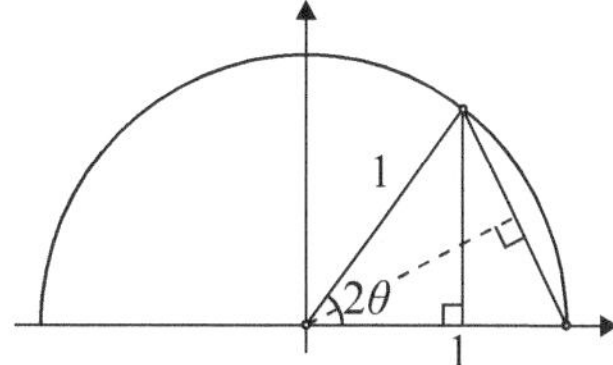

Abb. 4.21

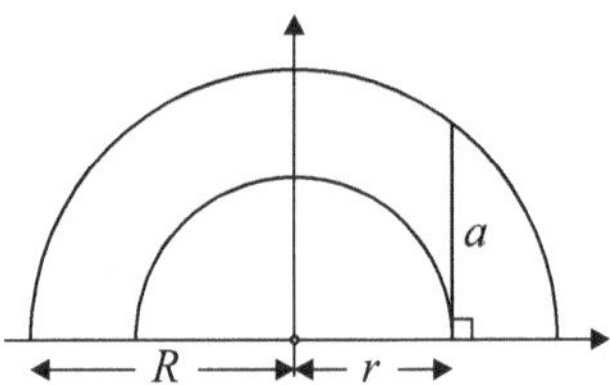

4.6 Man zeige, dass die Fläche des grau unterlegten Gebiets in Abb. 4.21 nur von a abhängt.

4.7 Wenn wir Halbkreise über den Katheten eines rechtwinkligen Dreiecks zeichnen, das einem Halbkreis einbeschrieben ist, erhalten wir über jeder Kathete eine *Sichel*: das Gebiet innerhalb des kleinen Halbkreises und außerhalb des großen. In Abb. 4.22 sind die Sicheln hellgrau unterlegt. Man zeige, dass die Gesamtfläche der beiden Sicheln gleich der Fläche des rechtwinkligen Dreiecks ist. Diese Beziehung kannte bereits Hippokrates von Chios (um 470–410 v. Chr.).

4.8 Man zeige, dass in Abb. 4.18 die Strecken AF, BF, AE und BN jeweils die Kanten des (i) Tetraeders, (ii) Würfels, (iii) Oktaeders und (iv) Dodekaeders sind, die einer Kugel vom Durchmesser AB einbeschrieben sind.

4.9 Eine weitere, ähnlich dem Arbelos aus drei Halbkreisbögen zusammengesetzte Kurve ist die herzförmige Kurve aus Abb. 4.23, die man auch die *Kardioide von Boščović* (Rugjer Boščović, 1711–1787) nennt. Man zeige, dass jede Gerade durch die Spitze den Umfang halbiert.

Abb. 4.22

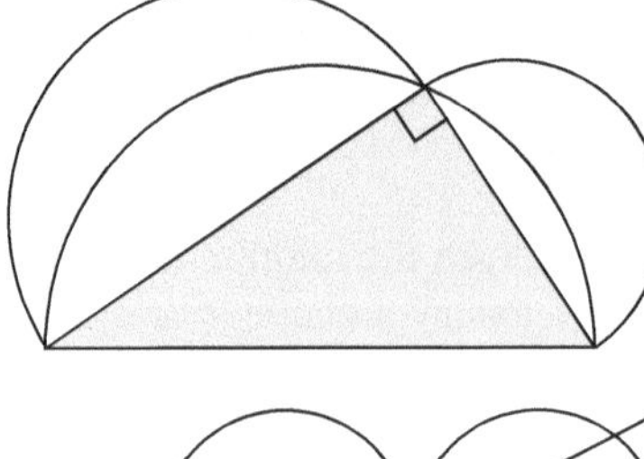

Abb. 4.23

Ähnliche Figuren

5

In der physikalischen Welt kann man die Abmessungen oder Menge einer Sache nicht vergrößern, ohne seine Eigenschaften zu ändern. Ähnliche Figuren gibt es nur in der reinen Geometrie.
(Paul Valéry)

Ähnliche Figuren gibt es nicht nur in der Geometrie, sondern überall. Unsere Schlüsselfigur für dieses Kapitel über ähnliche Figuren zeigt ein Paar ähnlicher Dreiecke. Die Gleichheit der Verhältnisse entsprechender Seiten von ähnlichen Dreiecken – der Strahlensatz von Thales – ist der Schlüssel, um Ähnlichkeiten von Figuren in der Geometrie zu nutzen. Die Folgerungen aus diesem Satz beziehen sich auf indirekte Messungen, trigonometrische Identitäten, geometrische Folgen und Reihen, usw.

Doch was sind „ähnliche" Figuren? Umgangssprachlich bezeichnen wir Figuren als ähnlich, wenn sie dieselbe Form haben oder wenn sie nach geeigneter Skalierung deckungsgleich gemacht werden können. Wenn wir es mit mathematischen (d. h. geometrischen) Objekten zu tun haben, wie mit Dreiecken oder anderen Vielecken, müssen wir etwas konkreter werden. Im Alltag gibt es unzählige Beispiele für ähn-

a   b

Abb. 5.1

© Springer-Verlag Berlin Heidelberg 2015
C. Alsina, R.B. Nelsen, *Perlen der Mathematik*, DOI 10.1007/978-3-662-45461-9_5

liche Gegenstände – sowohl Artefakte, wie die russischen Matrjoschka-Puppen in Abb. 5.1a, als auch in der Natur, wie die Elefantenmutter mit ihrem Jungen in Abb. 5.1b. Ähnlichkeiten gibt es auch bei Landkarten, Fotografien, Blumen, Blättern, Spielzeugautos und -zügen, Puppenhäusern und vielem mehr.

Wir beginnen mit einem Beweis des Strahlensatzes von Thales und behandeln einige seiner Folgerungen für rechtwinklige und allgemeine Dreiecke. Mithilfe ähnlicher Dreiecke werden wir Identitäten für Winkelfunktionen verdeutlichen, eine geometrische Reihe berechnen, den Satz von Menelaos beweisen und schließlich auf Anwendungen bei Parkettierungen eingehen.

Ähnlichkeit in der Literatur

Im Jahre 1726 veröffentlichte Jonathan Swift (1667–1745) seinen bekannten Roman *Gullivers Reisen*. Im ersten Teil strandet der Held Lemuel Gulliver an der Insel von Liliput. Kurz darauf trifft Gulliver auf „eine menschliche Kreatur, kaum sechs Zoll groß, mit Pfeil und Bogen in seinen Händen". Die Bewohner von Liliput waren in jeder Hinsicht ähnlich den Engländern, hatten allerdings nur ein Zwölftel der Größe. Im zweiten Teil landet Gulliver im Land Brobdingnag, wo die Einwohner wiederum den Engländern ähnlich sind, allerdings um das Zwölffache größer. Swift nutzt die Größenunterschiede zwischen Gulliver und den Bewohnern von Liliput und Brobdingnag für soziale Kritik und politische Sticheleien.

Charles Lutwidge Dodgson (1832–1898), besser bekannt als Lewis Carroll, veröffentlichte im Jahre 1865 *Alice im Wunderland*. Im ersten Kapitel findet die ungefähr zehn Jahre alte Alice eine kleine Flasche mit einem Zettel, auf dem „TRINK MICH" steht, was sie auch tut. Sie schrumpft zu eine Größe von zehn Zoll, doch in jeder anderen Hinsicht ist sie immer noch Alice. Alice fragt sich, wie lange sie noch schrumpfen wird. „Denn wer weiß, ob ich dann nicht am Ende ganz verlösche, wie eine Kerze." Manche Mathematiker behaupten, dieses Zitat sei Carrolls Bezug auf das Konzept eines Grenzwerts.

5.1 Der Strahlensatz von Thales

Ähnliche Dreiecke sind Dreiecke mit derselben Form, aber nicht unbedingt derselben Größe. Etwas genauer sind in ähnlichen Dreiecken die entsprechenden Winkel gleich, sodass die Dreiecke nach einer geeigneten Skalierung deckungsgleich werden. Der *Strahlensatz von Thales* besagt, dass die Verhältnisse entsprechender Seiten von ähnlichen Dreiecken gleich sind. Wir beweisen den Satz zunächst für die Katheten ähnlicher rechtwinkliger Dreiecke.

Abb. 5.2

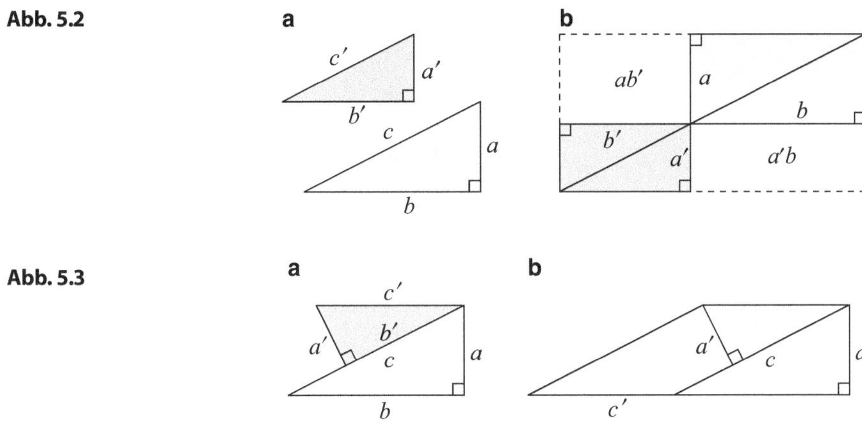

Abb. 5.3

Gegeben seien zwei ähnliche rechtwinklige Dreiecke (a, b, c) and (a', b', c') wie in Abb. 5.2a. Wir können dann das Rechteck in Abb. 5.2b konstruieren. Seine Diagonale teilt das Rechteck in zwei kongruente rechtwinklige Dreiecke gleicher Fläche. Da die Flächen der gleichartig unterlegten Dreiecke gleich sind, müssen auch die Flächen ab' und $a'b$ der weißen Rechtecke gleich sein, und daraus folgt $a'/a = b'/b$.

Um den Satz auch auf die Hypotenusen c und c' zu erweitern, legen wir die Dreiecke wie in Abb. 5.3a zusammen und zeichnen das grau unterlegte Parallelogramm in Abb. 5.3b. Wir berechnen die Fläche des Parallelogramms auf zwei Weisen und erhalten $a'c = ac'$, woraus folgt $a'/a = c'/c$ und somit $a'/a = b'/b = c'/c$.

Vielleicht einer der einfachsten Beweise für den Satz des Pythagoras verwendet nur die Gleichheit der Verhältnisse entsprechender Seiten in ähnlichen rechtwinkligen Dreiecken. In Abb. 5.4 haben wir mit der Höhe h auf die Hypotenuse c das rechtwinklige Dreieck in zwei Dreiecke unterteilt, die beide ähnlich zu dem ursprünglichen Dreieck sind. Es seien x und y die angegebenen Teilstrecken der Hypotenuse des Dreiecks (a, b, c).

Die Dreiecke (a, b, c), (x, h, a) und (h, y, b) sind ähnlich, also gilt $x/a = a/c$ und $y/b = b/c$ und somit $x = a^2/c$ und $y = b^2/c$. Da $x + y = c$ folgt $a^2 + b^2 = c^2$. Außerdem ist $x/y = (a/b)^2$ und $xy = (ab/c)^2$.

Abb. 5.4

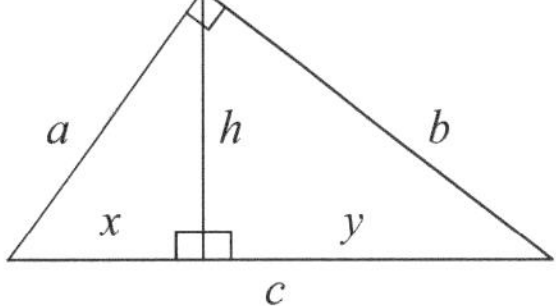

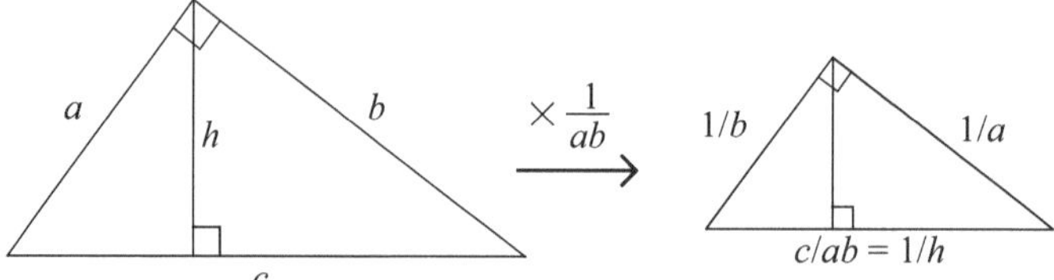

Abb. 5.5

Ähnliche Dreiecke erlauben auch einen Beweis für folgenden Satz:

Reziproker Satz des Pythagoras *Wenn a und b die Katheten eines rechtwinkligen Dreiecks sind und h die Höhe zur Hypotenuse c, dann sind* $1/a$ *und* $1/b$ *die Katheten eines ähnlichen rechtwinkligen Dreiecks mit der Hypotenuse* $1/h$ *und somit folgt* $(1/a)^2 + (1/b)^2 = (1/h)^2$.

Abbildung 5.5 zeigt einen Beweis, bei dem lediglich die Fläche des ursprünglichen Dreiecks in der Form $ab/2 = ch/2$ ausgedrückt werden muss.

Mit ähnlichen rechtwinkligen Dreiecken lässt sich auch eine Gleichung für die Summe einer geometrischen Reihe mit positivem ersten Term a und gemeinsamem Verhältnis $r < 1$ veranschaulichen [Bivens und Klein, 1988]. Man zeichnet das große weiße rechtwinklige Dreieck in Abb. 5.6 ähnlich zu dem kleinen grauen Dreieck und unterteile es mithilfe der parallelen grauen Strecken in ähnliche Trapeze. An den Grundseiten haben die Trapeze eine Länge, die den Termen der Reihe entspricht, und da das kleine graue rechtwinklige Dreieck ähnlich zu dem großen weißen Dreieck ist, folgt:

$$\frac{a + ar + ar^2 + \cdots}{1} = \frac{a}{1-r} \, .$$

Wir erweitern nun den Strahlensatz von Thales auf beliebige Paare ähnlicher Dreiecke. Angenommen, ABC und $A'B'C'$ sind ähnliche Dreiecke mit den üblichen Bezeichnungen für die Seiten a, b, c bzw. a', b', c'. Ohne Einschränkung der

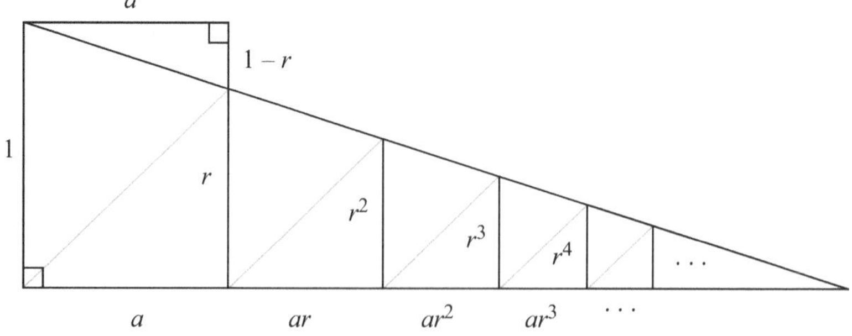

Abb. 5.6

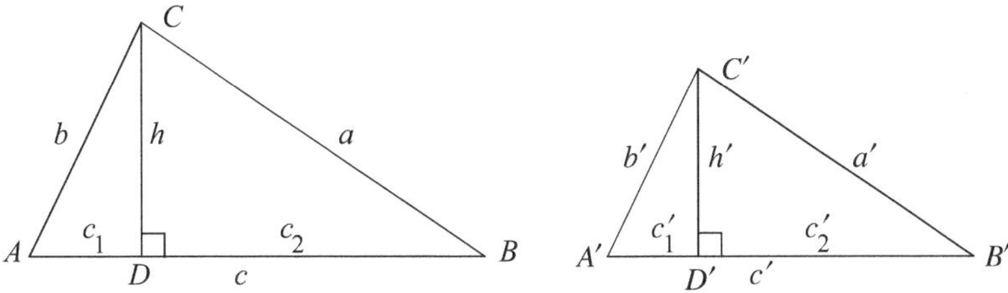

Abb. 5.7

Allgemeinheit nehmen wir an, dass bei C der größte Winkel von ABC ist (oder einer der größten, falls es mehrere geben sollte), und wir zeichnen die Höhe CD von C auf AB und entsprechend die Höhe $C'D'$ von C' auf $A'B'$. Da die Winkel bei A und B spitz sind, liegt D zwischen A und B und entsprechend liegt D' zwischen A' und B' (Abb. 5.7). Es seien $h = |CD|$, $h' = |C'D'|$, $c_1 = |AD|$, $c_1' = |A'D'|$, $c_2 = |BD|$ und $c_2' = |B'D'|$.

Da die rechtwinkligen Dreiecke ACD und BCD jeweils ähnlich zu den Dreiecken $A'C'D'$ bzw. $B'C'D'$ sind, erhalten wir:

$$\frac{c_1'}{c_1} = \frac{b'}{b} = \frac{h'}{h} = \frac{a'}{a} = \frac{c_2'}{c_2}.$$

Es folgt, dass $c_1'/c_2' = c_1/c_2$, und wenn wir auf beiden Seiten 1 addieren, erhalten wir $c'/c_2' = c/c_2$ bzw. äquivalent $c'/c = c_2'/c_2$. Damit folgt das gesuchte Ergebnis: $a'/a = b'/b = c'/c$.

In Kap. 1 haben wir den Satz des Pythagoras mithilfe des Stuhls der Braut – drei Quadrate über den Seiten eines rechtwinkligen Dreiecks – bewiesen. Nach Proposition 31 in Buch VI von Euklids *Elementen* können wir drei beliebige ähnliche Figuren verwenden. In Abschn. 4.4 hatten wir beispielsweise Halbkreise verwendet und Aufgabe 8.7 bezieht sich auf gleichseitige Dreiecke.

Die folgende Identität für positive Zahlen a, b, c, d wird sich für die nächste Anwendung in diesem Abschnitt als hilfreich erweisen: Sofern $a/b = c/d \neq 1$, gilt:

$$\frac{a+b}{a-b} = \frac{c+d}{c-d}.$$

Ohne Einschränkung der Allgemeinheit nehmen wir zunächst $a > b$ und $c > d$ an und betrachten die ähnlichen rechtwinkligen Dreiecke mit den Katheten a, c und b, d wie in Abb. 5.8a.

Wir verwenden zwei Kopien des kleineren Dreiecks und eine Kopie des größeren und konstruieren das Dreieck aus Abb. 5.8b. Somit ist das kleine dunkelgrau unterlegte Dreieck mit den Katheten $a - b$ und $c - d$ ähnlich zu dem größeren Dreieck mit den Katheten $a + b$ und $c + d$. Daraus folgt das gesuchte Ergebnis.

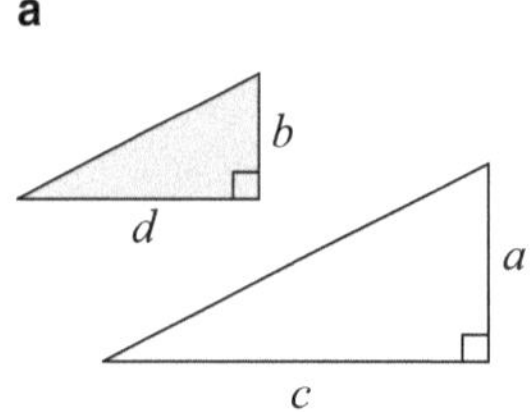
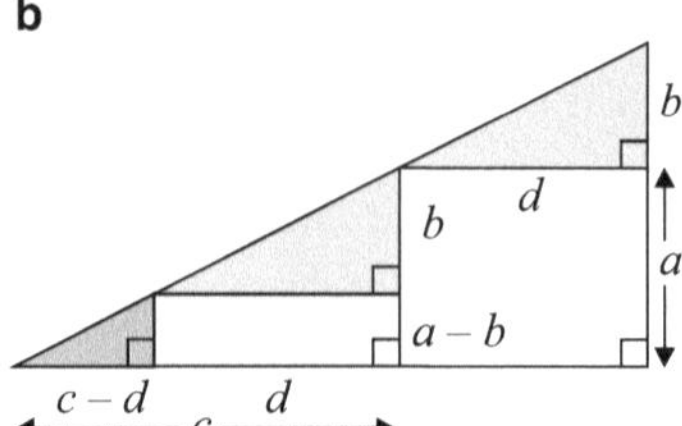

Abb. 5.8

Abb. 5.9

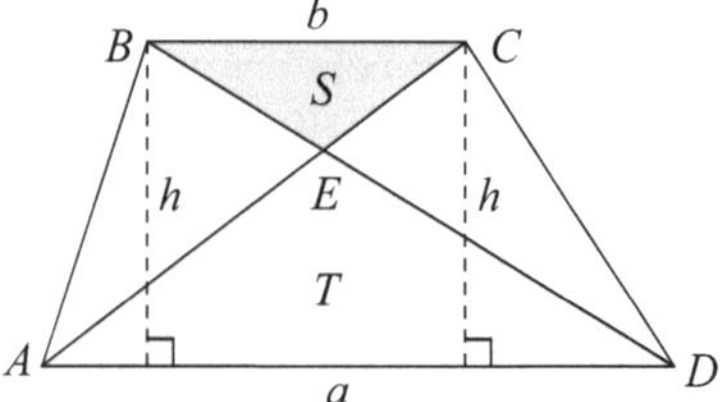

Nun betrachten wir das Trapez $ABCD$ aus Abb. 5.9. Es sei E der Schnittpunkt der Diagonalen AC und BD und S und T seien jeweils die Flächen der Dreiecke BCE bzw. ADE. Bezeichnen wir mit K die Fläche von $ABCD$, so gilt $K = (\sqrt{T} + \sqrt{S})^2$.

Zum Beweis dieser etwas überraschenden Beziehung stellen wir zunächst fest, dass BCE und ADE ähnliche Dreiecke sind und somit $T/S = (a/b)^2$ oder $a/b = \sqrt{T}/\sqrt{S}$. Aus unserem vorherigen Ergebnis folgt damit $(a+b)/(a-b) = (\sqrt{T} + \sqrt{S})/(\sqrt{T} - \sqrt{S})$. Wir berechnen die Fläche des Dreiecks ABE (oder CDE) auf zwei Weisen und erhalten $ah/2 - T = bh/2 - S$ und somit $(a-b)h/2 = T - S$, sodass, wie behauptet,

$$K = \frac{a+b}{2}h = \frac{a-b}{2}h \cdot \frac{a+b}{a-b} = (T-S)\frac{\sqrt{T}+\sqrt{S}}{\sqrt{T}-\sqrt{S}} = (\sqrt{T}+\sqrt{S})^2 \,.$$

Reduktionszirkel

Ein *Reduktionszirkel* ist ein Zeicheninstrument, das im 16. Jahrhundert in Italien erfunden wurde und mit dem sich Zeichnungen verhältnistreu vergrößert oder verkleinert reproduzieren lassen. Es besteht aus zwei sich schneidenden Schenkeln mit spitzen Enden und einem einstellbaren Mittelpunkt. Die Abstände zwischen gegenüberliegenden Enden bilden einfache Verhältnisse, wie 1 : 3 oder 1 : 5. Abbildung 5.10 zeigt ein Beispiel aus Messing aus dem 17. Jahrhundert aus dem Institut und Museum für Wissenschaftsgeschichte in Florenz.

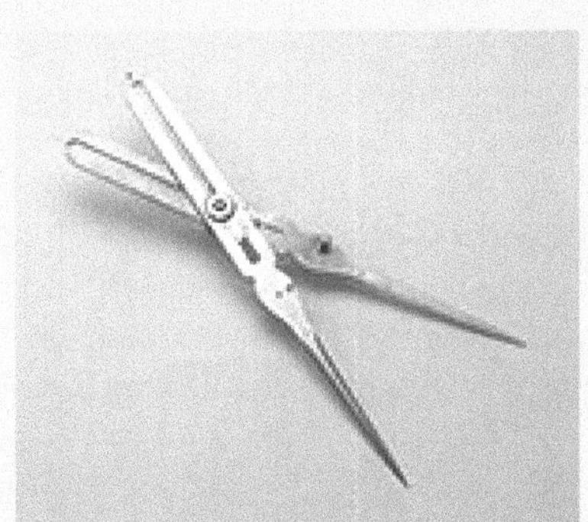

Abb. 5.10 © Museo Galileo, Firenze; reduction compass, Inv. 3686

Wir beenden diesen Abschnitt mit einem weiteren Satz aus dem bereits in Kap. 4 erwähnten *Buch der Lemmata* von Archimedes [Heath, 1897]. Der Beweis verwendet Seitenverhältnisse bei ähnlichen Dreiecken.

Archimedes, Satz 1 *Wenn sich zwei Kreise in A berühren und BD und EF parallele Durchmesser dieser Kreise sind, dann liegen die Punkte ADF auf einer Geraden* (Abb. 5.11).

Es seien O und C die Mittelpunkte der Kreise. Wir verlängern OC bis zum Schnittpunkt mit den Kreisen im Punkt A und zeichnen parallel zu AO die Strecke DH mit dem Schnittpunkt H auf der Strecke OF. Da $|OH| = |CD| = |CA|$ und $|OF| = |OA|$, folgt $|HF| = |CO| = |DH|$. Also handelt es sich bei den Dreiecken ACD und DHF um ähnliche gleichschenklige Dreiecke, und es ist $\angle ADC = \angle DFH$. Wir addieren $\angle CDF$ zu beiden Winkeln und erhalten:

$$\angle ADC + \angle CDF = \angle CDF + \angle DFH = 180^\circ .$$

Damit liegen ADF auf einer Geraden.

Abb. 5.11

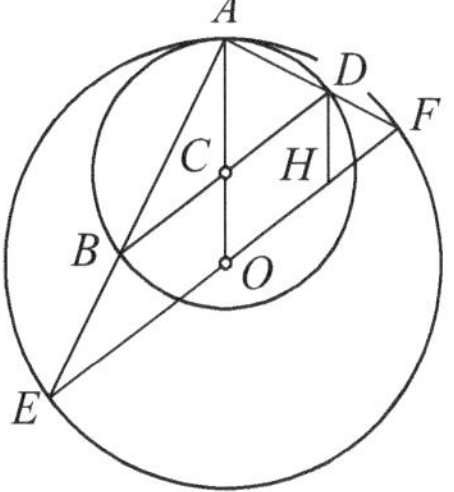

Der Pantograf

Ein *Pantograf* ist ein mechanisches Gerät zur Wiedergabe von Zeichnungen auf einer größeren oder kleineren Skala. Es gibt einen festen und zwei bewegliche Punkte, von denen der eine einen Zeiger hält, mit dem man die Zeichnung abfahren kann, und der andere eine Schreibvorrichtung, z. B. einen Bleistift, mit dem ein ähnliches Bild gezeichnet wird. Erfunden wurde der Pantograf von Christoph Scheiner (1573–1650) um 1603. Die Darstellung in Abb. 5.12 stammt aus Scheiners Veröffentlichung *Pantographice* von 1631.

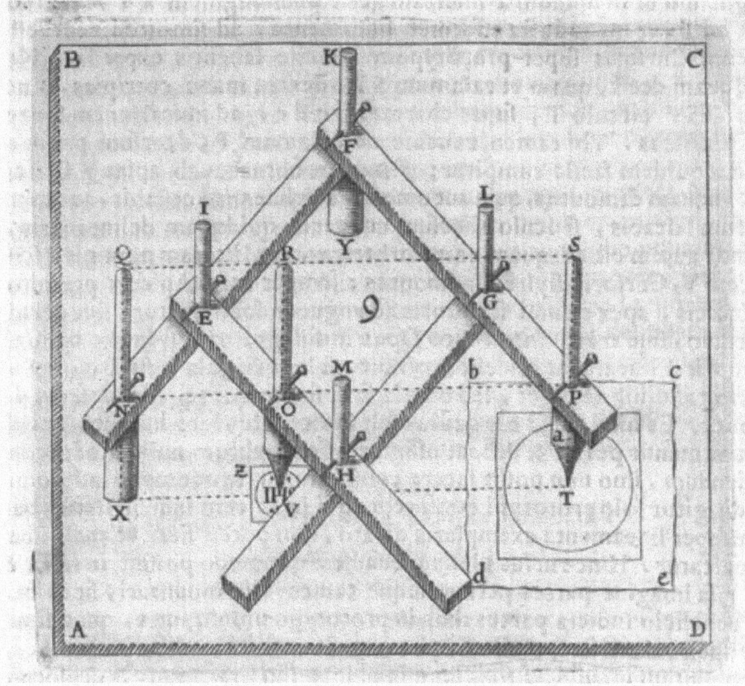

Abb. 5.12

5.2   Der Satz des Menelaos

Der folgende Satz wird gewöhnlich Menelaos von Alexandria zugeschrieben (um 70–140) und er ermöglicht einen Test, ob drei Punkte in einer Ebene auf einer Geraden liegen. Es gibt viele Beweise; hier verwenden wir den Strahlensatz.

Satz von Menelaos *X, Y, Z seien Punkte jeweils auf einer der (eventuell geeignet verlängerten) Seiten BC, CA und AB eines Dreiecks ABC, und diese Punkte seien*

Abb. 5.13

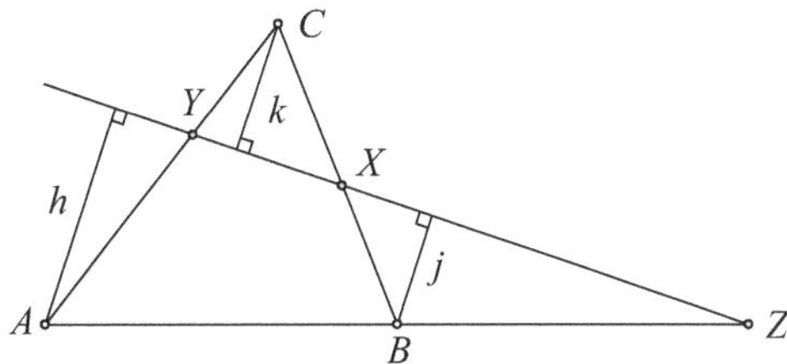

kollinear, d. h., sie liegen auf einer Geraden, dann gilt:

$$\frac{|BX|}{|CX|} \cdot \frac{|CY|}{|AY|} \cdot \frac{|AZ|}{|BZ|} = 1 \, . \tag{5.1}$$

Gilt umgekehrt (5.1) für drei Punkte X, Y, Z auf den (eventuell geeignet erweiterten) drei Seiten eines Dreiecks, dann sind die Punkte kollinear.

Angenommen, X, Y, Z seien kollinear. Es seien h, j und k jeweils die senkrechten Abstände von A, B, C auf die durch X, Y und Z bestimmte Gerade, wie in Abb. 5.13. Aus dem Strahlensatz für rechtwinklige Dreiecke folgt:

$$\frac{|BX|}{|CX|} = \frac{j}{k} \, , \quad \frac{|CY|}{|AY|} = \frac{k}{h} \quad \text{und} \quad \frac{|AZ|}{|BZ|} = \frac{h}{j} \, ,$$

woraus sich (5.1) ergibt. Damit X, Y und Z kollinear sind, muss entweder genau eine Seite oder es müssen alle drei Seiten verlängert werden.

Umgekehrt gelte nun (5.1). Wir wählen zwei der Punkte, beispielsweise X und Y, und betrachten den Punkt Z', der der Schnittpunkt von XY mit AB sein soll. Dann gilt $|AZ'|/|BZ'| = |AZ|/|BZ|$. Wir ziehen auf beiden Seiten 1 ab und erhalten $|AZ'|/|AB| = |AZ|/|AB|$, sodass $|AZ'| = |AZ|$ und $Z' = Z$.

Im nächsten Kapitel betrachten wir den Satz von Ceva, der in gewisser Hinsicht komplementär zum Satz von Menelaos ist. Der Satz von Menelaos gibt uns ein Kriterium, wann drei Punkte auf den Seiten eines Dreiecks kollinear sind, umgekehrt gibt uns der Satz von Ceva ein ähnliches Kriterium, wann sich drei Geraden durch die Eckpunkte eines Dreiecks in einem Punkt schneiden.

5.3 Reptiles

Im Englischen versteht man unter *Reptiles* (für *replicating tiles*) Formen, die man *Kacheln* nennt (Englisch *tiles*), bei denen es sich gewöhnlich um Vielecke handelt, und die sich zu einer größeren Version dieser Kacheln zusammenlegen lassen. Wenn n Kopien einer solchen Kachel eine größere Version der Kachel bilden, bezeichnet man sie als *rep-n*. Beispielsweise ist jedes Dreieck eine rep-4 Figur und eine rep-9 Figur, wie man in Abb. 5.14 erkennt. Man kann leicht zeigen, dass jedes Dreieck rep-k^2 für jede positive ganze Zahl k ist.

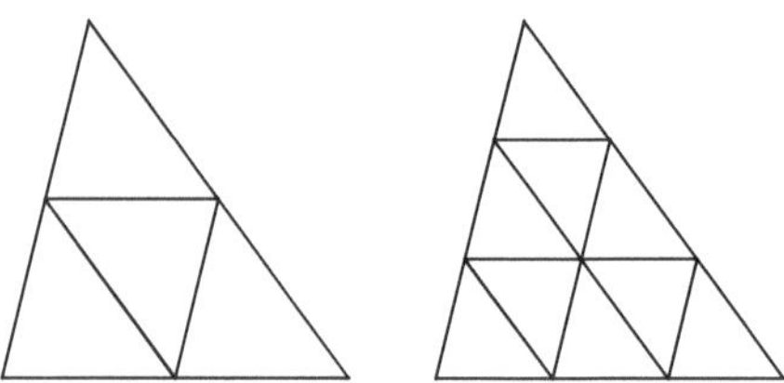

Bestimmte Dreiecke sind rep-n Kacheln für andere Werte von n. Das gleichschenklige rechtwinklige Dreieck ist rep-2, das 30°-60°-90° rechtwinklige Dreieck ist rep-3 und das rechtwinklige Dreieck, bei dem eine Kathete doppelt so lang ist wie die andere, ist rep-5, wie man in Abb. 5.15 erkennt. Ist ein Dreieck rep-n, so weiß man [Snover et al., 1991], dass n entweder eine Quadratzahl oder die Summe von zwei Quadraten oder dreimal eine Quadratzahl ist.

Die einzigen regulären Vielecke, die Reptiles sind, sind das gleichseitige Dreieck und das Quadrat. Allerdings gibt es viele (nicht reguläre) Vielecke mit dieser Eigenschaft. Beispielsweise ist jedes Parallelogramm ein Reptile. Eine interessante Klasse von Vielecken sind die *Polyominos*, eine Verallgemeinerung der Dominos. Ein Polyomino ist eine Vereinigung von Einheitsquadraten, bei denen jedes Quadrat mindestens eine Kante mit einem anderen Quadrat gemeinsam hat. Abbildung 5.16 zeigt ein Domino, zwei Formen von *Trominos* (gerade und L-förmig) und fünf Arten von *Tetrominos* (gerade, quadratisch, T-förmig, schief und L-förmig). Wie Dominos können auch Polyominos gedreht oder auf die Rückseite geklappt werden und behalten dabei ihren Typ.

Alle geraden und quadratischen Polyominos sind Reptiles. Auch das L-Tromino und das T- und L-Tetromino sind Reptiles, wie man in Abb. 5.17 erkennt.

Die Darstellung des T-Tetrominos als rep-16 Reptile legt nahe, dass ein Polyomino immer ein Reptile wird, wenn folgendes Kriterium erfüllt ist: Legt das

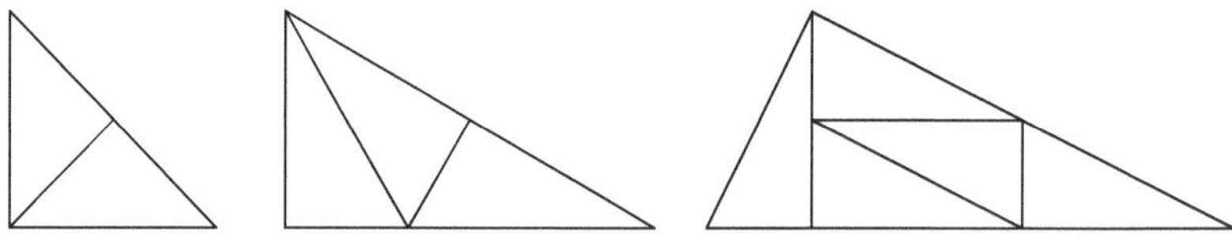

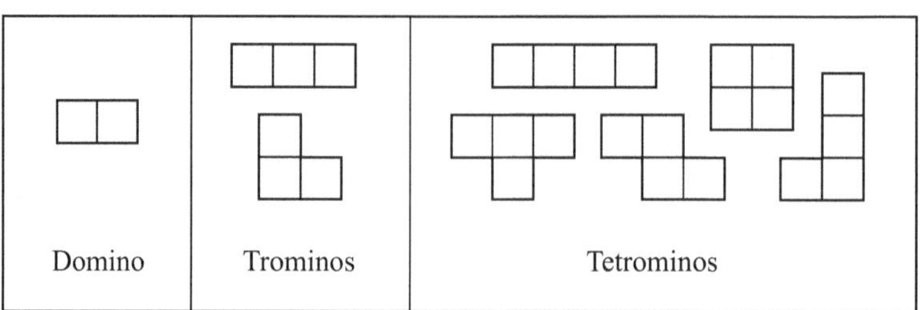

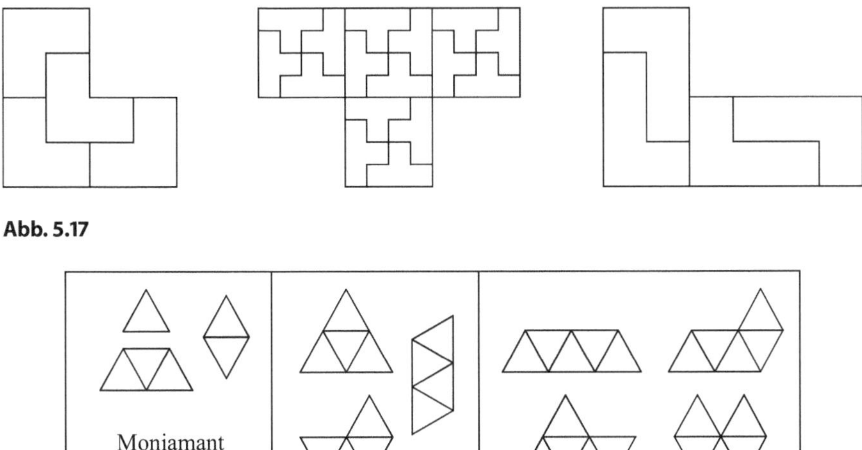

Abb. 5.17

Moniamant
Diamant
Triamant | Tetriamant | Pentiamant

Abb. 5.18

Polyomino als Kachel ein Quadrat aus, ist es ein Reptile. Es gilt sogar ein allgemeineres Kriterium: Wenn das Polyomino ein Rechteck auslegt, ist es ein Reptile. Dies sieht man leicht, wenn man bedenkt, dass $m \cdot n$ Kopien eines $m \times n$-Rechtecks ein Quadrat mit der Seitenlänge $m \cdot n$ bilden. Mit diesen Quadraten kann man eine größere Version des Polyominos auslegen.

Polyiamanten werden aus gleichseitigen Dreiecken in entsprechender Weise zusammengesetzt wie Polyominos aus Quadraten. Abbildung 5.18 zeigt den Moniamant, Diamant, Triamant, drei Arten von Tetriamanten und vier Arten von Pentiamanten.

Viele der Polyiamanten sind Reptiles. Sowohl der Triamant als auch der *Sphinx-Hexiamant* sind rep-k^2 Reptiles, wie man in Abb. 5.19 für $k = 2$ und 3 erkennt (es gibt zwölf Arten von Hexiamanten und mindestens drei weitere sind Reptiles). Mehr über Polyominos und Polyiamanten findet man in [Martin, 1991].

a   **b**

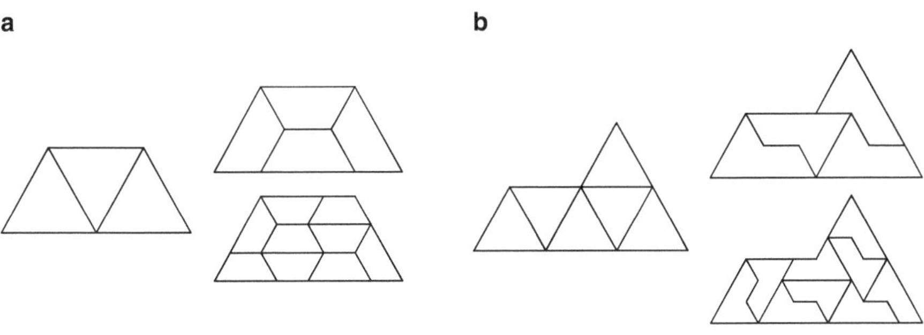

Abb. 5.19

Perfekte Kachelung

In einer Kachelung durch Reptiles sind alle kleinen Figuren deckungsgleich und ähnlich zu der großen Figur. Bei einer *perfekten Kachelung* sind alle kleinen Figuren ähnlich zu der großen Figur, aber keine zwei Figuren sind deckungsgleich. Jedes nicht gleichschenklige rechtwinklige Dreieck erlaubt eine perfekte Kachelung mit zwei Kacheln, wie man in Abb. 5.20a erkennt. Viele andere Dreiecke erlauben perfekte Kachelungen, wie beispielsweise das in Abb. 5.20b mit sechs Kacheln.

Abb. 5.20

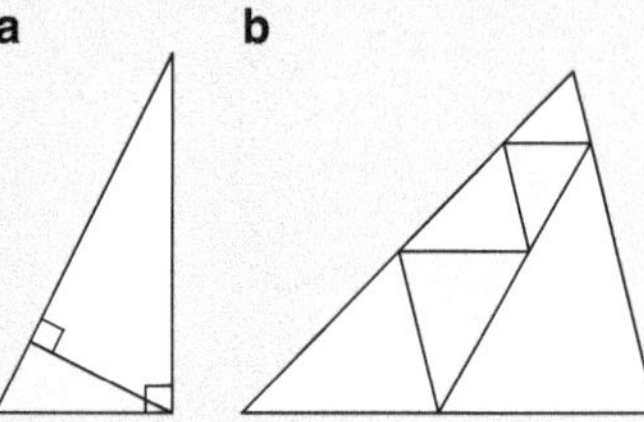

Die einzigen bekannten Vielecke mit sechs oder weniger Seiten, die perfekte Kachelungen mit nur zwei Kacheln ermöglichen, sind die schon erwähnten nicht gleichschenkligen rechtwinkligen Dreiecke und das *Goldene Be* aus Abb. 5.21 [Scherer, 2010]. Der Name rührt daher, dass $r = \sqrt{\phi}$, wobei ϕ der Goldene Schnitt ist, und die Form der Kachel dem Buchstaben „b" gleicht.

Abb. 5.21

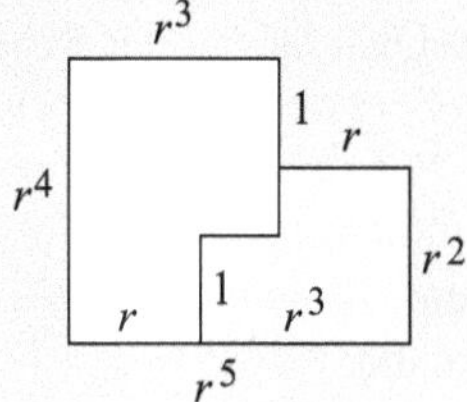

5.4 Homothetische Funktionen

Zwei Figuren in der Ebene bezeichnet man als *homothetisch*, wenn die eine eine Dehnung oder Kontraktion der anderen in Bezug auf einen festen Punkt in der Ebene ist. Zwei homothetische Figuren sind daher immer ähnlich. Wir sind in Abschn. 1.4 schon homothetischen Dreiecken begegnet, als wir die Vecten-Figur erweitert haben. Nun betrachten wir Funktionen, deren Graphen homothetisch in Bezug auf den Ursprung sind.

Es seien f und g zwei Funktionen mit der reellen Achse als gemeinsamem Definitionsbereich. Dann bezeichnet man f und g als *homothetisch in Bezug auf den Ursprung* (oder einfach *homothetisch*), wenn es eine positive Konstante k, $k \neq 1$,

Abb. 5.22

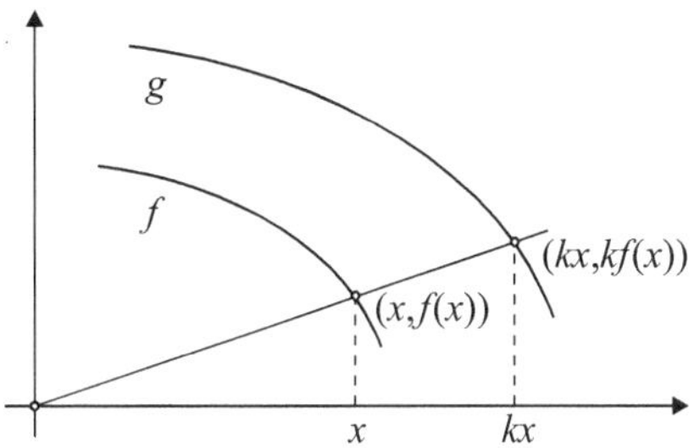

gibt, sodass für jeden Punkt $(x, f(x))$ des Graphen von f der Punkt $(kx, kf(x))$ auf dem Graphen von g liegt (Abb. 5.22). Das bedeutet:

$$g(kx) = kf(x) \,, \tag{5.2}$$

oder äquivalent, indem wir x durch x/k ersetzen:

$$g(x) = kf(x/k) \,. \tag{5.3}$$

Beispielsweise sind zwei rechtwinklige Hyperbeln $f(x) = a/x$ und $g(x) = b/x$, $ab > 0$, homothetisch mit dem Faktor $k = \sqrt{b/a}$, und zwei Parabeln $f(x) = ax^2$ und $g(x) = bx^2$, $ab > 0$, sind homothetisch mit $k = a/b$.

Ein weiteres Beispiel bilden $f(x) = \sin x$ und $g(x) = \sin x \cos x$. f und g sind homothetisch mit $k = 1/2$, da

$$g(x) = \sin x \cos x = \frac{1}{2}(2 \sin x \cos x) = \frac{1}{2}\sin 2x = \frac{1}{2}f(2x) = \frac{1}{2}f\left(\frac{x}{1/2}\right) \,.$$

Dies sieht man in Abb. 5.23, wo die gestrichelten grauen Linien für zwei Werte von x die Beziehung $2g(x) = f(2x)$ verdeutlichen.

Offensichtlich ist die lineare Funktion $f(x) = ax$ homothetisch zu sich selbst. Dies bezeichnen wir als *selbst-homothetisch*. Gibt es weitere selbst-homothetische stetige Funktionen?

Abb. 5.23

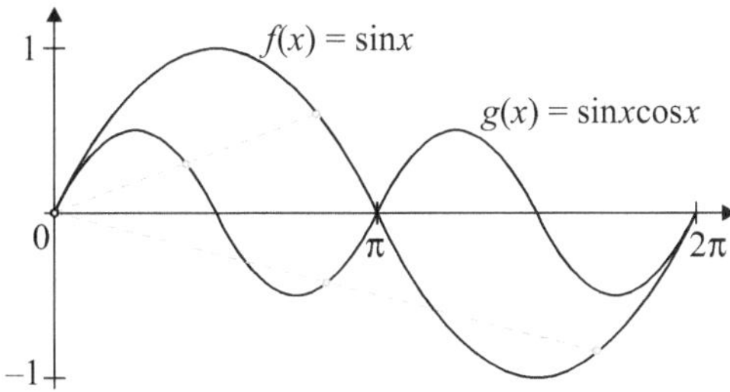

Abb. 5.24

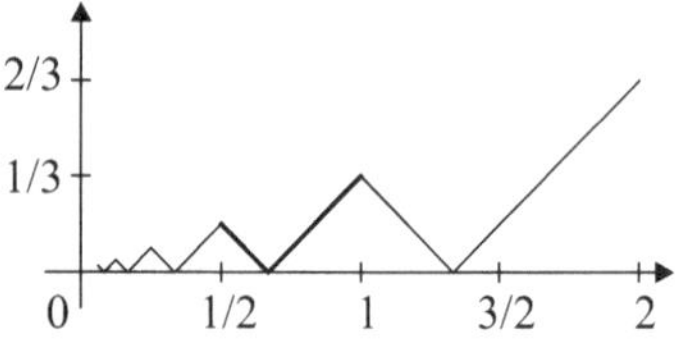

Wenn f selbst-homothetisch ist, muss f Gleichung (5.2) mit $g = f$ erfüllen, d. h., für eine positive Konstante $k \neq 1$ und alle Werte von x erfüllt f die Funktionalgleichung

$$f(kx) = kf(x) \tag{5.4}$$

mit $f(0) = 0$.

Für die allgemeinste Lösung von (5.4) können wir $0 < k < 1$ annehmen (der Fall $k > 1$ ist ähnlich) und uns auf die positive reelle Achse konzentrieren. Die positiven und negativen ganzzahligen Potenzen von k partitionieren den Bereich $(0, \infty)$, sodass wir f wie folgt definieren können: Sei h eine beliebige stetige Funktion auf dem Intervall $[k, 1]$, sodass für die Randpunkte gilt $h(k) = kh(1)$. Auf dem Intervall $[k, 1]$ definieren wir $f = h$. Für x in dem Intervall $[1, 1/k]$ haben wir $1 \leq x \leq 1/k$, d. h., $k \leq kx \leq 1$, also $h(kx) = f(kx) = kf(x)$. Auf diesem Intervall setzten wir daher $f(x) = (1/k)h(kx)$. Entsprechend definieren wir für das Intervall $[1/k, 1/k^2]$ die Funktion $f(x) = (1/k^2)h(k^2x)$, und so weiter. In $[k^2, k]$ haben wir $k^2 \leq x \leq k$, also $k \leq x/k \leq 1$, und damit $h(x/k) = f(x/k) = (1/k)f(x)$. Daher definieren wir auf diesem Intervall $f(x) = kh(x/k)$, usw. Die Bedingung $h(k) = kh(1)$ stellt sicher, dass f auf dem Bereich $(0, \infty)$ stetig ist.

Seien beispielsweise $k = 1/2$ und $h(x) = |x - 2/3|$ auf $[1/2, 1]$. Abbildung 5.24 zeigt den Graphen von f auf dem Intervall $(0, 2]$. Der Teil des Graphen mit den dick gezeichneten Streckenabschnitten ist der Graph von h.

5.5 Aufgaben

5.1 Es seien (a, b, c) ein rechtwinkliges Dreieck mit der Hypotenuse c und (a', b', c') ein zu (a, b, c) ähnliches rechtwinkliges Dreieck. Man beweise $aa' + bb' = cc'$.

5.2 Innerhalb eines beliebigen Dreiecks ABC wähle man einen Punkt P und zeichne die Geraden durch P parallel zu den Seiten des Dreiecks (Abb. 5.25). Es seien $a = |BC|, b = |AC|, c = |AB|$, außerdem seien a', b', c' die Längen der mittleren Streckenabschnitte von jeder Seite. Man zeige, dass

$$\frac{a'}{a} + \frac{b'}{b} + \frac{c'}{c} = 1 \, .$$

Abb. 5.25

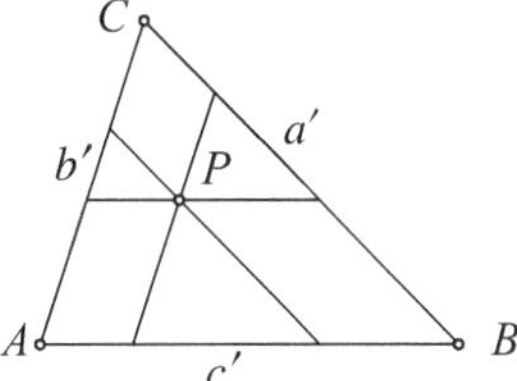

5.3 Geben seien zwei Punkte P und Q auf einem Kreis. Wir betrachten die Sehne PQ, die Tangente t im Punkt P und die Strecke QR senkrecht zu t (Abb. 5.26). Man zeige, dass $|PQ|$ der geometrische Mittelwert aus $|QR|$ und dem Kreisdurchmesser ist.

5.4 Die Diagonalen eines Quadrats $ABCD$ schneiden sich im Punkt E, und die Winkelhalbierende von $\angle CAD$ schneidet DE in G und trifft bei F auf CD, wie in Abb. 5.27. Man beweise $|FC| = 2|GE|$.

5.5 Es seien ABC ein Dreieck und D ein Punkt auf dem Bogen BC des Umkreises. E sei der Schnittpunkt von BC mit AD. Wann sind die Dreiecke ABD und BDE ähnlich?

5.6 Es gibt 12 Pentominos, von denen die vier aus Abb. 5.28 – das I-, L-, P- und Y-Pentomino – Reptiles sind. Man zeige, dass das I- und P-Pentomino rep-4 sind und das L- und Y-Pentomino rep-100.

Abb. 5.26

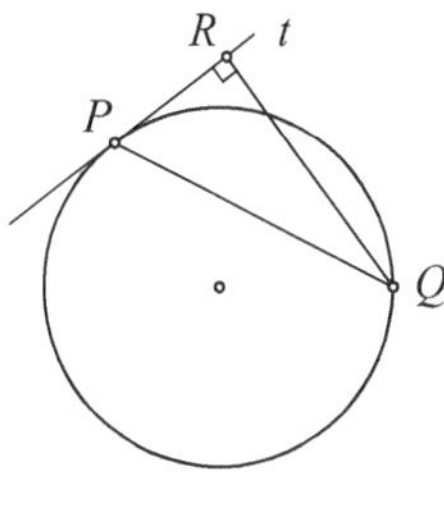

Abb. 5.27

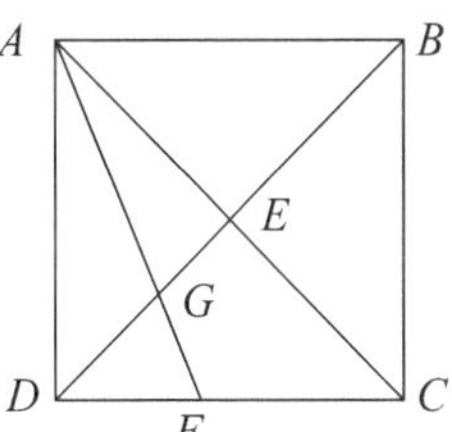

Abb. 5.28

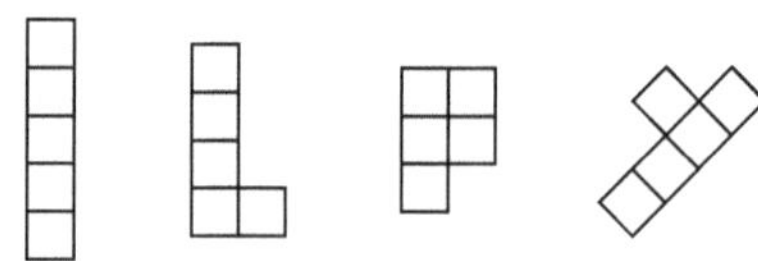

5.7 Können zwei Exponentialfunktionen $f(x) = e^{ax}$ und $g(x) = e^{bx}$ mit $a \neq b$ homothetisch sein?

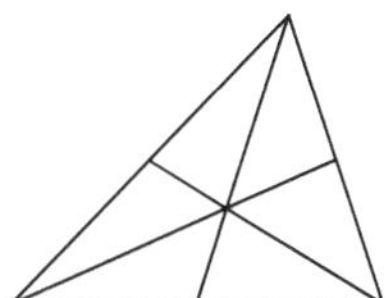

Arithmetik! Algebra! Geometrie! Großartige Dreieinigkeit! Strahlendes Dreieck! Wer Dich nicht kennt, hat keinen Verstand!
(Comte de Lautréamont, 1846–1870)

Unter einer Transversalen versteht man in der Geometrie eine Gerade oder Strecke, die eine geometrische Figur, beispielsweise ein Dreieck, schneidet. Verläuft die Transversale durch einen der Eckpunkte des Dreiecks und schneidet die gegenüberliegende (eventuell verlängerte) Seite, so spricht man manchmal auch von einer *Cevane*. Bekannte Cevanen sind die Seitenhalbierenden, die Winkelhalbierenden, die Höhen, es gibt aber noch viele weitere. Der Name geht auf den italienischen Mathematiker Giovanni Ceva (1647–1734) zurück, und im nächsten Abschnitt beweisen wir den Satz von Ceva, der eine notwendige und hinreichende Bedingung dafür angibt, wann sich drei Cevane in einem Punkt treffen. Meist verwenden wir in diesem Kapitel aber den allgemeineren Begriff der Transversalen.

Unsere Schlüsselfigur zeigt ein Dreieck und drei sich schneidende Transversale. Der Schnittpunkt der Transversalen definiert einen ausgezeichneten Punkt (ein *Zentrum*) des Dreiecks. Beispiele für solche Zentren für die genannten Transversalen sind der *Schwerpunkt* (für die Seitenhalbierenden), der *Inkreismittelpunkt* (für die Winkelhalbierenden) und der *Höhenschnittpunkt* bzw. das *Orthozentrum* (für die Höhen). In Kap. 1 sind wir zwei weiteren ausgezeichneten Dreieckspunkten begegnet: dem *Vecten-Punkt* und dem *Lemoine-Punkt* eines Dreiecks. Die zugehörigen Transversalen sind in den Abb. 1.11 und 1.13a wiedergegeben. In Kap. 8 werden wir den *Fermat-Punkt* einführen. Die *Encyclopedia of Triangle Centers* [Kimberling, 2014] ist eine Webseite zu Dreieckszentren und ihren Eigenschaften. Gegenwärtig (2014) enthält sie über 6100 verschiedene Dreieckszentren.

© Springer-Verlag Berlin Heidelberg 2015
C. Alsina, R.B. Nelsen, *Perlen der Mathematik*, DOI 10.1007/978-3-662-45461-9_6

Abb. 6.1

Transversale zu Dreiecken findet man auch in einigen Alltagsgegenständen, Markenlogos, Autobahnschildern und Yachtclubflaggen, wie man in Abb 6.1 sieht.

In diesem Kapitel untersuchen wir mithilfe des Satzes von Ceva sowie einem eng verwandten Ergebnis, dem Satz von Stewart, einige Eigenschaften der bekanntesten Transversale: der Seitenhalbierenden, der Winkelhalbierenden und der Höhen. Außerdem betrachten wir Eigenschaften von Dreiecken, die durch sich schneidende Transversale gebildet werden. Da sich Transverale nicht immer in einem Punkt schneiden, beenden wir dieses Kapitel mit einigen Ergebnissen bezüglich solcher Fälle.

Transversale und Dachstühle

Ein *Dachstuhl* ist ein stabiler und starker hölzerner oder metallener Rahmen, der das Dach eines Gebäudes trägt. Fügt man geeignete Transversale hinzu, lässt sich die Stärke und Stabilität erhöhen, indem man kleinere Dreiecke innerhalb des Dachstuhls bildet. Es gibt viele Dachstuhlformen. Abbildung 6.2 zeigt verschiedene klassische Verstrebungen, die vorwiegend in England in Gebrauch waren. Sie haben verschiedene strukturelle Eigenschaften und finden je nach Breite und Gewicht des Dachstuhls Anwendung.

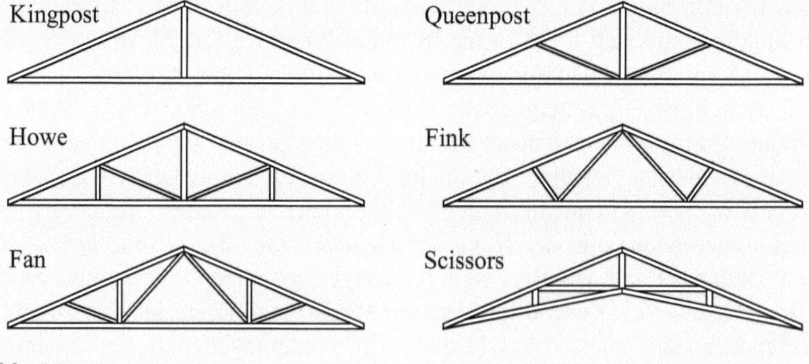

Abb. 6.2

6.1 Die Sätze von Ceva und Stewart

Der Satz von Ceva war lange vor der Veröffentlichung eines Beweises durch Giovanni Ceva im Jahre 1678 bekannt. Schon im 11. Jahrhundert wurde er von Yusuf al-Mu'taman ibn Hud bewiesen, und möglicherweise kannten ihn schon die alten Griechen. Obwohl der Satz heute nicht allgemein verbreitet ist, lässt er sich leicht beweisen und ist nützlich für die Herleitung bekannterer Ergebnisse.

Satz von Ceva *Seien ABC ein Dreieck und X, Y, Z Punkte auf den Seiten BC, CA, AB wie in Abb. 6.3. Der Punkt X unterteile BC in zwei Abschnitte mit den Längen a_b und a_c, und Entsprechendes gelte für die anderen beiden Seiten. Die Transversalen AX, BY, CZ schneiden sich genau dann in einem Punkt, wenn*

$$\frac{a_b}{a_c} \cdot \frac{b_c}{b_a} \cdot \frac{c_a}{c_b} = 1 \, . \tag{6.1}$$

Für unseren Beweis benötigen wir das folgende einfache Ergebnis: Für vier reelle Zahlen x, y, z und t mit $x > z > 0$, $y > t > 0$ und $x/y = z/t$ gilt:

$$\frac{x}{y} = \frac{z}{t} = \frac{x-z}{y-t} \, . \tag{6.2}$$

Der Beweis von (6.2) ergibt sich unmittelbar aus Abb. 6.4.

Mit $[DEF]$ bezeichnen wir die Fläche eines Dreiecks DEF, und wir nehmen an, dass sich die drei Transversalen AX, BY, CZ in Abb. 6.3 in einem Punkt P schneiden. Da $\triangle ACZ$ und $\triangle BCZ$ eine gemeinsame Höhe haben, ebenso wie $\triangle APZ$ und $\triangle BPZ$, sind die Verhältnisse der Flächen gleich den Verhältnissen der Grundseiten, also:

$$\frac{c_a}{c_b} = \frac{[ACZ]}{[BCZ]} = \frac{[APZ]}{[BPZ]} \, .$$

Da $[ACZ] > [APZ]$ und $[BCZ] > [BPZ]$, folgt aus (6.2)

$$\frac{c_a}{c_b} = \frac{[ACZ] - [APZ]}{[BCZ] - [BPZ]} = \frac{[ACP]}{[BCP]} \, . \tag{6.3}$$

Abb. 6.3

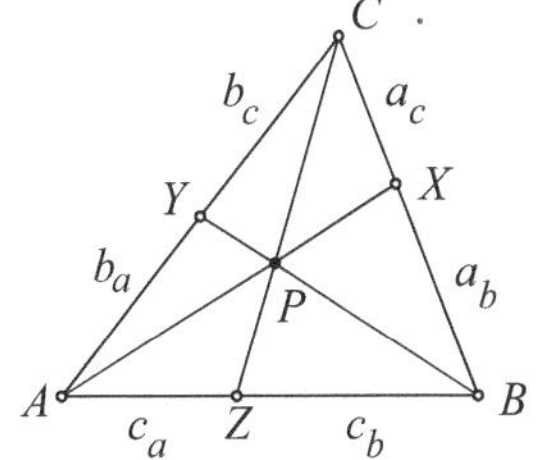

Abb. 6.4

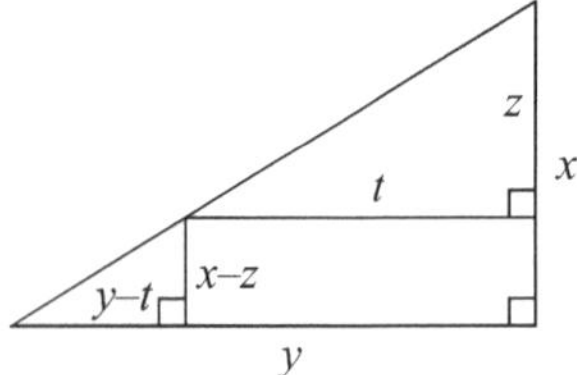

Ganz entsprechend gilt:

$$\frac{a_b}{a_c} = \frac{[ABP]}{[ACP]} \quad \text{und} \quad \frac{b_c}{b_a} = \frac{[BCP]}{[ABP]} \, . \tag{6.4}$$

Das Produkt aus den Gleichungen in (6.3) und (6.4) ergibt (6.1).

Umgekehrt nehmen wir nun an, dass (6.1) gilt, und es sei P der Schnittpunkt der Transversalen AX and BY. Wir zeichnen die Transversale CZ' durch P. Da sich AX, BY und CZ' in einem Punkt schneiden, folgt:

$$\frac{a_b}{a_c} \cdot \frac{b_c}{b_a} \cdot \frac{|AZ'|}{|BZ'|} = 1 \, ,$$

und wegen (6.1) gilt $c_b/c_a = |BZ'|/|AZ'|$. Wir addieren 1 auf beiden Seiten und erhalten $c_a = |AZ'|$, also ist Z' gleich Z, und die drei Transversalen AX, BY und CZ treffen sich in einem Punkt.

Der folgende Satz drückt die Länge einer Transversale durch die Seitenlängen der Dreiecke und die von den Transversalen definierten Seitenabschnitte aus. Benannt ist er nach Matthew Stewart (1717–1785), einem schottischen Mathematiker, der das Ergebnis 1746 veröffentlichte. Der erste Beweis stammt von einem anderen Schotten, Robert Simson (1687–1768), aus dem Jahre 1751.

Satz von Stewart *Sei ABC ein Dreieck mit den Seiten a, b und c. Wenn die Transversale CZ die Strecke AB in zwei Abschnitte der Länge c_a und c_b unterteilt, dann erfüllt $|CZ|$*

$$a^2 c_a + b^2 c_b = c \left(|CZ|^2 + c_a c_b \right) . \tag{6.5}$$

Zur Bestimmung von $|CZ|$ zeichnen wir die Höhe h_c auf AB, und z sei der Abstand zwischen dem Fußpunkt der Höhe und Z (Abb. 6.5).

Abb. 6.5

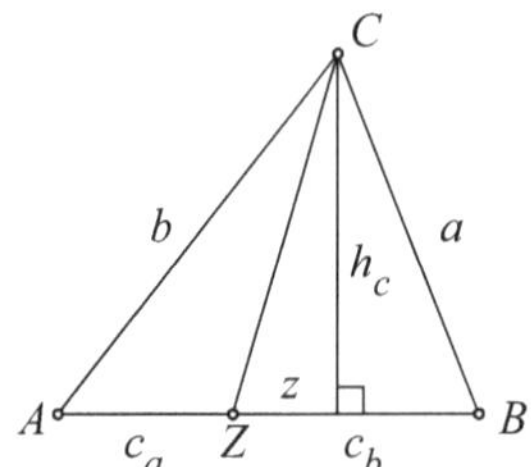

Nach dem Satz des Pythagoras gilt:

$$a^2 = h_c^2 + (c_b - z)^2 = h_c^2 + c_b^2 + z^2 - 2c_b z = |CZ|^2 + c_b^2 - 2c_b z, \qquad (6.6)$$

$$b^2 = h_c^2 + (c_a + z)^2 = h_c^2 + c_a^2 + z^2 + 2c_a z = |CZ|^2 + c_a^2 + 2c_a z. \qquad (6.7)$$

Wir multiplizieren (6.6) mit c_a und (6.7) mit c_b und addieren die Ergebnisse. Da $c = c_a + c_b$ erhalten wir (6.5). Entsprechende Beziehungen gelten in Abb. 6.3 auch für $|AX|$ und $|BY|$.

Nachdem uns nun die Sätze von Ceva und Stewart zur Verfügung stehen, betrachten wir einige bekanntere Transversale.

6.2   Seitenhalbierende und der Schwerpunkt

Die Seitenhalbierenden eines Dreiecks, deren Längen gewöhnlich mit m_a, m_b und m_c bezeichnet werden, sind die Transversalen von den Eckpunkten zu den Mittelpunkten der gegenüberliegenden Seiten. In Abb. 6.3 gilt somit $a_b = a_c = a/2$, $b_a = b_c = b/2$ und $c_a = c_b = c/2$. Nach dem Satz von Ceva schneiden sich die Seitenhalbierenden also in einem Punkt. Diesen Schnittpunkt der Seitenhalbierenden bezeichnet man oft mit G und nennt ihn den *Schwerpunkt* des Dreiecks.

Nach dem Satz von Stewart gilt:

$$m_a^2 = \frac{b^2 + c^2}{2} - \frac{a^2}{4}, \quad m_b^2 = \frac{a^2 + c^2}{2} - \frac{b^2}{4} \quad \text{und} \quad m_c^2 = \frac{a^2 + b^2}{2} - \frac{c^2}{4}.$$

Dies ist der *Satz von Apollonios*, benannt nach Apollonios von Perge (ca. 262–190 v. Chr.). Aus diesen Beziehungen folgt:

$$m_a^2 - m_b^2 = \frac{3}{4}(b^2 - a^2).$$

Das bedeutet, falls $a \le b \le c$, ist $m_a \ge m_b \ge m_c$. Außerdem gilt $m_a^2 + m_b^2 + m_c^2 = 3(a^2 + b^2 + c^2)/4$.

Treffen sich drei Transversale durch die drei Eckpunkte in einem Schnittpunkt, unterteilen sie das Dreieck in sechs kleinere Dreiecke. Handelt es sich bei diesen Transversalen um die Seitenhalbierenden, haben diese Dreiecke dieselbe Fläche. Zum Beweis seien AX, BY, CZ die Seitenhalbierenden von ABC, und mit x, y, z, u, v, w bezeichnen wir die Flächen der sechs kleinen Dreiecke (Abb. 6.6).

Abb. 6.6

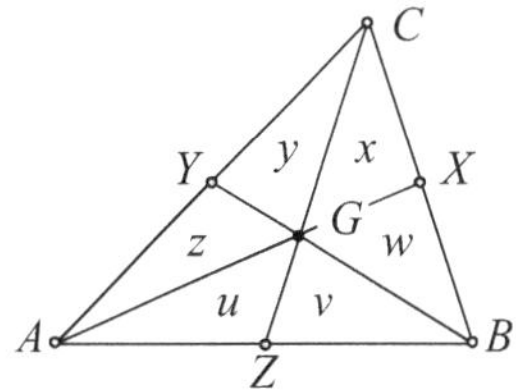

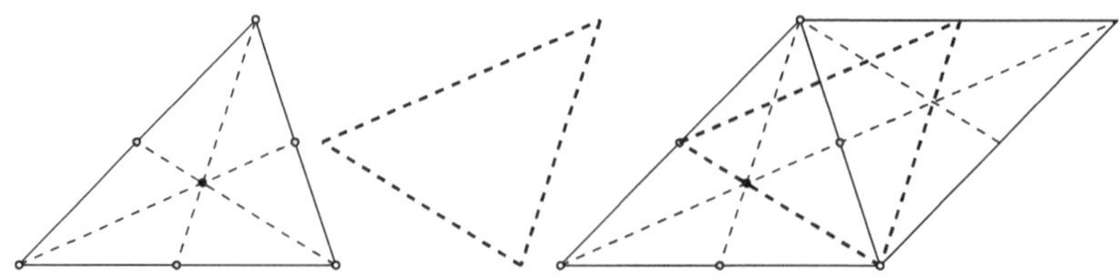

Abb. 6.7

Da eine Seitenhalbierende ein Dreieck in zwei Dreiecke mit derselben Fläche unterteilt, gilt $u = v$, $w = x$ und $y = z$. Außerdem ist $u + v + w = [ABC]/2 = v + w + x$, also $u = x$. Ganz ähnlich folgt $v = y$ und $w = z$ und damit $u = v = y = z = w = x$.

Daraus können wir ableiten, dass der Schwerpunkt die Seitenhalbierenden im Verhältnis 2:1 unterteilt. In Abb. 6.6 gilt $[ACG] = 2[CGX]$, und da die beiden Dreiecke dieselbe Höhe zum Punkt C haben, ist $|AG| = 2|GX|$ und somit $|AX| = 3|GX|$. Ganz entsprechend folgt $|BY| = 3|GY|$ und $|CZ| = 3|GZ|$.

Es sei P ein Punkt innerhalb eines Dreiecks ABC. Wir zeichnen die Verbindungslinien AP, BP und CP. Wenn die Dreiecke ABP, BCP und ACP dieselben Flächen haben, muss P der Schwerpunkt G von ABC sein. Zum Beweis betrachten wir den Mittelpunkt X der Seite BC. Dann ist die Fläche des Vierecks $ABXP$ gleich $[ABC]/2$, und somit muss P auf der Seitenhalbierenden AX liegen. Ganz ähnlich folgt, dass P auf den anderen beiden Seitenhalbierenden liegen muss und somit P der Schwerpunkt ist.

Die Seitenhalbierenden eines Dreiecks bilden selbst ein Dreieck, das manchmal als *Mediandreieck* bezeichnet wird. Seine Fläche beträgt drei Viertel der Fläche des Ausgangsdreiecks, wie man in Abb. 6.7 erkennt [Hungerbühler, 1999].

6.3 Höhen und der Höhenschnittpunkt

Zeichnet man die Strecken senkrecht zu den Seiten eines Dreiecks durch die jeweils gegenüberliegenden Eckpunkte, so erhält man die *Höhen* des Dreiecks. Abbildung 6.8 zeigt die Höhen für ein spitzwinkliges Dreieck ABC.

Abb. 6.8

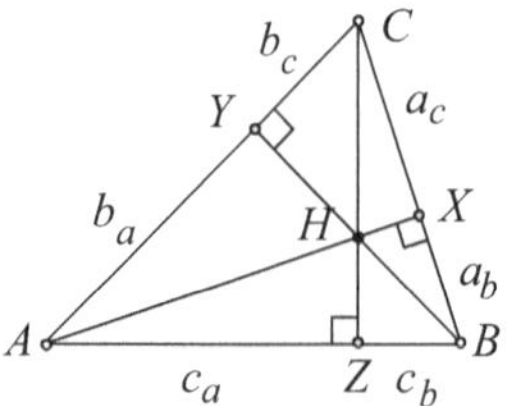

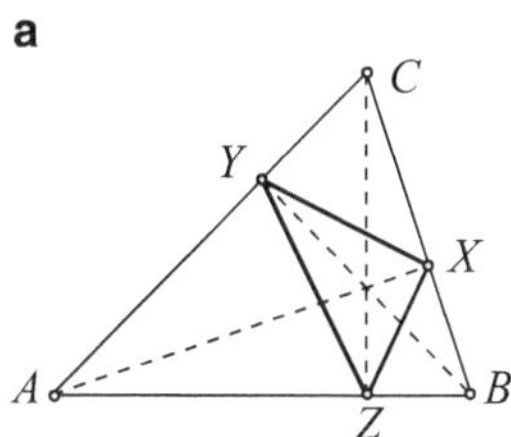
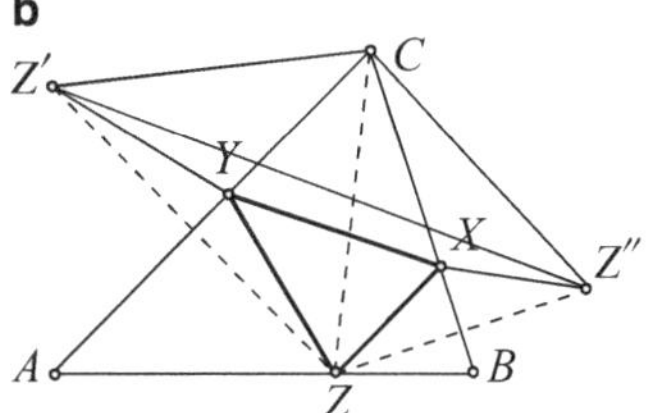

Abb. 6.9

Da die Dreiecke ABX und CBZ ähnlich sind, folgt $a_b/c_b = c/a$. Entsprechend gilt $b_c/a_c = a/b$ und $c_a/b_a = b/c$ und somit:

$$\frac{a_b}{a_c} \cdot \frac{b_c}{b_a} \cdot \frac{c_a}{c_b} = \frac{a_b}{c_b} \cdot \frac{b_c}{a_c} \cdot \frac{c_a}{b_a} = \frac{c}{a} \cdot \frac{a}{b} \cdot \frac{b}{c} = 1 \,.$$

Nach dem Satz von Ceva schneiden sich die Höhen also in einem Punkt (für stumpfwinklige Dreiecke ist der Beweis entsprechend). Den Schnittpunkt H bezeichnet man als *Höhenschnittpunkt* oder manchmal auch als *Orthozentrum* des Dreiecks (das griechische Wort *orthos* bedeutet gerade oder aufrecht). Die Längen der Höhen bezeichnet man meist durch $h_a = |AX|$, $h_b = |BY|$ und $h_c = |CZ|$, wie in Abb. 6.8.

Die Fläche $[ABC]$ eines Dreiecks ist durch $ah_a/2, bh_b/2, ch_c/2$ gegeben. Nach der Formel von Heron gilt allerdings auch $[ABC] = \sqrt{s(s-a)(s-b)(s-c)}$ (wobei s den halben Umfang $(a+b+c)/2$ bezeichnet). Damit lassen sich die Längen der Höhen leicht als Funktion der Seiten ausdrücken. Beispielsweise ist $h_a = 2\sqrt{s(s-a)(s-b)(s-c)}/a$.

Die Höhenlängen lassen sich auch durch die Seitenlängen und den Sinus der Winkel ausdrücken. Da $h_c = a \sin B = b \sin A$ ist, folgt $a/\sin A = b/\sin B$. Entsprechendes gilt für h_a und h_b. Damit erhalten wir den *Sinussatz* für das Dreieck ABC:

$$\frac{a}{\sin A} = \frac{b}{\sin B} = \frac{c}{\sin C} \,. \tag{6.8}$$

1775 stellte Giovanni Francesco Fagnano dei Toschi (1715–1797) das folgende Problem: Gegeben sei ein spitzwinkliges Dreieck, gesucht ist das einbeschriebene Dreieck mit dem kleinsten Umfang. Unter einem in ein gegebenes Dreieck ABC *einbeschriebenen Dreieck* verstehen wir ein Dreieck XYZ, sodass jeder Eckpunkt X, Y, Z auf einer anderen Seite von ABC liegt. Fagnano lößte das Problem unter Zuhilfenahme der Differentialrechnung, unsere Lösung verwendet jedoch lediglich Spiegelungs- und Symmetrieeigenschaften. Sie geht auf Lipót Fejér (1880–1959) [Kazarinoff, 1961] zurück. Das einbeschriebene Dreieck mit dem kleinsten Umfang ist das *orthische Dreieck* – dies ist das Dreieck XYZ, dessen Eckpunkte an den Fußpunkten der Höhen von jedem der Eckpunkte von ABC liegen (Abb. 6.9a).

Zum Beweis wählen wir zunächst beliebige Punkte X, Y, Z und versuchen, diese so zu legen, dass der Umfang von XYZ minimiert wird. Wir betrachten zunächst den Punkt Z auf der Seite AB und spiegeln diesen an den Seiten AC und BC. Auf diese Weise gelangen wir zu den Punkten Z' und Z''. Der Umfang von XYZ ist gleich $|Z'Y| + |YX| + |XZ''|$. Der Umfang von XYZ wird minimal, wenn Z', Y, X and Z'' auf einer Geraden liegen. Für einen beliebigen Punkt Z erhalten wir so die optimalen Lagen von X und Y. Um auch die optimale Lage für Z zu finden, stellen wir zunächst fest, dass das Dreieck $Z'CZ''$ gleichschenklig ist und $|CZ'| = |CZ''| = |CZ|$. Außerdem gilt für den Winkel bei C: $\angle Z'CZ'' = 2\angle ACB$. Da die Größe des Winkels bei C in dem Dreieck $Z'CZ''$ nicht von Z abhängt, wird die Grundseite $Z'Z''$ (der Umfang von XYZ) am kürzesten, wenn die beiden gleichen Seiten am kürzesten sind, also wenn $|CZ|$ minimal ist. Das ist aber der Fall, wenn CZ senkrecht auf AB steht. Da das Dreieck XYZ einen minimalen Umfang hat, haben X und Y in Bezug auf A bzw. B dieselben Eigenschaften, wie der Punkt Z in Bezug auf C, denn wir hätten für den Beweis auch mit einer Spiegelung von X oder Y beginnen können.

Zum Abschluss dieses Abschnitts betrachten wir nochmals Abb. 6.8 und stellen fest, dass das Dreieck BHX ähnlich zu dem Dreieck AHY ist und somit $[BHX]/[AHY] = a_b^2/b_a^2$. Ganz entsprechend gilt $[CHY]/[BHZ] = b_c^2/c_b^2$ und $[AHZ]/[CHX] = c_a^2/a_c^2$. Da die Höhen sich in einem Punkt schneiden, folgt aus (6.1) die Beziehung

$$\frac{[AHZ][BHX][CHY]}{[AHY][BHZ][CHX]} = \left(\frac{a_b}{a_c} \cdot \frac{b_c}{b_a} \cdot \frac{c_a}{c_b}\right)^2 = 1 \,.$$

Das Produkt der Flächen der weißen Dreiecke in Abb. 6.8 ist somit gleich dem Produkt der Flächen der grauen Dreiecke. Man vergleiche diese Aussage mit dem entsprechenden Ergebnis für die Seitenhalbierenden in Abb. 6.6.

6.4   Winkelhalbierende und der Inkreismittelpunkt

Die drei *Winkelhalbierenden* eines Dreiecks teilen die Winkel in gleiche Hälften. Gewöhnlich bezeichnet man sie mit w_a, w_b und w_c. Wir verwenden wiederum den Satz von Ceva, um zu zeigen, dass sich diese Strecken in einem Punkt schneiden. Dazu benötigen wir den folgenden

Satz zu Winkelhalbierenden *Die Winkelhalbierende eines Winkels in einem Dreieck teilt die gegenüberliegende Seite im Verhältnis der anliegenden Seiten* (Abb. 6.10).

Abb. 6.10

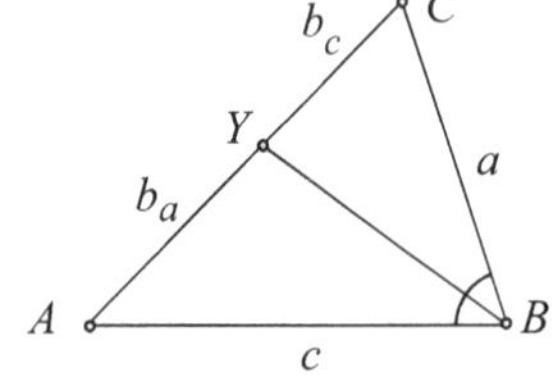

Abb. 6.11

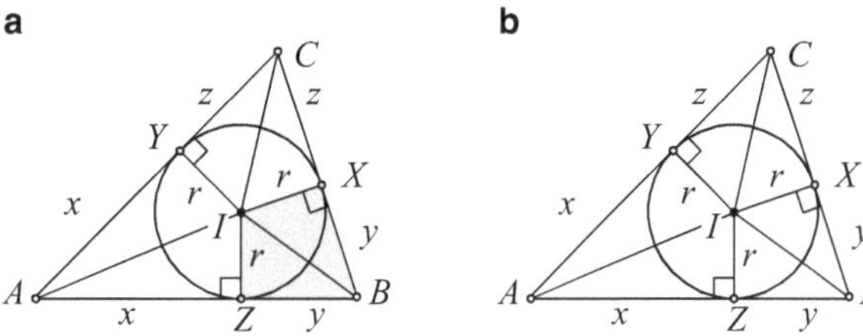

Es sei BY die Winkelhalbierende am Punkt B. Da $\angle ABY = \angle CBY$ und $\angle AYB + \angle CYB = 180°$, erhalten wir:

$$\frac{b_c}{a} = \frac{\sin \angle CBY}{\sin \angle CYB} = \frac{\sin \angle ABY}{\sin \angle AYB} = \frac{b_a}{c},$$

und damit $b_c/b_a = a/c$.

Für die Winkelhalbierenden AX und CZ in den Punkten A und C gilt in Abb. 6.3 entsprechend $a_b/a_c = c/b$ und $c_a/c_b = b/c$. Also schneiden sich nach dem Satz von Ceva die Winkelhalbierenden in einem Punkt. Diesen Schnittpunkt I (Abb. 6.11) nennt man den *Inkreismittelpunkt* des Dreiecks, da er der Mittelpunkt des einbeschriebenen Kreises (des *Inkreises*) ist. Seinen Radius r bezeichnet man als den *Inkreisradius* des Dreiecks.

Da die beiden weißen rechtwinkligen Dreiecke in Abb. 6.11a deckungsgleich sind, ebenso wie die beiden hellgrauen und die beiden dunkelgrauen Dreiecke, können wir die Streckenabschnitte der Seiten wie in Abb. 6.11a benennen. Es gilt also $a = y + z$, $b = z + x$ und $c = x + y$. Da $a + b + c = 2(x + y + z)$, ist der halbe Umfang s gleich $x + y + z$. Die Fläche $[ABC]$ des Dreiecks ist die Summe der Flächen $[AIB]$, $[BIC]$ und $[CIA]$, und somit folgt:

$$[ABC] = ar/2 + br/2 + cr/2 = r(x + y + z) = rs.$$

Die Formel von Heron, $[ABC] = \sqrt{s(s - a)(s - b)(s - c)}$, lässt sich nun in folgender Form ausdrücken: $[ABC] = \sqrt{sxyz}$ und damit $[ABC]rs = [ABC]^2 = sxyz$ oder äquivalent:

$$[ABC] = xyz/r. \tag{6.9}$$

Da die sechs rechtwinkligen Dreiecke in Abb. 6.11b paarweise deckungsgleich sind, erhalten wir:

$$[AIZ] + [BIX] + [CIY] = r(x + y + z)/2 = [AIY] + [BIZ] + [CIX].$$

Die Summe der Flächen der weißen Dreiecke in Abb. 6.11b ist also gleich der Summe der Flächen der grauen Dreiecke. Man vergleiche dieses Ergebnis mit den entsprechenden Ergebnissen für die Seitenhalbierenden und die Höhen in den vorherigen Abschnitten.

Abb. 6.12

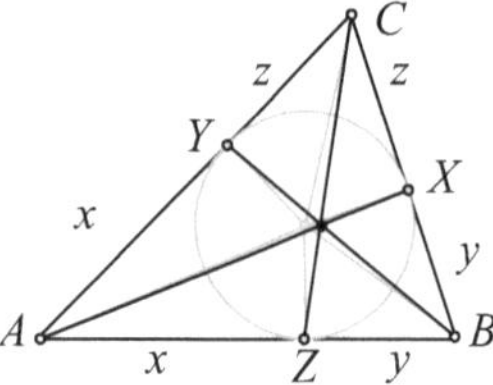

Die Längen w_a, w_b und w_c der drei Winkelhalbierenden lassen sich nach dem Satz von Stewart bestimmen. Wegen $c_a/c_b = b/c$ erhalten wir $c_a = bc/(a+b)$ und $c_b = ac/(a+b)$. Also folgt aus (6.5):

$$a^2 \cdot \frac{bc}{a+b} + b^2 \cdot \frac{ac}{a+b} = c\left(w_c^2 + \frac{abc^2}{(a+b)^2}\right),$$

was sich zu

$$w_c^2 = ab\left(1 - \frac{c^2}{(a+b)^2}\right)$$

vereinfacht.

Da $(a+b)^2 - c^2 = 4s(s-c)$, erhalten wir einen netten Ausdruck für w_c als Funktion des halben Umfangs s:

$$w_c = \frac{2\sqrt{ab}}{a+b}\sqrt{s(s-c)}.$$

(Entsprechendes gilt für w_a und w_b).

Auch die Transversalen, die die Eckpunkte eines Dreiecks mit den gegenüberliegenden Tangentialpunkten des Inkreises verbinden (Abb. 6.12), schneiden sich in einem Punkt. Diesen Schnittpunkt bezeichnet man als den *Gergonne-Punkt*, benannt nach dem französischen Mathematiker Joseph Diaz Gergonne (1771–1859). Die Existenz dieses Punktes folgt wieder aus dem Satz von Ceva, wenn wir in (6.1) berücksichtigen, dass $c_a = b_a = x$, $a_b = c_b = y$ und $a_c = b_c = z$ (Abb. 6.3 und 6.11).

6.5   Der Umkreis und sein Mittelpunkt

Durch die Eckpunkte eines Dreiecks verläuft ein Kreis, der sogenannte *Umkreis* des Dreiecks. Der *Umkreismittelpunkt* (der Mittelpunkt des Umkreises) des Dreiecks hat denselben Abstand von allen drei Eckpunkten und liegt somit auf den drei Mittelsenkrechten des Dreiecks. Der Radius R des Umkreises ist der *Umkreisradius* des Dreiecks.

Leonhard Euler (1707–1783) entdeckte, dass der Umkreismittelpunkt O, der Höhenschnittpunkt H und der Schwerpunkt G eines Dreiecks auf einer Geraden liegen (der *Euler'schen Geraden*), und dass $|GH| = 2|GO|$ (Abb. 6.13).

Abb. 6.13

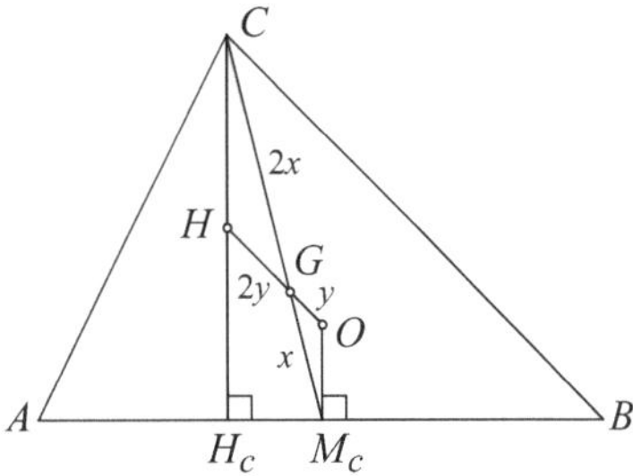

Abb. 6.14

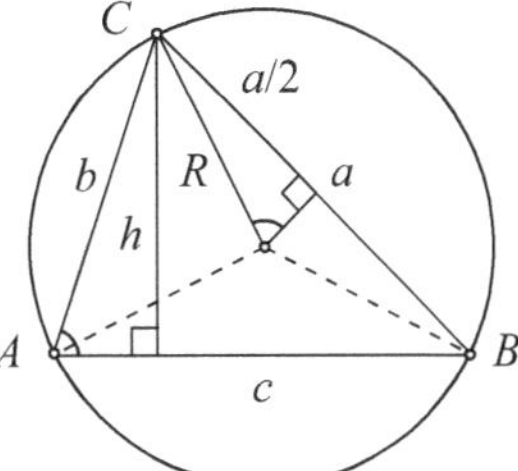

Da CH parallel zu OM ist, sind die grau unterlegten Dreiecke ähnlich und $|CG| = 2|GM_c|$, also $|GH| = 2|GO|$.

Ähnlich wie die Beziehung $[ABC] = xyz/r$ in (6.9) für die Dreiecksfläche in Abängigkeit vom Inkreisradius und den Längen x, y, z in Abb. 6.11 gibt es auch eine Beziehung zwischen $[ABC]$, dem Umkreisradius R und den Seitenlängen: $[ABC] = abc/4R$ (Abb. 6.14).

Die beiden grauen rechtwinkligen Dreiecke sind ähnlich, damit gilt $h/b = (a/2)/R$, und es folgt $h = ab/2R$. Also ist $[ABC] = ch/2 = abc/4R$.

Für das kleinere grau unterlegte Dreieck gilt $a/2 = R \sin A$ und somit $a/\sin A = 2R$. Der gemeinsame Wert der Verhältnisse im Sinussatz (6.8) ist daher $2R$:

$$\frac{a}{\sin A} = \frac{b}{\sin B} = \frac{c}{\sin C} = 2R \,. \tag{6.10}$$

Mit den Bezeichnungen aus Abb. 6.11 folgt aus der Ungleichung zwischen arithmetischem und geometrischem Mittelwert (siehe Abschn. 2.2 oder 4.2) und (6.9):

$$4R[ABC] = abc = (x + y)(y + z)(z + x)$$
$$\geq 2\sqrt{xy} \cdot 2\sqrt{yz} \cdot 2\sqrt{zx} = 8xyz = 8r[ABC]$$

und damit die *Euler'sche Dreiecksungleichung*: $R \geq 2r$.

6.6 Transversale ohne gemeinsamen Schnittpunkt

Transversale, selbst wenn sie durch die Eckpunkte des Dreiecks verlaufen, müssen keinen gemeinsamen Schnittpunkt haben. In Abb. 6.15a haben wir solche Transversale zu den Punkten X, Y, Z auf den Seiten eines Dreiecks ABC gezeichnet, sodass

Abb. 6.15

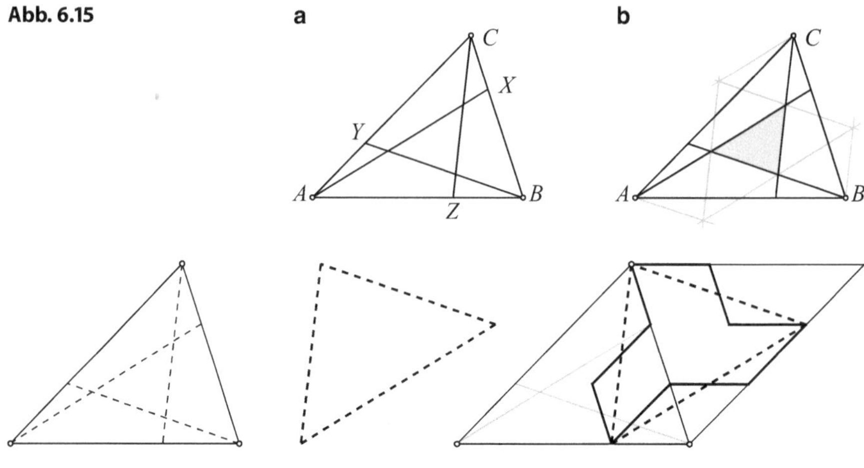

Abb. 6.16

die Beziehungen $|AY| = (1/3)|AC|$, $|BZ| = (1/3)|AB|$ und $|CX| = (1/3)|BC|$ gelten. Diese Transversale schneiden sich nicht in einem Punkt, sondern bilden ein mittleres Dreieck, das in Abb. 6.15a grau unterlegt ist. In Abb. 6.15b haben wir zu AX, BY und CZ parallele Geraden durch die Eckpunkte des mittleren Dreiecks gezeichnet. Diese Konstruktion zeigt, dass die Fläche des mittleren Dreiecks genau 1/7 der Fläche des ursprünglichen Dreiecks ABC ist [Johnston und Kennedy, 1993].

Die Transversale AX, BY, CZ bilden selbst ein Dreieck, dessen Fläche 7/9 der Fläche von ABC ist, wie man in Abb. 6.16 erkennt.

Wählt man die Punkte X, Y und Z so, dass $|AY| = (1/n)|AC|$, $|BZ| = (1/n)|AB|$ und $|CX| = (1/n)|BC|$, dann ist die Fläche des mittleren Dreiecks gleich $(n-2)^2/(n^2-n+1)$ multipliziert mit der Fläche von ABC, und die Fläche des Dreiecks aus den zugehörigen Transversalen beträgt $(n^2-n+1)/n^2$ mal die Fläche von ABC. Einzelheiten findet man bei [Satterly, 1954, 1956].

6.7 Der Satz von Ceva für Kreise

Angenommen, in einem beliebigen Kreis treffen sich drei Sehnenabschnitte AX, BY, CZ in einem Punkt P, wie in Abb. 6.17. Dann gelten für die sechs Seiten des einbeschriebenen Sechsecks dieselben Beziehungen wie in (6.1):

$$\frac{|AZ|}{|ZB|} \cdot \frac{|BX|}{|XC|} \cdot \frac{|CY|}{|YA|} = 1.$$

Zum Beweis [Hoehn, 1989] stellen wir zunächst fest, dass die Dreiecke APZ und CPX ähnlich sind, ebenso wie die beiden Dreiecke BPX und APY und die

Abb. 6.17

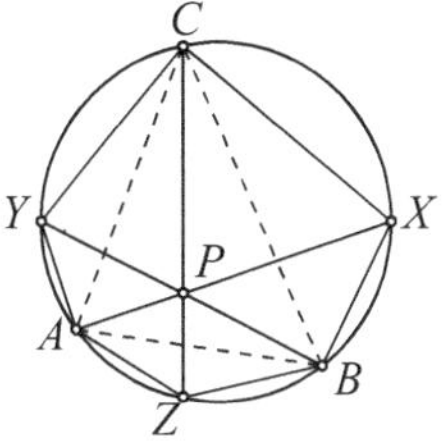

Dreiecke CPY und BPZ. Also gilt:

$$\frac{|AZ|}{|XC|} = \frac{|AP|}{|XP|} = \frac{|PZ|}{|CP|}, \quad \frac{|BX|}{|YA|} = \frac{|BP|}{|YP|} = \frac{|PX|}{|AP|} \text{ und } \frac{|CY|}{|ZB|} = \frac{|CP|}{|ZP|} = \frac{|PY|}{|BP|}.$$

Daraus folgt:

$$\frac{|AZ|}{|ZB|} \cdot \frac{|BX|}{|XC|} \cdot \frac{|CY|}{|YA|} = \frac{|AZ|}{|XC|} \cdot \frac{|BX|}{|YA|} \cdot \frac{|CY|}{|ZB|}$$

$$= \left(\frac{|AP| \cdot |PZ|}{|XP| \cdot |CP|} \cdot \frac{|BP| \cdot |PX|}{|YP| \cdot |AP|} \cdot \frac{|CP| \cdot |PY|}{|ZP| \cdot |BP|} \right)^{1/2} = 1.$$

Außerdem ist $[APZ]/[CPX] = |AZ|^2/|XC|^2$, $[BPX]/[APY] = |BX|^2/|YA|^2$ und $[CPY]/[BPZ] = |CY|^2/|ZB|^2$, also:

$$\frac{[APZ][BPX][CPY]}{[CPX][APY][BPZ]} = \left(\frac{|AZ|}{|ZB|} \cdot \frac{|BX|}{|XC|} \cdot \frac{|CY|}{|YA|} \right)^2 = 1.$$

Das Produkt der Flächen der grauen Dreiecke in Abb. 6.17 ist somit gleich dem Produkt der Flächen der weißen Dreiecke.

6.8 Aufgaben

6.1 Es seien m_a, m_b und m_c die Längen der Seitenhalbierenden und $s = (a + b + c)/2$ der halbe Umfang eines Dreiecks. Man zeige, dass $3s/2 \leq m_a + m_b + m_c \leq 2s$.

6.2 Man beweise: Verhalten sich die Seitenlängen eines Dreiecks wie eine arithmetische Folge, dann verläuft die Gerade durch den Schwerpunkt und den Inkreismittelpunkt parallel zu einer der Seiten.

Abb. 6.18

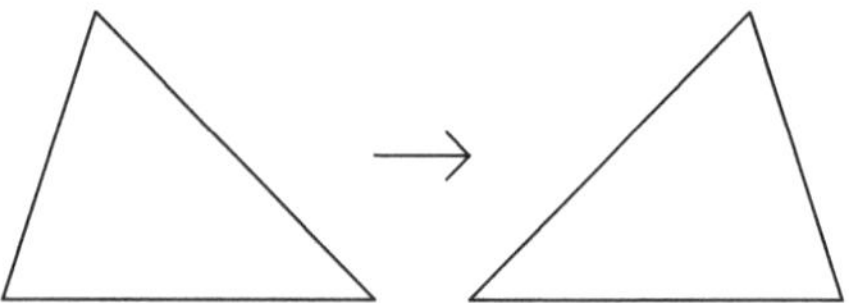

6.3 Man zerschneide ein beliebiges Dreieck so, dass man die Teile durch Drehen und Verschieben (allerdings nicht Umklappen) wieder zu einem Dreieck zusammenlegen kann, das ein Spiegelbild des ursprünglichen Dreiecks ist. (Es ist mit zwei Schnitten möglich! Abb. 6.18.)

6.4 Es sei ABC ein Dreieck mit längster Seite AB. AX, BY und CZ seien Transversale, die sich im Punkt P treffen. Man beweise $|PX| + |PY| + |PZ| < |AB|$.

6.5 Man beweise, dass der Höhenschnittpunkt H des Dreiecks ABC in Abb. 6.8 jede Höhe in zwei Abschnitte unterteilt, für die das Produkt der Längen immer gleich ist, also $|AH| \cdot |HX| = |BH| \cdot |HY| = |CH| \cdot |HZ|$.

6.6 In einem Dreieck ABC seien X, Y, Z jeweils die Mittelpunkte von BC, CA und AB. Das Dreieck XYZ bezeichnet man als *Mittendreieck* von $\triangle ABC$. Man beweise, dass der Höhenschnittpunkt von $\triangle XYZ$ gleichzeitig der Umkreismittelpunkt von $\triangle ABC$ ist.

6.7 Es sei ABC ein rechtwinkliges Dreieck mit rechtem Winkel bei C, und CD sei die Höhe auf AB (Abb. 6.19). Weiterhin sei CE die Seitenhalbierende von C zu dem Dreieck $\triangle BCD$, und die Seite AC verlängern wir um das Doppelte zum Punkt F. Man zeige, dass FD und CE senkrecht zueinander sind.

6.8 Es seien AX, BY und CZ drei Transversale im Dreieck ABC, die sich wie in Abb. 6.3 in einem Punkt P treffen. Man beweise:

Abb. 6.19

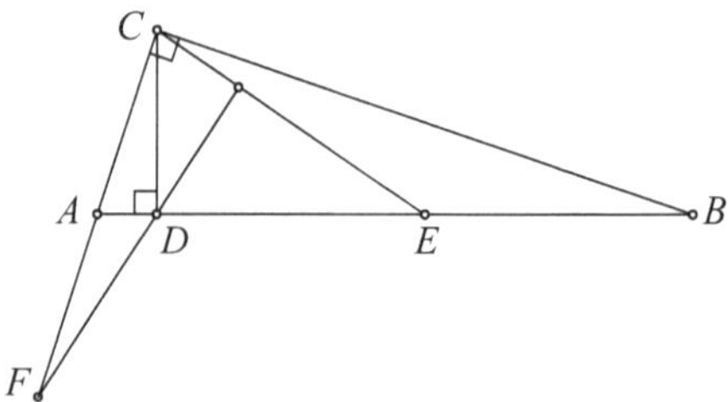

Abb. 6.20

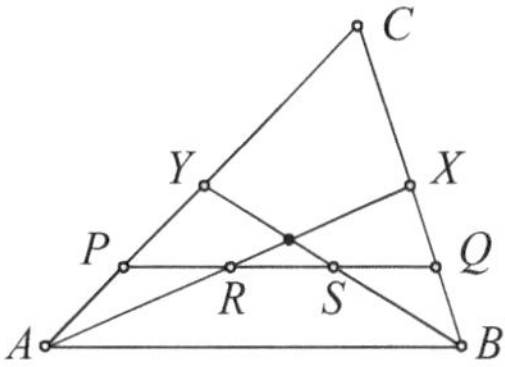

(i) $\dfrac{|PX|}{|AX|} + \dfrac{|PY|}{|BY|} + \dfrac{|PZ|}{|CZ|} = 1$ und

(ii) $\dfrac{|PA|}{|AX|} + \dfrac{|PB|}{|BY|} + \dfrac{|PC|}{|CZ|} = 2$.

6.9 Es seien AX und BY die Seitenhalbierenden im Dreieck ABC, und P und Q jeweils die Mittelpunkte von AY und BX (Abb. 6.20). Man beweise, dass PQ durch die Strecken AX und BY in drei gleiche Abschnitte unterteilt wird, also $|PR| = |RS| = |SQ|$.

6.10 Man beweise, dass der Umfang von jedem Dreieck mit der Fläche $1/\pi$ größer ist als 2.

Das rechtwinklige Dreieck 7

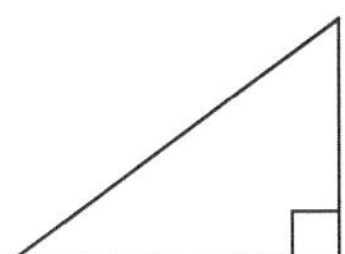

Die Summe der Quadratwurzeln von je zwei Seiten eines gleichschenkligen Dreiecks ist gleich der Quadratwurzel der dritten Seite.
(Die Vogelscheuche, *Der Zauberer von Oz*, 1939)

Der Satz des Pythagoras ist vermutlich der bekannteste Satz der Geometrie (trotz seiner fehlerhaften Wiedergabe durch die Vogelscheuche) und auch die bekannteste Eigenschaft rechtwinkliger Dreiecke. Doch rechtwinklige Dreiecke haben viele interessante Eigenschaften, und sie sind uns in den vorherigen Kapiteln auch schon häufig begegnet. Daher wenden wir nun unsere Aufmerksamkeit dieser wichtigen geometrischen Schlüsselfigur zu.

Anders als bei allgemeinen Dreiecken haben die Seiten eines rechtwinkligen Dreiecks besondere Namen. Die dem rechten Winkel benachbarten Seiten heißen Katheten (aus dem Griechischen *kathetos* mit der Bedeutung „Lot") und die dritte Seite heißt *Hypotenuse* (aus dem Griechischen *hypo-*, „unter", und *teinein* „sich erstrecken", da sich die Hypotenuse zwischen den beiden Katheten erstreckt).

In Abb. 7.1 sehen wir einige Alltagsgegenstände von der Form rechtwinkliger Dreiecke: zwei Dreieckslineale, eine Sandwichschachtel und ein Ecktisch.

Viele andere vertraute Gegenstände haben rechtwinklige Formen, beispielsweise Buchstützen, einige Dachstühle, Metallwinkel, usw.

In diesem Kapitel werden wir sehen, wie sich rechtwinklige Dreiecke zum Beweis verschiedener mathematischer Ungleichheiten nutzen lassen, wir werden einige der speziellen Eigenschaften von Kreisen, die mit rechtwinkligen Dreiecken zusammenhängen, untersuchen und sogenannte pythagoreische Tripel behandeln (also rechtwinklige Dreiecke mit ganzzahligen Seitenlängen). Wir werden meist die übliche Notation für Dreiecke verwenden: A, B und C für die Winkel an diesen Eckpunkten, ABC für das Dreieck selbst, und a, b und c für die Seiten, die jeweils den Punkten A, B bzw. C gegenüberliegen. Wenn es sich bei ABC um ein

© Springer-Verlag Berlin Heidelberg 2015
C. Alsina, R.B. Nelsen, *Perlen der Mathematik*, DOI 10.1007/978-3-662-45461-9_7

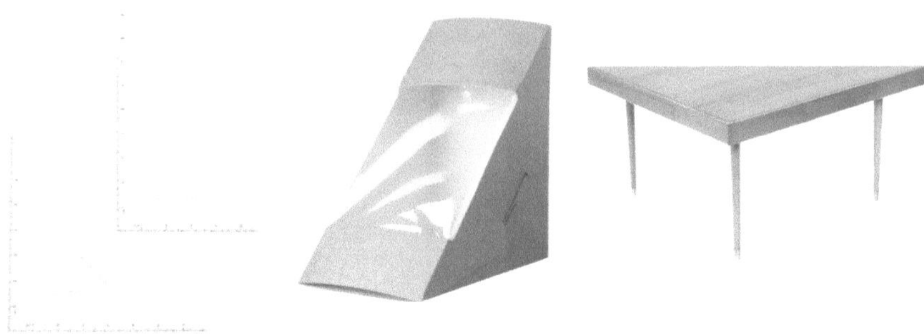

Abb. 7.1

rechtwinkliges Dreieck handelt, ist der Winkel bei C der rechte Winkel und c die Hypotenuse.

7.1　Rechtwinklige Dreiecke und Ungleichungen

In einem rechtwinkligen Dreieck ist die Hypotenuse c die längste Seite, sodass immer $a < c$ und $b < c$ gilt. Tatsächlich lässt sich fast jede Ungleichung der Form $b \leq c$ (wobei wir für Dreiecke auch $a = 0$ zulassen) an einem rechtwinkligen Dreieck verdeutlichen, indem wir $a = \sqrt{c^2 - b^2}$ setzen und a und b als Katheten und c als Hypotenuse eines rechtwinkligen Dreiecks auffassen. Viele der Ungleichungen zwischen den Mittelwerten positiver Zahlen x und y lassen sich so veranschaulichen. Setzen wir beispielsweise $c = (x + y)/2$, $b = \sqrt{xy}$ und $a = |x - y|/2$, erhalten wir die *Ungleichung zwischen arithmetischem und geometrischem Mittelwert* $(x + y)/2 \geq \sqrt{xy}$ in Abb. 7.2.

Tabelle 7.1 listet die Werte für c, b und a für die folgenden Ungleichungen in der Form $c \geq b$: 1) geometrischer und harmonischer Mittelwert, 2) arithmetischer und geometrischer Mittelwert, 3) Wurzel aus dem Mittelwert der Quadrate und arithmetischer Mittelwert und 4) kontraharmonischer Mittelwert und Wurzel aus dem Mittelwert der Quadrate. Die Veranschaulichungen gleichen alle Abb. 7.2, lediglich die Seiten des Dreiecks erhalten andere Bezeichnungen. In allen Fällen gilt die Gleichheit genau dann, wenn $a = 0$, also für $x = y$.

Abb. 7.2

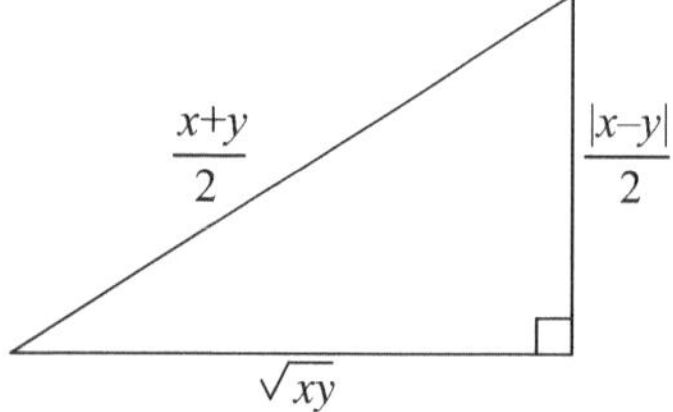

Tab. 7.1

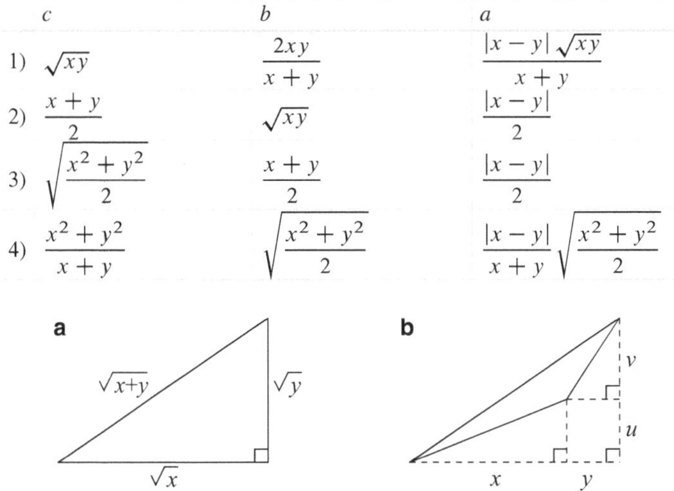

	c	b	a
1)	$\sqrt{xy}$	$\dfrac{2xy}{x+y}$	$\dfrac{\lvert x-y\rvert\,\sqrt{xy}}{x+y}$
2)	$\dfrac{x+y}{2}$	$\sqrt{xy}$	$\dfrac{\lvert x-y\rvert}{2}$
3)	$\sqrt{\dfrac{x^2+y^2}{2}}$	$\dfrac{x+y}{2}$	$\dfrac{\lvert x-y\rvert}{2}$
4)	$\dfrac{x^2+y^2}{x+y}$	$\sqrt{\dfrac{x^2+y^2}{2}}$	$\dfrac{\lvert x-y\rvert}{x+y}\sqrt{\dfrac{x^2+y^2}{2}}$

Abb. 7.3

In Proposition 20 in Buch I von Euklids *Elementen* heißt es: „In jedem Dreieck
ist die Summe von je zwei Seiten größer als die dritte", d. h., es gelten die drei
Ungleichungen $a+b>c$, $b+c>a$ und $c+a>b$. Handelt es sich bei ABC um
ein rechtwinkliges Dreieck mit Hypotenuse c, ist nur die Ungleichung $c \le a+b$
(wobei a oder b auch null sein kann) nicht trivial. Setzen wir beispielweise $a = \sqrt{x}$,
$b = \sqrt{y}$ und $c = \sqrt{x+y}$, erhalten wir $\sqrt{x+y} \le \sqrt{x} + \sqrt{y}$; veranschaulicht
in Abb. 7.3a. Eine Funktion f, für die $f(x+y) \le f(x)+f(y)$ gilt, bezeichnet
man als *subadditiv*, und wir haben gerade gezeigt, dass $f(x) = \sqrt{x}$ in seinem
Definitionsbereich subadditiv ist.

Ein weiteres Beispiel verdeutlicht Abb. 7.3b. Dort berechnen wir die Längen der
Hypotenusen für jedes der drei rechtwinkligen Dreiecke und erhalten die folgende
Ungleichung: Für positive Zahlen x, y, u und v gilt:

$$\sqrt{(x+y)^2+(u+v)^2} \le \sqrt{x^2+u^2} + \sqrt{y^2+v^2}\,.$$

Mit demselben Verfahren erhält man die bekannte Gleichung für den Abstand
zwischen zwei Punkten in kartesischen Koordinaten. Weitere Beispiele findet man
in den Aufgaben 7.1, 7.2 und 7.7.

7.2 Inkreis, Umkreis und Ankreise

Zu jedem Dreieck können wir fünf Kreise definieren: den *Inkreis*, der innerhalb des
Dreiecks verläuft und tangential zu jeder der drei Seiten ist; den *Umkreis*, der durch

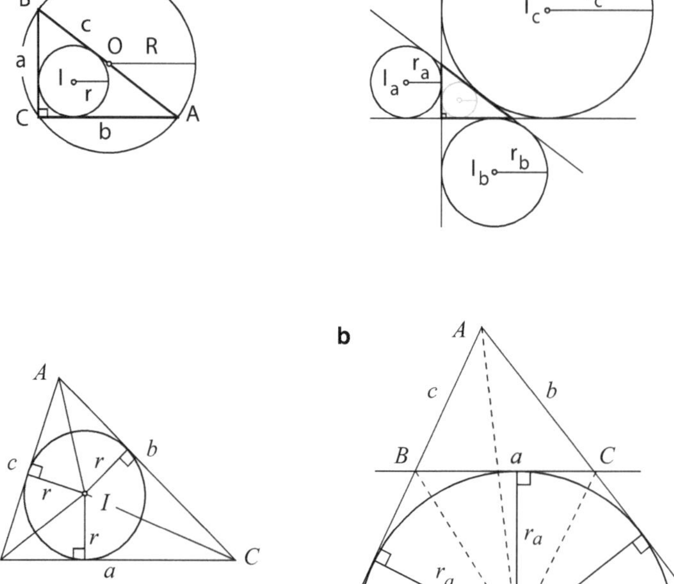

Abb. 7.4

Abb. 7.5

die drei Eckpunkte verläuft; und drei *Ankreise*, die alle außerhalb des Dreiecks liegen und tangential zu einer Seite sowie den Verlängerungen der anderen beiden Seiten sind. Abbildung 7.4a zeigt den Inkreis mit seinem *Inkreismittelpunkt I* und dem *Inkreisradius r* und den Umkreis mit seinem *Umkreismittelpunkt O* und dem *Umkreisradius R*. In Abb. 7.4b sehen wir die drei Ankreise mit ihren *Ankreismittelpunkten* I_a, I_b und I_b und den *Ankreisradien* r_a, r_b, r_c. Der Index bezeichnet jeweils die Dreiecksseite, die tangential zum Ankreis liegt. In dieser Abbildung haben wir die Kreise für ein rechtwinkliges Dreieck angegeben, also den uns hier interessierenden Fall, aber alle Dreiecke besitzen diese fünf Kreise, Mittelpunkte und Radien.

Es gibt viele bemerkenswerte Beziehungen zwischen den fünf Radien, den Seiten, dem halben Umfang $s = (a + b + c)/2$ und der Fläche K des Dreiecks. Wir beginnen mit einigen Beziehungen, die für alle Dreiecke gelten.

In Abb. 7.5a ist die Fläche K des Dreiecks ABC gleich der Summe der Flächen der drei Dreiecke AIB, BIC und CIA, und somit gilt:

$$K = ar/2 + br/2 + cr/2 = r(a + b + c)/2 = rs \,.$$

Ähnlich ist in Abb. 7.5b die Fläche K gleich der Summe der Flächen der beiden Dreiecke AI_aC und AI_aB minus der Fläche von BI_aC, also:

$$K = \frac{1}{2}br_a + \frac{1}{2}cr_a - \frac{1}{2}ar_a = r_a\frac{b+c-a}{2} = r_a(s-a)\,.$$

Entsprechende Beziehungen gelten für r_b und r_c und daher folgt:

$$K = rs = r_a(s-a) = r_b(s-b) = r_c(s-c)\,. \tag{7.1}$$

Eine Folgerung daraus ist:

$$\frac{1}{r_a} + \frac{1}{r_b} + \frac{1}{r_c} = \frac{1}{r}\,.$$

Die Gleichung von Heron $K = \sqrt{s(s-a)(s-b)(s-c)}$ führt uns zusammen mit (7.1) auf:

$$K^2 r r_a r_b r_c = rs \cdot r_a(s-a) \cdot r_b(s-b) \cdot r_c(s-c) = K^4\,,$$

und damit $K = \sqrt{r r_a r_b r_c}$. Schließlich hängt der Umkreisradius R mit K und a,b,c über die Beziehung $4KR = abc$ zusammen (für Bildbeweise dieses Ergebnisses und der Formel von Heron siehe [Alsina und Nelsen, 2006 und 2010]), und somit gilt:

$$\begin{aligned}
4KR &= abc \\
&= s(s-b)(s-c) + s(s-a)(s-c) \\
&\quad + s(s-a)(s-b) - (s-a)(s-b)(s-c) \\
&= \frac{K^2}{s-a} + \frac{K^2}{s-b} + \frac{K^2}{s-c} - \frac{K^2}{s} \\
&= K(r_a + r_b + r_c - r)\,.
\end{aligned}$$

Die fünf Radien eines Dreiecks hängen also so zusammen: $4R = r_a + r_b + r_c - r$.

Angenommen, ABC ist ein rechtwinkliges Dreieck mit rechtem Winkel bei C. Dann ist $K = ab/2$, sodass

$$\begin{aligned}
r &= \frac{ab}{a+b+c}\,, \quad r_a = \frac{ab}{b+c-a}\,, \\
r_b &= \frac{ab}{c+a-b} \quad \text{und} \quad r_c = \frac{ab}{a+b-c}\,.
\end{aligned} \tag{7.2}$$

Aus Abb. 7.6 wird deutlich, dass für die Hypotenuse die Beziehung $c = a + b - 2r$ gilt und somit:

$$r = \frac{a+b-c}{2} = s - c\,. \tag{7.3}$$

Abb. 7.6

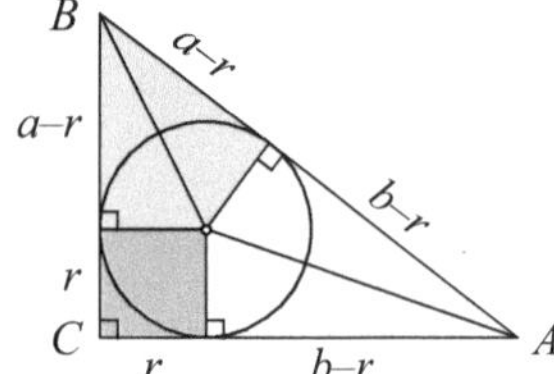

Setzen wir die beiden Ausdrücke für r, also (7.3) und (7.2), gleich, erhalten wir $(a + b - c)/2 = ab/(a + b + c)$, was sich zu $a^2 + b^2 = c^2$ vereinfacht – ein weiterer Beweis für den Satz des Pythagoras!

Ähnliche Ausdrücke erhält man für die Ankreisradien, beispielsweise:

$$r_a = \frac{ab}{b - a + c} \cdot \frac{a - b + c}{a - b + c} = \frac{ab(a - b + c)}{c^2 - (a - b)^2}$$

$$= \frac{ab(a - b + c)}{c^2 - a^2 + 2ab - b^2} = \frac{ab(a - b + c)}{2ab} = \frac{a - b + c}{2} = s - b \,.$$

Entsprechend findet man $r_b = s - a$ und $r_c = s$. Damit erhalten wir die folgenden Identitäten:

$$K = rs = s(s - c) = rr_c = (s - a)(s - b) = r_a r_b, r + r_a + r_b = r_c \,,$$

$$r + r_a + r_b + r_c = a + b + c \,,$$

$$r^2 + r_a^2 + r_b^2 + r_c^2 = a^2 + b^2 + c^2 \quad \text{und}$$

$$r_a r_b + r_b r_c + r_c r_a = s^2 \,.$$

Wir können die Seiten von ABC in Abb. 7.6 umbenennen, um eine der obigen Beziehungen für die Fläche K zu veranschaulichen. In Abb. 7.7 beweisen wir, dass K (gleich der Fläche des weißen Dreiecks in Abb. 7.7a) gleich dem Produkt aus den Längen der Teilabschnitte der Hypotenuse ist, die man durch den Tangentialpunkt des Inkreises erhält.

Weitere Beziehungen zwischen den Seiten, Flächen und Radien von rechtwinkligen Dreiecken findet man in [Long, 1983; Hansen, 2003; und Bell, 2006].

Abb. 7.7

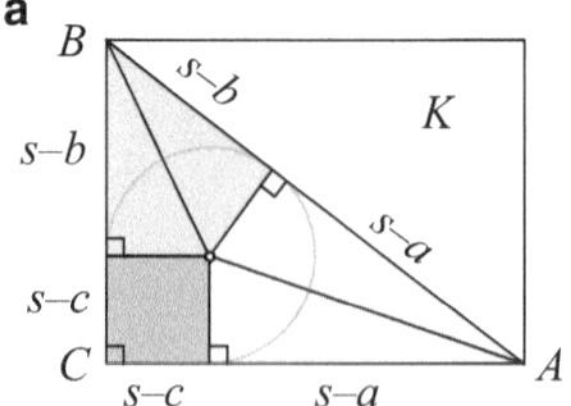

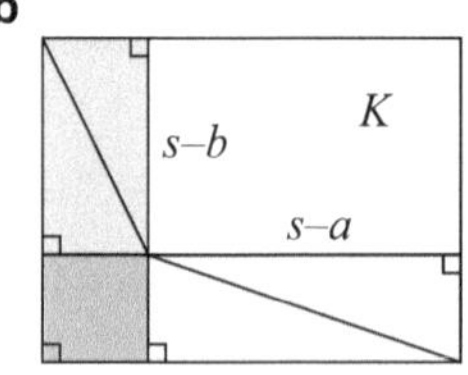

Wir beenden diesen Abschnitt mit einer Beschreibung von rechtwinkligen Dreiecken durch r, R und s: ABC *ist genau dann ein rechtwinkliges Dreieck, wenn* $s = r + 2R$. Unser Beweis stammt aus [Blundon, 1963].

Ein Dreieck ist genau dann rechtwinklig, wenn eine der drei Formen des pythagoreischen Satzes gilt, also wenn

$$(a^2 + b^2 - c^2)(b^2 + c^2 - a^2)(c^2 + a^2 - b^2) = 0 \,.$$

Zum Beweis der Charakterisierung müssen wir zunächst für allgemeine Dreiecke die beiden Ausdrücke $ab + bc + ca$ und $a^2 + b^2 + c^2$ durch r, R und s ausdrücken. Das soll nun geschehen:

$$\begin{aligned}
r^2 s &= K^2/s = (s-a)(s-b)(s-c) \\
&= s^3 - s^2(a+b+c) + s(ab+bc+ca) - abc \\
&= -s^3 + s(ab+bc+ca) - 4Rrs \,,
\end{aligned}$$

und damit folgt $ab + bc + ca = s^2 + 4Rr + r^2$. Dementsprechend gilt:

$$\begin{aligned}
a^2 + b^2 + c^2 &= 4s^2 - 2(ab+bc+ca) \\
&= 4s^2 - 2s^2 - 8Rr - 2r^2 = 2s^2 - 8Rr - 2r^2 \,.
\end{aligned}$$

Also:

$$\begin{aligned}
0 &= (a^2 + b^2 - c^2)(b^2 + c^2 - a^2)(c^2 + a^2 - b^2) \\
&= [2(a^2 b^2 + b^2 c^2 + c^2 a^2) - (a^4 + b^4 + c^4)](a^2 + b^2 + c^2) - 8(abc)^2 \\
&= 16[s(s-a)(s-b)(s-c)](2s^2 - 8Rr - 2r^2) - 8(4KR)^2 \\
&= 32K^2(s^2 - 4Rr - r^2 - 4R^2) \\
&= 32K^2(s + r + 2R)(s - r - 2R) \,.
\end{aligned}$$

Der einzige Faktor in der letzten Zeile, der null werden kann, ist $s - r - 2R$, und somit ist ABC genau dann ein rechtwinkliges Dreieck, wenn $s = r + 2R$.

Beschreibungen von rechtwinkligen Dreiecken durch die Ankreisradien und die Seiten findet man in [Bell, 2006].

7.3 Transversale in rechtwinkligen Dreiecken

Erinnern wir uns: Eine Cevane ist eine Strecke, die einen Eckpunkt eines Dreiecks mit einem Punkt auf der gegenüberliegenden Seite verbindet. Beispiele sind die Seitenhalbierenden, Höhen und Winkelhalbierenden. In diesem Abschnitt behandeln

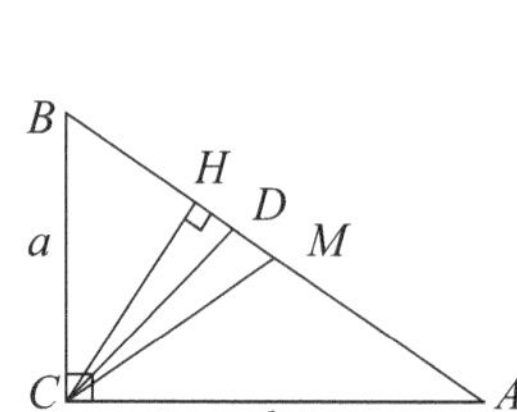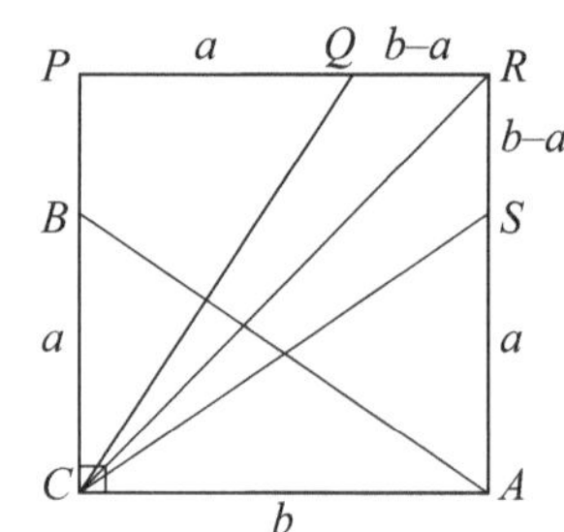

Abb. 7.8

wir einige besondere Eigenschaften solcher spezieller Transversale in rechtwinkligen Dreiecken.

Einigen dieser Eigenschaften sind wir schon in früheren Kapiteln begegnet. In Kap. 2 haben wir gesehen, dass die Winkelhalbierende des rechten Winkels in einem rechtwinkligen Dreieck das Quadrat über der Hypotenuse halbiert. Und in Kap. 4 wurde gezeigt, dass die Seitenhalbierende zur Hypotenuse ein rechtwinkliges Dreieck in zwei gleichschenklige Dreiecke unterteilt.

Die Winkelhalbierende des rechten Winkels halbiert noch einen weiteren Winkel, nämlich den Winkel zwischen der Höhe und der Seitenhalbierenden zur Hypotenuse. In Abb. 7.8a sind CD die Winkelhalbierende, CH die Höhe und CM die Seitenhalbierende. Es wird also behauptet, dass CD auch den Winkel $\angle HCM$ halbiert.

Wir betrachten das Dreieck ABC als Teil eines Quadrats mit der Seitenlänge b, wie in Abb. 7.8b, und verlängern CH, CD und CM bis zu ihren jeweiligen Schnittpunkten mit den Seiten des Quadrats, also Q, R bzw. S. Dann sind die Dreiecke CPQ und CAS deckungsgleich zu ABC, und somit sind auch die Dreiecke CQR und CRS deckungsgleich. Daraus folgt die Behauptung.

Wenn wir den Fußpunkt H der Höhe CH mit den jeweiligen Mittelpunkten K und L von AC bzw. BC verbinden, ist der Winkel zwischen den Streckenabschnitten HK und HL ein rechter Winkel (Abb. 7.9).

Weil HK und HL jeweils die Seitenhalbierenden der Dreiecke ACH und BCH sind, sind die Dreiecke AKH und BLH gleichschenklig. Also ist $\angle AHK = \angle A$

Abb. 7.9

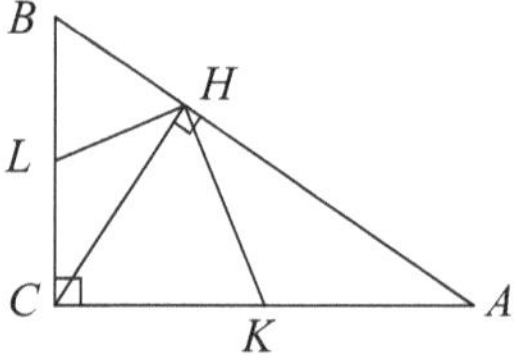

und $\angle BHL = \angle B$, und da $\angle A + \angle B = 90°$, folgt, dass $\angle KHL$ ein rechter Winkel ist.

7.4 Eine Charakterisierung pythagoreischer Tripel

Rechtwinklige Dreiecke mit ganzzahligen Seitenlängen, wie $(a, b, c) = (3, 4, 5)$ or $(5, 12, 13)$, sind von besonderer Bedeutung. Ein Tripel (a, b, c) positiver Zahlen, sodass $a^2 + b^2 = c^2$, bezeichnet man als *pythagoreisches Tripel*, und man nennt es *primitiv*, wenn a, b und c keine gemeinsamen Faktoren haben (wie die obigen Beispiele).

Die Beziehungen für den Sinus und Kosinus für das Doppelte eines Winkels (vgl. Abschn. 4.6) liefern ein sehr effizientes Verfahren zur Erzeugung von pythagoreischen Tripeln [Houston, 1994]. Es seien m und n ganze Zahlen mit $m > n > 0$. Wir betrachten das rechtwinklige Dreieck mit den Kathetenlängen m und n, wie in Abb. 7.10a. Wenn θ der kleinere der spitzen Winkeln ist, gilt $\sin\theta = n/\sqrt{m^2 + n^2}$ und $\cos\theta = m/\sqrt{m^2 + n^2}$. Die Beziehungen für das Doppelte eines Winkels liefern $\sin 2\theta = 2mn/(m^2 + n^2)$ und $\cos 2\theta = (m^2 - n^2)/(m^2 + n^2)$, sodass 2θ ein spitzer Winkel in einem rechtwinkligen Dreieck mit ganzzahligen Kantenlängen ist (Abb. 7.10b).

Auf diese Weise lassen sich nicht alle pythagoreischen Tripel gewinnen. Ein Beispiel ist $(9, 12, 15)$, denn 15 lässt sich nicht als Summe von zwei ganzzahligen Quadratzahlen schreiben. Man kann jedoch zeigen, dass man für teilerfremde Zahlen m und n, von denen eine gerade und die andere ungerade ist, immer primitive pythagoreische Tripel erhält, und dass sich auf diese Weise sämtliche primitiven pythagoreischen Tripel erhalten lassen.

Auf andere Verfahren zur Erzeugung pythagoreischer Tripel gehen Aufgabe 7.4 sowie Abschn. 13.3 ein.

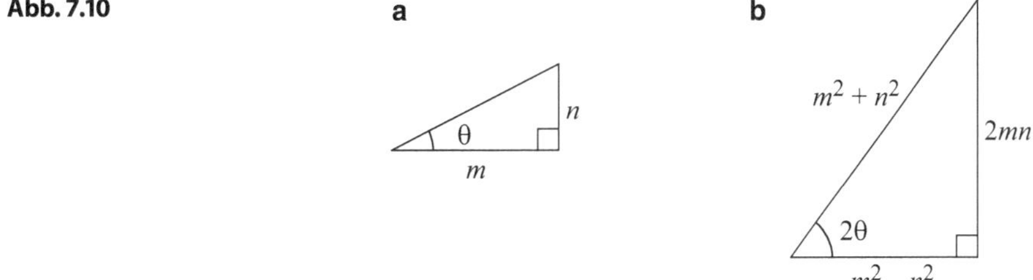

7.5   Einige Identitäten und Ungleichungen für Winkelfunktionen

Da die Winkelfunktionen häufig als Verhältnisse bestimmter Seitenlängen in rechtwinkligen Dreiecken definiert werden, eignen sich rechtwinklige Dreiecke auch zur Veranschaulichung vieler Beziehungen zwischen diesen Funktionen. Wir haben bereits in verschiedenen Abschnitten in Kap. 2, 3 und 4 gesehen, wie man die Summen- und Differenzenformeln, die Beziehungen für das Doppelte eines Winkels und noch andere Identitäten für den Sinus, Kosinus und Tangens verdeutlichen kann. Es folgen nun einige weitere.

In Abb. 7.11 finden sich viele ähnliche rechtwinklige Dreiecke, aus denen sich die bekannten Umkehrbeziehungen sowie die pythagoreischen Identitäten für die sechs Winkelfunktionen für den Winkel θ im ersten Quadraten ablesen lassen. Die Abbildung verdeutlicht auch viele weniger bekannte Beziehungen, beispielsweise:

$$\sec^2 \theta + \csc^2 \theta = (\tan \theta + \cot \theta)^2 \quad \text{und} \quad \tan \theta = \frac{\sec \theta - \cos \theta}{\sin \theta}.$$

Die Beziehungen für das Dreifache eines Winkels für den Sinus und Kosinus lassen sich aus Abb. 7.12 ableiten, wobei wir eine Figur verwenden, die auf dem archimedischen Verfahren der Winkeldrittelung beruht [Dancer, 1937].

Berechnen wir $\sin \theta$ für das grau unterlegte Dreieck, so erhalten wir:

$$\sin \theta = \frac{\sin 3\theta}{1 + 2\cos 2\theta} = \frac{\sin 3\theta}{3 - 4\sin^2 \theta}$$

und somit $\sin 3\theta = 3\sin \theta - 4\sin^3 \theta$. In ähnlicher Weise folgt:

$$\cos \theta = \frac{\cos 3\theta + 2\cos \theta}{1 + 2\cos 2\theta} = \frac{\cos 3\theta + 2\cos \theta}{4\cos^2 \theta - 1},$$

sodass $\cos 3\theta = 4\cos^3 \theta - 3\cos \theta$. In Aufgabe 7.11 sollen die Formeln für das Doppelte eines Winkels für den Sinus und Kosinus aus Abb. 7.12 abgeleitet werden. Weitere Verfahren zur Ableitung von Beziehungen für das Dreifache eines Winkels beim Sinus und Kosinus findet man in [Okuda, 2001].

Abb. 7.11

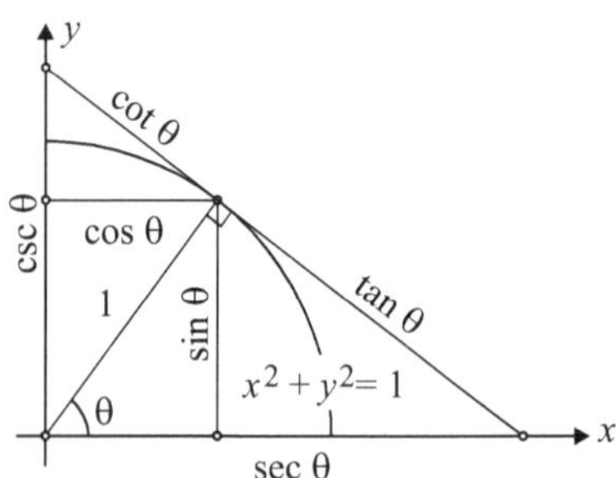

Abb. 7.12

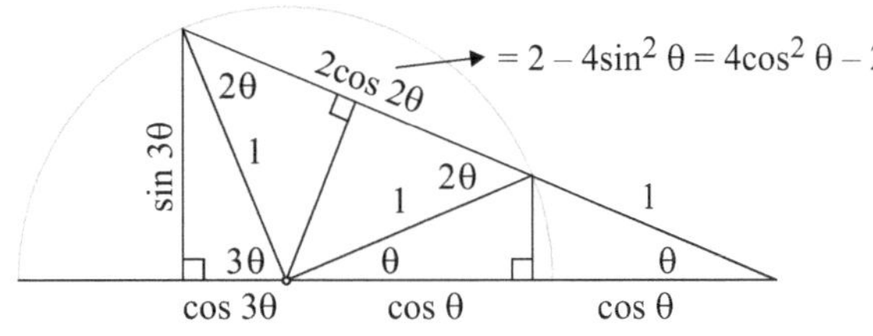

Abb. 7.13

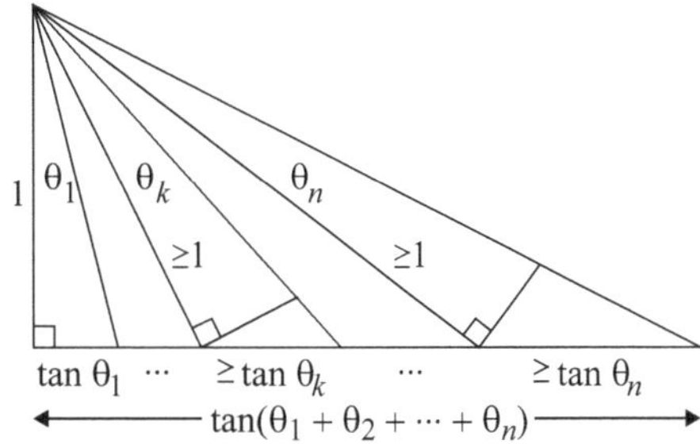

Wir beenden dieses Kapitel mit einer Ungleichung für die Summe von Tangenswerten von n spitzen Winkeln: Wenn $\theta_k \geq 0$ für $k = 1, 2, \ldots, n$ und $\sum_1^n \theta_k < \pi/2$, dann gilt:

$$\tan\left(\sum_1^n \theta_k\right) \geq \sum_1^n \tan\theta_k\,.$$

Der Beweis folgt aus Abb. 7.13 [Pratt, 2010].

7.6 Aufgaben

7.1 Mithilfe rechtwinkliger Dreiecke zeige man folgende Ungleichungen:

(i)   die *Cauchy-Schwarz-Ungleichung* in zwei Dimensionen: Für beliebige reelle Zahlen a, b, x, y gilt $|ax + by| \leq \sqrt{a^2 + b^2}\sqrt{x^2 + y^2}$. Die Gleichheit gilt genau dann, wenn $a/b = x/y$.

(ii) *Ungleichung von Aczél* in zwei Dimensionen: für reelle Zahlen a, b, x, y mit $a^2 \geq b^2$ und $x^2 \geq y^2$ gilt $\sqrt{a^2 - b^2}\sqrt{x^2 - y^2} \leq |ax - by|$. Hier gilt die Gleichheit genau dann, wenn $a/b = x/y$.

(iii) Für alle reellen Zahlen a, b, x, y gilt $|ax + by| + |ay - bx| \geq \sqrt{a^2 + b^2}\sqrt{x^2 + y^2}$. Wann gilt die Gleichheit?

7.2 Man zeige mit rechtwinkligen Dreiecken: Wenn $x \geq y \geq 0$, dann gilt $\sqrt{3y^2 + x^2} \leq x + y \leq \sqrt{3x^2 + y^2}$.

7.3

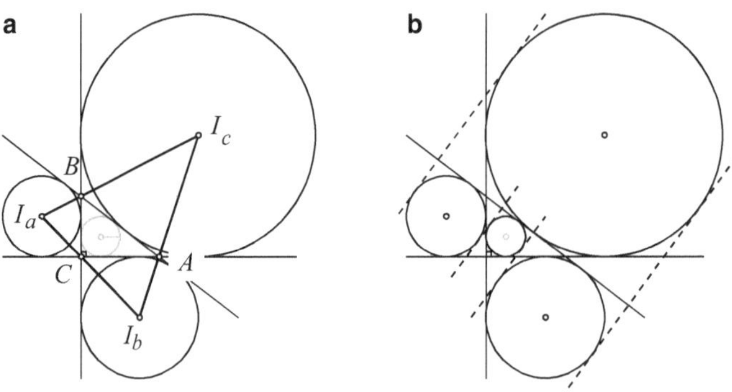

Abb. 7.14

(i) Man beweise, dass die Eckpunkte eines rechtwinkligen Dreiecks ABC auf den Seiten des Dreiecks $I_a I_b I_c$ liegen, also auf dem Dreieck aus den Ankreismittelpunkten von ABC (Abb. 7.14a).

(ii) Man beweise, dass die gemeinsamen Tangenten an die Ankreise des rechtwinkligen Dreiecks ABC (in Abb. 7.14b durch gestrichelte Linien dargestellt) parallel zueinander liegen und senkrecht zur Hypotenuse von ABC stehen.

7.4 In [Williamson, 1953] finden wir ein Verfahren zur Erzeugung von rechtwinkligen Dreiecken mit rationalen Seitenlängen: Man wähle zwei beliebige rationale Zahlen, deren Produkt 2 ergibt, und addiere zu jeder Zahl 2. Als Ergebnis erhält man die Kathetenlängen eines rechtwinkligen Dreiecks mit rationalen Seitenlängen. Beispielsweise ist $(7/3)(6/7) = 2$, also sind $13/3$ und $20/7$ die Seitenlängen eines rechtwinkligen Dreiecks mit der rationalen Hypotenuse $109/21$. Multiplikation mit dem größen gemeinsamen Nenner liefert das pythagoreische Tripel $(60, 91, 109)$. Ist dieses Verfahren richtig?

7.5

(i) Man beweise: Werden die Katheten eines rechtwinkligen Dreiecks um ihren jeweiligen Eckpunkt zur Hypotenuse gedreht, sodass sie auf der Hypotenuse zu liegen kommen, dann überlappen die Katheten in einem Abschnitt, dessen Länge gleich dem Durchmesser des Inkreises ist (Abb. 7.15a).

(ii) Man beweise, dass die Höhe CD über der Hypotenuse AB eines rechtwinkligen Dreiecks ABC gleich der Summe der drei Inkreisradien r, r_1, r_2 der Dreiecke ABC, ACD und BCD ist (Abb. 7.15b).

7.6 r, R und K seien der Inkreisradius, Umkreisradius und die Fläche eines rechtwinkligen Dreiecks. Man beweise, dass (i) $R + r \geq \sqrt{2K}$ und (ii) $R/r \geq 1 + \sqrt{2}$. Wann gilt die Gleichheit?

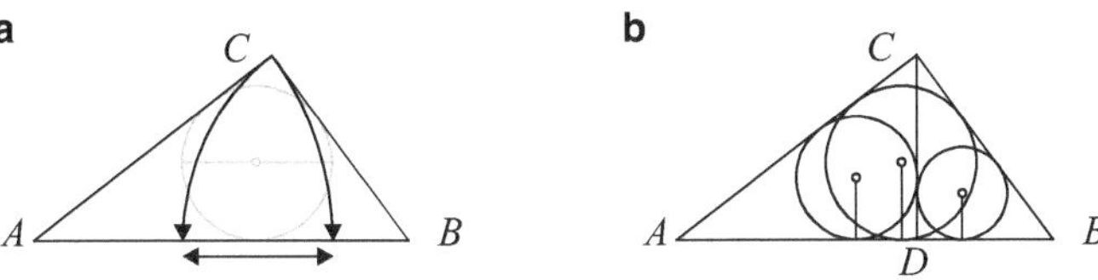

Abb. 7.15

7.7 Man zeige, dass für x und y in $[0, 1]$ gilt $\sqrt{xy} + \sqrt{(1-x)(1-y)} \leq 1$, und die Gleichheit gilt genau dann, wenn $x = y$.

7.8 In einem rechtwinkligen Dreieck ABC (mit dem rechten Winkel bei C) seien M der Mittelpunkt von AC und N der Punkt, bei dem der Ankreis mit Mittelpunkt I_a tangential an BC anliegt (Abb. 7.16). Man zeige, dass der Inkreismittelpunkt I auf MN liegt.

7.9 Man suche das kleinste rechtwinklige Dreieck mit ganzzahligen Seitenlängen, in dem sich ein Quadrat mit ganzzahliger Seitenlänge einbeschreiben lässt, sodass alle vier Eckpunkte des Quadrats auf den Kanten des Dreiecks liegen und eine Seite des Quadrats ein Teil der Hypotenuse ist. (Diese Aufgabe erschien in der Novemberausgabe von *College Mathematics Journal* im Jahre 1988.)

7.10 Es gibt viele Möglichkeiten, Schuhe zu schnüren. In *The Shoelace Book* [Polster, 2006] findet man Figuren für verschiedene Formen (Abb. 7.17): (a) über Kreuz, (b) sternförmig, (c) zickzack-förmig und (d) querbinderförmig, jeweils für sechs Paar Schnürlöcher.

Abb. 7.16

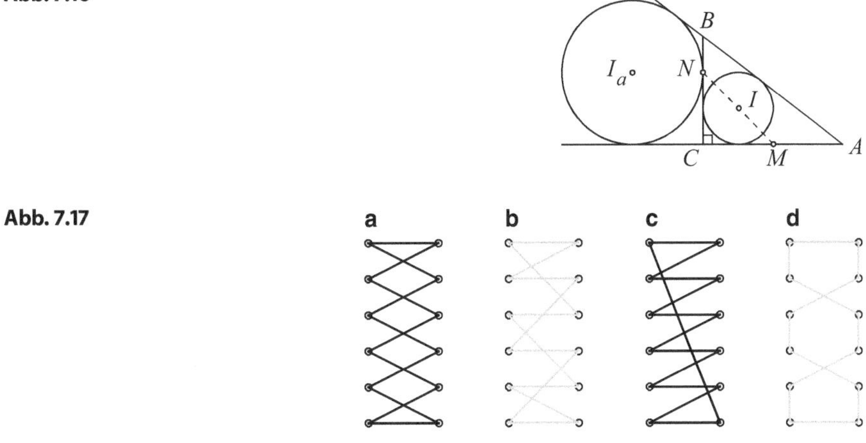

Abb. 7.17

Der Abstand zwischen den Schnürlöchern in horizontaler Richtung sei immer gleich, ebenso der zwischen den Schnürlöchern in vertikaler Richtung. Welche Schnürung ist die kürzeste? Welche die längste? (Hinweis: Man muss nicht rechnen, da die Schnurlöcher die Eckpunkte von rechtwinkligen Dreiecken bilden.)

7.11 Man leite die Doppelwinkelformeln für den Sinus und Kosinus aus Abb. 7.12 ab.

7.12 Man zeige:

(i) $(\sin\alpha + \sin\beta)^2 + (\cos\alpha + \cos\beta)^2 = 2 + 2\cos(\alpha - \beta)$,
(ii) $\tan((\alpha + \beta)/2) = (\sin\alpha + \sin\beta)/(\cos\alpha + \cos\beta)$.

(Hinweis: Man betrachte ein rechtwinkliges Dreieck mit den Kathetenlängen $\sin\alpha + \sin\beta$ und $\cos\alpha + \cos\beta$).

7.13 Ein *Mittelwert* von zwei positiven Zahlen ist ein Ausdruck, der symmetrisch in x und y ist und dessen Wert zwischen $\min(x, y)$ und $\max(x, y)$ liegt. Somit sind $xy\sqrt{(x + y)/(x^3 + y^3)}$ und $\sqrt{(x^3 + y^3)/(x + y)}$ Mittelwerte. Wie verhalten sie sich zu den Mittelwerten aus Abschn. 7.1?

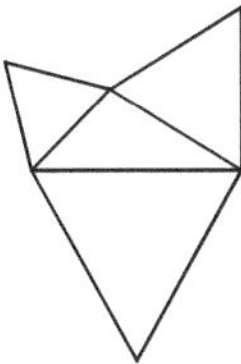

Un bon croquis vaut mieux qu'un long discours
(Eine gute Skizze ist besser als eine lange Rede).
(Napoleon Bonaparte)

In Kap. 1 haben wir den Stuhl der Braut untersucht – ein rechtwinkliges Dreieck mit Quadraten über seinen Seiten. In diesem Kapitel betrachten wir eine ähnliche Figur – drei gleichseitige Dreiecke über den Seiten eines Dreiecks. Es eignet sich vorzüglich zur Veranschaulichung vieler Behauptungen oder Beweise, einschließlich einer Beziehung, die als *Satz von Napoleon* bekannt ist (Abb. 8.1).

Hat Napoleon tatsächlich den Satz, der heute seinen Namen trägt, bewiesen? Wir wissen es nicht, trotzdem haben wir seinen Namen der Schlüsselfigur dieses Kapi-

Abb. 8.1 Napoleon Bonaparte (1769–1821)

© Springer-Verlag Berlin Heidelberg 2015
C. Alsina, R.B. Nelsen, *Perlen der Mathematik*, DOI 10.1007/978-3-662-45461-9_8

tels zugeschrieben. Im Anschluss an den Satz von Napoleon untersuchen wir einige weitere Beziehungen, beispielsweise zum Fermat'schen Punkt eines Dreiecks, die Weitzenböck-Ungleichung, den Satz von Escher etc. Sie alle haben mit Dreiecken zu tun, die wiederum von Dreiecken umgeben sind.

Dreiecke umgeben Dreiecke: Geodätische Kuppeln und Kugeln

Das Gerüst einer geodätischen Kuppel oder Kugel ist eine Struktur, die von den Großkreisen (den Geodäten) einer Kugel ausgeht. Die Kreise schneiden sich und bilden Dreiecke, die von Dreiecken umgeben sind. Durch die strukturelle Steifigkeit der Dreiecke erhält man insgesamt eine hohe strukturelle Stabilität mit einem Minimum an Materialaufwand. Man findet diese Strukturen in vielen Objekten, angefangen bei kleinen Klettergerüsten auf Spielplätzen bis hin zu der großen geodätischen Kugel der NASA in Florida (Abb. 8.2).

Abb. 8.2

8.1 Der Satz von Napoleon

Die erste Überraschung in Bezug auf unsere Schlüsselfigur besteht darin, dass seine Bestandteile eine Parkettierung der Ebene bilden. In Abb. 8.3a sehen wir ein wei-

Abb. 8.3

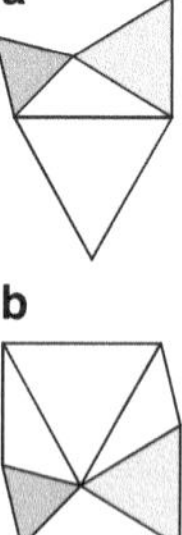
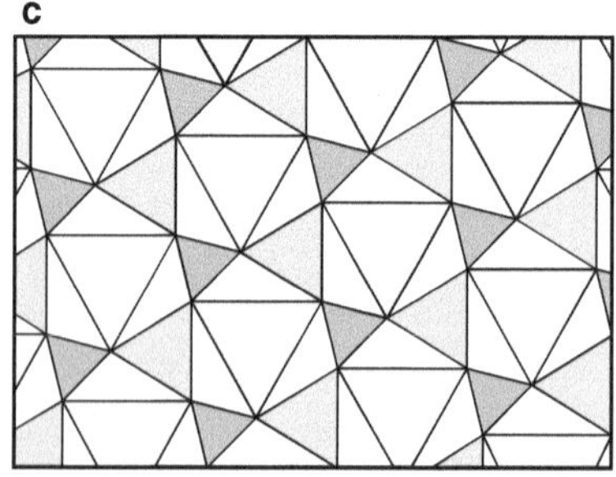

Abb. 8.4

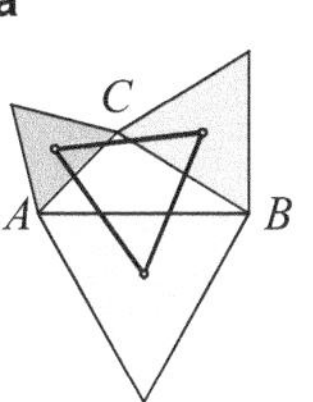

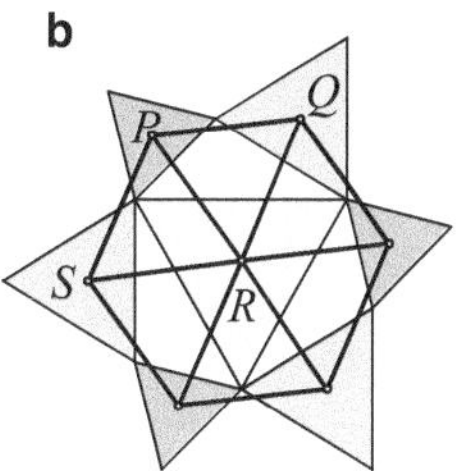

ßes beliebiges Dreieck, das von drei grauen gleichseitigen Dreiecken umgeben ist. Abb. 8.3b verdeutlicht, dass die drei grauen Dreiecke plus drei Kopien des weißen Dreiecks ein Sechseck bilden, das man manchmal auch als *Parahexagon* bezeichnet, weil die gegenüberliegenden Seiten parallel sind und gleiche Länge haben. In Abb. 8.3c sehen wir eine Parkettierung der Ebene durch das Sechseck (die *Fliese*), also eine Auspflasterung der Ebene durch die Fliese ohne Lücken oder Überlappungen.

Drehen wir die Parkettierung aus Abb. 8.3c um 120° im bzw. entgegen dem Uhrzeigersinn um den Mittelpunkt eines der gleichseitigen Dreiecke, ändert sich die Parkettierung nicht. Mehr als diese Drehsymmetrie benötigen wir für einen Beweis des folgenden Satzes nicht.

Satz von Napoleon *Die Mittelpunkte der gleichseitigen Dreiecke außen über den Seiten eines beliebigen Dreicks bilden die Eckpunkte eines weiteren gleichseitigen Dreiecks* (Abb. 8.4a).

Ein Ausschnitt der Parkettierung aus Abb. 8.3 ist in Abb. 8.4b wiedergegeben. Eine Drehung um 120° im Uhrzeigersinn um P ergibt $|PQ| = |PS|$ sowie einen Winkel von 120° zwischen diesen beiden Kanten. Entsprechend liefert eine Drehung um 120° entgegen dem Uhrzeigersinn um R, dass $|QR| = |RS|$, und dass auch zwischen diesen Kanten ein Winkel von 120° liegt. Damit sind die Dreiecke PQR und PRS deckungsgleich, und die Strecke PR halbiert die Winkel $\angle QPS$ und $\angle QRS$. Also ist das Dreieck PQR gleichseitig. Das Dreieck PQR bezeichnet man manchmal als *äußeres Napoleonisches Dreieck* von $\triangle ABC$.

8.2   Das Dreiecksproblem von Fermat

Unsere nächste Überraschung bezieht sich auf die Rolle des Napoleonischen Dreiecks bei der Lösung des folgenden Problems, das Pierre de Fermat (1601–1665) Evangelista Torricelli (1608–1647) stellte. Dieser löste es auf mehrere Weisen.

Gesucht ist der Punkt F in (oder auf) einem Dreieck ABC, sodass die Summe $|FA| +$ $|FB| + |FC|$ minimal wird. Den Punkt F bezeichnet man als den *Fermat-Punkt* des Dreiecks (Abb. 8.5a).

Abb. 8.5

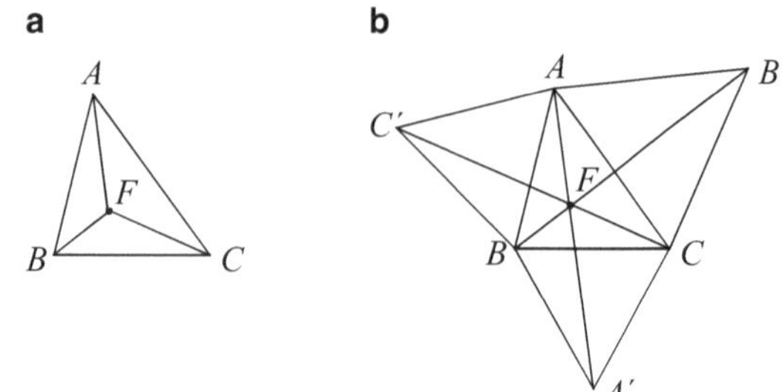

Ist einer der Winkel gleich 120° oder größer, dann ist der zugehörige Eckpunkt der Fermat-Punkt. Wir betrachten daher nur Dreiecke, bei denen alle Winkel kleiner als 120° sind. Es gibt eine einfache Möglichkeit, den Fermat-Punkt eines solchen Dreiecks zu finden. Man konstruiere die gleichseitigen Dreiecke über den Seiten von ABC und verbinde jeden Eckpunkt von ABC mit dem äußeren Eckpunkt des gegenüberliegenden gleichseitigen Dreiecks. Die drei Strecken schneiden sich im Fermat-Punkt (Abb. 8.5b)! Aus diesem Grund bezeichnet man unsere Schlüsselfigur manchmal auch als *Torricelli-Konfiguration*.

Der folgende Beweis wurde 1929 von J. E. Hofmann veröffentlicht, doch er war schon zu dieser Zeit nicht mehr neu. Tibor Gallai sowie unabhängig von ihm noch andere hatten ihn schon früher gefunden [Honsberger, 1973]. Man betrachte einen Punkt P innerhalb von ABC und verbinde ihn mit den drei Eckpunkten. Nun drehe man das Dreieck ABP (in Abb. 8.6 grau unterlegt) um 60° entgegen dem Uhrzeigersinn um dem Punkt B in das Dreieck $C'BP'$ und verbinde P' mit P.

Durch die Drehung ist $|AP| = |C'P'|$, und da das Dreieck $BP'P$ gleichseitig ist, folgt $|BP| = |P'P|$, und damit ist $|AP| + |BP| + |CP| = |C'P'| + |P'P| + |PC|$. Die Summe $|AP| + |BP| + |CP|$ ist also minimal, wenn P und P' auf der Verbindungsgeraden zwischen den Punkten C' und C liegen. Die Seite AB und der neue Eckpunkt C' sind durch nichts ausgezeichnet – wir hätten ebenso auch die Seiten BC oder AC entgegen dem Uhrzeigersinn (oder auch im Uhrzeigersinn) um einen Eckpunkt drehen können. Dementsprechend muss P auch auf $B'B$ und $A'A$ liegen (in der Abbildung nicht wiedergegeben) und der Fermat-Punkt ist P. Außerdem beträgt jeder der sechs Winkel bei F 60° und die Verbindungslinien von C zu C', B zu B' und A zu A' (in Abb. 8.5b eingezeichnet, allerdings nicht in Abb. 8.6)

Abb. 8.6

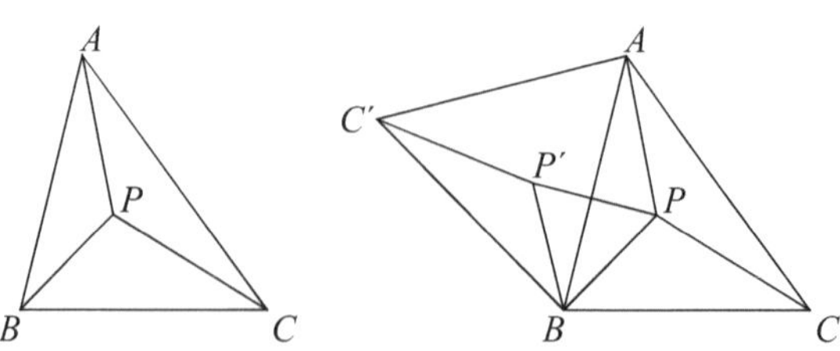

haben alle dieselbe Länge: $|AP| + |BP| + |CP|$. Der Satz von Napoleon spielte bei der Lösung des Fermat'schen Problems keine Rolle, vielleicht weil sowohl Fermat als auch Torricelli schon vor Napoleons Geburt gestorben waren.

Ersetzen wir die gleichseitigen Dreiecke in Abb. 8.5b durch gleichschenklige rechtwinklige Dreiecke, deren Hypotenusen mit den Seiten des gegebenen Dreiecks übereinstimmen, dann schneiden sich die entsprechenden Transversalen im Vecten-Punkt, den wir in Kap. 1 eingeführt haben. Der Beweis folgt unmittelbar aus Abb. 1.11. Allgemeiner können wir die gleichseitigen Dreiecke sogar durch drei ähnliche gleichschenklige Dreiecke ersetzen. Die drei Transversalen treffen sich immer noch in einem Punkt. Dieses Ergebnis ist als *Satz von Kiepert* bekannt. Einen kurzen Beweis findet man in [Rigby, 1991].

Eine weitere nette Beziehung zwischen dem Fermat-Punkt eines Dreiecks ABC und dem äußeren Napoleonischen Dreieck von ABC findet man in Aufgabe 12.10.

8.3 Flächenbeziehungen zwischen Napoleonischen Dreiecken

Die wesentliche Bedeutung des Stuhls der Braut beruht auf der Flächenbeziehung zwischen den drei Quadraten im Satz des Pythagoras. Ähnliche Beziehungen gelten für Napoleonische Dreiecke. Sie schließen auch die Fläche des mittleren Dreiecks mit ein.

Es sei ABC ein Dreieck mit den Seiten a, b, c (und den jeweils gegenüberliegenden Eckpunkten A, B, C), und T bezeichne seine Fläche. Außerdem sei T_s die Fläche eines gleichseitigen Dreiecks mit der Seitenlänge s (Abb. 8.7).

Aus Proposition 31 in Buch IV von Euklids *Elementen* (einer Verallgemeinerung des pythagoreischen Satzes) folgt $T_a + T_b = T_c$ wenn $\angle ACB = 90°$. Es gibt jedoch erstaunlich ähnliche Beziehungen, wenn der Winkel 60° oder 120° beträgt.

(a) Für $\angle ACB = 60°$ gilt $T + T_c = T_a + T_b$,
(b) für $\angle ACB = 120°$ gilt $T_c = T_a + T_b + T$.

Für den Fall (a) berechnen wir die Fläche eines gleichseitigen Dreiecks mit den Seitenlängen $a + b$ auf zwei verschiedene Weisen, was uns auf $3T + T_c = 2T + T_a + T_b$ führt. Daraus folgt das Ergebnis [Moran Cabre, 2003] (Abb. 8.8).

Abb. 8.7

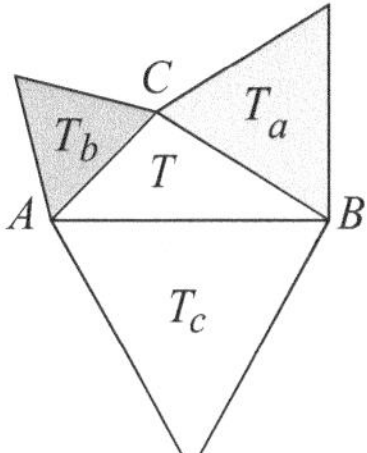

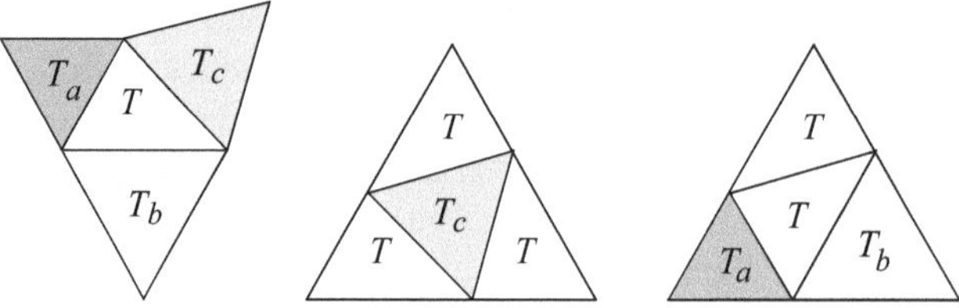

Abb. 8.8

Für (b) berechnen wir die Fläche eines gleichwinkligen (120°) Sechsecks, dessen Seitenlängen zwischen a und b wechseln. Auf diese Weise erhalten wir $3T + T_c = 4T + T_a + T_b$, woraus sich die Beziehung ergibt [Nelsen, 2004] (Abb. 8.9).

Ganz allgemein gilt $T_c = T_a + T_b - \sqrt{3}\cot(\angle ACB) \cdot T$. Daraus folgen die Spezialfälle:

(a) Für $\angle ACB = 30°$ ist $3T + T_c = T_a + T_b$,
(b) für $\angle ACB = 150°$ ist $T_c = T_a + T_b + 3T$

(Bildbeweise findet man in [Alsina und Nelsen, 2010]).

Neben den Beziehungen zwischen T_a, T_b, T_c und T für die speziellen Winkel 30°, 60°, 90°, 120° und 150° gilt für beliebige Dreiecke ABC in Abb. 8.7 die *Ungleichung von Weitzenböck*:

$$T_a + T_b + T_c \geq 3T \, . \tag{8.1}$$

Die Gleichheit gilt nur für gleichseitige Dreiecke ABC.

Zum Beweis von (8.1) betrachten wir zuerst den Fall, bei dem alle Winkel des Dreiecks kleiner als 120° sind. Für ein solches Dreieck ABC seien x, y und z die Längen der Strecken, die den Fermat-Punkt F mit den Eckpunkten verbinden (Abb. 8.10a). Man beachte, dass in allen Dreiecken, die F als Eckpunkt haben, die Summe der beiden spitzen Winkel 60° beträgt.

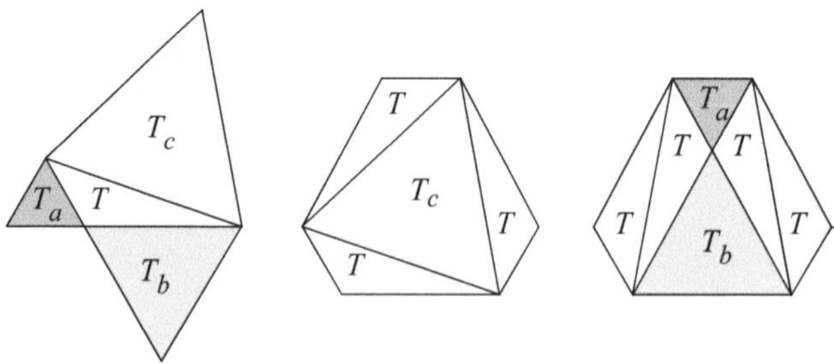

Abb. 8.9

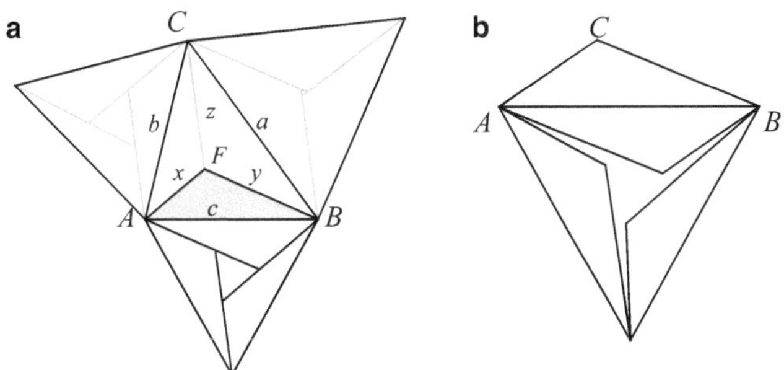

Abb. 8.10

Also ist das gleichseitige Dreieck mit der Fläche T_c die Vereinigung der drei
Dreiecke, die deckungsgleich zu dem grau unterlegten Dreieck mit den Seitenlän-
gen x, y und c sind, und einem gleichseitigen Dreieck mit der Seitenlänge $|x - y|$.
Entsprechende Ergebnisse gelten für die Dreiecke mit den Flächen T_a und T_b, so-
dass wir insgesamt

$$T_a + T_b + T_c = 3T + T_{|x-y|} + T_{|y-z|} + T_{|z-x|} \tag{8.2}$$

erhalten. Damit ist Gleichung (8.1) für diesen Fall bewiesen, da $T_{|x-y|}$, $T_{|y-z|}$ und
$T_{|z-x|}$ jeweils nichtnegative Größen sind. Gleichheit gilt in (8.1) genau dann, wenn
$x = y = z$, wenn also die drei Dreiecke mit dem gemeinsamen Eckpunkt F
deckungsgleich sind und somit $a = b = c$ ist. In diesem Fall ist das Dreieck ABC
gleichseitig.

Wenn einer der Winkel (beispielsweise der am Eckpunkt C) gleich oder größer
als $120°$ ist, ergibt sich aus Abb. 8.10b die Ungleichung

$$T_a + T_b + T_c \geq T_c \geq 3T \ .$$

Damit ist der Beweis abgeschlossen.

Die Ungleichung von Weitzenböck lässt sich ebenfalls anhand von Abb. 8.4
zeigen, die wir für den Beweis des Satzes von Napoleon verwendet haben. Sei
K die Fläche des Napoleonischen Dreiecks PQR, dessen Eckpunkte die Mittelpunkte der drei gleichseitigen Dreiecke sind. Dann zeigt Abb. 8.4b, dass $6K =
3T + T_a + T_b + T_c$. Mit anderen Worten, das Sechseck in Abb. 8.4b hat dieselbe
Fläche wie die sechseckige Parkettierung in Abb. 8.4b. Also folgt:

$$K = \frac{1}{2}\left(T + \frac{T_a + T_b + T_c}{3}\right) .$$

Da $6(K - T) = T_a + T_b + T_c - 3T$, ist die Ungleichung $K \geq T$ äquivalent zur
Ungleichung von Weitzenböck $T_a + T_b + T_c \geq 3T$.

Die Beziehung in (8.2) geht sogar noch über die Ungleichung von Weitzenböck hinaus. Mit ihrer Hilfe können wir die *Ungleichung von Hadwiger-Finsler* beweisen: Seien a, b und c die Seitenlängen eines Dreiecks, dann gilt:

$$T_a + T_b + T_c \geq 3T + T_{|a-b|} + T_{|b-c|} + T_{|c-a|} \ .$$

Einen Beweis findet man in [Alsina und Nelsen, 2008, 2009].

8.4   Der Satz von Escher

In den Aufzeichnungen des berühmten holländischen Grafikers Maurits Cornelis Escher (1898–1972) finden sich einige interessante Ergebnisse zu Sechsecken, die eine Ebene parkettieren. J. F. Rigby [Rigby, 1991] hat diese Ergebnisse zusammengefasst:

Satz von Escher

(i)   *Seien ABC ein gleichseitiges Dreieck und E ein beliebiger Punkt (Abb. 8.11). Sei F der durch die folgende Bedingung bestimmte Punkt: $|AF| = |AE|$ und $\angle FAE = 120°$. Es sei D der durch $|BD| = |BF|$ und $\angle DBF = 120°$ bestimmte Punkt. Dann gilt $|CE| = |CD|$ und $\angle ECD = 120°$.*

(ii)   *Mit deckungsgleichen Kopien des Sechsecks AFBDCE lässt sich die Ebene parkettieren.*

(iii)   *Die Geraden AD, BE und CF (in Abb. 8.11 nicht wiedergegeben) schneiden sich in einem Punkt.*

Für den Beweis von (i) verwenden wir den Satz von Napoleon für das Dreieck DEF. Die Punkte A und B sind die Mittelpunkte der gleichseitigen Dreiecke über EF bzw. FD. Nach dem Satz von Napoleon bilden die Mittelpunkte der drei gleichseitigen Dreiecke über den Seiten von $\triangle DEF$ ein gleichseitiges Dreieck, und damit muss C der Mittelpunkt des gleichseitigen Dreiecks über DE sein, woraus sich (i) ergibt. (Wie Rigby anmerkt, müssen wir zusätzlich noch annehmen, dass $\triangle ABC$ und $\triangle DEF$ dieselbe Orientierung haben – in der Abbildung entgegen dem Uhrzeigersinn.)

Abb. 8.11

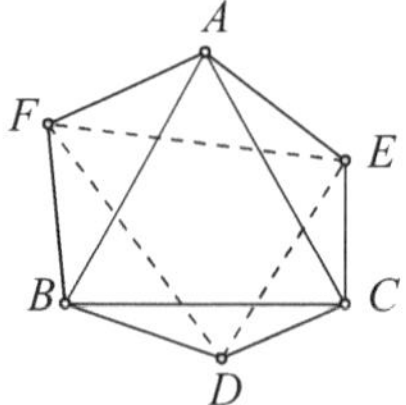

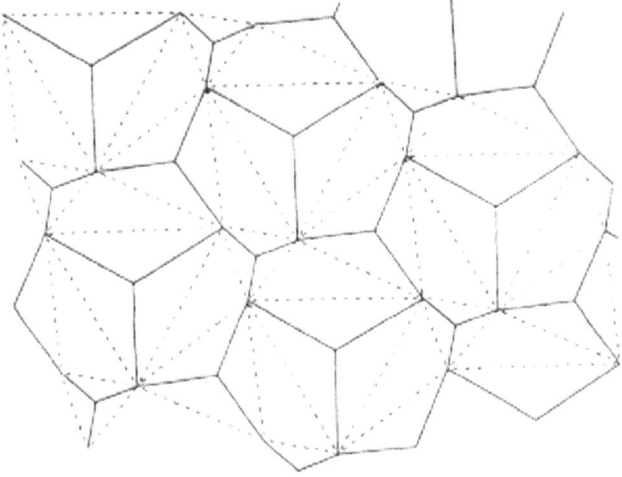

Die Möglichkeit der Parkettierung der Ebene durch deckungsgleiche Kopien des Sechsecks $AFBDCE$ ergibt sich nun unmittelbar aus Abb. 8.3c, indem wir die Mittelpunkte von jedem gleichseitigen Dreieck mit seinen drei Eckpunkten verbinden, wie in Abb. 8.12.

Teil (iii) des Satzes folgt aus dem Satz von Kiepert, den wir am Ende von Abschn. 8.2 erwähnt haben.

8.5 Aufgaben

8.1 Abbildung 8.13 zeigt eine unvollständige Konfiguration des Napoleonischen Dreiecks. Über zwei Seiten von $\triangle ABC$ wurden nach außen die gleichseitigen Dreiecke APC und BQC gezeichnet. Man beweise, dass der Mittelpunkt R von AB, der Mittelpunkt G von $\triangle BQC$ und der Eckpunkt P ein Dreieck mit den Winkeln $30°$, $60°$ und $90°$ bilden.

8.2 Es sei $ABCD$ ein Viereck mit $|AD| = |BC|$ und $\angle A + \angle B = 120°$, wie in Abb. 8.14a dargestellt. Man zeige:

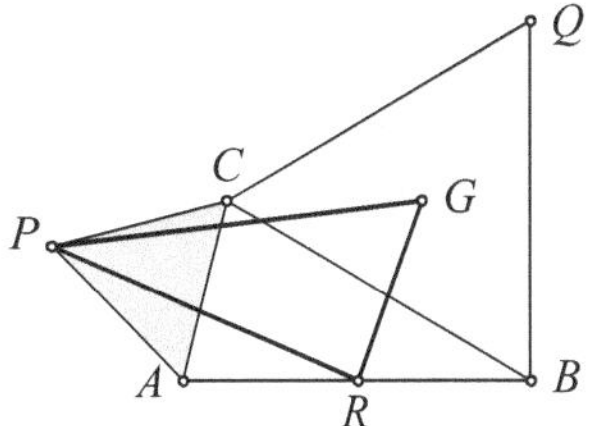

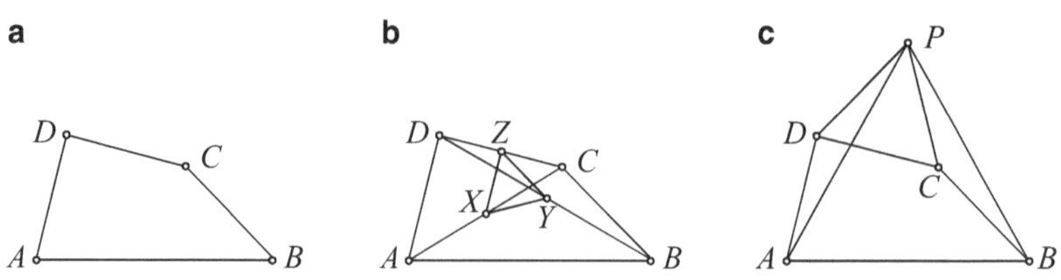

Abb. 8.14

(i)   Die Mittelpunkte X, Y, Z der Diagonalen und der Seite CD bilden ein gleichseitiges Dreieck (Abb. 8.14b).

(ii) Zeichnet man das gleichseitige Dreieck PCD nach außen über der Seite CD, dann ist auch das Dreieck $\triangle PAB$ gleichseitig (Abb. 8.14c).

8.3 Man beweise: Wenn die Seiten eines Dreiecks in jeweils drei gleiche Abschnitte unterteilt werden und man jeweils über dem mittleren Abschnitt ein gleichseitiges Dreieck nach außen legt, dann bilden die Eckpunkte der gleichseitigen Dreiecke ein weiteres gleichseitiges Dreieck (Abb. 8.15).

8.4 In Abschn. 1.2 haben wir gezeigt, dass in der Vecten-Figur (drei Quadrate über den Seiten eines Dreiecks ABC) die drei Flankendreiecke jeweils dieselbe Fläche wie ABC haben. Gibt es Dreiecke ABC, für die das Gleiche gilt, wenn man über den Seiten von ABC gleichseitige Dreiecke konstruiert?

8.5 Man zeichne wie in Abb. 8.16 gleichseitige Dreiecke ADE und CDF nach außen über zwei benachbarte Seiten eines Rechtecks $ABCD$. Man zeige, dass das

Abb. 8.15

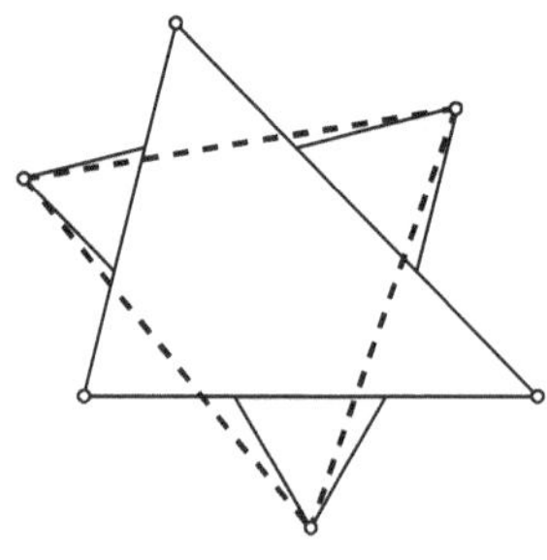

Abb. 8.16

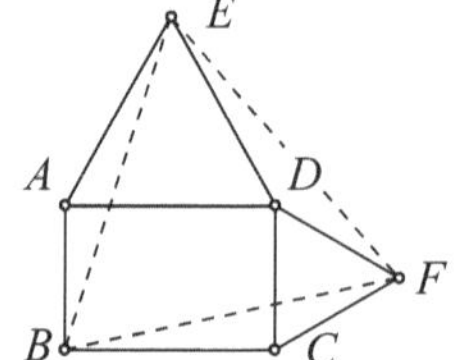

Abb. 8.17

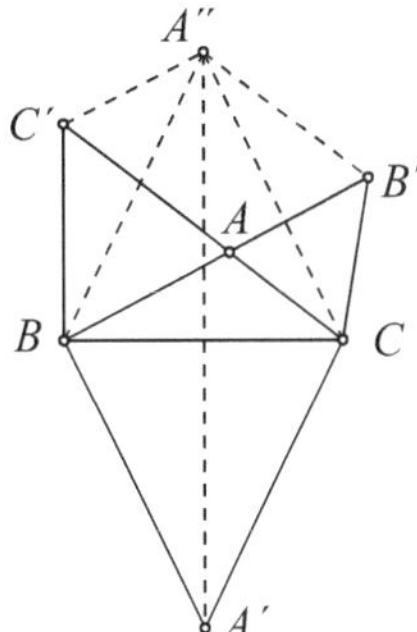

Dreieck BEF gleichseitig ist, wobei die Seitenlänge gleich dem $\sqrt{3}/3$-Fachen der Seite des Napoleonischen Dreiecks zu dem rechtwinkligen Dreieck ACD ist.

8.6 Es sei ABC ein stumpfwinkliges Dreieck mit $\angle A > 90°$. Über seinen Seiten konstruiere man ähnliche gleichschenklige Dreiecke $A'BC$, $AB'C$ und ABC' (Abb. 8.17) mit den Eckpunktwinkeln bei A', B' und C' jeweils gleich $2\angle A - 180°$. Weiterhin sei A'' das Spiegelbild von A' an BC. Man zeige, dass $AC'A''B'$ (grau unterlegt) ein Parallelogramm ist. (Hinweis: Die Basiswinkel der ähnlichen gleichschenkligen Dreiecke sind jeweils $180° - \angle A = \angle B + \angle C$, sodass BAB' und CAC' gerade Strecken sind.)

8.7 Die folgende Aufgabe erschien 1923 in der Ausgabe von Juli/August im *American Mathematical Monthly*: Über den Seiten eines rechtwinkligen Dreiecks seien gleichseitige Dreiecke konstruiert. Man zerteile die Dreiecke über den Katheten und lege die Teile so zusammen, dass man das Dreieck über der Hypotenuse erhält.

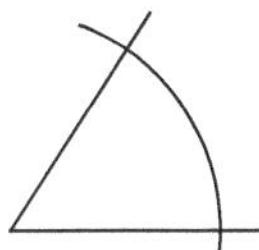

Jedes Genie sieht die Welt unter einem anderen Blickwinkel als seine Mitmenschen.
(Havelock Ellis, 1858–1939)

Auf die Schlüsselfigur dieses Kapitels – ein Winkel und ein kreisförmiger Bogen (oder auch ein Vollkreis) – stößt man überall in der Mathematik. Sie tritt in vielen Problemen auf: in mathematischen Sätzen, Konstruktionen, geometrischen Anwendungen, der Astronomie, der Landvermessung, der Technik usw.

Sowohl in vielen historischen als auch modernen Gegenständen findet man Winkel und Kreise oder Kreisbögen. Abbildung 9.1 zeigt einige von ihnen (von links nach rechts): einen Zirkel, einen Sextant, die Turmuhr von Big Ben in London und den Windmesser von Jefferson, mit dem sich sowohl die Windgeschwindigkeit als auch die Windrichtung bestimmen lassen. Andere Alltagsgegenstände dieser Art sind die Räder an Zügen, Scheren, Winkelmesser oder sogar ein Stück Pizza.

Zunächst untersuchen wir die Beziehung zwischen Bögen und Winkeln im Allgemeinen. Anschließend führen wir den Begriff der Potenz eines Punktes ein, beweisen den Euler'schen Dreieckssatz und behandeln den Taylor-Kreis eines spitzwinkligen Dreiecks und die orthoptische Kurve einer Ellipse.

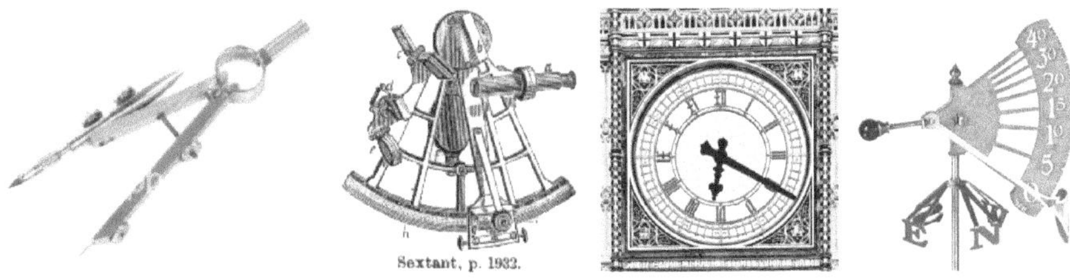

Abb. 9.1

© Springer-Verlag Berlin Heidelberg 2015
C. Alsina, R.B. Nelsen, *Perlen der Mathematik*, DOI 10.1007/978-3-662-45461-9_9

9.1 Winkel und Winkelmessung

Euklid definiert in seinen *Elementen*, Buch I, Definition 8, einen Winkel als „die Neigung zweier Linien in einer Ebene gegeneinander, die einander treffen, ohne einander gerade fortzusetzen" (Abb. 9.2a). Heute sprechen wir eher von zwei Strahlen, die einem Punkt (dem Eckpunkt) entspringen, und definieren den Wert des Winkels (die „Neigung" in Euklids Definition) als den Betrag der Drehung, die einen Strahl in den anderen überführt (Abb. 9.2b). Daher liegt es nahe, den Wert des Winkels mit einem Kreisbogen zu messen, was mit den klassischen euklidischen Hilfsmitteln – Zirkel und Lineal – möglich ist. Für Euklid war der rechte Winkel die Einheit, wohingegen die Babylonier zur Angabe eines Winkels das Gradmaß eingeführt haben. Hypsikles von Alexandria (um 190–120 v. Chr.) war der erste Grieche, der den rechten Winkel in neunzig Grad unterteilte.

Weshalb entspricht der Vollkreis 360°?
Historiker schreiben die Unterteilung des Vollkreises in 360 Teile den Babyloniern zu, allerdings sind sie sich nicht einig hinsichtlich des Grunds. Manche glauben, er hängt damit zusammen, dass ein Jahr ungefähr 360 Tage hat. Eine vielleicht überzeugendere Erklärung geht von der frühen babylonischen Trigonometrie aus, die auf den Sehnenlängen eines Kreises beruhte. Eine natürliche Einheit für eine Sehne ist der Kreisradius, und dementsprechend war der babylonische Einheitswinkel der Winkel in einem gleichseitigen Dreieck [Ball, 1960; Eves, 1969].

Die Babylonier verwendeten das Sexagesimalsystem (mit der Zahl 60 als Basis), also wurde der Einheitswinkel in 60 Grad unterteilt (dieser Ausdruck wurde zuerst von den Griechen verwendet). Jedes Grad wurde in 60 Minuten unterteilt (abgeleitet von dem Lateinischen *partes minutae primae*, „erste verminderte Teile") und jede Minute wurde nochmals in 60 Sekunden unterteilt (*partes minutae secundae*, „zweite verminderte Teile").

Euklid konnte in seinen *Elementen* sehr viele Sätze zu Winkeln beweisen, ohne dass er sie tatsächlich ausmessen musste. Ausgehend von einigen grundlegenden Ergebnissen zu gleichen Winkeln, die entstehen, wenn eine Gerade zwei parallele Geraden schneidet, konnte er beweisen, dass die Winkelsumme in jedem Dreieck gleich zwei rechten Winkeln ist (Buch I, Proposition 32). Der Beweis ergibt sich

Abb. 9.2

Abb. 9.3

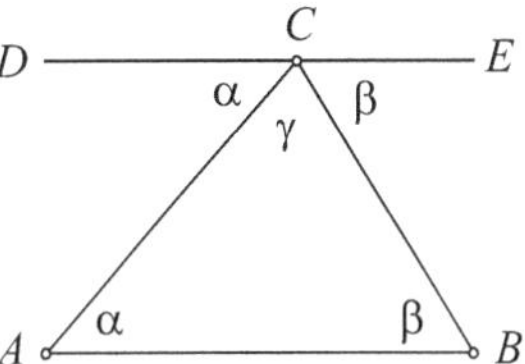

unmittelbar aus Abb. 9.3, wo durch den Punkt C eine Gerade DE parallel zu AB gezeichnet wurde.

Für viele Anwendungen muss ein Winkel ausgemessen werden. Dafür eignet sich beispielsweise der schon im Altertum bekannte Winkelmesser – ein Halbkreis mit einer markierten Gradeinteilung (Abb. 9.4).

Ein *Sextant* (oder *Quadrant* oder *Oktant*, abhängig von der Größe des verwendeten Bogens) ist ein Instrument, das von Seeleuten und Astronomen zur Messung des Höhenwinkels von Sternen oder der Sonne verwendet wurde, wie man auf der Briefmarke der Farö-Inseln aus dem Jahre 1994 sieht (Abb. 9.5a). Eine einfache Version lässt sich aus einem Winkelmesser, einem Strohhalm, einem Faden und einem kleinen Gewicht, z. B. einer Schraubenmutter basteln. Man drehe den Winkelmesser auf den Kopf und klebe den Strohhalm auf die nun obere Kante des Winkelmessers. Das Gewicht hängt an dem Faden von der Mitte der Kante zum Halbkreis des Winkelmessers (Abb. 9.5b).

Zur Messung des Höhenwinkels eines Gegenstands visiere man diesen durch den Strohhalm an und lese dann den Winkel ab, bei dem der Faden den Halbkreis des Winkelmessers kreuzt. Davon muss man 90° abziehen und erhält den gesuchten Höhenwinkel.

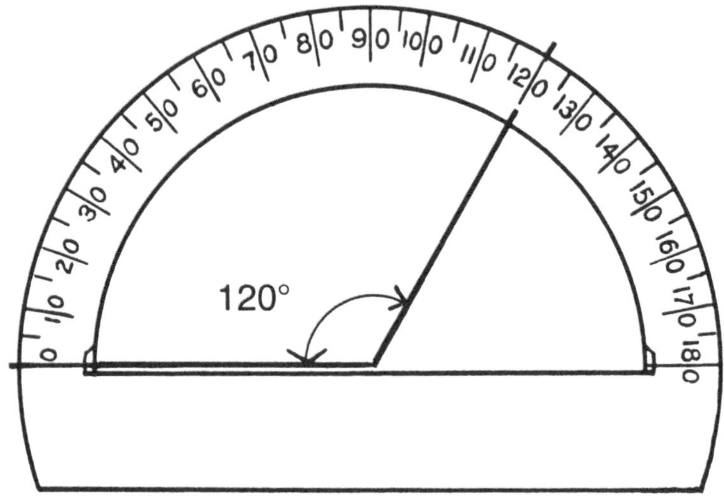

Abb. 9.4

a

b

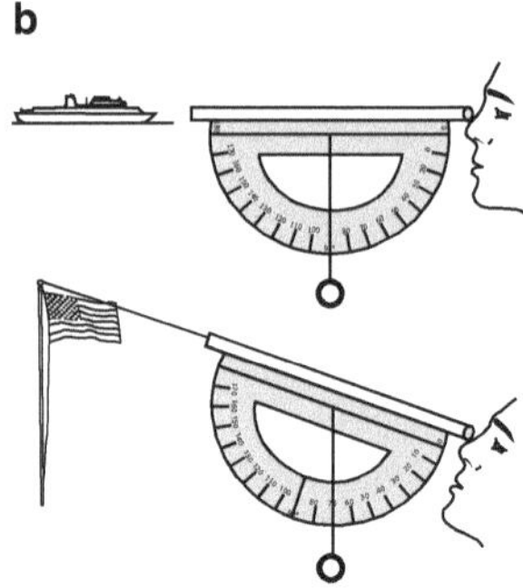

Abb. 9.5

Eine andere Einheit der Winkelmessung ist der *Radiant*. Ein Radiant entspricht dem Winkel zu einer Bogenlänge, die gleich dem Radius des Kreises ist. Also sind $360°$ gleich 2π Radianten. Der Radiant wird in fast allen Bereichen der Mathematik verwendet, die mit Differential- oder Integralrechnung zu tun haben.

Es gibt noch viele andere Möglichkeiten, Winkel zu messen, unter anderem auch das *Gon* oder Neugrad ($360°$ entsprechen 400 gon), der *artilleristische Strich* (hierbei handelt es sich näherungsweise um einen Milliradiant, genauer entsprechen $360°$ 6400 Strich) und der *nautische Strich* ($360°$ sind 32 Strich), doch diese findet man in der Mathematik nur sehr selten.

Unzialkalligrafie

In der Kalligrafie hat jedes Alphabet seinen Schreibwinkel. Dieser Winkel sollte bei jedem Buchstaben gleich sein, sodass dicke und dünne Linien in den Buchstaben konsistent verlaufen. Kalligrafische Winkel reichen von $0°$ bis $90°$. Beispielsweise ist der Winkel des Kalligrafiestiftes bei der *Unziale* gleich $20°$, bei der *Halbunziale* $0°$, in der *Karolingischen Minuskel* und der *Rotunda* $30°$ (der häufigstverwendete Winkel), *formale Kursivschrift* erfordert $45°$ und *Gotisch* $90°$. Abbildung 9.6 zeigt eine römische Unziale aus dem 5. Jahrhundert.

Abb. 9.6

9.2   Winkel in Kreisen

Im letzten Abschnitt haben wir gesehen, dass die Bogenlänge eines Kreises, dessen Mittelpunkt bei dem Eckpunkt des Winkels liegt, den Betrag des Winkels messen kann. Wir verallgemeinern diese Idee nun auf Winkel und Kreise, bei denen Kreismittelpunkt und Winkeleckpunkt nicht übereinstimmen.

Gegeben seien ein Kreis und ein Winkel. Wir bezeichnen den Winkel als *zentral*, wenn sein Eckpunkt gleich dem Kreismittelpunkt ist, und als *einbeschrieben*, wenn sein Eckpunkt auf dem Kreis liegt und seine Strahlen den Kreis in zwei anderen Punkten schneiden. Wir zeigen zunächst, dass *das Maß eines einbeschriebenen Winkels gleich dem halben Wert des zentralen Winkels ist, der denselben Bogen auf dem Kreis aufspannt.* In Abschn. 4.1 haben wir schon einen Spezialfall kennengelernt, bei dem die eine Seite des Winkels gleich dem Kreisdurchmesser ist. Daraus folgt die Beziehung auch für den allgemeinen Fall (Abb. 9.7).

Aus diesem grundlegenden Satz ergeben sich viele nützliche Korollare, einschließlich der beiden folgenden (Abb. 9.8):

(i)   Ein konvexes Viereck lässt sich genau dann einem Kreis einbeschreiben, wenn sich seine gegenüberliegenden Winkel zu $180°$ addieren.

(ii) Gegeben seien die Strecke QR und ein Winkel α mit $0 < \alpha < 180°$. Die Menge der Punkte P, sodass $\angle QPR = \alpha$, bildet einen Kreisbogen.

Für $\alpha = 90°$ entspricht (ii) dem Satz des Thales aus Abschn. 4.1.

Ein *halb einbeschriebener* Winkel hat seinen Eckpunkt auf dem Kreis und eine seiner Seiten liegt tangential zum Kreis, wie in Abb. 9.9. Wiederum ist der Wert des Winkels gleich der Hälft des Werts des zugehörigen zentralen Winkels.

Für das Folgende erweist sich der Radiant als einfacheres Maß im Vergleich zur Gradeinteilung, da die Länge eines Kreisbogens gleich dem Radius des Kreises multipliziert mit dem Radianten des zentralen Winkels ist. Für einen Kreis mit

Abb. 9.7

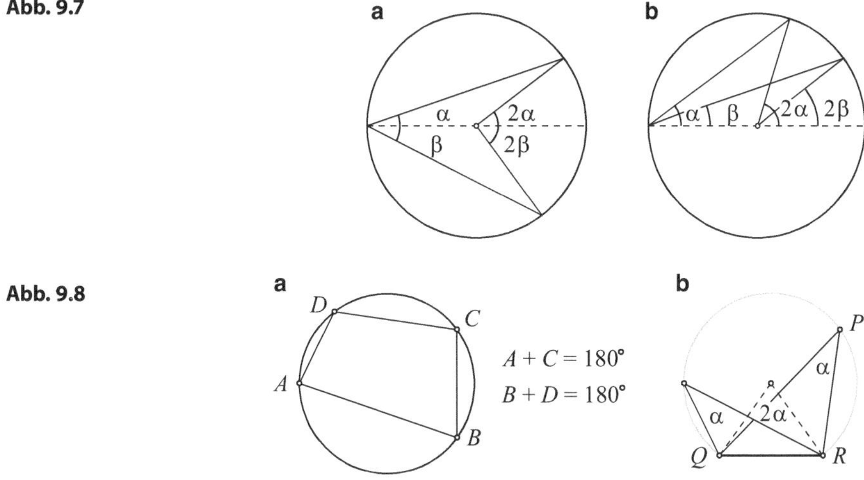

Abb. 9.9

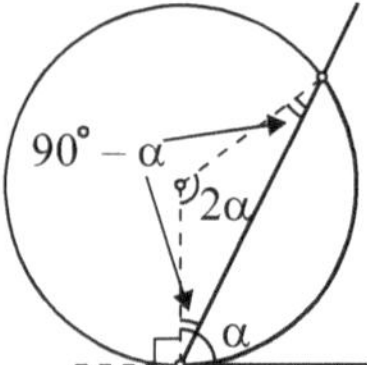

Radius 1 (dem *Einheitskreis*) ist es noch einfacher: Bogenlänge und Radiant eines zentralen Winkels sind gleich. Für den Rest dieses Abschnitts verwenden wir den Einheitskreis.

Wir betrachten nun einen *inneren Winkel* θ, dessen Eckpunkt ein Punkt innerhalb des Kreises ist. Sein Radiant ist gleich dem arithmetischen Mittelwert aus den beiden Bogenlängen (α und β) auf dem Einheitskreis zu dem Winkel θ selbst und seinem Gegenwinkel an dem Eckpunkt (Abb. 9.10a).

Die Summe der Winkel in dem grauen Dreieck in Abb. 9.10b ergibt $(\pi - \theta) + \alpha/2 + \beta/2 = \pi$ und damit $\theta = (\alpha + \beta)/2$.

Liegt der Eckpunkt außerhalb des Einheitskreises (und beide Seiten des Winkels schneiden den Kreis) sprechen wir von einem *äußeren Winkel*. Er ist gleich der Hälfte der Differenz der beiden Bogenlängen (Abb. 9.11a).

Wiederum bilden wir die Summe der Winkel in dem grauen Dreieck von Abb. 9.11b und erhalten $\theta + \beta/2 + (\pi - \alpha/2) = \pi$, also $\theta = (\alpha - \beta)/2$.

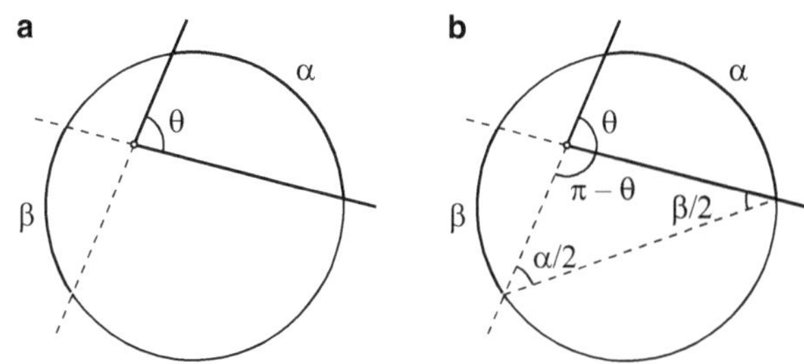

Abb. 9.10

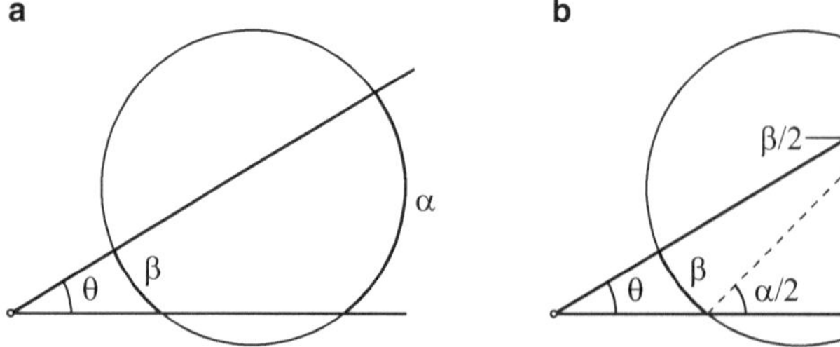

Abb. 9.11

9.3 Die Potenz eines Punktes

Gegeben sei ein Punkt P in derselben Ebene wie ein Kreis C. Man wähle eine beliebige Gerade durch P, die den Kreis C in den Punkten Q und R schneidet. Die *Potenz von P in Bezug auf C* ist definiert als das Produkt $|PQ| \cdot |PR|$ [Andreescu und Gelca, 2000]. Sie ist unabhängig von der Wahl der Geraden durch QR. Zum Beweis betrachten wir eine zweite Gerade, die den Kreis C in S und T schneidet (Abb. 9.12). Dabei unterscheiden wir die Fälle, bei denen (a) P außerhalb von C liegt und (b) P innerhalb von C liegt.

In beiden Fällen sind die Dreiecke PQT und PSR ähnlich, und deshalb gilt $|PS|/|PQ| = |PR|/|PT|$, also $|PS| \cdot |PT| = |PQ| \cdot |PR|$. Da die Potenz von P unabhängig von der Wahl der Geraden durch Q und R ist, können wir diese Gerade auch durch den Mittelpunkt O von C legen. Für P außerhalb von C ist dies in Abb. 9.13a dargestellt. Seien d der Abstand zwischen P und O und r der Radius von C, dann ist $|PQ| \cdot |PR| = (d-r)(d+r) = d^2 - r^2$. Dies ist das Quadrat der Länge $|PT|$ auf der Tangente an C durch P.

Liegt P innerhalb von C, gilt $|PQ| \cdot |PR| = (r-d)(r+d) = r^2 - d^2$, und dies ist das Quadrat der halben Sehnenlänge durch P senkrecht zum Durchmesser durch P (Abb. 9.13b). Wenn P auf C liegt, ist die Potenz von P in Bezug auf C null. Oft wird die Potenz eines Punktes als $d^2 - r^2$ *definiert*, sodass die Potenz negativ ist, wenn P innerhalb des Kreises C liegt. Damit diese Definition mit unserer übereinstimmt, muss man vorzeichenbehaftete Abstände zwischen Punkten betrachten.

Ist $ABCD$ ein konvexes Viereck, bei dem es sich nicht um ein Rechteck handeln soll, dann ist mindestens ein Paar gegenüberliegender Seiten nicht parallel, beispielsweise AB und CD. Werden AB und CD bis zu ihrem Schnittpunkt P

Abb. 9.12

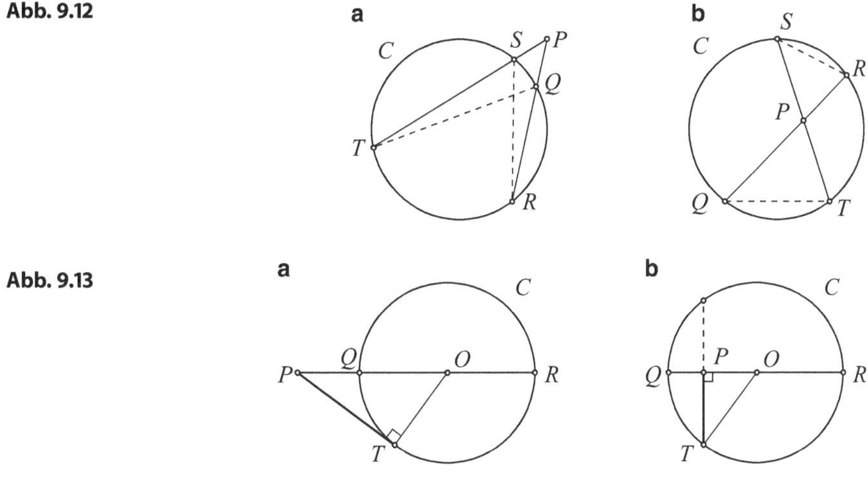

Abb. 9.13

Abb. 9.14

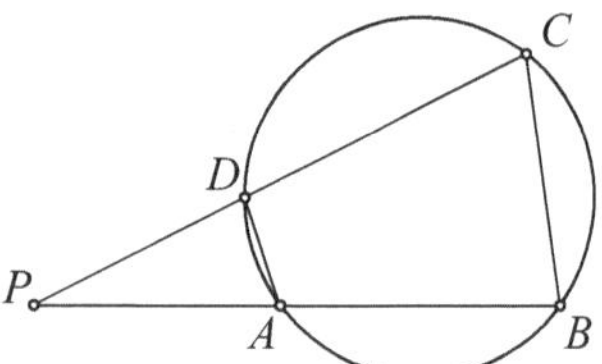

verlängert und gilt $|PA| \cdot |PB| = |PC| \cdot |PD|$, dann ist $ABCD$ ein *Sehnenviereck*, das heißt, $ABCD$ besitzt einen Umkreis, wie in Abb. 9.14.

Zum Beweis nehmen wir an, dass $|PA| \cdot |PB| = |PC| \cdot |PD|$, und C liege nicht auf dem durch A, B und D definierten Kreis. Wir verlängern PD bis zum Schnittpunkt mit dem Kreis im Punkt C', der von C verschieden sein soll. Die Potenz von P in B in Bezug auf diesen Kreis ist $|PA| \cdot |PB| = |PC'| \cdot |PD|$, und somit folgt $|PC| = |PC'|$ oder $C = C'$. Wir erhalten also einen Widerspruch.

Als weiteres Beispiel für die Nützlichkeit der Potenz eines Punktes betrachten wir das folgende Problem: Angenommen, h_a, h_b und h_c seien die Höhen auf die Seiten a, b und c eines Dreiecks ABC. Ist es möglich, ABC nur aus der Kenntnis von h_a, h_b und h_c zu rekonstruieren? Die Antwort lautet „ja", wie wir jetzt mit der Potenz eines Punktes beweisen werden [Esteban, 2004].

Ausgehend von einem Punkt P zeichne man drei Strahlen, auf denen man Punkte Q, R, S markiere, wobei $|PQ| = h_a$, $|PR| = h_b$ und $|PS| = h_c$ (Abb. 9.15). Es sei C der Umkreis des Dreiecks QRS, und es seien X, Y und Z die zweiten Schnittpunkte der Strahlen mit C.

Aus der Potenz von P in Bezug auf C erhalten wir $|PX| h_a = |PY| h_b = |PZ| h_c$. Doch die Seiten a, b, c des gesuchten Dreiecks erfüllen die Beziehungen $ah_a = bh_b = ch_c$ (jedes der Produkte ist das Doppelte der Fläche von ABC). Also ist ein Dreieck T mit den Seiten $|PX|$, $|PY|$ und $|PZ|$ ähnlich zu ABC. Man bestimme in T die Höhe auf $|PX|$ und vergleiche sie mit der gegebenen Höhe h_a. Daraus erhält man den Faktor, um den T skaliert werden muss, damit man zu ABC gelangt.

Abb. 9.15

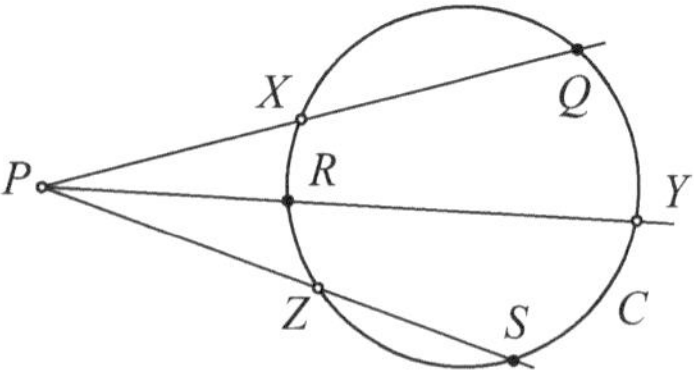

9.4 Der Euler'sche Dreieckssatz

Als weiteres Beispiel für die Nützlichkeit der Potenz eines Punktes beweisen wir den

Dreieckssatz von Euler *Es seien I der Inkreismittelpunkt und O der Umkreismittelpunkt eines Dreiecks ABC mit dem Inkreisradius r und dem Umkreisradius R (Abb. 9.16). Weiterhin sei d der Abstand zwischen O und I. Dann gilt:*

$$d^2 = |OI|^2 = R(R - 2r).$$

Man verlängere die Winkelhalbierende von $\angle C$ durch I bis zum Umkreis bei P. Nun verlängere man die Strecke IO auf beiden Seiten bis zum Umkreis bei den Punkten G bzw. J. Die Potenz von I in Bezug auf den Umkreis ist $|CI| \cdot |IP| = |GI| \cdot |IJ| = (R-d)(R+d) = R^2 - d^2$. Nun gilt $\angle ABP = \angle ACP = (1/2)\angle C$, und da IB den Winkel $\angle B$ halbiert, folgt $\angle IBP = (1/2)\angle B + (1/2)\angle C$. Der Außenwinkelsatz, angewandt auf das Dreieck $\triangle BIC$, ergibt $\angle PIB = (1/2)\angle B + (1/2)\angle C$. Also ist $\triangle IBP$ gleichschenklig und $|IP| = |BP|$.

Für das Dreieck $\triangle CIF$ ist $r = |CI|\sin(\angle ICF)$, also folgt für $\triangle CPB$

$$\frac{|PB|}{\sin(\angle PCB)} = \frac{|BC|}{\sin(\angle CPB)} = \frac{|BC|}{\sin(\angle A)} = 2R,$$

wobei sich der letzte Schritt aus (7.10) ergibt. Da $\angle PCB = \angle ICF$ und $|IP| = |BP|$, folgt $2Rr = |CI| \cdot |BP| = R^2 - d^2$ und somit die Behauptung $d^2 = R^2 - 2Rr = R(R - 2r)$.

Die Potenz des Inkreismittelpunktes in Bezug auf den Umkreis ist $2Rr$.

Da das Quadrat einer Zahl niemals negativ sein kann, folgt als Korollar aus dem Euler'schen Dreieckssatz die *Euler'sche Dreiecksungleichung* (siehe Abschn. 6.5): Für ein beliebiges Dreieck mit Inkreisradius r und Umkreisradius R gilt $R \geq 2r$.

Abb. 9.16

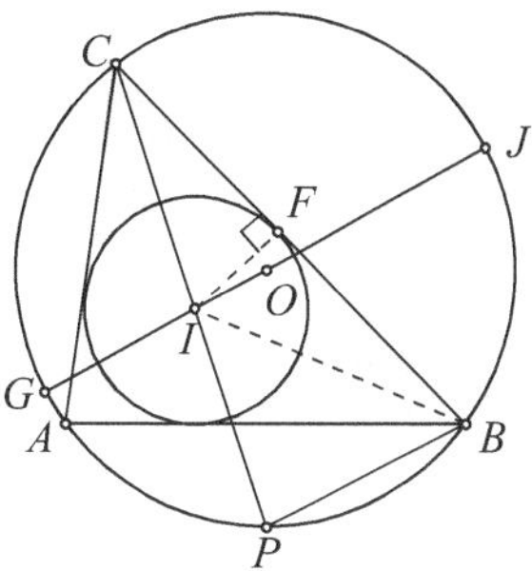

9.5　Der Taylor-Kreis

Man zeichne in einem spitzwinkligen Dreieck ABC die Höhen AX, BY, CZ wie in Abb. 9.17. Von jedem Fußpunkt aus zeichne man die Strecken zu den jeweils anderen beiden Seiten (die gestrichelten Linien in der Abbildung). Die Punkte (X_b, X_c, Y_c, Y_a, Z_a und Z_b in der Abbildung), die man so erhält, liegen auf einem Kreis, dem so genannten *Taylor-Kreis*. Benannt ist er nach H. M. Taylor (1842–1927), der ihn 1882 beschrieben hat [Bogomolny, 2010].

Zum Beweis, dass die sechs Punkte auf einem Kreis liegen, nutzen wir die vielen rechtwinkligen Dreiecke in der Abbildung und zeigen zunächst, dass bestimmte Teilmengen aus jeweils vier Punkten die Eckpunkte von Sehnenvierecken sind.

Da $\triangle AHZ$ ähnlich zu $\triangle AXZ_b$ ist, folgt $|AZ|/|AZ_b| = |AH|/|AX|$, und da $\triangle AHY$ ähnlich zu $\triangle AXY_c$ ist, folgt entsprechend $|AH|/|AX| = |AY|/|AY_c|$. Also ist $|AZ|/|AZ_b| = |AY|/|AY_c|$. Da weiterhin $\triangle AY_aZ$ ähnlich zu $\triangle AYZ_a$ ist, gilt auch $|AY_a|/|AZ| = |AZ_a|/|AY|$, sodass

$$\frac{|AY_a|}{|AZ|} \cdot \frac{|AZ|}{|AZ_b|} = \frac{|AZ_a|}{|AY|} \cdot \frac{|AY|}{|AY_c|},$$

was sich zu $|AY_a| \cdot |AY_c| = |AZ_b| \cdot |AZ_a|$ vereinfachen lässt. Also liegen die vier Punkte Y_c, Y_a, Z_a und Z_b auf einem Kreis, den wir C_A nennen. Der obige Ausdruck ist die Potenz von A in Bezug auf C_A. Ganz entsprechend liegen die Punkte X_b, X_c, Z_a und Z_b auf einem Kreis C_B, und auch die vier Punkte X_b, X_c, Y_c und Y_a liegen auf einem Kreis C_C.

Nun müssen wir noch zeigen, dass es sich bei C_A, C_B und C_C um denselben Kreis handelt. Stimmen zwei von ihnen überein, dann gilt dies auch für alle drei. Wir nehmen also an, die drei Kreise seien verschieden. Um daraus einen Widerspruch ableiten zu können, benötigen wir den Begriff der *Potenzgeraden* für zwei Kreise. Dabei handelt es sich um alle Punkte, deren Potenz in Bezug auf die beiden Kreise gleich ist [Andreescu und Gelca, 2000]. Für zwei Kreise, die sich schneiden, handelt es sich um die Gerade durch die beiden Schnittpunkte (da sie die gleiche Potenz, nämlich 0, in Bezug auf beide Kreise haben). Also ist AB die Potenzgerade von C_A und C_B, BC ist die Potenzgerade von C_B and C_C, und AC ist die Potenzgerade von C_A und C_C. Also haben die Eckpunkte alle dieselbe Potenz in Bezug auf

Abb. 9.17

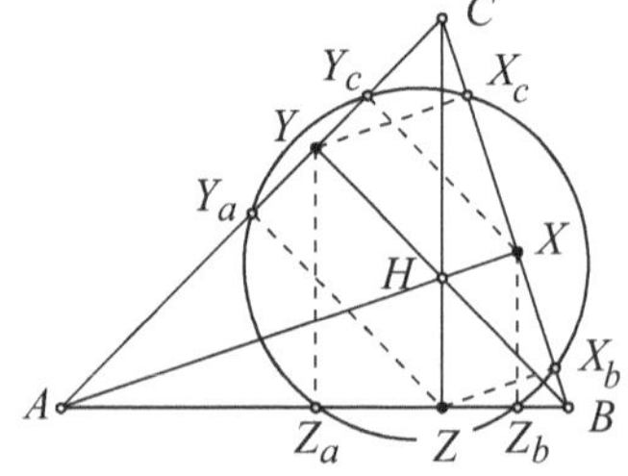

alle drei Kreise. Das bedeutet, dass beispielsweise der Eckpunkt A auf allen drei Seiten des Dreiecks liegt, was ein Widerspruch ist.

9.6 Die orthoptische Kurve einer Ellipse

Manchmal treten Kreise überraschend als Lösungen geometrischer Fragestellungen auf. Dies ist bei dem folgenden Problem der Fall: Was ist die Menge aller Punkte, bei denen sich zwei aufeinander senkrecht stehende Tangenten an eine Ellipse schneiden? Die Menge dieser Punkte bezeichnet man auch manchmal als die *orthoptische Kurve* an die Ellipse, da es sich um alle Orte in der Ebene handelt, von denen aus die Ellipse unter einem rechten Winkel gesehen wird. Der französische Mathematiker Gaspard Monge (1746–1818) hat sich mit Fragen wie dieser beschäftigt und die gesuchte Kurve – ein Kreis um den Mittelpunkt der Ellipse – bezeichnet man manchmal als *Monge-Kreis* der Ellipse; siehe Abb. 9.18.

Der Beweis [Tanner und Allen, 1898] ist überraschend einfach. Wenn eine Gerade tangential zur Ellipse $(x^2/a^2) + (y^2/b^2) = 1$ ist, dann ergibt sich aus der Substitution $y = mx + k$ in die Ellipsengleichung eine quadratische Gleichung für x mit einer einzigen Lösung. Daraus folgt, dass $k^2 = a^2m^2 + b^2$. Also sind die beiden Geraden, die tangential zur Ellipse sind und die Steigung m haben, durch

$$y - mx = \pm\sqrt{a^2m^2 + b^2} \tag{9.1}$$

gegeben.

Die Gleichungen zu den Tangenten, die senkrecht zu (9.1) stehen, sind $y + (1/m)x = \pm\sqrt{(a^2/m^2) + b^2}$ bzw.

$$my + x = \pm\sqrt{a^2 + b^2m^2}\,. \tag{9.2}$$

Wir quadrieren die Gleichungen (9.1) und (9.2) und addieren sie und erhalten $(m^2+1)x^2+(m^2+1)y^2 = (m^2+1)(a^2+b^2)$. Also ist die Menge aller Schnittpunkte der Kreis $x^2 + y^2 = a^2 + b^2$.

Abb. 9.18

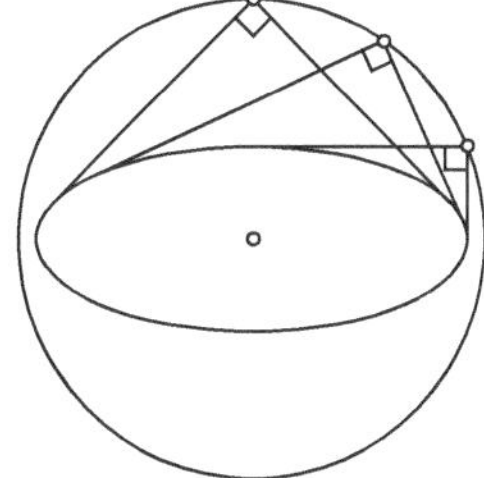

9.7 Aufgaben

9.1 Es sei ABC ein rechtwinkliges Dreieck mit dem rechten Winkel bei C. Man zeichne einen Kreis mit Mittelpunkt B und Radius $a = |BC|$ wie in Abb. 9.19. Man beweise den Satz des Pythagoras, indem man die Potenz von A in Bezug auf den Kreis bestimmt.

9.2 Es sei P ein Punkt innerhalb eines Kreises, sodass es drei verschiedene Sehnen durch P mit gleicher Länge gibt. Man beweise, dass P der Kreismittelpunkt ist.

9.3 Man zeige in Abb. 9.17, dass $\{A, X, Z_b, Y_c\}$, $\{B, Y, X_c, Z_a\}$ und $\{C, Z, X_b, Y_a\}$ jeweils Punktmengen sind, die auf einem Kreis liegen.

9.4 Man zeige in Abb. 9.17, dass $\{X, Y, X_c, Y_c\}$, $\{Y, Z, Y_a, Z_a\}$ und $\{Z, X, Z_b, X_b\}$ jeweils Punktmengen sind, die auf einem Kreis liegen.

9.5 Das W.-M.-Keck-Observatorium befindet sich auf dem Gipfel des Mauna Kea Vulkans auf Hawaii (Abb. 9.20). Man bestimme die Potenz des Ortes des Observa-

Abb. 9.19

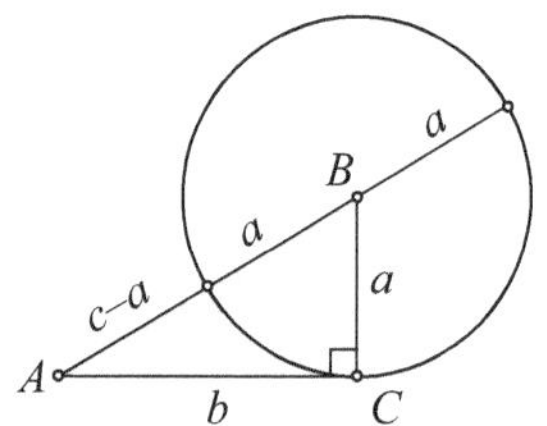

Abb. 9.20

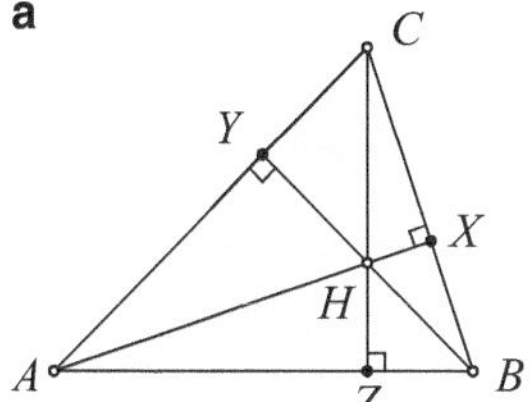

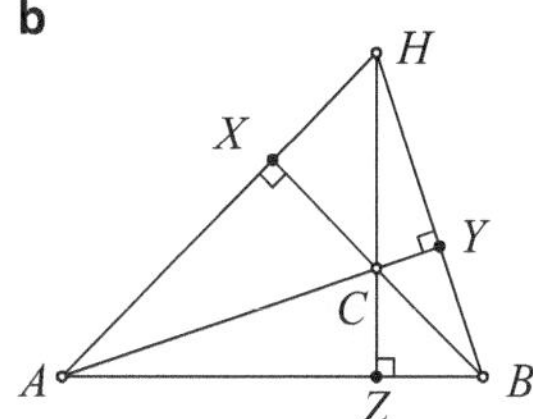

Abb. 9.21

toriums in Bezug auf einen Großkreis der Erde auf Meereshöhe und den Abstand zum Horizont des Observatoriums. (Hinweis: Das Observatorium liegt ungefähr 4,2 Kilometer über dem Meeresspiegel und der mittlere Erdradius beträgt ungefähr 6378 km.)

9.6 Man leite den Kosinussatz mithilfe von Abb. 9.21 (Teil (a) für spitzwinklige Dreiecke, Teil (b) für stumpfwinklige Dreiecke) und der Potenz von Punkten her. (Hinweis: In beiden Fällen sind $CBZY$ und $ACXZ$ Sehnenvierecke.)

9.7 In einem Kreis vom Durchmesser AB betrachte man eine Sehne CD parallel zu AB wie in Abb. 9.22. Es seien x und y jeweils die Winkel $\angle ACD$ und $\angle ADC$. Man zeige, dass $x - y = 90°$.

Abb. 9.22

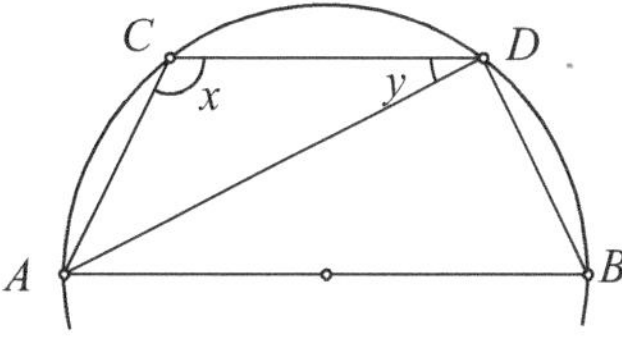

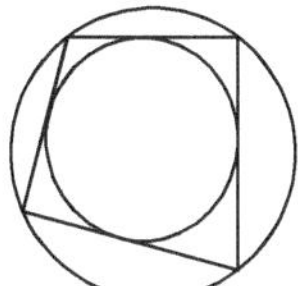

„… ich habe da etwas Wichtigeres. Etwas wirklich Bleibendes."
„Und was ist es?"
„Vorsicht! Verwische meine Kreise nicht! Es ist eine Methode, die Oberfläche eines Kreisausschnitts zu errechnen."
(Karel Čapek, *Der Tod des Archimedes*)

Euklid widmete Buch IV seiner *Elemente* Aussagen, in denen es um Vielecke geht, die Kreisen ein- bzw. umbeschrieben werden können, sowie um Kreise, die Vielecken ein- oder umbeschrieben werden. In seiner Schrift *Kreismessung* hatte Archimedes zeigen können, dass π ungefähr 22/7 ist. Dazu hatte er einem Kreis ein gleichförmiges Vieleck mit 96 Seiten einmal einbeschrieben und einmal umbeschrieben und jeweils die Verhältnisse von Umfang zu Durchmesser der Vielecke bestimmt.

In Leonardo da Vincis *Vitruvianischer Mensch* (Abb. 10.1 zeigt einmal seine Zeichnung aus dem 15. Jahrhundert und einmal ein Abbild auf einer Ein-Euromünze aus Italien) vergleicht der Künstler die Proportionen des menschlichen Körpers mit einem umbeschriebenen Quadrat und Kreis.

Abb. 10.1

C. Alsina, R.B. Nelsen, *Perlen der Mathematik*, DOI 10.1007/978-3-662-45461-9_10

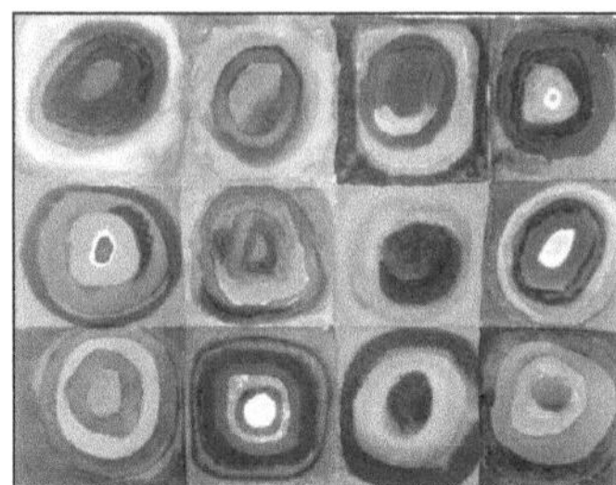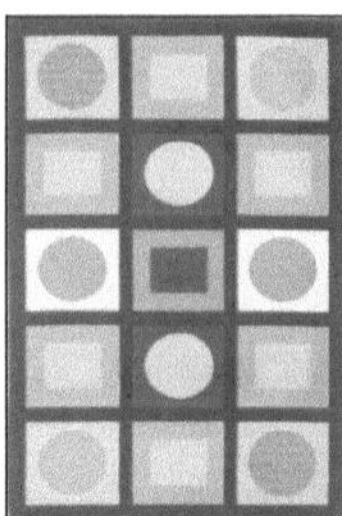

Abb. 10.2

Kreise mit Vielecken – besonders Quadraten – sind verbreitete Motive sowohl in der Kunst als auch in Alltagsgegenständen. Abbildung 10.2 zeigt Wassily Kandinskys Zeichnung *Farbstudie: Quadrate mit konzentrischen Ringen* aus dem Jahr 1913 sowie ähnliche Muster auf einem Duschvorhang und einer Tretmatte. Man findet diese Muster auch auf Keramiken, Schmuckstücken sowie in Firmenlogos.

Jedes Dreieck besitzt einen einbeschriebenen Kreis – den Inkreis – und einen umbeschriebenen Kreis – den Umkreis. Ihre Eigenschaften haben wir in den Kap. 6 und 7 behandelt. Daher beginnen wir unsere Erkundungen in diesem Kapitel mit Vierecken: Sehnenvierecken, Tangentenvierecken und Sehnen-Tangentenvierecken. Für Sehnenvierecke betrachten wir den Satz von Ptolemäus, untersuchen den Gegenmittelpunkt und beweisen den Japanischen Satz – eine nette Beziehung aus der Sangaku-Tradition. Außerdem behandeln wir den Satz von Fuß für Sehnen-Tangentenvierecke und den Schmetterlingssatz für ein sich selbst schneidendes Viereck in einem Kreis.

10.1 Sehnenvierecke

Bei einem *Sehnenviereck* liegen alle vier Eckpunkte auf einem Kreis. Wie wir schon in Abschn. 9.2 festgestellt hatten, ergänzen sich in einem Sehnenviereck gegenüberliegende Winkel zu 180°. Wir kennen viele nette Beziehungen für ein Sehnenviereck Q mit den Seitenlängen a, b, c und d, den Diagonalen p und q und dem Umkreisradius R. Wir beginnen mit dem Satz von Ptolemäus für Sehnenvierecke. Im Allgemeinen wird er Claudius Ptolemäus aus Alexandrien (um 85–165) zugeschrieben. Es gibt viele Beweise für diesen Satz, doch den vermutlich schönsten, den wir nun auch vorstellen werden, zeigt Ptolemäus selbst in seinem *Almagast*.

Satz von Ptolemäus *In einem Sehnenviereck Q ist das Produkt der Diagonalen gleich der Summe der Produkte jeweils gegenüberliegender Seiten, das heißt, wenn Q die Seiten a, b, c, d (in dieser Reihenfolge) hat und die Diagonalen p und q, dann gilt $pq = ac + bd$.*

Abb. 10.3

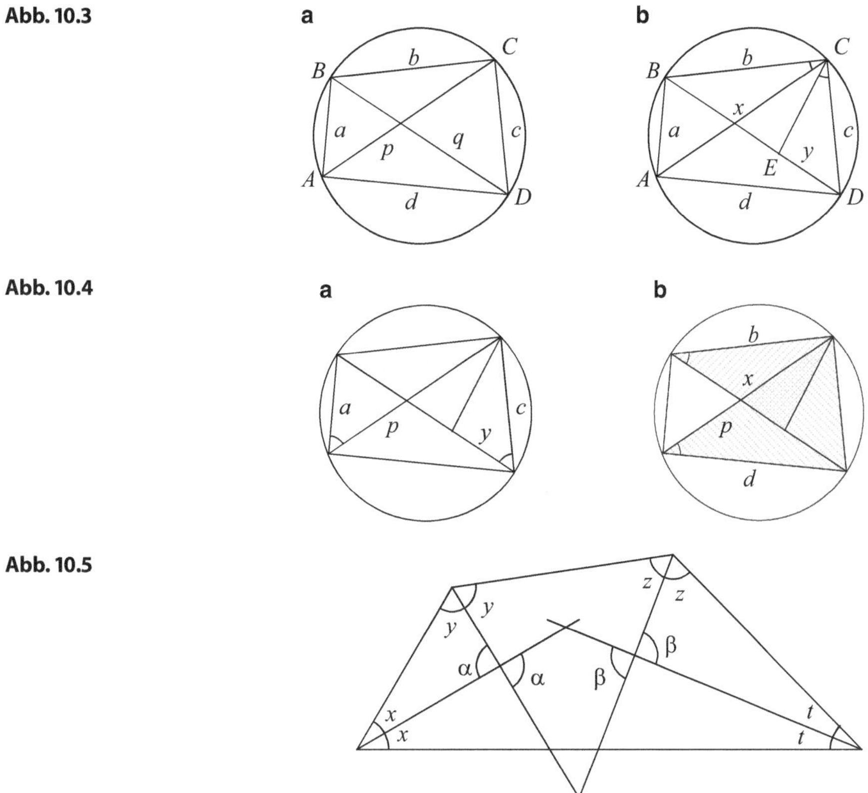

Abb. 10.4

Abb. 10.5

Abbildung 10.3a zeigt ein Sehnenviereck $ABCD$, und in Abb. 10.3b haben wir den Punkt E auf der Diagonalen BD gewählt und CE eingezeichnet, sodass $\angle BCA = \angle DCE$. Seien $|BE| = x$ und $|ED| = y$ mit $x + y = q$.

Die in Abb. 10.4a mit $\angle$ gekennzeichneten Winkel spannen denselben Kreisbogen auf und sind deshalb gleich. Daher sind die grau unterlegten Dreiecke ähnlich. Das bedeutet, $a/p = y/c$ oder $ac = py$. Aus dem gleichen Grund sind die schattierten Dreiecke in Abb. 10.4b ähnlich und $d/p = x/b$ oder $bd = px$. Damit folgt $ac + bd = p(x + y) = pq$.

Der Satz von Ptolemäus lässt sich noch zur *Ungleichung von Ptolemäus* für konvexe Vierecke verallgemeinern: *Sei Q ein konvexes Viereck mit den Seiten a, b, c, d (in dieser Reihenfolge) und den Diagonalen p und q, dann ist $pq \leq ac + bd$, und die Gleichheit gilt genau dann, wenn Q ein Sehnenviereck ist.* Für einen Beweis siehe [Alsina und Nelsen, 2009].

In jedem konvexen Viereck steckt ein Sehnenviereck: Die vier Winkelhalbierenden umfassen ein Sehnenviereck (Abb. 10.5).

Da $\alpha + x + y = 180°$, $\beta + z + t = 180°$ und $2x + 2y + 2z + 2t = 360°$, folgt $\alpha + \beta = (180° - x - y) + (180° - z + t) = 180°$. Also ist das in Abb. 10.5 grau unterlegte Viereck ein Sehnenviereck.

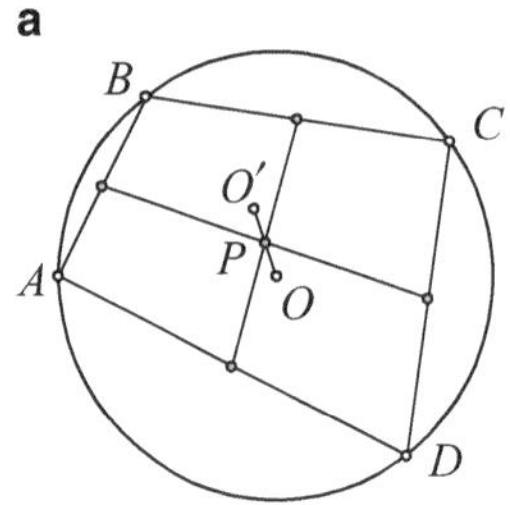
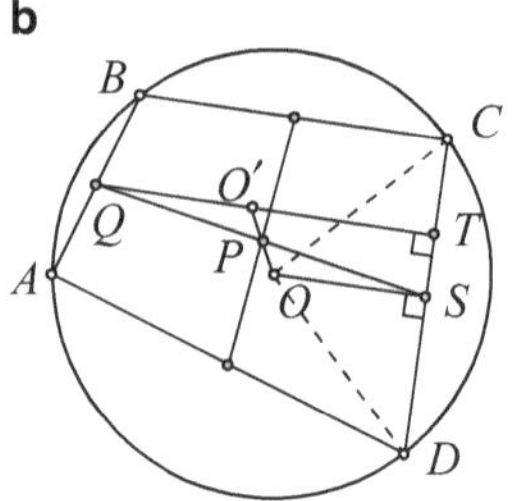

Abb. 10.6

Die beiden Strecken, welche die Mittelpunkte gegenüberliegender Seiten verbinden, bezeichnet man als *Seitenhalbierende* des Vierecks, und die Seitenhalbierenden schneiden sich im Schwerpunkt der Eckpunkte des Vierecks. Spiegeln wir den Umkreismittelpunkt O eines Sehnenvierecks am Schwerpunkt P, erhalten wir den *Gegenmittelpunkt* O' (Abb. 10.6a).

Der Gegenmittelpunkt hat die überraschende Eigenschaft, dass alle vier Geraden vom Mittelpunkt einer Seite durch den Gegenmittelpunkt senkrecht auf der jeweils gegenüberliegenden Seite stehen, d. h., in Abb. 10.6b ist die Strecke $QO'T$ senkrecht zu CD. Das folgt aus der Tatsache, dass die Dreiecke POS und $PO'Q$ deckungsgleich sind, und das Dreieck OCD ist gleichschenklig, da OC und OD Umkreisradien sind. Also ist OS sowohl eine Seitenhalbierende als auch eine Höhe des Dreiecks OCD, und da OS parallel zu QO' ist, steht $QO'T$ senkrecht auf CD.

Besitzt ein Sehnenviereck aufeinander senkrecht stehende Diagonalen, schneiden sich die Diagonalen im Gegenmittelpunkt. Es gibt viele solche Vierecke: In einem kartesischen Koordinatensystem gehören zu dieser Klasse alle Vierecke, deren Eckpunkte die Schnittpunkte der Koordinatenachsen mit einem Kreis darstellen, der den Ursprung enthält. Es sei Q der Schnittpunkt der zueinander senkrechten Diagonalen eines Sehnenvierecks wie in Abb. 10.7. Um zu zeigen, dass Q der Gegenmittelpunkt ist, beweisen wir, dass jede Gerade durch Q, die senkrecht auf einer der Seiten steht, die gegenüberliegende Seite halbiert. In der Abbildung haben wir eine solche Strecke eingezeichnet. Außerdem haben wir die komplementären Winkel x und y (deren Summe $90°$ ist) überall in der Zeichnung markiert.

Abb. 10.7

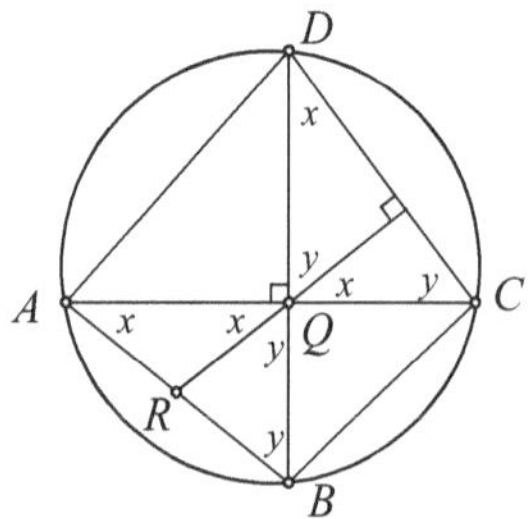

Da die Winkel $\angle BAC$ und $\angle BDC$ beide dem Bogen AD gegenüberliegen und die Winkel $\angle ABD$ und $\angle ACD$ dem Bogen AD, sind die beiden Dreiecke ARQ und BRQ gleichschenklig, und damit gilt $|AR| = |QR| = |BR|$. Also halbiert R die Seite AB. Da das Gleiche auch für die anderen drei Geraden durch Q, die auf einer Seite senkrecht stehen, gilt, ist Q der Gegenmittelpunkt von $ABCD$.

Es gibt viele schöne Gleichungen und Ungleichungen für die Diagonalen, die Fläche und den Umkreisradius von Sehnvierecken. Sind beispielsweise a, b, c, d die Seitenlängen und K die Fläche eines Sehnenvierecks, dann besagt die *Formel von Brahmagupta*: $K = \sqrt{(s - a)(s - b)(s - c)(s - d)}$, wobei $s = (a + b + c + d)/2$ der halbe Umfang des Vierecks ist. Einen Beweis der Formel von Brahmagupta sowie damit zusammenhängende Beziehungen findet man in [Alsina und Nelsen, 2009, 2010].

10.2 Sangaku und der Satz von Carnot

Sangaku (wörtlich „mathematische Tafel") sind japanische Sätze zur Geometrie, die während der Edo-Zeit (1603–1867) oft auf hölzernen Tafeln verewigt und an buddhistischen Tempeln und Shinto-Schreinen als Opfergaben aufgehängt wurden. Abbildung 10.8 zeigt ein Sangaku mit Zeichnungen und Texten zu fünf geometrischen Sätzen.

Der folgende Sangaku-Satz stammt aus der Zeit um 1800. Man bezeichnet ihn oft als

Japanischer Satz *Wenn ein Vieleck einem Kreis einbeschrieben ist und durch Diagonalen in Dreiecke unterteilt wird, dann ist die Summe der Inkreisradien dieser Dreiecke unabhängig von der gewählten Triangulation des Vielecks.* Abbildung 10.9 zeigt ein Beispiel für zwei verschiedene Triangulationen eines Sehnenfünfecks.

Üblicherweise enthielt ein Sangaku den Text der Aufgabe und eine Zeichnung, aber keinen Beweis. Unser Beweis des Japanischen Satzes verwendet den *Satz von*

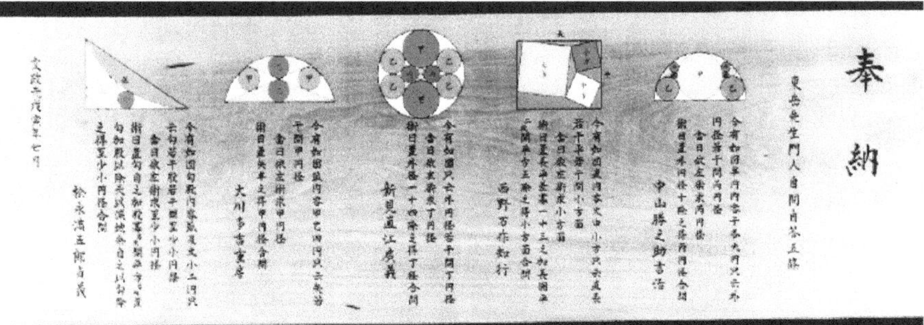

Abb. 10.8

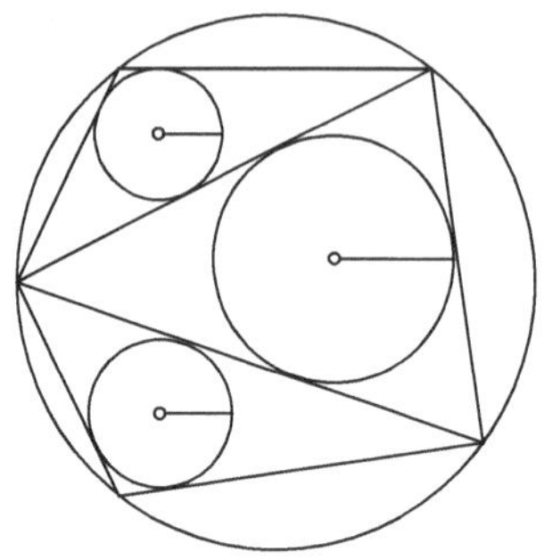 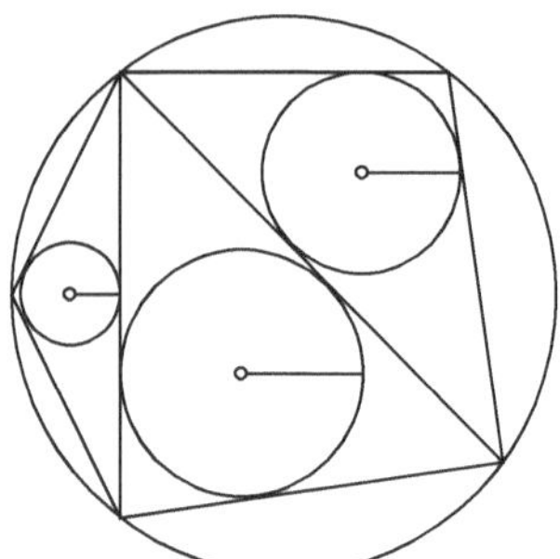

Abb. 10.9

a 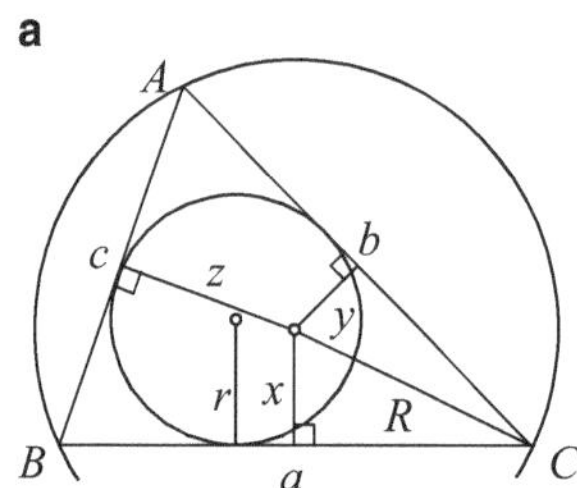　　**b** 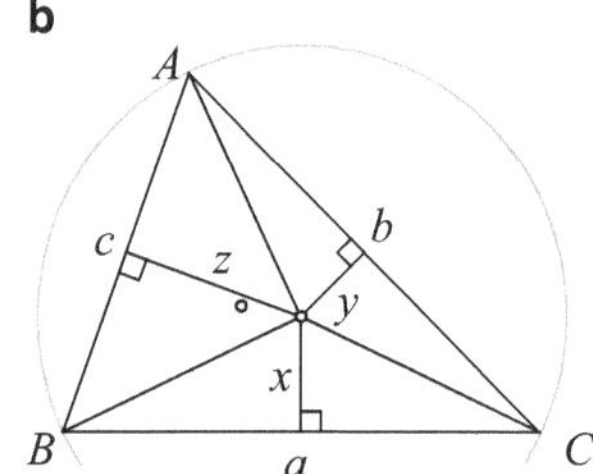

Abb. 10.10

Carnot von Lazare Nicolas Marguérite Carnot (1753–1823). Für jedes spitzwinklige Dreieck ABC behauptet dieser Satz, dass *die Summe der Abstände x, y, z vom Umkreismittelpunkt zu den Seiten gleich der Summe aus Inkreisradius r und Umkreisradius R ist*, d. h., $x + y + z = r + R$ (Abb. 10.10a).

Zum Beweis des Satzes von Carnot stellen wir eine Beziehung zwischen r und R, x, y, z und den Seiten a, b, c auf. Aus den Abschn. 6.5 und 7.2 wissen wir bereits, dass für die Fläche K von $\triangle ABC$ die Beziehung $2K = r(a + b + c)$ gilt. Nach Abb. 10.10b gilt außerdem $2K = ax + by + cz$ und somit $ax + by + cz = r(a + b + c)$.

Wie schon im Anschluss an Abb. 6.13 erwähnt wurde, sind die Winkel am Umkreismittelpunkt des Dreiecks $\triangle ABC$, die in Abb. 10.11a mit β und γ bezeichnet sind, gleich den Winkeln an den Eckpunkten B und C. Also bilden geeignet umskalierte Formen von $\triangle ABC$ und den beiden kleineren, in Abb. 10.11a grau unterlegten Dreiecken ein Rechteck (Abb. 10.11b).

Damit folgt $cy + bz = aR$ und entsprechend $az + cx = bR$ und $bx + ay = cR$. Also erhalten wir:

$$\begin{aligned}
(a + b + c)(x + y + z) &= (ax + by + cz) + (cy + bz) + (az + cx) \\
&\quad + (bx + ay) \\
&= r(a + b + c) + (a + b + c)R \\
&= (a + b + c)(r + R)
\end{aligned}$$

und damit die Behauptung $x + y + z = r + R$.

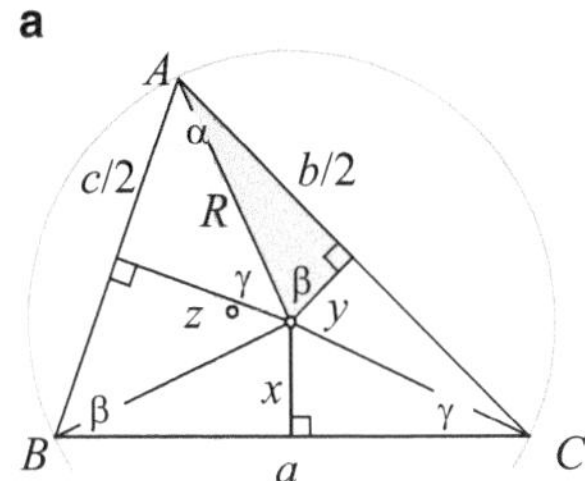
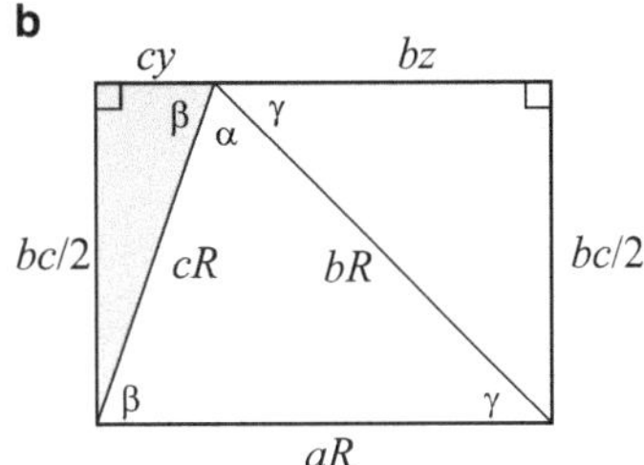

Abb. 10.11

Abb. 10.12

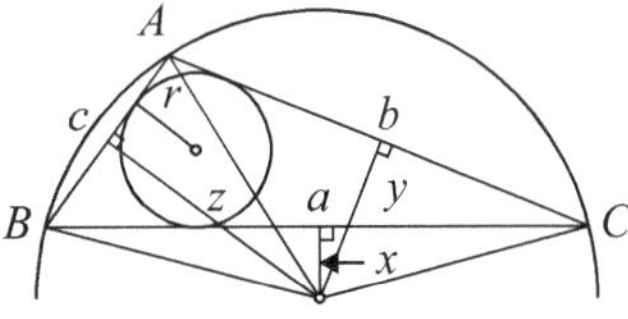

Für ein stumpfwinkliges Dreieck ABC ergibt sich die in Abb. 10.12 dargestellte Situation. In diesem Fall liegt der Umkreismittelpunkt außerhalb des Dreiecks, und damit liegt auch eine der zu den Seiten senkrechten Verbindungsstrecken, beispielsweise x, vollständig außerhalb von $\triangle ABC$. Für diesen Fall lautet der Satz von Carnot: $y + z - x = r + R$.

Für die Fläche von $\triangle ABC$ erhalten wir nun $2K = by + cz - ax$, sodass $by + cz - ax = r(a + b + c)$. Aus einer Abbildung ähnlich zu Abb. 10.11b folgt wieder $cy + bz = aR$. Für die Winkel in Abb. 10.13a gilt $\beta + \gamma + \delta = \pi/2$, und damit lassen sich wieder geeignet skalierte Kopien von $\triangle ABC$ und den grau unterlegten Dreiecken in Abb. 10.13a zu einem Rechteck zusammensetzen. Daraus folgt die Beziehung $az - cx = bR$.

Entsprechend gilt auch $ay - bx = cR$, und wir erhalten:

$$\begin{aligned}
(a + b + c)(y + z - x) &= (by + cz - ax) + (cy + bz) + (az - cx) \\
&\quad + (ay - bx) \\
&= r(a + b + c) + (a + b + c)R \\
&= (a + b + c)(r + R)
\end{aligned}$$

bzw. die Behauptung $y + z - x = r + R$.

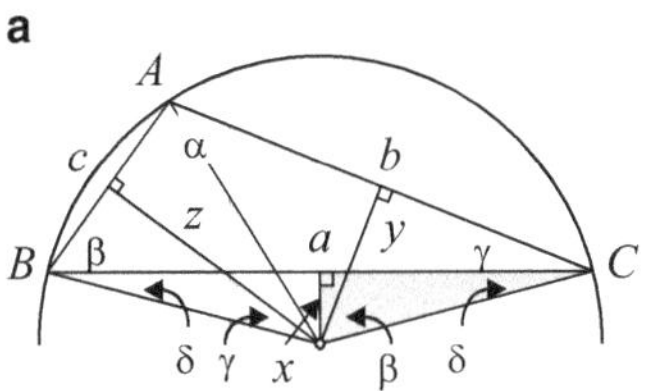
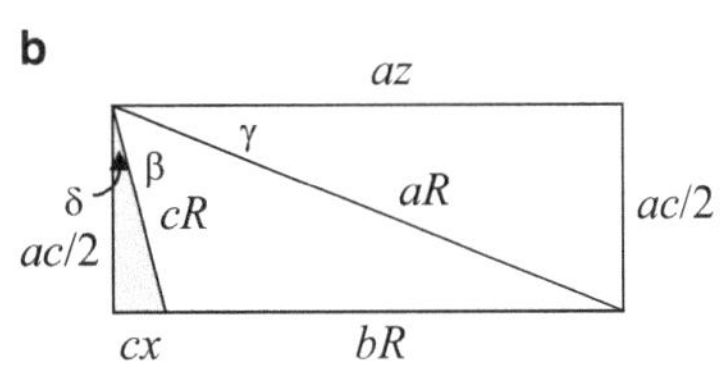

Abb. 10.13

Abb. 10.14

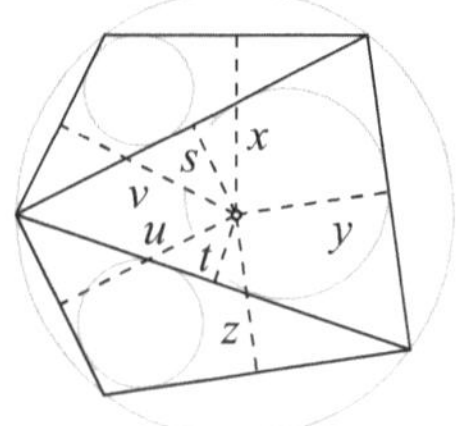

Wir können nun den Beweis des Japanischen Satzes skizzieren, ausgehend von einem Fünfeck in einem Kreis wie in Abb. 10.14 (die Vorgehensweise ist für alle Vielecke gleich). Da der Kreis für jedes Dreieck der Triangulation ein Umkreis ist, müssen wir nur die Abstände vom Umkreismittelpunkt zu den Seiten (hier x, y, z, u, v) und den Diagonalen (hier s und t) bestimmen.

Es seien r_1, r_2 und r_3 die Inkreisradien der drei Kreise (beispielsweise in der Reihenfolge ihrer Größe), dann folgt aus dem Satz von Carnot $r_1 + R = x + v - s$, $r_2 + R = u + z - t$ und $r_3 + R = y + s + t$. Die Summe ergibt $r_1 + r_2 + r_3 + 3R = x + y + z + u + v$. Also ist die Summe $r_1 + r_2 + r_3$ nur eine Funktion des Umkreisradius und der Abstände vom Umkreismittelpunkt zu den fünf Seiten und damit unabhängig von der Triangulation. Der Abstand des Umkreismittelpunktes zu den Diagonalen tritt jeweils mit entgegengesetzten Vorzeichen in der Anwendung des Satzes von Carnot auf, wogegen der Abstand zu den Seiten immer nur einmal auftritt.

10.3 Tangenten- und Sehnen-Tangentenvierecke

Ein Viereck heißt *Tangentenviereck*, wenn es einen Inkreis besitzt, und entsprechend nennt man es *Sehnen-Tangentenviereck*, wenn es sowohl ein Sehnen- als auch ein Tangentenviereck ist. Für ein Tangentenviereck $ABCD$ mit den Seiten a, b, c, d (in dieser Reihenfolge) gilt $a + c = b + d$. Diese Beziehung ist das Gegenstück zu der Winkelbeziehung $A + C = 180° = B + D$ für Sehnenvierecke. Der Beweis ergibt sich aus Abb. 10.15: Die Streckenabschnitte der Seiten vom Berührungspunkt mit dem Kreis zu einem Eckpunkt des Vierecks sind jeweils paarweise gleich. Es gilt

Abb. 10.15

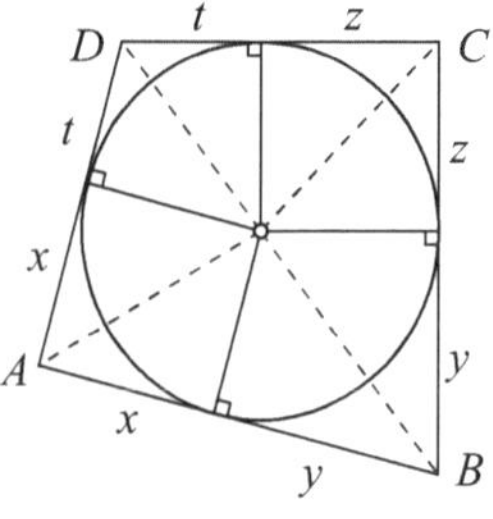

Abb. 10.16

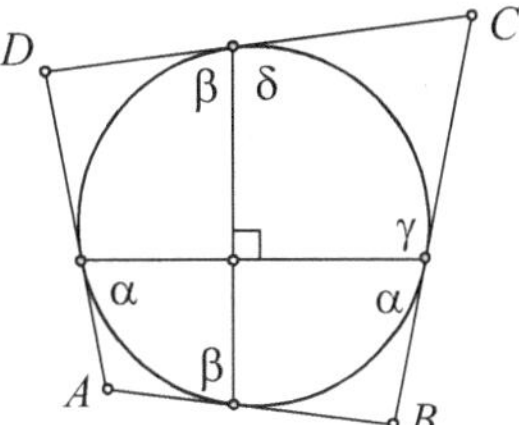

daher (mit der Bezeichnung aus Abb. 10.15) $a = x + y$, $b = y + z$, $c = z + t$ und $d = t + x$ und somit $a + c = b + d$.

Sei r der Inkreisradius des Tangentenvierecks, dann gilt für seine Fläche $K = r(a + b + c + d)/2 = rs$, wobei $s = (a + b + c + d)/2$ der halbe Umfang des Vierecks ist. Tatsächlich gilt für jedes Tangentenvieleck $K = rs$.

Es gibt ein Verfahren zur Konstruktion von Sehnen-Tangentenvierecken. Man zeichne in einem Kreis zwei zueinander senkrechte Sehnen und konstruiere ein Viereck $ABCD$ aus den Tangenten an den Endpunkten dieser Sehnen (Abb. 10.16).

Die beiden inneren Winkel α in der Abbildung sind gleich, da sie zu demselben Kreisbogen (vgl. Abschn. 9.2) gehören, das Gleiche gilt für die Winkel β. Die Summe der Winkel der beiden grau unterlegten Vierecke ist $A + \alpha + \beta + 180° + \delta + \gamma + C = 720°$. Doch $\alpha + \gamma = 180°$ und $\beta + \delta = 180°$, also folgt $A + C = 180°$, sodass $ABCD$ ein Sehnenviereck und damit ein Sehnen-Tangentenviereck ist.

Handelt es sich bei einem Viereck $ABCD$ um ein Sehnen-Tangentenviereck, dann vereinfacht sich die Formel von Brahmagupta für die Fläche K von $ABCD$ (Abschn. 10.1) zu $K = \sqrt{abcd}$. Da die Fläche auch durch $K = rs$ gegeben ist, lässt sich der Inkreisradius eines Sehnen-Tangentenvierecks als Funktion der vier Seiten ausdrücken: $r = \sqrt{abcd}/s$.

10.4 Der Satz von Fuß

In Abschn. 9.4 haben wir den Euler'schen Dreieckssatz betrachtet, der eine Beziehung zwischen dem Inkreisradius r, dem Umkreisradius R und dem Abstand d zwischen dem Inkreismittelpunkt und dem Umkreismittelpunkt eines Dreiecks herstellt: $R^2 - d^2 = 2rR$. Dies lässt sich auch in folgender Form ausdrücken:

$$\frac{1}{R + d} + \frac{1}{R - d} = \frac{1}{r}.$$

Für ein Sehnen-Tangentenviereck (Abb. 10.17) ist die Beziehung zwischen r, R und d erstaunlich ähnlich. Es treten die gleichen Ausdrücke wie beim Dreieck auf, allerdings quadriert:

$$\frac{1}{(R + d)^2} + \frac{1}{(R - d)^2} = \frac{1}{r^2}. \tag{10.1}$$

Abb. 10.17

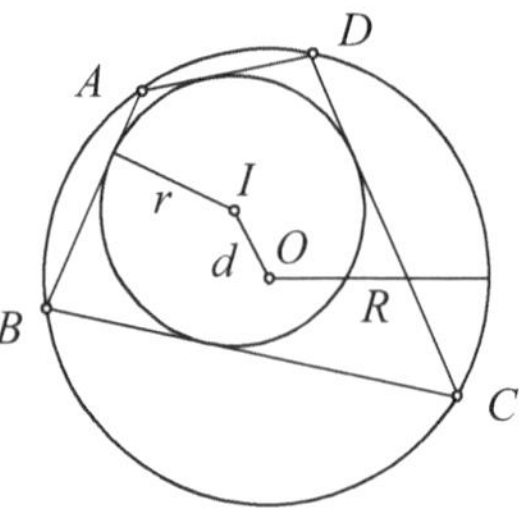

Diese Beziehung bezeichnet man als den *Satz von Fuß*, benannt nach Nikolaus Fuß (1755–1826), einem Schweizer Mathematiker, der auf Empfehlung von Daniel Bernoulli als Sekretär von Leonard Euler an der Akademie von St. Petersburg arbeitete. Unser Beweis des Satzes stammt aus [Salazar, 2006].

In einem Sehnen-Tangentenviereck $ABCD$ mit Inkreismittelpunkt I und Umkreismittelpunkt O zeichne man IB, ID und die Inkreisradien zu den Seiten AB und AD ein (Abb. 10.18a). Da $\angle B + \angle D = 180°$ und $\alpha + \beta = 90°$ und die grau unterlegten Dreiecke ähnlich sind, lassen sie sich zu einem rechtwinkligen Dreieck IBD zusammensetzen (in Abb. 10.18b vergrößert dargestellt).

Also gilt $r\,|BD| = |IB| \cdot |ID|$ und damit $r^2(|IB|^2 + |ID|^2) = |IB|^2\,|ID|^2$, sodass

$$\frac{1}{r^2} = \frac{|IB|^2 + |ID|^2}{|IB|^2\,|ID|^2} = \frac{1}{|IB|^2} + \frac{1}{|ID|^2}\,. \tag{10.2}$$

Man verlängere in Abb. 10.18a die Strecken BI und DI jeweils bis zum Umkreis und erhält dadurch die Punkte E und F. Dann ist $\angle COE = 2\angle CBE = 2\alpha$ und $\angle COF = 2\angle CDF = 2\beta$, also ist EOF ein Durchmesser des Umkreises. Aus dem Satz von Apollonios (siehe Abschn. 6.2) folgt nun:

$$|IE|^2 + |IF|^2 = 2(R^2 + d^2)\,. \tag{10.3}$$

Die Potenz von I in Bezug auf den Umkreis ist $|IB| \cdot |IE| = |ID| \cdot |IF| = (R - d)(R + d) = R^2 - d^2$ und somit erhalten wir:

$$\frac{1}{|IB|^2} + \frac{1}{|ID|^2} = \frac{|IE|^2}{(R^2 - d^2)^2} + \frac{|IF|^2}{(R^2 - d^2)^2} = \frac{|IE|^2 + |IF|^2}{(R^2 - d^2)^2}\,. \tag{10.4}$$

Aus den Gleichungen (10.2), (10.3) und (10.4) folgt (10.1).

Abb. 10.18

a

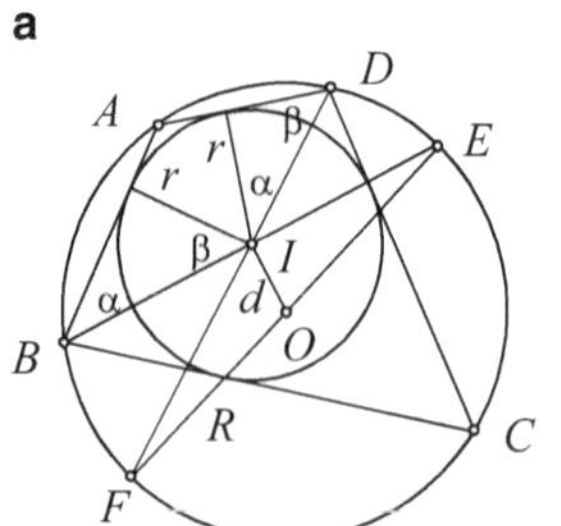

b

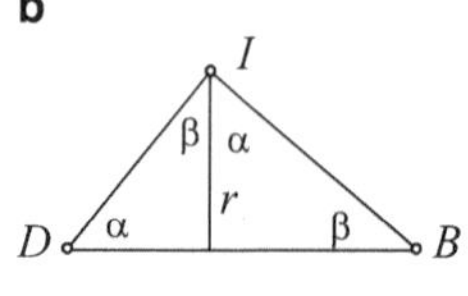

10.5 Der Schmetterlingssatz

Der Schmetterlingssatz erschien zum ersten Mal im Jahre 1815 und ist damit 200 Jahre alt. Er bezieht sich auf eine überraschende Eigenschaft eines *überschlagenen* (sich selbst schneidenden) Tangentenvierecks. Die Überraschung besteht in der unerwarteten Symmetrie, die sich aus einer fast zufälligen Konstruktion ergibt. Unser Beweis stammt aus [Coxeter und Greitzer, 1967] und ist kurz und direkt. Zehn weitere Beweise und mehr über die Geschichte des Satzes findet man in [Bankoff, 1987].

Der Schmetterlingssatz *Durch den Mittelpunkt M einer Sehne PQ in einem Kreis seien zwei weitere Sehnen AB und CD gezeichnet. Die Sehnen AD und BC schneiden PQ in X bzw. Y. Dann ist M der Mittepunkt von XY* (Abb. 10.19a).

Es seien $a = |PM| = |MQ|$, $x = |XM|$ und $y = |MY|$. Man zeichne die Strecken x_1 und x_2 von X senkrecht zu AB und CD sowie y_1 und y_2 von Y senkrecht zu AB und CD (gestrichelte Linien in Abb. 10.19b). Da wir zwei Paare jeweils gleicher vertikaler Winkel bei M haben, sowie gleiche Winkel bei A und C und zwei weitere gleiche Winkel bei B und D, gibt es vier Paare ähnlicher rechtwinkliger Dreiecke. Daraus folgt:

$$\frac{x}{y} = \frac{x_1}{y_1}, \quad \frac{x}{y} = \frac{x_2}{y_2}, \quad \frac{x_1}{y_2} = \frac{|AX|}{|CY|} \quad \text{und} \quad \frac{x_2}{y_1} = \frac{|XD|}{|YB|}.$$

Für die Potenz der Punkte X und Y in Bezug auf den Kreis gilt $|AX| \cdot |XD| = |PX| \cdot |XQ|$ und $|CY| \cdot |YB| = |PY| \cdot |YQ|$. Damit erhalten wir:

$$\frac{x^2}{y^2} = \frac{x_1}{y_1} \cdot \frac{x_2}{y_2} = \frac{x_1}{y_2} \cdot \frac{x_2}{y_1} = \frac{|AX| \cdot |XD|}{|CY| \cdot |YB|} = \frac{|PX| \cdot |XQ|}{|PY| \cdot |YQ|}$$

$$= \frac{(a-x)(a+x)}{(a+y)(a-y)} = \frac{a^2 - x^2}{a^2 - y^2},$$

oder, wie behauptet, $x = y$.

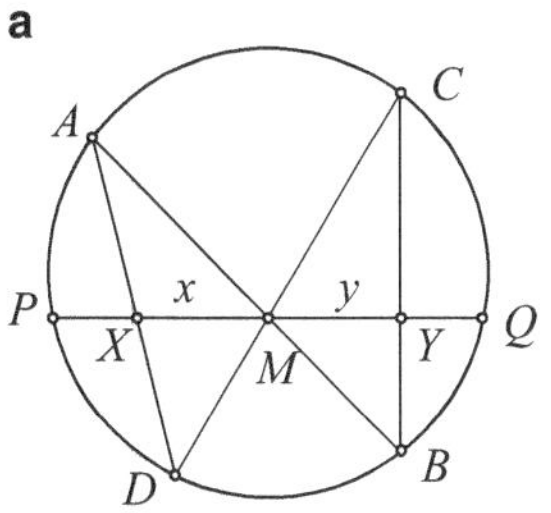

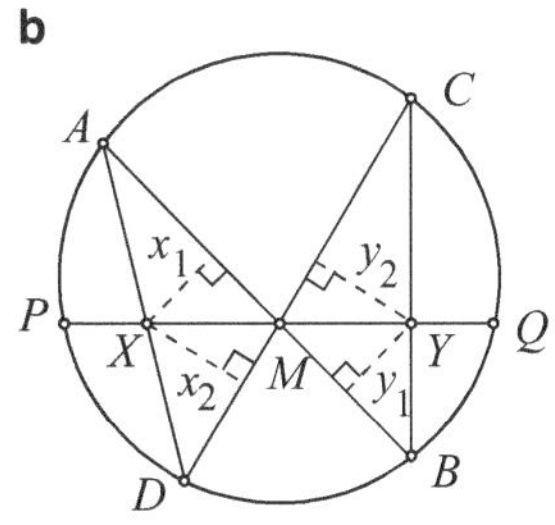

Abb. 10.19

10.6 Aufgaben

10.1 Einem Quadrat sei ein Kreis einbeschrieben und diesem wiederum ein zweites Quadrat, dessen Seiten parallel zu dem ursprünglichen Quadrat liegen sollen (Abb. 10.20). Man zeige, dass die Fläche des inneren Quadrats gleich der Hälfte der Fläche des ursprünglichen Quadrats ist.

Dies könnte eine Rolle bei der Konstruktion einiger mittelalterlicher Kirchengänge gespielt haben, wie der folgende Ausschnitt aus Kapitel 12 von Ken Folletts Roman *Die Säulen der Erde* [Follett, 1989] andeutet:

Mein Stiefvater, der Baumeister war, hat mich verschiedene Verfahren der Geometrie gelehrt – wie man eine Gerade genau halbiert, wie man einen rechten Winkel zieht und wie man ein Quadrat in ein anderes zeichnet, sodass das kleinere genau der halben Fläche des größeren entspricht.

Wozu dienen denn derartige Fertigkeiten?", unterbrach ihn Josef ein wenig verächtlich.

...

Diese Fertigkeiten sind sehr wichtig bei der Planung von Gebäuden", erwiderte Jack freundlich und tat, als wäre ihm der missgünstige Unterton nicht aufgefallen. „Nehmen wir diesen Innenhof. Die Fläche der überdachten Arkaden entspricht genau der unüberbauten Fläche im Inneren. Auf diese Art sind fast alle Innenhöfe gebaut, auch die Kreuzgänge in den Klöstern. Das liegt daran, dass dieses Flächenverhältnis dem Auge am gefälligsten ist. Wäre die freie Fläche in der Mitte größer, so sähe sie aus wie ein Marktplatz, wäre sie kleiner, so wirkte sie wie ein Loch im Dach. Um genau das richtige Gleichmaß zu finden, muss der Baumeister die freie Fläche so zeichnen können, dass sie exakt der Hälfte der Gesamtfläche entspricht.

10.2 Es seien a, b, c, d die Seiten und p, q die Diagonalen eines Sehnen-Tangentenvierecks Q. Man beweise: $(a + b + c + d)^2 \geq 8pq$.

10.3 In Abb. 10.21 ist das Dreieck AOB einem Viertelkreis mit Mittelpunkt O einbeschrieben. Man beweise, dass der Durchmesser des Inkreises von $\triangle AOB$ das

Abb. 10.20

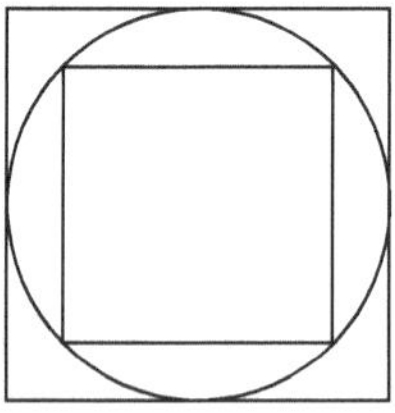

Abb. 10.21

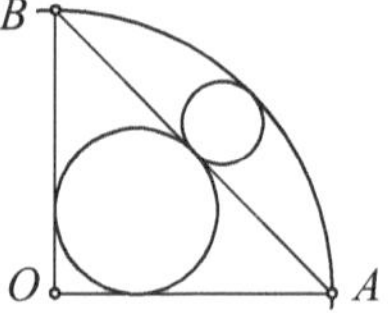

Abb. 10.22

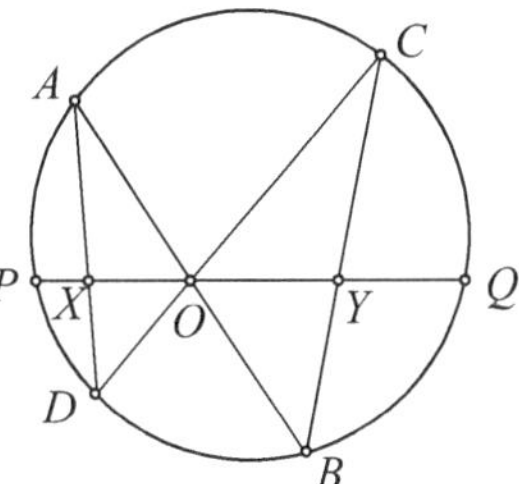

Doppelte des Durchmessers des größten Kreises ist, der sich dem Kreisausschnitt über der Hypotenuse von $\triangle AOB$ einbeschreiben lässt.

10.4 Man beweise die folgende Verallgemeinerung des Schmetterlingssatzes: Sei O ein beliebiger Punkt auf einer Kreissehne PQ. Man zeichne Sehnen AB und CD durch O, und es seien X und Y jeweils die Schnittpunkte der Sehnen AD und BC mit PQ. Wir definieren $p = |PO|$, $q = |OQ|$, $x = |XO|$ und $y = |OY|$ (Abb. 10.22). Zeigen Sie, dass $(1/x) - (1/y) = (1/p) - (1/q)$.

10.5 Es sei $ABCD$ ein Sehnenviereck mit aufeinander senkrecht stehenden Diagonalen, die sich in E schneiden. Beweisen Sie, dass $|AE|^2 + |BE|^2 + |CE|^2 + |DE|^2 = 4R^2$, wobei R der Umkreisradius von $ABCD$ ist.

10.6 Zeigen Sie, dass ein Sehnen-Tangententrapez immer gleichschenklig sein muss, und dass seine Höhe gleich dem geometrischen Mittelwert der Grundseiten ist.

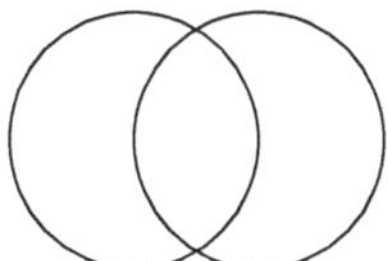

Ein Kreis ist ein Abbild der Ewigkeit. Er hat keinen Anfang und kein Ende.
(Maynard James Keenan)
Das gesamte Universum beruht auf Rhythmen. Alles ereignet sich in Kreisen.
(John Cowan Hartford)

Dieses Kapitel ist den Eigenschaften von Kreispaaren in unterschiedlichen Anordnungen gewidmet: (a) getrennt, (b) sich berührend, (c) sich schneidend oder (d) konzentrisch (Abb. 11.1).

Einige der Flächen, die von solchen Kreisen umgeben sind (Abb. 11.2), sind wichtig genug, um eigene Bezeichnungen zu haben, beispielsweise (a) und (b) *Mondsicheln*, (c) *Linsen*, (d) symmetrische Linsen oder *Vesica Piscis* (Fischblase) und (e) *Kreisringe*.

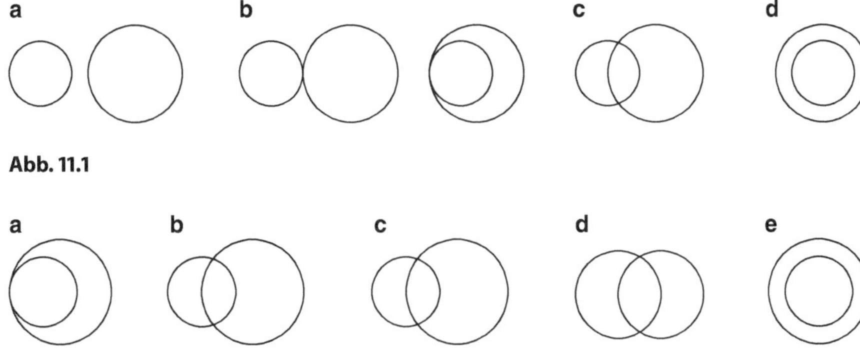

Abb. 11.1

Abb. 11.2

© Springer-Verlag Berlin Heidelberg 2015
C. Alsina, R.B. Nelsen, *Perlen der Mathematik*, DOI 10.1007/978-3-662-45461-9_11

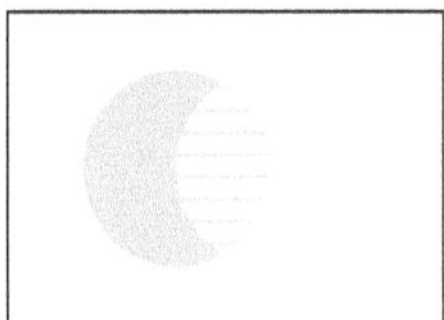 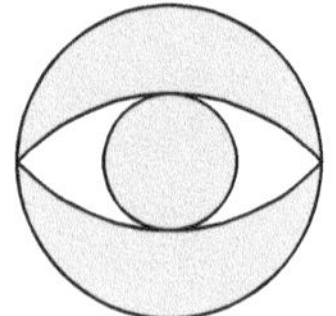 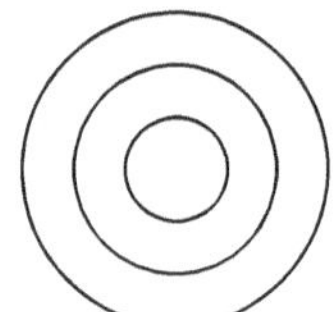

Abb. 11.3

Täglich sehen wir Gegenstände mit diesen Formen. Die Flaggen der Türkei, Algeriens und mindestens zehn weiterer Länder enthalten Mondsicheln, ebenso die Flagge von South Carolina. Das Firmenlogo einer bekannten Kreditkartengesellschaft besteht aus sich überlappenden Kreisen, das einer amerikanischen Fernsehanstalt verwendet zwei Sicheln und eine Linse, und zwei ineinander gepackte Kreise bilden das Logo eines großen amerikanischen Discounters (Abb. 11.3). Selbst manche Backwaren haben diese Formen, beispielsweise Croissants, sichelförmige Beilagenbrötchen und Donuts.

In diesem Kapitel behandeln wir unterschiedliche geometrische Eigenschaften, die mit den verschiedenen genannten Figuren von Doppelkreisen zusammenhängen.

11.1 Der Augapfelsatz

Ein netter Satz über zwei Kreise ist der folgende:

Augapfelsatz *Angenommen, zwei sich nicht schneidende Kreise haben die Mittelpunkte P und Q. Die Schnittpunkte der beiden Tangenten durch P an den Kreis mit Mittelpunkt Q schneiden den Kreis um P in den Punkten A und B. Entsprechend schneiden die beiden Tangenten durch Q an den Kreis um P den Kreis um Q in den Punkten C und D. Dann gilt $|AB| = |CD|$ (Abb. 11.4).*

Es gibt viele Beweise; unserer stammt aus [Konhauser et al., 1996]. Abbildung 11.5 zeigt die obere Hälfte der Konstruktion in Abb. 11.4. Außerdem haben

Abb. 11.4

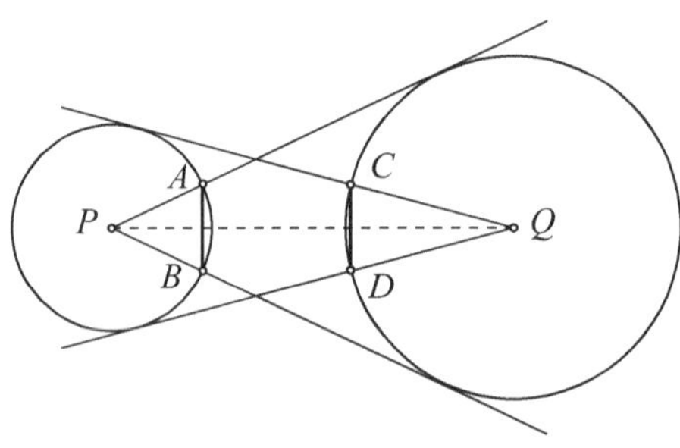

Abb. 11.5

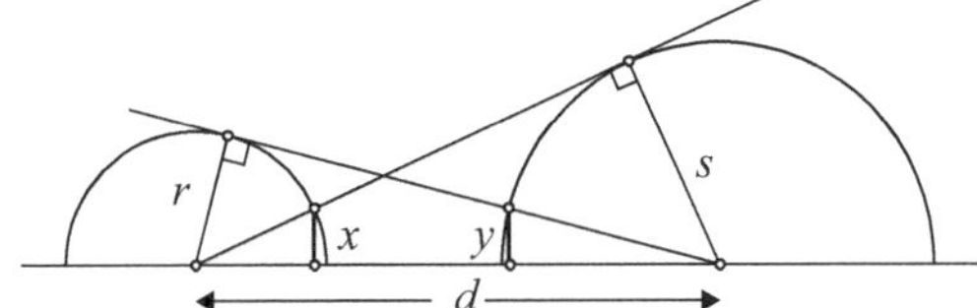

wir $x = |AB|/2$, $y = |CD|/2$ und $d = |PQ|$ gesetzt. r und s seien die Radien der beiden Kreise. Zum Beweis von $|AB| = |CD|$ müssen wir lediglich zeigen, dass $x = y$.

Da das kleine dunkelgrau unterlegte rechtwinklige Dreieck ähnlich dem großen hellgrau unterlegten rechtwinkligen Dreieck ist, folgt $x/r = s/d$ und damit $x = rs/d$. Entsprechend ist $y = rs/d$ und damit $x = y$.

11.2 Aus Kreisen abgeleitete Kegelschnitte

In diesem Abschnitt zeigen wir, wie sich die Ellipse, die Parabel und die Hyperbel geometrisch aus Kreisen erzeugen lassen. Ausgehend von den Ideen des Schweizer Schullehrers Jean-Louis Nicolet schuf Caleb Gattegno im Jahre 1949 eine Serie von 22 kurzen (2–5 Minuten langen) Stummfilmen, in denen mathematische Konzepte veranschaulicht werden. Diese nannte er *Animated Geometry*. Die folgende Charakterisierung der Kegelschnitte stammt aus dem letzten Film mit dem Titel *Gewöhnliche Erzeugung von Kegelschnitten* [Gattegno, 1967].

Die Ellipse *Es seien C ein Kreis und P ein Punkt innerhalb von C. Dann bildet die Menge aller Mittelpunkte von Kreisen, die durch P verlaufen und tangential zu C sind, eine Ellipse mit den Brennpunkten P und dem Mittelpunkt von C.*

Abbildung 11.6a zeigt mehrere Kreise (in grau) innerhalb von C, die den genannten Bedingungen genügen.

Zur Begründung beginnt man am besten mit einer Ellipse mit den Brennpunkten O und P wie in Abb. 11.6b. Ist X ein Punkt auf der Ellipse, erfüllen die Abstände a und b dieses Punktes von P bzw. O die Bedingung $a + b = c$ für eine Konstante c. Man zeichne um O einen Kreis C mit Radius c und verlängere

Abb. 11.6

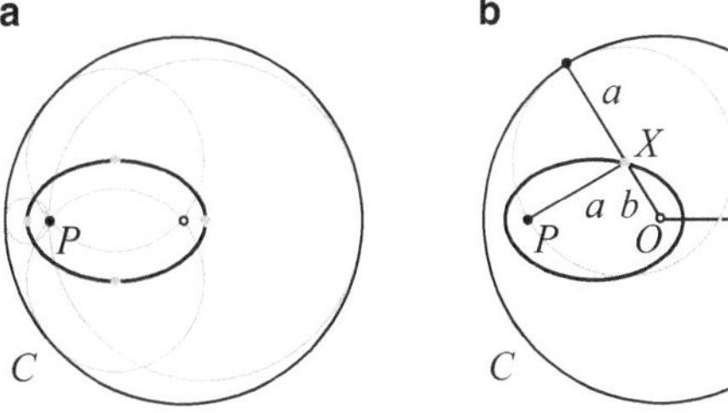

Abb. 11.7

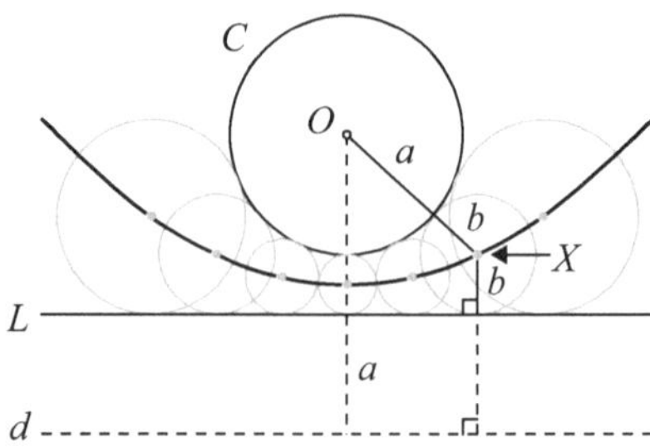

Abb. 11.8

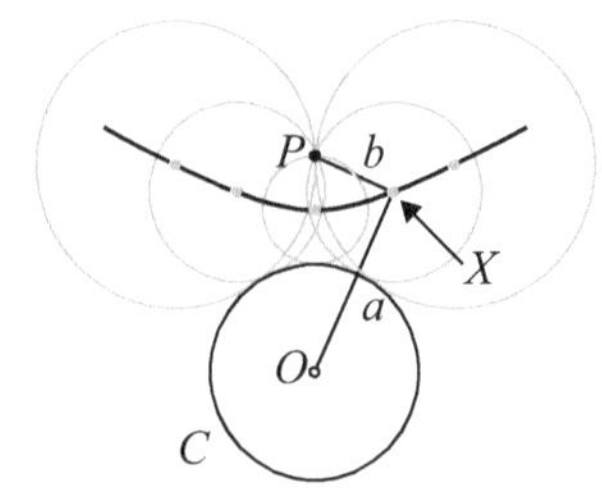

OX bis zum Kreis C. Also hat X denselben Abstand von P und C, d. h., es ist der Mittelpunkt eines Kreises vom Radius a um X, der durch den Punkt P verläuft und tangential an C anliegt.

An dieser Stelle passt ein Zitat von Victor Hugo (1802–1885): „Die Menschheit ist kein Kreis mit einem einzigen Mittelpunkt, sondern eine Ellipse mit zwei Brennpunkten, von denen einer den Tatsachen und der andere den Ideen entspricht."

Die Parabel *Es seien C ein Kreis und L eine Gerade, die C nicht schneidet. Dann bildet die Menge aller Mittelpunkte von Kreisen, die sowohl tangential an C als auch an L anliegen, eine Parabel* (Abb. 11.7).

Der Beweis ergibt sich sofort aus der Abbildung, da der Abstand zwischen den Mittelpunkten X der variablen Kreise zum Mittelpunkt O von C gleich dem Abstand zwischen X und einer Geraden d (der Direktrix) parallel zu L ist.

Die Hyperbel *Seien C ein Kreis mit Mittelpunkt O und P ein Punkt außerhalb von C. Dann bildet die Menge aller Mittelpunkte von Kreisen durch P und tangential an C einen Zweig einer Hyperbel mit den Brennpunkten P und O.* Siehe Abb. 11.8.

Der Abstand a vom Mittelpunkt O von C zu einem Punkt X auf der Kurve minus dem Abstand b von X zu P ergibt den Radius von C. Also ist die Kurve ein Zweig einer Hyperbel mit den Brennpunkten O und P. Den anderen Zweig erhält man, wenn man P als Mittelpunkt von C wählt.

Caleb Gattegno und Jean-Louis Nicolet

Caleb Gattegno (1911–1988) war einer der einflussreichsten und produktivsten Mathematikpädagogen des zwanzigsten Jahrhunderts. Er wurde in Ägypten als Sohn spanischer Eltern geboren, promovierte in Mathematik in der Schweiz und in Psychologie in Frankreich. Gattegno war davon überzeugt, dass ein erfolgreicher Mathematikunterricht ein Grundrecht sein sollte, und er betonte, wie wichtig die Psychologie und praktisches Anschauungsmaterial sind. Er erfand das Geobrett und hat wesentlich zur Verbreitung der Cuisenaire-Stäbchen (farbige, unterschiedlich lange Stäbchen zur Veranschaulichung von Rechenoperationen) in der mathematischen Ausbildung beigetragen. Er war an der Gründung mehrerer europäischer Mathematikgesellschaften und mathematischer Zeitschriften beteiligt und schrieb über einhundert Bücher.

Die erste Person, die Zeichentrickfilme für den Unterricht in elementarer Geometrie vorschlug, war Jean-Louis Nicolet, ein schweizer Mathematiklehrer. Gattegno unterstützte den Einsatz von Nicolets Filmen und begann später, um 1940, mit der Produktion eigener Filme, die einen lebendigen Zugang zur Geometrie im Klassenzimmer erlaubten [Powell, 2007].

11.3 Gemeinsame Sehnen

Wenn sich zwei Kreise schneiden, haben sie eine gemeinsame Sehne, die eine zentrale Rolle bei vielen überraschenden Beziehungen spielt.

Betrachten wir als Beispiel einen Kreis C_1, der durch den Mittelpunkt O eines zweiten Kreises C_2 verläuft. Dann ist die Länge der gemeinsamen Sehne PQ gleich der Länge des innerhalb von C_2 liegenden Abschnitts der Tangente an C_1 im Punkt P oder Q (Abb. 11.9) [Eddy, 1992].

Da $\angle OPR = \angle OQP$ (siehe Abschn. 9.2), sind die gleichschenkligen Dreiecke OPR und OQP deckungsgleich. Daraus folgt $|PR| = |PQ|$.

Abb. 11.9

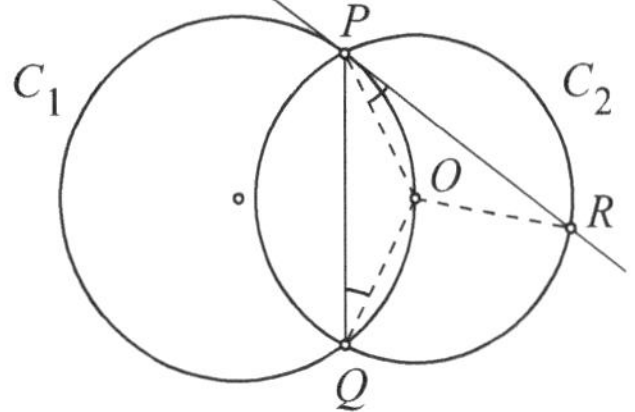

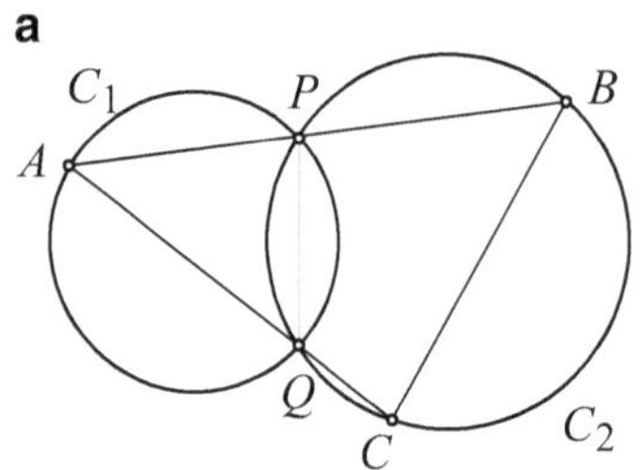

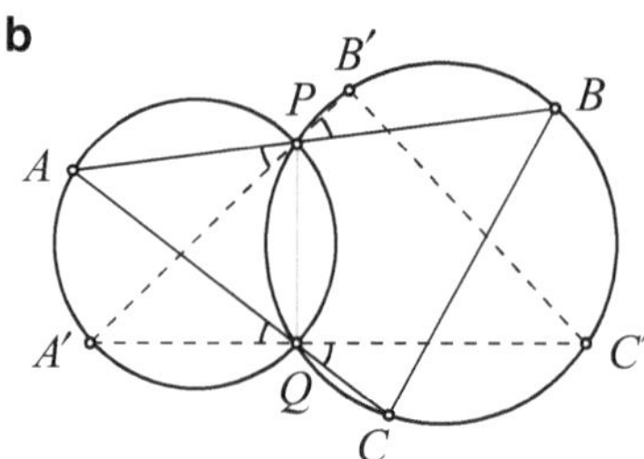

Abb. 11.10

Zwei sich schneidende Kreise C_1 und C_2 sollen die gemeinsame Sehne PQ haben (Abb. 11.10a). Ein Punkt A auf dem Kreisbogen von C_1 außerhalb von C_2 wird durch P und Q auf C_2 projiziert. Dadurch erhält man eine Sehne BC von C_2. Das überraschende Ergebnis ist, dass die Länge von BC unabhängig von der Lage von A auf dem Bogen von C_1 ist [Honsberger, 1978].

Zum Beweis wählen wir einen zweiten Punkt A' auf dem Kreisbogen von C_1 außerhalb von C_2 und projizieren ihn durch P und Q auf die Punkte B' und C' mit der Verbindungssehne $B'C'$. Da die vier in Abb. 11.10b durch $\angle$ gekennzeichneten Winkel gleich sind, haben auch die Bögen $B'B$ und $C'C$ dieselbe Länge und damit sind auch die Bögen $B'C'$ und BC gleich. Wir erhalten also $|BC| = |B'C'|$.

Nun betrachten wir die Kreise C_1 und C_2 mit der gemeinsamen Sehne PQ sowie alle möglichen Strecken durch P, deren Endpunkte auf den beiden Kreisen liegen. Die längste dieser Strecken ist die Strecke AB, die PQ bei P senkrecht schneidet (Abb. 11.11).

Zum Beweis betrachten wir eine andere Strecke $A'B'$ durch P, zeichnen $A'Q$ und $B'Q$, und da $\angle B'A'Q = \angle BAQ$ und $\angle A'B'Q = \angle ABQ$, ist das Dreieck $A'B'Q$ ähnlich dem Dreieck ABQ. Da BQ ein Durchmesser von C_2 ist, folgt $|B'Q| \leq |BQ|$. Wegen der Ähnlichkeit der beiden Dreiecke ergibt sich daher $|A'B'| \leq |AB|$.

Abb. 11.11

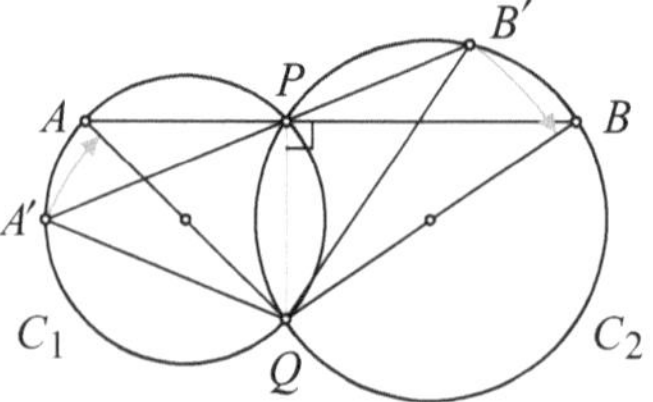

11.4   Vesica Piscis – die Fischblase

Schneiden sich zwei Kreise, bezeichnet man das von zwei Kreisbögen berandete konvexe Gebiet als *Linse*. Haben die beiden Kreise denselben Radius, so hat die Linse eine Symmetrieachse. Wenn zusätzlich noch jeder Kreis durch den Mittelpunkt des anderen Kreises verläuft, wie in Abb. 11.2d, bezeichnet man die Linse als *Vesica Piscis*, Lateinisch für „Fischblase". Im Italienischen spricht man auch von einer *mandorla* („Mandel").

Die Vesica Piscis findet man in der ersten geometrischen Konstruktion in Euklidis *Elementen* – Proposition 1 in Buch I –, der Konstruktion eines gleichseitigen Dreiecks. Sie tritt ebenfalls auf, wenn man eine gegebene Strecke halbieren oder eine Gerade senkrecht zu einer gegebenen Geraden zeichnen möchte (Abb. 11.12).

Die Fläche K einer Vesica Piscis, die aus Kreisen mit Radius r konstruiert wurde, lässt sich leicht als die Summe der Flächen von zwei Kreissegmenten zu einem Winkel von $2\pi/3$ abzüglich der Summe der Flächen von zwei gleichseitigen Dreiecken mit Grundseite r berechnen. Man erhält so $K = (2\pi/3 - \sqrt{3}/2)r^2$.

Mithilfe der Vesica lässt sich eine Strecke auch dritteln. In der Konstruktion von Abb. 11.13 [Coble, 1994] sei AB die zu drittelnde Strecke. Man zeichne die Vesica Piscis wie angegeben mit den Kreisen um A und B. Nun zeichne man die Strecken CD, DB, AE und CF. Da AB und CF jeweils Seitenhalbierende des Dreiecks BCD sind, folgt $|AX| = (1/3)\,|AB|$.

Die Vesica Piscis galt schon im Altertum als mystisches und religiöses Symbol. In der romanischen und byzantinischen Kunst des Mittelalters wurde sie gerne als Rahmen für Gemälde von besonders wichtigen Personen oder heiligen Ereignissen verwendet.

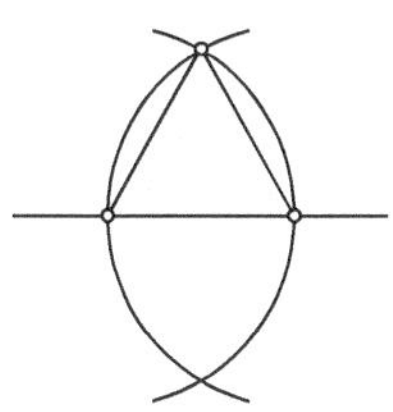
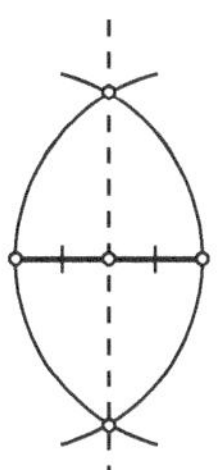
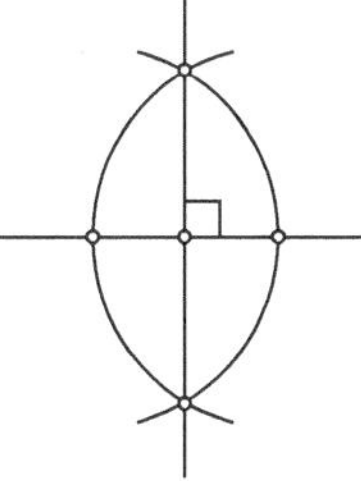

Abb. 11.12

Abb. 11.13

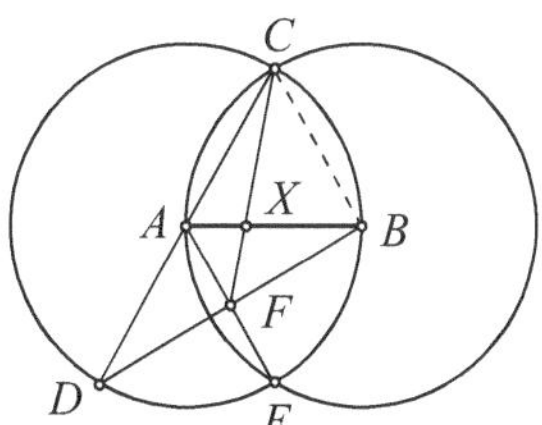

In der Architektur ist der *gleichseitige Bogen*, also die obere Hälfte einer Vesica Piscis, eine verbreitete Form des gotischen Bogens (siehe auch Aufgabe 11.6).

Die Vesica Piscis und die Ellipse

Zu Beginn des sechzehnten Jahrhunderts verwendete man bei italienischen und spanischen Kirchen und Kathedralen auch zunehmend die Ellipse. Oft wurden jedoch Ellipsen durch Formen angenähert, die aus vier oder mehr Kreisbögen bestanden. In seiner klassischen Arbeit *Tutte l'Opere d'Architettura* beschreibt Sebastiano Serlio (1475–1554) vier Konstruktionen dieser Art, von denen eine auf der Vesica Piscis beruht. Serlio empfielt sie wegen ihrer Einfachheit, Schönheit und der problemlosen Konstruktion. Dem Paar sich schneidender Kreise fügen wir noch zwei Kreisbögen hinzu, deren Mittelpunkte die Schnittpunkte der beiden Kreise sind und deren Radius gleich dem Durchmesser der ursprünglichen Kreise ist (Abb. 11.14a). Zum Vergleich zeigt Abb. 11.14b eine richtige Ellipse derselben Abmessungen. Weitere Einzelheiten findet man in [Rosin, 2001].

a

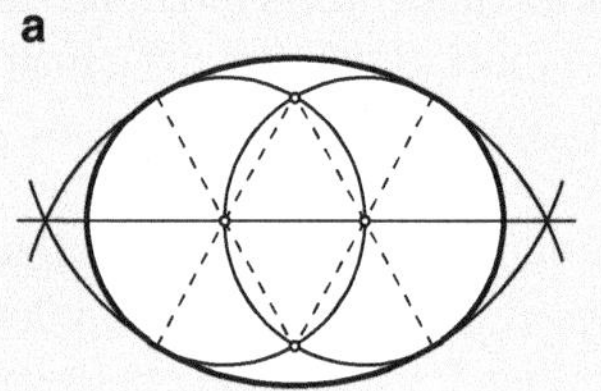

b

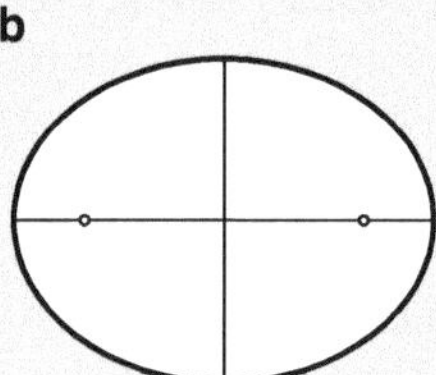

Abb. 11.14

11.5   Die Vesica Piscis und der Goldene Schnitt

Zeichnen wir um die Vesica Piscis ein Paar sich schneidender Kreise, deren Mittelpunkte wie in Abb. 11.15 mit den Mittelpunkten der Vesica-Piscis-Kreise übereinstimmen, finden wir einmal mehr den Goldenen Schnitt ϕ: $|CX|/|CD| = \phi$ [Hofstetter, 2002].

Abb. 11.15

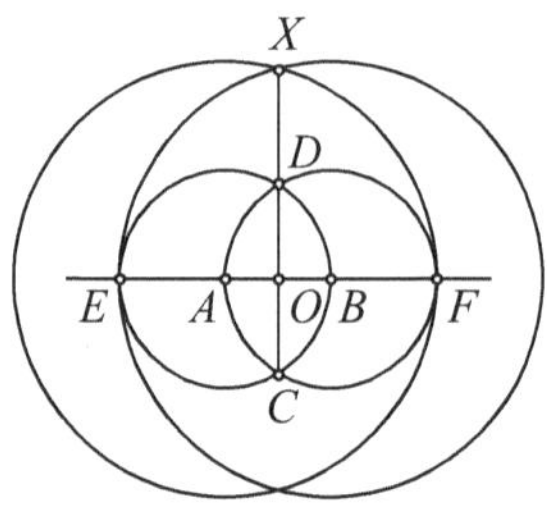

Wir zeichnen zunächst die beiden Kreise mit Radius $|AB|$ und den Mittelpunkten A und B und anschließend zwei weitere Kreise mit dem Radius $|AF| = |BE|$, ebenfalls um die Mittelpunkte A und B. Es seien O der Mittelpunkt von AB und D und X die Schnittpunkte der Kreise wie in der Abbildung. Dann liegen O, D und X auf einer Geraden. Wählen wir $|OA| = |OB| = 1$, dann sind $|AC| = |AB| = 2$ und $|AX| = |AF| = 4$, also $|CO| = \sqrt{3}$ und $|OX| = \sqrt{15}$. Damit folgt:

$$\frac{|CX|}{|CD|} = \frac{|CO| + |OX|}{|CD|} = \frac{\sqrt{3} + \sqrt{15}}{2\sqrt{3}} = \frac{1 + \sqrt{5}}{2} = \phi \, .$$

11.6 Sicheln

Eine *(Mond-)Sichel* ist ein konkaves Gebiet einer Ebene, das von zwei Kreisbögen begrenzt wird. Abbildung 11.2b zeigt zwei Sicheln (in grau) und eine Linse (in weiß). Manchmal spricht man auch von *Möndchen*, doch andere Autoren verlangen für Möndchen zusätzlich, dass der kleinere Kreis den Mittelpunkt des größeren Kreises enthält, wie in Abb. 11.2a.

Heute schreiben wir Hippokrates von Chios (um 470–410 v. Chr.) die erste Quadratur von Sicheln zu. Daher spricht man auch von den Möndchen des Hippokrates. Dieser Erfolg nährte die Hoffnung auf eine mögliche Quadratur des Kreises, einem der drei großen geometrischen Probleme der Antike.

Obwohl Hippokrates vor Euklid lebte, kannte er die Verallgemeinerung des pythagoreischen Satzes aus Proposition 31 von Buch VI: *Im rechtwinkligen Dreieck ist eine Figur über der dem rechten Winkel gegenüberliegenden Seite den ähnlichen, über den den rechten Winkel umfassenden Seiten ähnlich gezeichneten Figuren zusammen gleich.* Hippokrates verwendete Halbkreise über den Seiten eines Dreiecks und bewies den folgenden Satz: *Wenn ein Quadrat einem Kreis einbeschrieben ist und über seinen Seiten vier Halbkreise konstruiert werden, dann ist die Fläche der vier Sicheln gleich der Fläche des Quadrats* (Abb. 11.16). Einen Bildbeweis zeigt Abb. 11.17.

Teilt man die Figur in Abb. 11.16 entlang einer Diagonalen des Quadrats in zwei deckungsgleiche Hälften, so sieht man, dass die Fläche der beiden Sicheln über den Katheten eines gleichschenkligen rechtwinkligen Dreiecks gleich der Fläche des Dreiecks ist. Hippokrates bewies dies für jedes rechtwinklige Dreieck; siehe Aufgabe 4.7.

Abb. 11.16

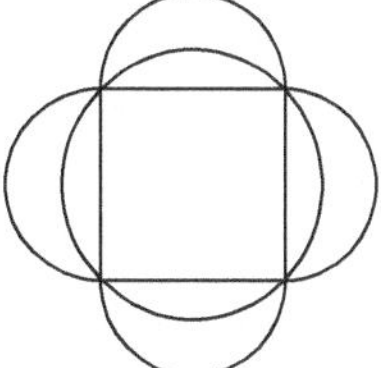

Abb. 11.17

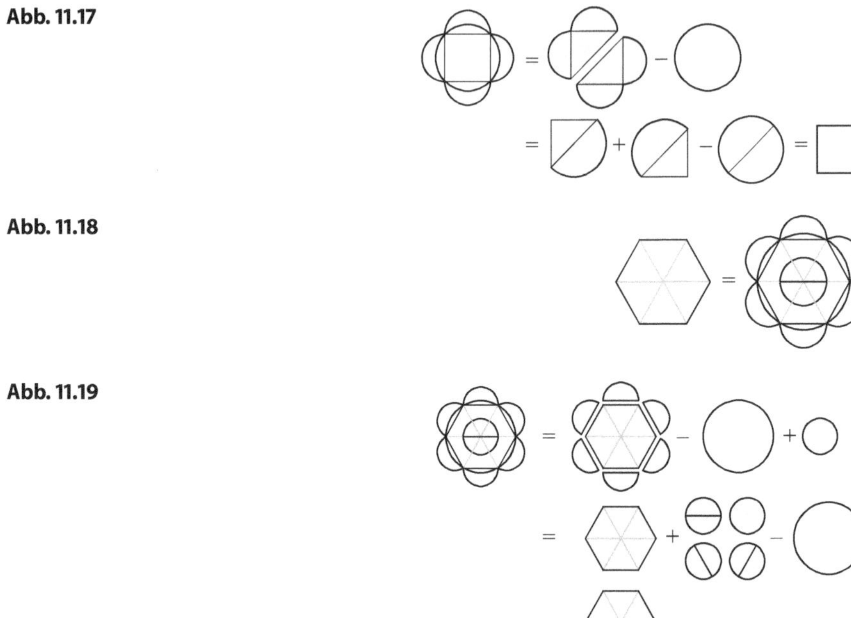

Abb. 11.18

Abb. 11.19

Hippokrates bewies auch das folgende Ergebnis, das einen Zusammenhang zwischen den Flächen eines Sechsecks, sechs Sicheln und einem Kreis herstellt: *Ein gleichförmiges Sechseck sei einem Kreis einbeschrieben und über seinen Seiten seien sechs Halbkreise konstruiert, dann ist die Fläche des Sechsecks gleich der Fläche der sechs Sicheln plus der Fläche eines Kreises, dessen Durchmesser gleich einer der Seiten des Sechsecks ist* (Abb. 11.18).

Für den Bildbeweis aus Abb. 11.19 [Nelsen, 2002c] nutzen wir eine auch Hippokrates bekannte Tatsache: Die Fläche eines Kreises ist proportional zum Quadrat seines Radius, sodass die Fläche der vier kleinen grauen Kreise in der zweiten Zeile gleich der Fläche des großen weißen Kreises ist.

11.7 Das Mondsichelrätsel

Eine spezielle Form einer Mondsichel besteht aus dem Gebiet zwischen zwei Kreisen, von denen der innere (kleinere) Kreis tangential an dem äußeren Kreis anliegt. Es handelt sich dabei um eine künstlerische Darstellung des Mondes während des ersten oder dritten Viertels. Obwohl die Mondsichel oftmals mit dem Islam in Verbindung gebracht wird, gab es dieses Symbol schon im Altertum, viele Jahrhunderte vor dem Islam.

Mondsicheln dieser Art findet man auch häufig in mathematischen Rätseln. Ein Beispiel ist das „Mondsichelrätsel" – Aufgabe 191 aus dem Klassiker *Amusements*

Abb. 11.20

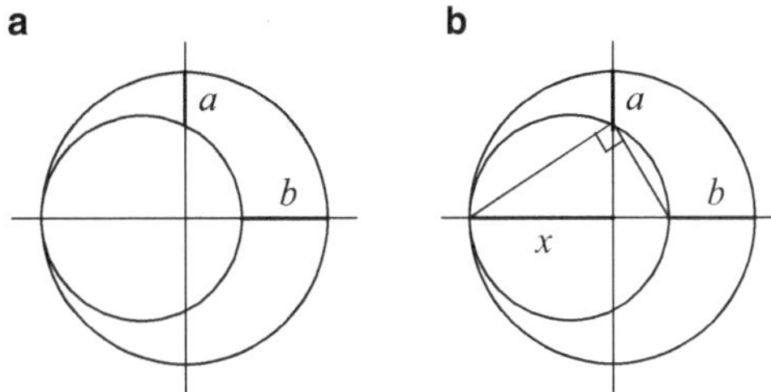

in Mathematics von Henry Dudeney aus dem Jahre 1917. An zwei Stellen einer Mondsichel (Abb. 11.20a) ist ihre Dicke gegeben. Gesucht sind die Durchmesser der beiden Kreise.

Sei x der Radius des größeren Kreises, dann sind $2x$ und $2x - b$ die beiden Durchmesser. Der Höhensatz für rechtwinklige Dreiecke aus Abschn. 4.2 sagt uns, dass $x - a$ der geometrische Mittelwert von x und $x - b$ ist. Also ist $x - a = \sqrt{x(x - b)}$ und damit $x = a^2/(2a - b)$. Also sind die beiden Durchmesser $2a^2/(2a - b)$ und $[2a^2/(2a - b)] - b$.

11.8 Das Problem von Mrs. Miniver

Mrs. Miniver ist eine fiktive Person, eine Schöpfung der englischen Autorin Joyce Maxtone Graham (1901–1953), die in den Jahren 1937 bis 1939 unter dem Pseudonym Jan Struther Beiträge für die englische Tageszeitung *The Times* verfasste. In einer Kolumne mit dem Titel „A Country House Visit" (Besuch in einem Landhaus) beschreibt sie einen Aspekt menschlicher Beziehungen in mathematischen Ausdrücken [Struther, 1990]:

> Sie betrachtete jede Beziehung als ein Paar sich schneidender Kreise. Je mehr sie überlappen, würde man zunächst glauben, umso besser ist die Beziehung; doch das ist nicht der Fall. Jenseits eines bestimmten Punktes macht sich das Gesetz der abnehmenden Erträge bemerkbar, und es gibt auf beiden Seiten nicht mehr genügend private Reserven, um das gemeinsame Leben anzureichern. Vermutlich erreicht man eine gewisse Perfektion, wenn die Fläche der äußeren beiden Sicheln zusammengenommen genau gleich der Fläche des blattartigen Stücks in der Mitte ist. Auf dem Papier muss es dafür eine ordentliche mathematische Formel geben – im Leben jedoch nicht.

Wie lautet die Lösung zu dem Problem von Mrs. Miniver, insbesondere wenn, wie in den meisten Fällen, die beiden Kreise verschieden sind (Abb. 11.21)?

Angenommen, die beiden Kreise haben die Radien a und b mit $a \le b$, und es sei L die Fläche des Blatts (d. h. der Linse). Wenn wir die Flächen der beiden Sicheln mit C_1 und C_2 bezeichnen, gilt $C_1 + C_2 + 2L = \pi(a^2 + b^2)$. Die perfekte Beziehung erfordert $L = C_1 + C_2$ und somit $3L = \pi(a^2 + b^2)$. Da der maximale Wert von L gleich πa^2 ist, folgt $a \le b \le a\sqrt{2}$.

Ein *Kreissegment* ist das Gebiet zwischen einer Sehne und einem Kreisbogen über dieser Sehne. Es hat die Fläche $R^2(\theta - \sin \theta)/2$, wobei R der Radius des

Abb. 11.21

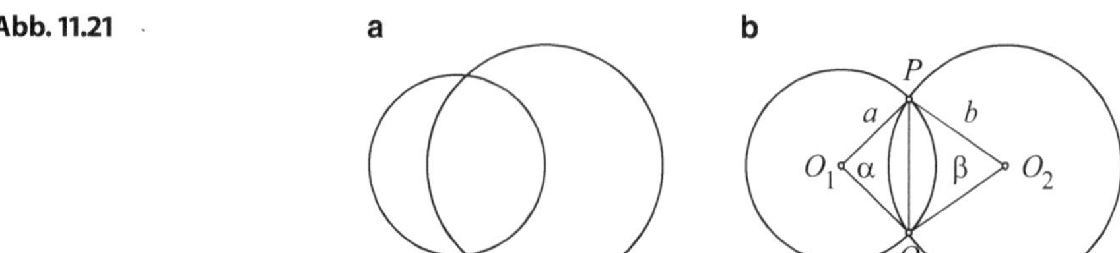

Kreises und θ der in Radiant ausgedrückte Winkel ist, der am Kreismittelpunkt von dem Bogen überspannt wird. Das Blatt besteht aus zwei Kreissegmenten, die von den Kreismittelpunkten unter den Winkeln α und β erscheinen (Abb. 11.10b). Daher gilt:

$$L = \frac{a^2}{2}(\alpha - \sin \alpha) + \frac{b^2}{2}(\beta - \sin \beta) \, .$$

Doch α und β hängen über $|PQ| = 2a\sin(\alpha/2) = 2b\sin(\beta/2)$ zusammen. Wenn wir mit $r = b/a$ das Verhältnis der beiden Radien bezeichnen (mit $1 \leq r \leq \sqrt{2}$) und uns daran erinnern, dass $L = \pi(a^2 + b^2)/3$, erhalten wir nach einer etwas längeren Rechnung:

$$\frac{\pi}{3}(1 + r^2) = \frac{r^2}{2}(\beta - \sin \beta) + \arcsin\left(r\sin\frac{\beta}{2}\right) - \frac{1}{2}\sin\left(2\arcsin\left(r\sin\frac{\beta}{2}\right)\right) \, .$$

Für einen gegebenen Wert von r lässt sich die Gleichung numerisch nach β auflösen. Für $r = 1$ (also $a = b$ und $\alpha = \beta$) erhalten wir $\beta - \sin \beta = 2\pi/3$, und β ist ungefähr 2,6053256746 Radiant oder 149° 16′ 27″. Der Abstand zwischen den Mittelpunkten der beiden Kreise ist ungefähr $0{,}529864a$.

11.9   Konzentrische Kreise

Ein *Kreisring* ist das Gebiet zwischen zwei Kreisen mit demselben Mittelpunkt aber unterschiedlichen Radien. Die Fläche eines Kreisrings ist gleich der Fläche eines Kreises, dessen Durchmesser gleich einer Sehne des äußeren Kreises ist, die tangential am inneren Kreis anliegt (Abb. 11.22).

Es seien a und b jeweils die Radien des äußeren bzw. inneren Kreises ($a > b$), dann ist die Fläche des Kreisrings $\pi(a^2 - b^2)$. Die Länge der Sehne ist $2\sqrt{a^2 - b^2}$, und daher hat ein Kreis mit diesem Durchmesser dieselbe Fläche wie der Kreisring.

Abb. 11.22

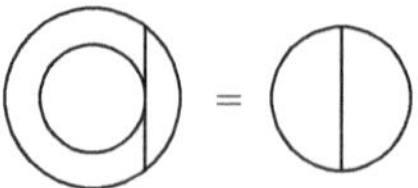

Die Bullaugen-Illusion
Welches Gebiet in Abb. 11.23 scheint die größere Fläche zu haben – die innere weiße Scheibe oder der äußere weiße Kreisring?

Abb. 11.23

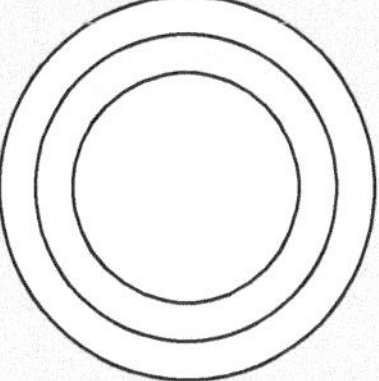

Im ersten Augenblick scheint die innere Scheibe eine größere Fläche als der Kreisring zu haben, doch tatsächlich sind beide Flächen gleich. Wenn wir für die Radien der Kreise 1, 2, 3, 4 und 5 wählen, dann ist die Fläche des Kreisrings $(5^2 - 4^2)\pi = 3^2\pi$ und damit dieselbe wie die der inneren Scheibe [Wells, 1991].

Angenommen, ein Kreisring mit äußerem Radius a und innerem Radius b habe dieselbe Fläche wie eine Ellipse mit großer Halbachse a und kleiner Halbachse b (Abb. 11.24). Was wissen wir dann über das Verhältnis von a zu b?

Die Fläche des Kreisrings ist gleich $\pi(a^2 - b^2)$ und die Fläche der Ellipse gleich πab. Also sind die Flächen nur dann gleich, wenn $a^2 - ab - b^2 = 0$ bzw. $(a/b)^2 - (a/b) - 1 = 0$. Da $a/b > 0$, muss a/b gleich dem Goldenen Schnitt $\phi = (1 + \sqrt{5})/2$ sein. Eine solche Ellipse bezeichnet man manchmal als *Goldene Ellipse*, weil sie einem Goldenen Rechteck einbeschrieben werden kann. In diesem Fall handelt es sich um ein Rechteckt mit den Abmessungen $2a \times 2b$ [Rawlins, 1995].

Abb. 11.24

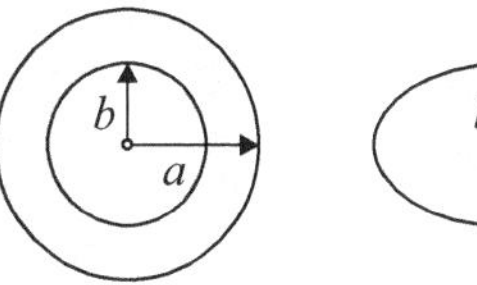

Das Paradoxon von Bertrand

In seinem Buch *Calcul des Probabilités* stellt Joseph Louis François Bertrand (1822–1900) im Jahre 1889 die folgende Aufgabe: Gegeben seien zwei konzentrische Kreise mit den Radien r und $2r$. Wie groß ist die Wahrscheinlichkeit, dass eine beliebig gewählte Sehne des größeren Kreises den kleineren Kreis schneidet (wie in Abb. 11.25a)?

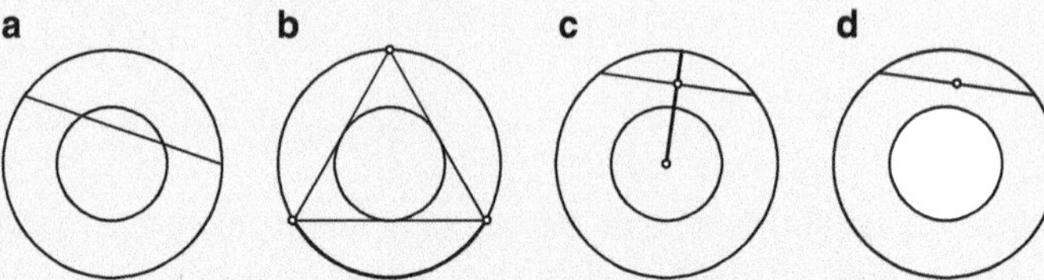

Abb. 11.25

Die Antwort hängt davon ab, was wir unter einer „beliebig gewählten" Sehne verstehen. Wählen wir zunächst einen Endpunkt der Sehne, dann muss der andere Endpunkt im mittleren Drittel des Umfangs liegen, wie in Abb. 11.25b. Damit ist die Wahrscheinlichkeit gleich 1/3. Konzentrieren wir uns auf den Mittelpunkt der Sehne, so muss sein Abstand vom Kreismittelpunkt kleiner als zum Außenkreis sein, dafür ist die Wahrscheinlichkeit 1/2 (Abb. 11.25c). Oder dieser Mittepunkt muss innerhalb des kleineren Kreises liegen; damit ist die Wahrscheinlichkeit gleich dem Flächenverhältnis der beiden Kreise, also 1/4 (Abb. 11.25d).

11.10 Aufgaben

11.1 Zwei Kreise mit den Mittelpunkten P und Q berühren sich tangential im Punkt A wie in Abb. 11.26. Man zeige: Wenn die Strecke BC tangential an beide Kreise anliegt, ist der Winkel $\angle BAC = 90°$.

11.2 Zwei Einheitskreise berühren sich in einem Punkt wie in Abb. 11.27. Man zeichne von einem Punkt P auf einem der Kreise die Strahlen PQ und PR, die

Abb. 11.26

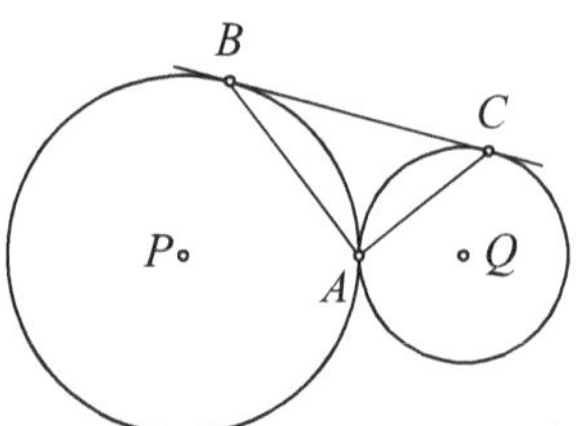

Abb. 11.27

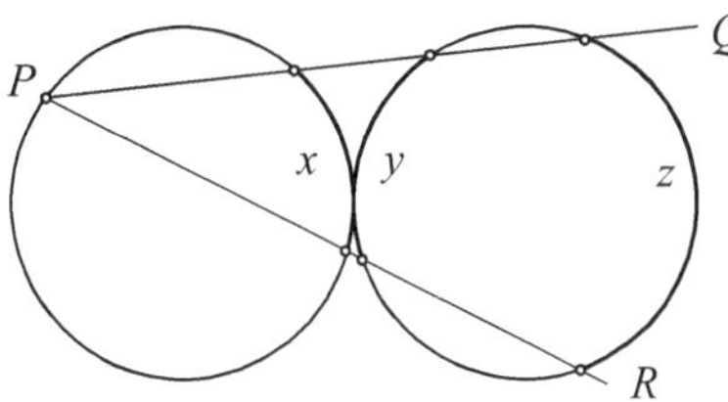

Abb. 11.28

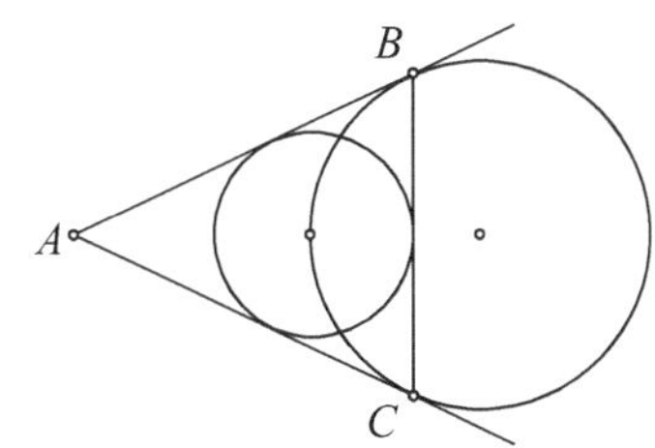

beide Kreise schneiden sollen. x, y und z seien die Bogenlängen der beiden Kreise zwischen den Strahlen. Man beweise, dass $x + y = z$.

11.3 Von einem Punkt A außerhalb eines Kreises zeichne man zwei Strahlen, die in den Punkten B und C tangential zu diesem Kreis seien (Abb. 11.28). Man zeige, dass der Inkreismittelpunkt des Dreiecks ABC auf dem gegebenen Kreis liegt.

11.4 Abbildung 11.29 zeigt eine Kreisscheibe vom Radius 1, aus der eine Kreisscheibe vom Radius x (tangential zu der größeren Kreisscheibe) entfernt wurde. Man zeige: Wenn der Schwerpunkt der verbliebenen Mondsichel auf der Kante der herausgeschnittenen Kreisscheibe liegt (der schwarze Punkt in der Abbildung), dann gilt $x = 1/\phi \approx 0{,}618$, wobei $\phi = (1 + \sqrt{5})/2$ der Goldene Schnitt ist. (In [Glaister, 1996] wird diese Mondsichel auch *Goldener Ohrring* genannt.)

11.5 In der aus zwei Einheitskreisen konstruierten Vesica Piscis finden sich Strecken mit den Längen der Quadratwurzeln zu den ersten fünf ganzen Zahlen. Wo?

Abb. 11.29

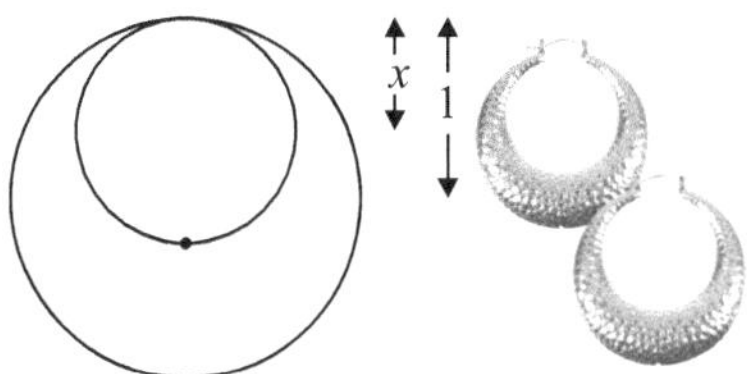

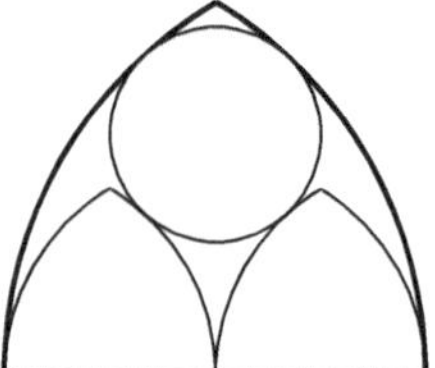

Abb. 11.30

11.6 Der gotische gleichseitige Bogen beruht auf der oberen Hälfte der Vesica Piscis. Er wird häufig durch kleinere Bögen und Rosettenfenster ausgeschmückt, wie man beispielsweise auf dem 20-Euroschein in Abb. 11.30 erkennt. Der Kreis in der Zeichnung liegt tangential an jedem der größeren sowie an zwei der kleineren Bögen. Man bestimmte seinen Mittelpunkt und seinen Radius. (Hinweis: Die kleineren Bögen sind ähnlich zu dem größeren.)

11.7 P sei ein Punkt innerhalb zweier konzentrischer Kreise, allerdings nicht ihr gemeinsamer Mittelpunkt. Ein Strahl ausgehend von P schneidet den inneren Kreis bei Q und den äußeren bei R wie in Abb. 11.31. Für welche ausgehende Richtung von P wird die Länge QR maximal?

11.8 Gegeben seien ein Kreis C mit Mittelpunkt O und Radius r sowie ein Punkt P außerhalb des Kreises. Ein Strahl ausgehend von P schneide den Kreis in den Punkten A und B. Wo befindet sich der Mittelpunkt M der Sehne AB?

11.9 Zwei Kreise mit den Mittelpunkten P und Q und den Radien r und r' berühren sich jeweils von außen in einem Punkt. Zwei gemeinsame Tangenten schneiden sich im Punkt V (Abb. 11.32). Man zeige, dass der Radius R des Kreises, der

Abb. 11.31

Abb. 11.32

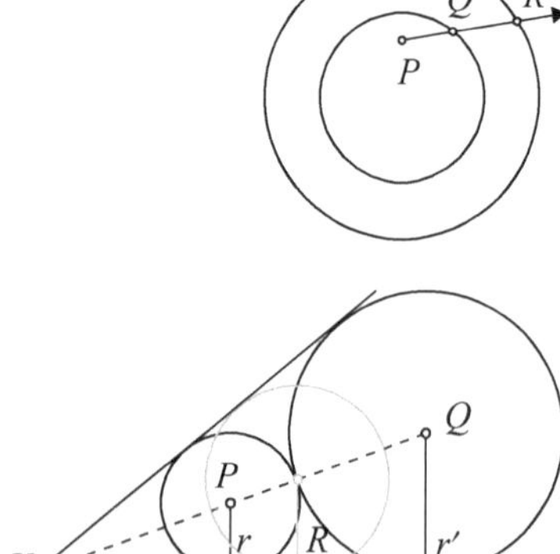

Abb. 11.33

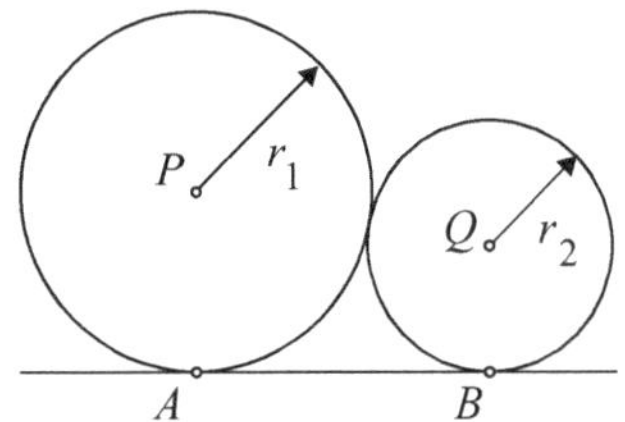

ebenfalls tangential an beide Geraden anliegt und seinen Mittelpunkt im Berührungspunkt der beiden Kreise hat, der harmonische Mittelwert von r und r' ist.

11.10 Man betrachte zwei sich von außen berührende Kreise mit den jeweiligen Mittelpunkten P und Q und den Radien r_1 und r_2, sowie eine gemeinsame Tangente (Abb. 11.33). Man zeige, dass der Abstand $|AB|$ zwischen den beiden Berührungspunkten der Tangente das Doppelte des geometrischen Mittelwerts aus r_1 und r_2 ist.

11.11 Angenommen, in Aufgabe 11.10 wird noch ein dritter Kreis mit Mittelpunkt R und Radius r_3 so eingefügt, dass er tangential zu den beiden Kreisen und der betrachteten Tangente liegt. In Abb. 11.34 ist dieser Kreis grau hinterlegt. Man beweise:

$$\frac{1}{\sqrt{r_3}} = \frac{1}{\sqrt{r_1}} + \frac{1}{\sqrt{r_2}} \, .$$

Abb. 11.34

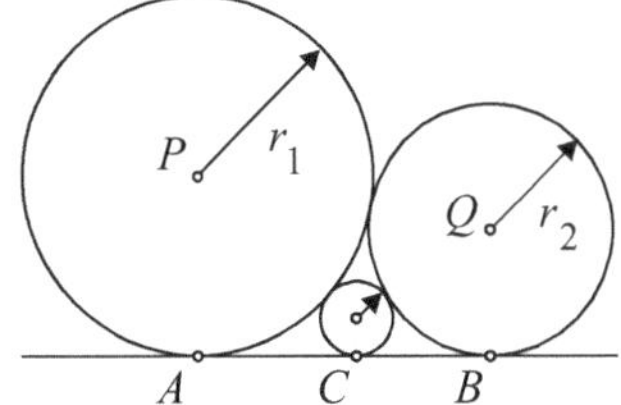

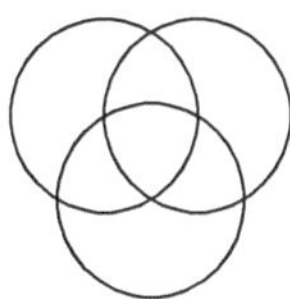

Unser Ziel muss es sein, uns aus diesem Gefängnis zu befreien, indem wir den Horizont unseres Mitgefühls erweitern, bis er alle lebenden Wesen und die gesamte Natur in all ihrer Schönheit umfasst.
(Albert Einstein)

Im Jahre 1880 führte John Venn (1834–1923) in seinem Artikel *On the Diagrammatic and Mechanical Representation of Propositions and Reasonings* [Venn, 1880] die Diagramme ein, die heute seinen Namen tragen (Abb. 12.1). Venn nannte sie „Euler'sche Kreise" und verwendete sie zur Darstellung von Mengen und ihren Beziehungen untereinander. Sie wurden zu einem wesentlichen Element der neuen mathematischen Bewegung in den 1960ern, die auf der Mengenlehre gründete. Venn-Diagramme bestehen gewöhnlich aus sich schneidenden Kreisen (wie in un-

 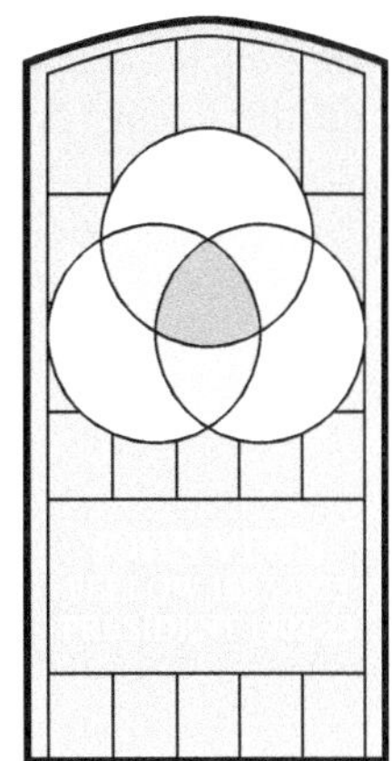

Abb. 12.1 John Venn und eine Glasmalerei in der Caius Hall, Cambridge University

© Springer-Verlag Berlin Heidelberg 2015
C. Alsina, R.B. Nelsen, *Perlen der Mathematik*, DOI 10.1007/978-3-662-45461-9_12

serer Schlüsselfigur), allerdings können auch andere Formen verwendet werden. Ähnliche Diagramme finden sich in den Arbeiten von Ramon Llull (1232–1316), Gottfried Wilhelm Leibniz (1646–1716) und Leonhard Euler (1708–1783).

Bilder von drei oder mehr sich schneidenden Kreisen findet man in gotischen Fenstern, Gemälden, Grafiken sowie in dem Symbol der Olympischen Spiele.

Wir untersuchen hier die Bedeutung von Venn-Diagrammen, also sich schneidenden Kreisen, in der Geometrie und nicht ihre übliche Anwendung in der Logik und Mengenlehre. Wir betrachten zunächst einige Ergebnisse zu drei Kreisen und untersuchen dann Dreiecke im Zusammenhang mit sich schneidenden Kreisen. Zum Abschluss folgen einige Bemerkungen über Formen, die mit Venn-Diagrammen zusammenhängen, beispielsweise die Reuleaux-Dreiecke und Borromäische Ringe.

12.1 Sätze zu drei Kreisen

Wir betrachten zunächst einige mathematische Sätze zu drei sich schneidenden Kreisen. Diese Ergebnisse beziehen sich hauptsächlich auf die Eigenschaften der Schnittpunkte.

Gegeben seien drei Kreise in einer Ebene. Jeder schneide die anderen beiden Kreise in zwei Punkten, es gebe jedoch keinen Punkt, der zu allen drei Kreisen gehört, wie in dem üblichen Venn-Diagramm bzw. allgemeiner der Darstellung in Abb. 12.2. Die drei Sehnen zu je zwei Kreisen schneiden sich in einem Punkt [Bogomolny, 2010].

Zum Beweis dieses netten Satzes benötigen wir zunächst ein dreidimensionales Ergebnis: *Drei sich gegenseitig schneidende Kugeloberflächen haben höchstens zwei Punkte gemeinsam.* Wir nehmen an, dass sich die drei Kugeloberflächen in „allgemeiner Lage" befinden, d. h., je zwei Kugeloberflächen schneiden sich in einem Kreis. Der Beweis ist einfach: Zwei Kugeloberflächen schneiden sich in einem Kreis, der wiederum die dritte Kugeloberfläche in zwei Punkten schneidet. Stellen Sie sich Abb. 12.2 als räumliche Figur vor, wobei die drei Kreise die Äquatorflächen der drei von der Seitenebene durchteilten Kugeln darstellen. Die Sehnen sind die Projektionen der Kreise der paarweisen Schnittmengen der Kugeloberflächen auf die Ebene. Nach unserem obigen Ergebnis schneiden sich alle drei Kugelo-

Abb. 12.2

Abb. 12.3

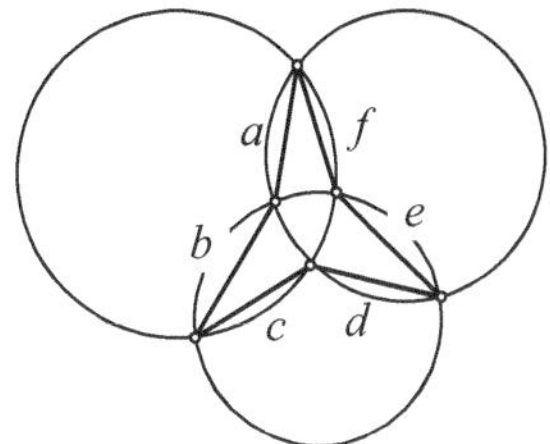

berflächen nur in zwei Punkten, die beide auf den Schnittpunkt der drei Sehnen projiziert werden.

Die gemeinsame Sehne zweier sich schneidender Kreise ist gleichzeitig die *Potenzgerade* dieser Kreise. Entsprechend bezeichnet man den Schnittpunkt der drei Potenzgeraden für jeweils zwei von drei Kreisen als das *Potenzzentrum* der Kreise. Mithilfe der Potenzgeraden und dem Potenzzentrum können wir auch den folgenden Satz von Hiroshi Haruki beweisen.

Satz von Haruki *Angenommen, je zwei von drei Kreisen schneiden sich in zwei Punkten. Die dabei entstehenden Strecken bezeichnen wir wie in* Abb. 12.3. *Dann gilt:*

$$\frac{a}{b} \cdot \frac{c}{d} \cdot \frac{e}{f} = 1 \,.$$

Zum Beweis [Honsberger, 1995] zeichnen wir die drei Potenzgeraden, benennen die Punkte wie in Abb. 12.4a und bezeichnen mit x, y und z die Längen der Abschnitte PD, PE und PF.

Man betrachte den Teil von Abb. 12.4a, der sich innerhalb des Kreises durch A und B befindet (Abb. 12.4b). Die Dreiecke AEP und BDP sind ähnlich, und daher gilt $f/y = c/x$. Ganz entsprechend folgt für die Sehnen der anderen beiden Kreise $b/z = e/y$ und $d/x = a/z$. Das Produkt dieser Verhältnisse ergibt $fbd/yzx = cea/xyz$ und somit $bdf = ace$, womit der Satz bewiesen ist.

1916 entdecke R. A. Johnson die folgende Beziehung [Johnson, 1916], die als eine der wenigen neuen und „wirklich schönen Sätze auf dem Niveau elementarer Geometrie" [Honsberger, 1976] beschrieben wurde.

a

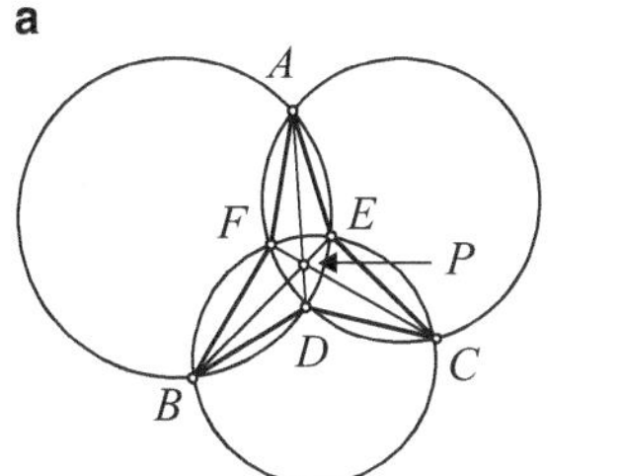

b

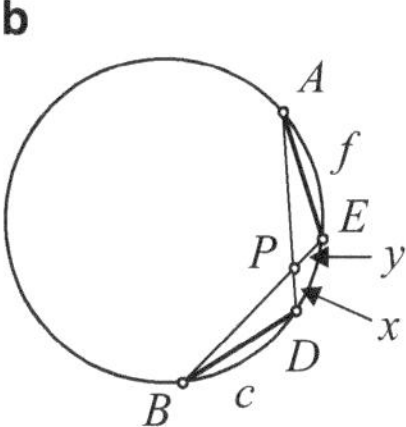

Abb. 12.4

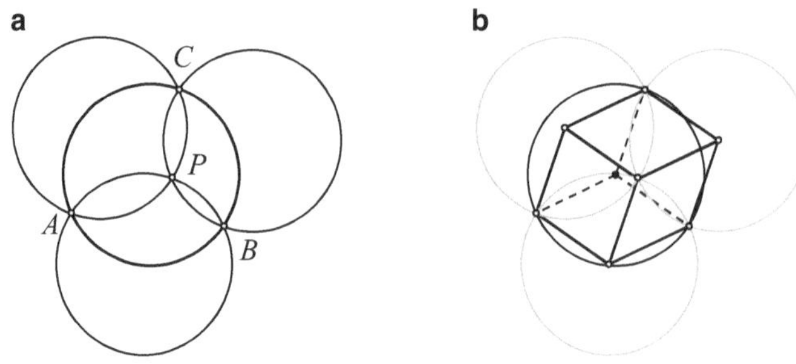

Abb. 12.5

Satz von Johnson *Wenn drei Kreise mit demselben Radius durch einen Punkt gezeichnet werden, dann definieren die anderen drei Schnittpunkte einen vierten Kreis mit demselben Radius* (Abb. 12.5a).

Der sehr elegante Beweis beruht darauf, dass man diese Konfiguration aus einer dreidimensionalen Perspektive betrachtet. Wir benennen die Punkte wie in Abb. 12.5a und bezeichnen mit r den gemeinsamen Radius der Kreise. Die Schnittpunkte A, B, C und die Kreismittelpunkte bilden ein Sechseck, das in drei Rhomben unterteilt ist wie in Abb. 12.5b. Die neun dunkel gezeichneten Strecken haben jeweils die Länge r, und mit den drei gestrichelt gezeichneten Strecken der Länge r erhält man eine planare Projektionen eines Würfels. Also befinden sich A, B und C im Abstand r von einem anderen Punkt und damit hat der vierte Kreis ebenfalls den Radius r.

Unser nächster Satz zu drei Kreisen wird Gaspard Monge (1746–1818) zugeschrieben.

Satz von Monge *Wir betrachten drei Kreise C_1, C_2, C_3, sodass sich C_1 und C_2 bei Q und R schneiden, und C_2 und C_3 bei S und T. Wenn sich, wie in Abb. 12.6a, die Strahlen RQ und TS im Punkt P treffen, dann haben die Tangenten von P zu den drei Kreisen alle dieselbe Länge.*

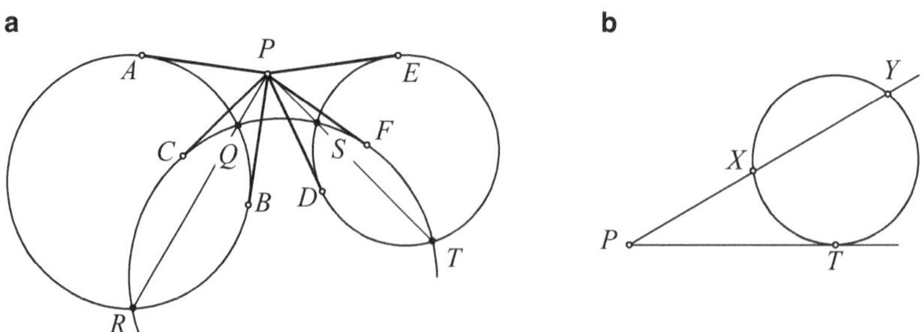

Abb. 12.6

Abb. 12.7

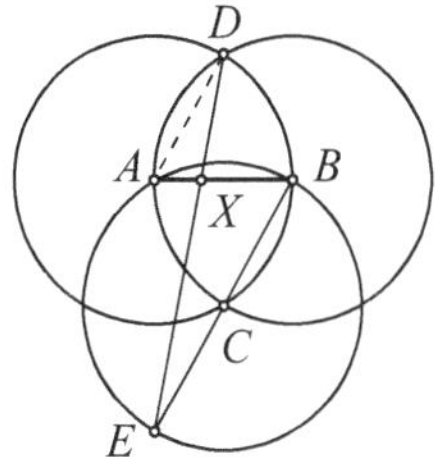

Wir beweisen, dass $|PA| = |PB| = |PC| = |PD| = |PE| = |PF|$. Dazu verwenden wir die Potenz eines Punktes bezüglich eines Kreises aus Abschn. 9.3. Dort hatten wir gezeigt, dass für eine Tangente PT und eine Sekante PXY an einen Kreis (Abb. 12.6b) gilt: $|PT|^2 = |PX||PY|$. Also ist

$$|PA|^2 = |PB|^2 = |PQ||PR| = |PC|^2 = |PF|^2$$
$$= |PS||PT| = |PD|^2 = |PE|^2 \,,$$

woraus der Satz folgt.

In Abschn. 11.4 haben wir mithilfe von zwei sich schneidenden Kreisen (der Figur des Vesica Piscis) eine Strecke gedrittelt. Dies lässt sich auch mit drei gleichen Kreisen erreichen, die jeweils durch die Mittelpunkte der anderen beiden Kreise verlaufen [Styer, 2001] (Abb. 12.7).

Zur Drittelung von AB zeichnen wir drei Kreise mit dem gemeinsamen Radius $|AB|$ um die Mittelpunkte A, B, C wie in der Abbildung. Wir verlängern BC bis zum Punkt E und zeichnen die Strecke DE, die AB im Punkt X schneidet. Da AD parallel zu BE ist, sind die Dreiecke ADX und BEX ähnlich, wobei $|BE| = 2|AD|$. Also ist $|BX| = 2|AX|$ und $|AX| = (1/3)|AB|$.

12.2 Dreiecke und sich schneidende Kreise

In den Kap. 4 und 7 haben wir bereits mehrere Sätze zu Dreiecken und Kreisen oder Halbkreisen kennengelernt. Nun betrachten wir einige Sätze zu Dreiecken und drei sich schneidenden Kreisen.

Abbildung 12.8 zeigt ein rechtwinkliges Dreieck mit drei Kreisen, deren Mittelpunkte und Durchmesser die Mittelpunkte und Längen der drei Seiten sind. Bezeichnen wir mit T die Fläche des Dreiecks, mit A die Fläche des einem Arbelos ähnlichen Gebiets unterhalb der Hypotenuse und mit $B = B_1 + B_2$ die Fläche des linsenförmigen Gebiets innerhalb des Dreiecks, dann gilt $T = A - B$ (Abb. 12.8b).

Es seien T_1 die Fläche des rechtwinkligen Dreiecks links von der Höhe auf die Hypotenuse in dem großen Dreieck und T_2 die Fläche des rechtwinkligen Dreiecks rechts von dieser Höhe, sodass $T = T_1 + T_2$. Dann sind $B_2 + T_1 + u$ und $B_1 + T_2 + v$ die Flächen der Halbkreise über den Katheten des Dreiecks, sodass ihre Summe gleich der Fläche $A + u + v$ des Halbkreises über der Hypotenuse ist (nach Proposition IV.31 in Euklids *Elementen*, siehe den Beweis von Archimedes' Satz 4 in Kap. 4). Also ist, wie behauptet, $B + T = A$ [Gutierrez, 2009].

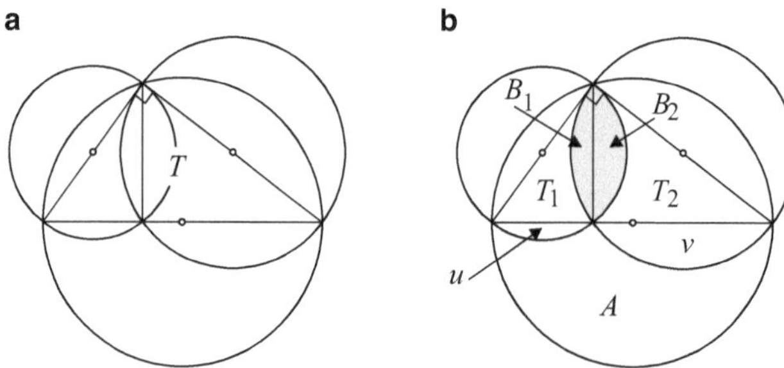

Abb. 12.8

Auf eine ähnliche Beziehung mit fünf Kreisen im Zusammenhang mit einem rechtwinkligen Dreieck bezieht sich Aufgabe 12.1.

Im Jahre 1838 veröffentlichte der französische Mathematiker August Miquel den folgenden Satz, der heute seinen Namen trägt:

Satz von Miquel *In einem Dreieck ABC seien P, Q und R Punkte auf den Seiten AB, BC und CA wie in* Abb. 12.9a. *Dann schneiden sich die Umkreise der Dreiecke APR, BPQ und CQR in einem gemeinsamen Punkt M, (den man manchmal den Miquel-Punkt der drei Kreise nennt).*

Wir betrachten die beiden Kreise durch die Eckpunkte A und B, die sich in Punkt P treffen. Falls sie sich noch in einem zweiten Punkt M schneiden (wie in Abb. 12.9a), dann soll M nach Behauptung auch auf dem Kreis durch C, R und Q liegen. Da $\angle PMR = 180° - \alpha$ und $\angle PMQ = 180° - \beta$, folgt:

$$\angle QMR = 360° - (\angle PMR + \angle PMQ) = \alpha + \beta = 180° - \gamma\,.$$

Also ist $CRMQ$ ein Sehnenviereck, sodass M, wie behauptet, auf dem Kreis durch C, R und Q liegt.

Sind die beiden Kreise durch A und B in ihrem Schnittpunkt P tangential, liegt P auf dem Kreis durch C, R und Q (Abb. 12.9b). Zum Beweis zeichne man die

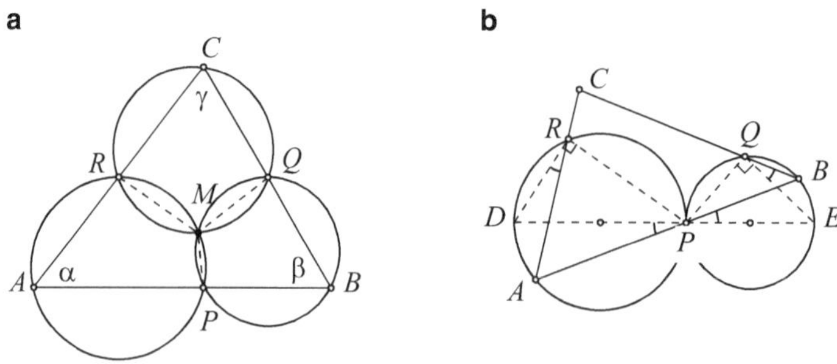

Abb. 12.9

Diagonalen DPE der beiden Kreise. Angenommen, DE schneidet AC (der Fall, bei dem DE die Seite BC schneidet, ist entsprechend). Es sei x der Wert von jedem der vier markierten Winkel $\angle ARD$, $\angle APD$, $\angle BPE$ und $\angle BQE$. Da DRP und EQP rechtwinklige Dreiecke sind, folgt:

$$\angle CRP + \angle CQP = (90° + x) + (90° - x) = 180°\,.$$

Also ist $CRPQ$ ein Sehnenviereck, sodass P, wie behauptet, auf dem Kreis durch C, R und Q liegt.

12.3 Reuleaux-Vielecke

Der mittlere Teil eines Venn-Diagramms, der zu allen drei Kreisen gehört, ist ein sogenanntes *Reuleaux-Dreieck*. Es lässt sich leicht zeichnen: Man beginnt mit einem gleichseitigen Dreieck und fügt die drei Kreisbögen hinzu, deren Mittelpunkte die Eckpunkte des Dreiecks und deren Radien seine Seitenlängen sind. Vom Mittelalter bis heute finden sich Reuleaux-Dreiecke oft in gotischer Architektur. Das Fenster in Abb. 12.10a stammt von der Església Mare de Déu de Montsió in Barcelona in Spanien, und das Fenster in Abb. 12.10b von der Scots Church in Adelaide in Australien.

Der deutsche Ingenieur Franz Reuleaux (1829–1905) untersuchte diese „Kreisdreiecke" im Zusammenhang mit Rotationsmechanismen. Der Rotor in einem Wankel-Motor hat die Form eines Reuleaux-Dreiecks (Abb. 12.10c).

Die *Breite* einer geschlossenen konvexen Kurve ist definiert als der maximale Abstand zwischen zwei gegenüberliegenden parallelen Geraden, die den Rand der Kurve berühren. Das Reuleaux-Dreieck ist ein Beispiel für eine *Kurve konstanter Breite* oder auch *Gleichdick*. Das bedeutet, ihre Breite ist in jeder Richtung dieselbe (ebenso wie bei einem Kreis).

Die Konstruktion von *Reuleaux-Vielecken* erfolgt ganz ähnlich wie die von Dreiecken, wobei das gleichseitige Dreieck durch ein gleichförmiges Vieleck mit einer ungeraden Anzahl von Seiten ersetzt wird. Jedes Reuleaux-Vieleck ist eine Kurve konstanter Breite. Der *Satz von Barbier* besagt, dass jede Kurve konstanter Breite w denselben Umfang πw hat. (Dies ist für ein Reuleaux-Vieleck mit einer ungeraden

 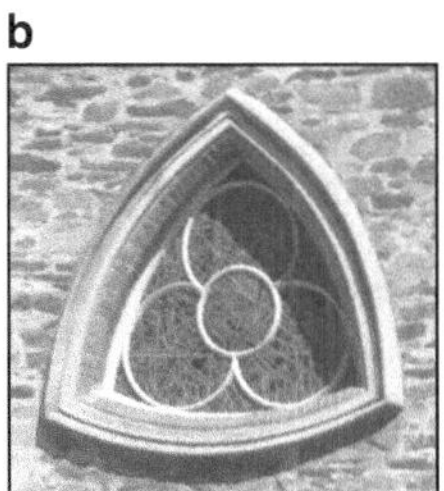 

Abb. 12.10

Seitenzahl offensichtlich.) Und der *Satz von Blaschke-Lebesgue* besagt, dass unter allen Kurven konstanter Breite das Reuleaux-Dreieck die kleinste Fläche hat.

Reuleaux-Vielecke bei Münzen

Münzprägestätten verwenden manchmal Reuleaux-Vielecke für Münzen, die keine exakte Kreisform haben. Sie eignen sich besser für Münzapparate und lassen sich auch von Personen mit einer Sehbehinderung leicht ertasten. Abbildung 12.11 zeigt eine siebenseitige 50-Pence-Münze aus England, eine neunseitige Fünf-Euro-Münze aus Österreich und eine elfseitige Dollarmünze aus Kanada.

Abb. 12.11

Reuleaux-Dreiecke lassen sich auch für nicht gleichseitige Dreiecke sowie für Kurven ohne Winkeleckpunkte (wie es sie bei den Reuleaux-Dreiecken gibt) verallgemeinern. Wir betrachten ein Dreieck ABC mit den Seitenlängen a, b und c. Wir wählen k, sodass $k > \max\{a + b, b + c, c + a\}$ und verlängern die Seiten über die Eckpunkte hinaus wie in Abb. 12.12. (Auch wenn hier diese Konstruktion für das rechtwinklige 3-4-5-Dreieck und einen Wert von $k = 10$ dargestellt ist, lässt sie sich für ein beliebiges Dreieck durchführen.) Man zeichne Kreisbögen um jeden Eckpunkt als Mittelpunkt. Beispielsweise zeichne man um den Eckpunkt B Kreisbögen mit den Radien $k - c - a$ und $a + (k - a - b) = k - b$.

Die so konstruierte Kurve hat eine konstante Breite von $2k - a - b - c$, und sie ist glatt in dem Sinne, dass es zu jedem Punkt der Kurve eine eindeutige Tangente gibt.

Abb. 12.12

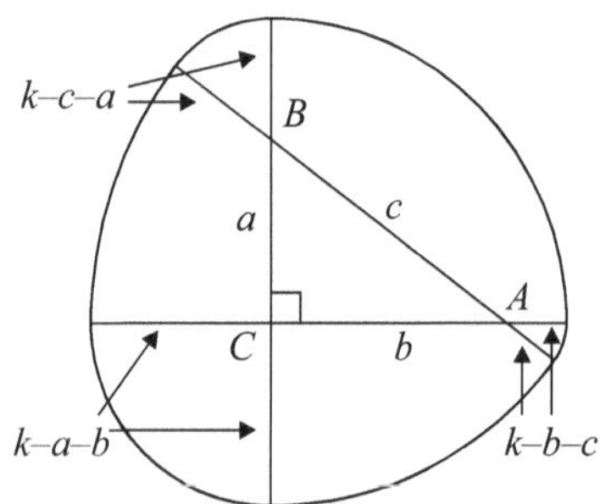

Borromäische Ringe

Die *Borromäischen Ringe* (Abb. 12.13a) sind ein dem Venn-Diagramm ähnliches Objekt, das in der Topologie und Knotentheorie untersucht wird und aus drei sich durchdringenden Ringen besteht. Die Ringe haben die Eigenschaft, dass sie zusammengenommen untrennbar verknüpft sind, doch wenn einer der Ringe entfernt wird, sind die anderen beiden nicht mehr verbunden. Der Name bezieht sich auf das Adelsgeschlecht Borromeo in Mailand, deren Familienwappen seit dem 15. Jahrhundert die Ringe enthält (Abb. 12.13b). In den Vereinigten Staaten heißen die Ringe manchmal auch *Ballantine Rings*, benannt nach der Bierbrauerei Ballantine, die diese Ringe in ihrem Firmenzeichen hat. Sie treten ebenfalls in dem Firmenzeichen des Mailänder Musikverlags Ricordi auf, dessen zweihundertjähriges Bestehen 2008 mit einer Briefmarke geehrt wurde (Abb. 12.13c).

Abb. 12.13

Die Kanten von drei jeweils senkrecht aufeinanderstehenden Goldenen Rechtecken, wie sie im Zusammenhang mit dem regulären Ikosaeder in Abb. 4.19 aufgetreten waren (und in Abb. 12.14a nochmals wiedergegeben werden), verhalten sich wie Borromäische Ringe zueinander. Sie führen zu den nicht kreisförmigen Borromäischen Verknüpfungen wie dem Beispiel aus Abb. 12.14b, dem Emblem der Internationalen Mathematischen Union. Gibt es aber Borromäische *Kreise* im $\mathbb{R}^3$? Die überraschende Antwort lautet „nein", unabhängig von ihrer Größe oder Orientierung im $\mathbb{R}^3$. Für einen Beweis siehe [Lindström und Zetterström, 1991].

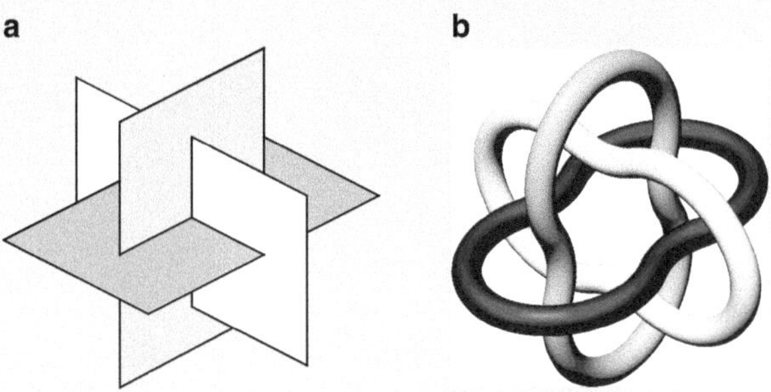

Abb. 12.14

12.4 Aufgaben

12.1 Man zeichne für ein rechtwinkliges Dreieck folgende fünf Kreise, deren Mittelpunkte und Durchmesser die Mittelpunkte und Längen der folgenden Strecken sein sollen: die beiden Katheten, die Höhe zur Hypotenuse und die beiden Hypotenusenabschnitte, die durch den Fußpunkt der Höhe gegeben sind (Abb. 12.15). Man beweise, dass die Summe $A + B + C + D$ der Flächen der vier grau unterlegten Sicheln gleich der Fläche T des Dreiecks ist. (Hinweis: siehe Aufgabe 4.7.)

12.2 Gegeben seien ein Dreieck ABC und ein Punkt P auf seinem Umkreis. Man zeichne die Senkrechten PQ, PR und PS auf die (eventuell verlängerten) Seiten AB, BC und AC. Zeigen Sie, dass Q, R und S auf einer Geraden liegen (Abb. 12.16).

12.3 Man zeige, dass es in einer Ebene maximal $n^2 - n + 2$ Gebiete gibt, die durch n Kreise bestimmt sind.

12.4 Es seien A und B die beiden Schnittpunkte von zwei Kreisen. Wie viele Geraden durch A führen in den beiden Kreisen auf Sehnen gleicher Länge?

12.5 Einem Quadrat mit der Seitenlänge 1 seien vier Viertelkreise einbeschrieben (Abb. 12.17). Man bestimme die Fläche des Gebiets, das zu allen vier Viertelkreisen gehört. (Man benötigt keine Differential- oder Integralrechnung, analytische Geometrie oder Trigonometrie.)

12.6 In seinen *Amusements in Mathematics* fordert uns Henry Ernest Dudeney [Dudeney, 1917] auf, das folgende Problem – genannt „The Bun Puzzle" (Das Brötchenproblem) – zu lösen (Abb. 12.18): „Die drei Kreise stellen drei Brötchen dar,

Abb. 12.15

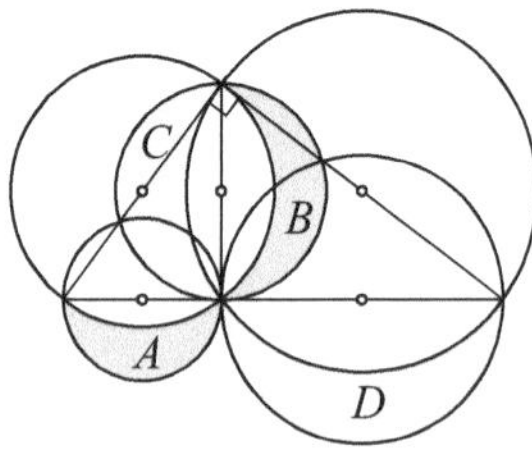

Abb. 12.16

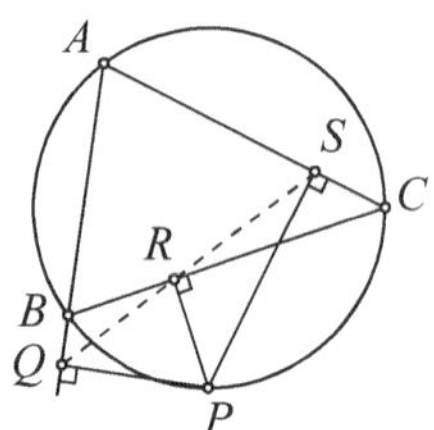

Abb. 12.17

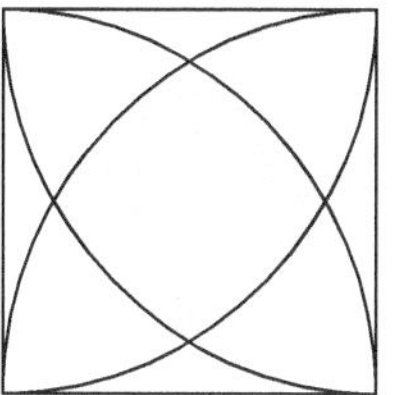

und man soll lediglich zeigen, wie sich diese zu gleichen Teilen unter vier Jungen aufteilen lassen. Die Brötchen sollen überall gleich dick sein und auch untereinander dieselbe Dicke haben. Natürlich sollen sie in so wenige Teile wie möglich zerschnitten werden. Zur Vereinfachung erwähne ich noch die folgende überraschende Tatsache, dass nur fünf Teile dafür notwendig sind. Daraus folgt, dass ein Junge seinen Anteil in zwei Teilen bekommt, und die anderen drei ihre Anteile in einem einzelnen Stück." (Anmerkung: Die Durchmesser der Brötchen verhalten sich wie 3 : 4 : 5.)

12.7 Gegeben seien drei gleiche Kreise, die jeweils tangential aneinander anliegen (Abb. 12.19). Man bestimme die Fläche des grau unterlegten Gebiets, das von den Kreisbögen zwischen den Berührungspunkten eingeschlossen wird.

12.8 Kann man den sieben Gebieten eines Venn-Diagramms die Zahlen 1, 2, 3, 4, 5, 6, 7 so zuordnen, dass die Summe der Zahlen in jedem Kreis gleich ist?

12.9 In der Ebene eines gleichseitigen Dreiecks ABC befindet sich ein Punkt P, sodass jedes der Dreiecke PAB, PBC und PCA gleichschenklig ist. Wie viele mögliche Positionen gibt es für den Punkt P?

Abb. 12.18

Abb. 12.19

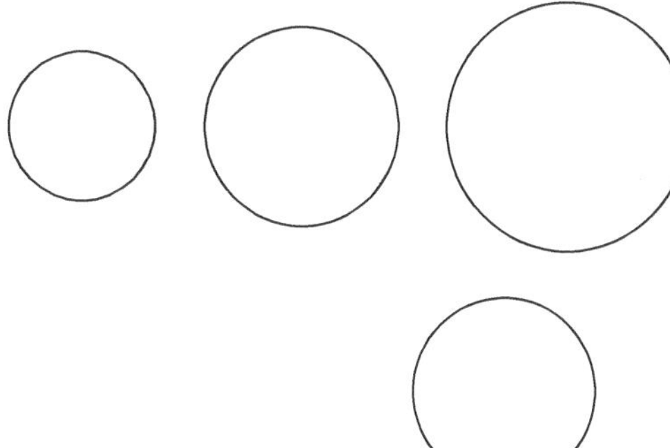

Abb. 12.20

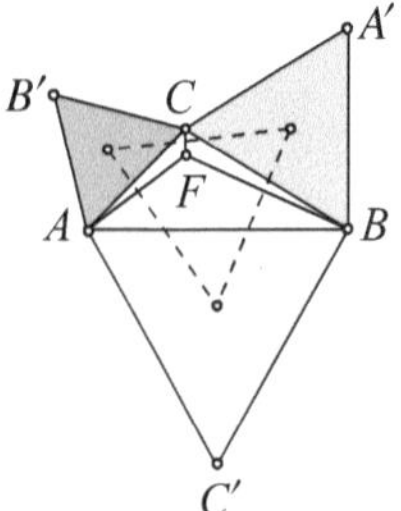

12.10 Man zeige, dass die Seiten des Napoleonischen Dreiecks aus den Schwerpunkten der gleichseitigen Dreiecke über den Seiten eines beliebigen Dreiecks $\triangle ABC$ die senkrechten Seitenhalbierenden zu den Strecken AF, BF und CF sind, welche den Fermat-Punkt F mit den Eckpunkten von $\triangle ABC$ verbinden (Abb. 12.20). (Hinweis: Man betrachte die Umkreise der drei grau unterlegten gleichseitigen Dreiecke.)

Überlappende Figuren 13

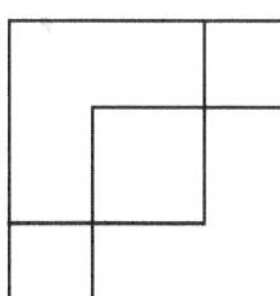

Ein Quadrat ist weder eine Linie noch ein Kreis; es ist zeitlos. Punkte jagen in einem Quadrat nicht umher. Fest und standhaft sitzt es da und kennt seinen Platz. Ein Kreis lässt sich nicht quadrieren.
(Unbekannt)

Die Schlüsselfiguren in den vorangegangenen Kapiteln bestanden meist aus einer geometrischen Figur, die in mehrere andere Figuren unterteilt wurde. In diesem Kapitel erweitern wie diese Idee zu Figuren, sie sich überlappen. Beispielsweise interpretieren wir die obige Figur als zwei sich überlappende Quadrate innerhalb eines größeren Quadrats, und nicht als ein großes Quadrat, das in drei kleinere Quadrate und zwei L-förmige Gebiete unterteilt wurde.

Diese einfache Verallgemeinerung hat erstaunliche Folgen. In diesem Kapitel stellen wir zunächst den wenig bekannten Teppich-Satz vor und zeigen zwei Anwendungen: einen Beweis für die Irrationalität von $\sqrt{2}$ und eine Charakterisierung von pythagoreischen Tripeln. Mit überlappenden Figuren lassen sich auch viele Ungleichungen bildlich darstellen.

Überlappende Figuren erscheinen in vielen Kunstwerken, sowohl in klassischen Gemälden als auch in abstrakten Werken, beispielsweise von Joan Miró, Piet Mondrian und Paul Klee. Eine *Kollage* ist eine künstliche Komposition, die oft aus überlappenden Ausdrucken, Fotografien oder ausgeschnittenen Bildern besteht; ein Beispiel zeigt Abb. 13.1a. Ein ganzer Zweig der Mathematik beschäftigt sich mit überlappenden Figuren – die Knotentheorie. Wir begegnen überlappenden Figuren auch im Alltag am Computerbildschirm, wenn mehrere Fenster gleichzeitig geöffnet sind wie in Abb. 13.1b.

© Springer-Verlag Berlin Heidelberg 2015

C. Alsina, R.B. Nelsen, *Perlen der Mathematik*, DOI 10.1007/978-3-662-45461-9_13

a

b

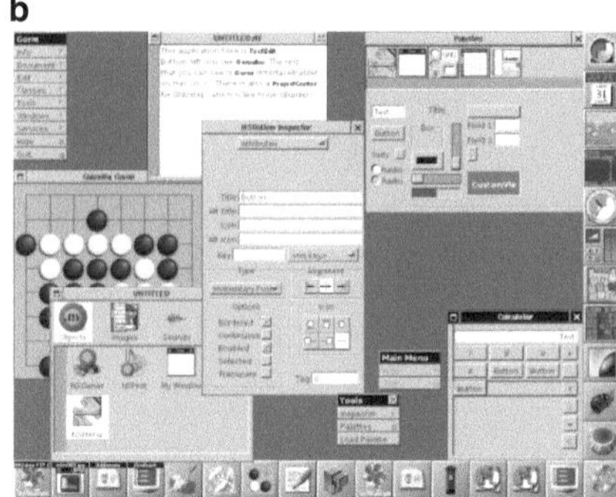

Abb. 13.1

13.1   Der Teppich-Satz

Ein sehr einfacher und doch anwendungsreicher Satz zur Lösung von Problemen bezüglich überlappender Figuren ist der *Teppich-Satz*. Angenommen, der Fußboden eines Zimmers ist mit zwei Teppichen vollständig und nicht überlappend ausgelegt wie in Abb. 13.2a. Wenn wir einen der Teppiche verschieben wie in Abb. 13.2b, dann ist die Fläche des überlappenden Bereichs (dunkelgrau) gleich der unbedeckten Fläche (weiß). Das lässt sich mit einer einfachen Rechnung leicht zeigen: In Abb. 13.2c seien x, y, z und w die Flächen der in unterschiedlichen Grautönen gekennzeichneten Bereiche des Zimmers. Die Bodenfläche des Zimmers ist $x + y + z + w$ und die Gesamtfläche der beiden Teppiche ist $x + 2y + z$. Die Gleichung $x + y + z + w = x + 2y + z$ kann jedoch nur erfüllt sein, wenn $y = w$. Damit haben wir den folgenden Satz bewiesen:

Teppich-Satz *In einem Zimmer seien zwei Teppiche ausgelegt. Die Fläche des überlappenden Bereichs ist genau dann gleich der Fläche des nicht überdeckten Bereichs, wenn die Gesamtfläche der beiden Teppiche gleich der Bodenfläche ist.*

a

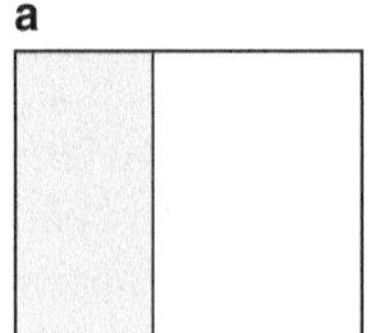

b

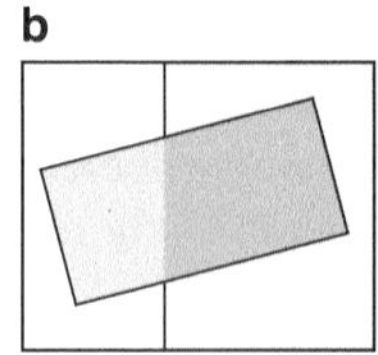

c

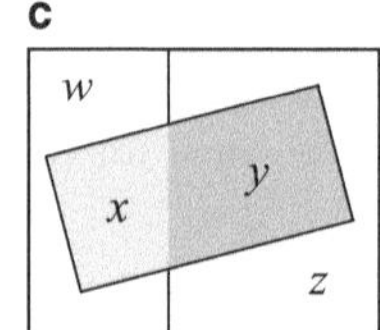

Abb. 13.2

Abb. 13.3

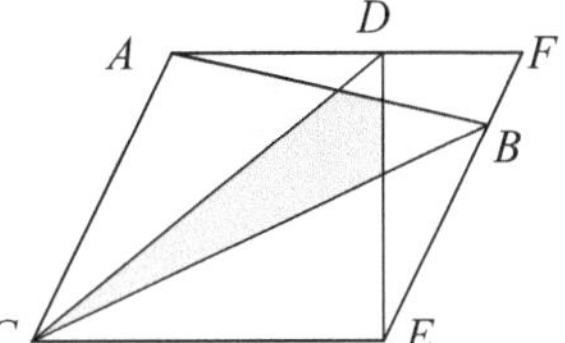

Die Form des Zimmers und der Teppiche ist vollkommen beliebig, und der Teppich-Satz gilt auch für mehr als zwei Teppiche, solange sich nie mehr als zwei Teppiche überlappen.

Als Beispiel betrachten wir das Parallelogramm $ACEF$ aus Abb. 13.3. Die beiden Dreiecke ABC und CDE haben jeweils die halbe Fläche von $ACEF$. Nach dem Teppich-Satz muss daher die Fläche des dunkelgrauen Vierecks, in dem sich die Teppiche überlappen, gleich der Summe der Flächen der drei weißen Bereiche sein [Andreescu und Enescu, 2004].

Weitere Anwendungen des Teppich-Satzes findet man in den Aufgaben 13.1 und 13.2.

13.2   Die Irrationalität von $\sqrt{2}$ und $\sqrt{3}$

Es gibt viele Beweise für die Irrationalität von $\sqrt{2}$. Auf der Webseite *Mathematics Miscellany and Puzzles*, www.cut-the-knot.org, von Alexander Bogomolny findet man mehr als 20. Die meisten von ihnen beginnen mit der Annahme, $\sqrt{2}$ sei rational, und führen diese zu einem Widerspruch. Ein Beispiel ist der folgende Beweis von Stanley Tennenbaum [Conway, 2005].

Angenommen, $\sqrt{2}$ sei rational, und wir schreiben $\sqrt{2} = m/n$, wobei m und n natürliche teilerfremde Zahlen sein sollen. Dann ist $m^2 = 2n^2$ und somit gibt es zwei Quadrate mit ganzzahligen Seitenlängen m und n, sodass das eine Quadrat die doppelte Fläche der anderen beiden Quadrate hat und m und n die kleinsten natürlichen Zahlen mit dieser Eigenschaft sind (Abb. 13.4a).

Wir legen die beiden kleinen Quadrate wie in Abb. 13.4b in das größere Quadrat. Nach dem Teppich-Satz ist die Fläche des dunkelgrauen Quadrats gleich der Summe der Flächen der beiden weißen Quadrate. Doch diese Quadrate haben ebenfalls

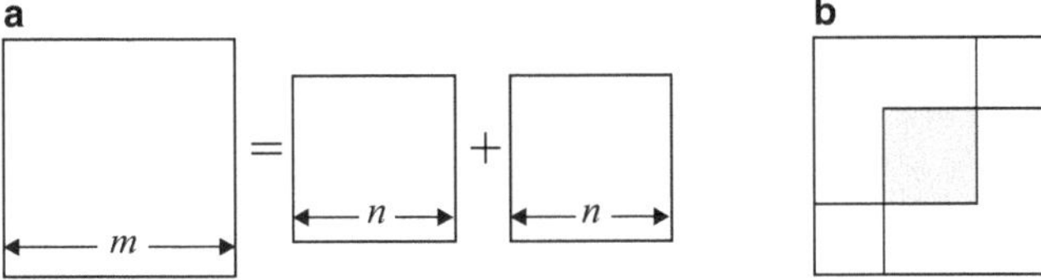

Abb. 13.4

Abb. 13.5

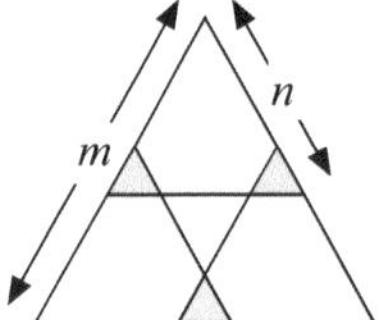

ganzzahlige Seitenlängen $2n - m$ und $m - n$. Diese sind kleiner als m und n und damit erhalten wir einen Widerspruch. Also ist $\sqrt{2}$ irrational.

Ganz ähnlich können wir auch die Irrationalität von $\sqrt{3}$ beweisen. Dazu verwenden wir überlappende gleichseitige Dreiecke. Es sei $T_s = s^2\sqrt{3}/4$ die Fläche eines gleichseitigen Dreiecks mit der Seitenlänge s. Wir nehmen wieder an, $\sqrt{3}$ sei rational und $\sqrt{3} = m/n$ mit teilerfremden ganzen Zahlen m und n. Damit gilt $m^2 = 3n^2$ oder $T_m = 3T_n$.

Die Seitenlängen der dunkelgrauen Dreiecke in Abb. 13.5 sind $2n - m$ und die des weißen Dreiecks sind $2m - 3n$. Also folgt nach dem Teppich-Satz $T_{2m-3n} = 3T_{2n-m}$ bzw. $(2m - 3n)^2 = 3(2n - m)^2$. Also ist $\sqrt{3} = (2m - 3n)/(2n - m)$, was wiederum ein Widerspruch ist, da $0 < 2m - 3n < m$ und $0 < 2n - m < n$.

13.3 Eine Charakterisierung von pythagoreischen Tripeln

Abschnitt 7.4 und Aufgabe 7.4 bezogen sich auf Charakterisierungen von pythagoreischen Tripeln, also von ganzen Zahlen (a, b, c), für die gilt: $a^2 + b^2 = c^2$. Die pythagoreische Beziehung $a^2 + b^2 = c^2$ für ein rechtwinkliges Dreieck mit den Seitenlängen a, b und c legt nahe, zwei quadratische Teppiche mit den Flächen a^2 und b^2 in einem quadratischen Zimmer mit der Bodenfläche c^2 zu betrachten (Abb. 13.6a) [Teigen und Hadwin, 1971; Gomez, 2005]. Nach dem Teppich-Satz ist die Fläche $(a + b - c)^2$ des mittleren dunkelgrauen Quadrats gleich der Summe $2(c - a)(c - b)$ der Flächen der weißen Rechtecke.

Es seien $n = a + b - c$, $p = c - a$ und $q = c - b$. Da n, p und q ganze Zahlen sind und die Beziehung $a^2 + b^2 = c^2$ nur dann erfüllt sein kann, wenn $n^2 = 2pq$, erhalten wir die folgende Charakterisierung: *Es gibt eine eineindeutige Beziehung zwischen pythagoreischen Tripeln (a, b, c) und Faktorisierungen von geraden Qua-*

Abb. 13.6

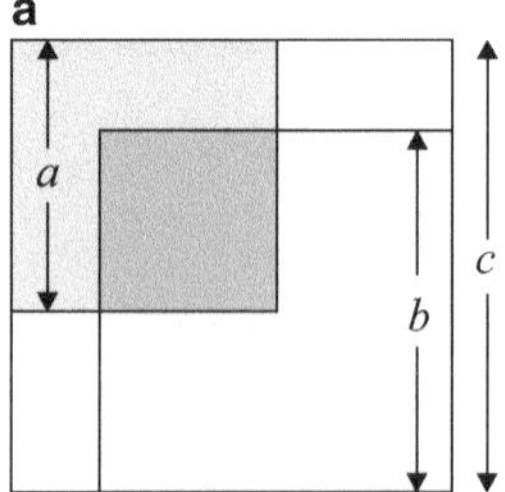

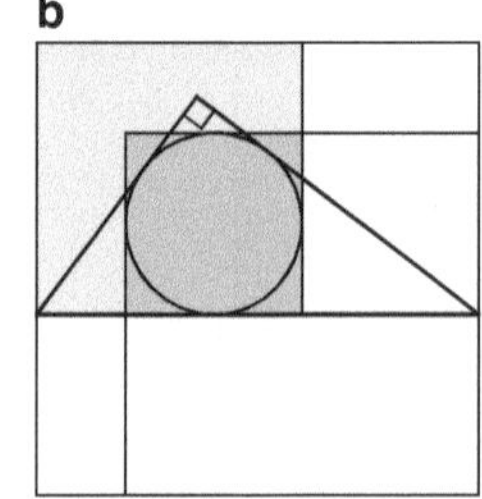

dratzahlen der Form $n^2 = 2pq$. Außerdem ist $a = n+q, b = n+p, c = n+p+q$, und (a, b, c) ist genau dann primitiv, wenn p und q teilerfremd sind. Beispielsweise entsprechen die Zerlegungen $6^2 = 2 \cdot 1 \cdot 18$ dem Tripel (7, 24, 25), $6^2 = 2 \cdot 2 \cdot 9$ dem Tripel (8, 15, 17) und $6^2 = 2 \cdot 3 \cdot 6$ dem Tripel (9, 12, 15).

Außerdem ist die Seitenlänge $a+b-c$ des mittleren Quadrats gleich dem Durchmesser des Inkreisradius (siehe Abschn. 7.2), wie man in Abb. 13.6b erkennt, und sie ist kleiner als die Höhe auf die Hypotenuse.

Pythagoreische Besonderheiten
Der Stuhl der Braut auf der griechischen Briefmarke (Abb. 1.1) und das *Zhoubi suanjing* (Abb. 2.1) beziehen sich auf das pythagoreische Tripel (3, 4, 5). Es ist das einzige Tripel, bei dem a, b, c aufeinanderfolgende natürliche Zahlen sind und der Prototyp für Tripel in arithmetischer Folge. Es gibt jedoch viele pythagoreische Tripel, bei denen eine Kathete und die Hypotenuse aufeinanderfolgende Zahlen bilden, z. B. (5, 12, 13) und (7, 24, 25); und es gibt auch viele, bei denen die beiden Katheten aufeinanderfolgende Zahlen sind, z. B. (20, 21, 29) und (119, 120, 169). Im Jahr 1643 schrieb Pierre de Fermat einen Brief an Marin Mersenne und fragte nach pythagoreischen Tripeln, bei denen die Hypotenuse und die Summe der Katheten Quadratzahlen sind. Es gibt unendlich viele solcher Tripel; das kleinste ist (4565486027761, 1061652293520, 4687298610289). Näheres findet man in [Sierpiński, 1962].

13.4 Ungleichungen zwischen Mittelwerten

Mehrere nette Ungleichungen für Mittelwerte lassen sich aus der Figur überlappender Quadrate, die dieses Kapitel einleitete, ableiten. Dazu geben wir die Bedingung auf, dass die Summe der Flächen der überlappenden Quadrate gleich der Fläche des einschließenden Quadrats sein soll, wie es beim Teppich-Satz der Fall war (Abb. 13.7).

Wenn $x, y > 0$, überlappen zwei der Quadrate, es sei denn $x = y$. Damit erhalten wir die Ungleichung:

$$2(x^2 + y^2) \geq (x + y)^2 . \tag{13.1}$$

Abb. 13.7

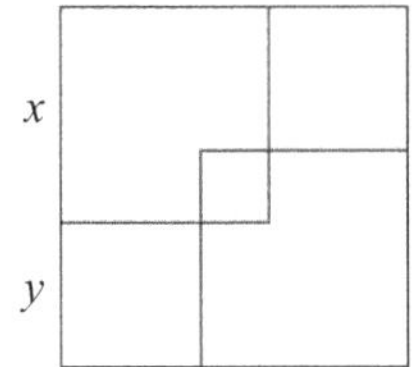

Abb. 13.8

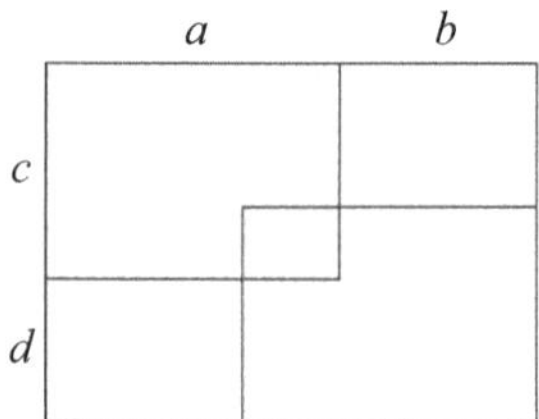

Setzen wir $x = \sqrt{a}$ und $y = \sqrt{b}$, folgt $2(a+b) \geq (\sqrt{a}+\sqrt{b})^2 = a+2\sqrt{ab}+b$, woraus wir für positive a und b die Ungleichung zwischen arithmetischem und geometrischem Mittelwert erhalten:

$$\frac{a+b}{2} \geq \sqrt{ab}\,.$$

Setzen wir $x = a/2$ und $y = b/2$ in (13.1), folgt $(a^2 + b^2)/2 \geq ((a+b)/2)^2$. Ziehen wir auf beiden Seiten die Quadratwurzel, erhalten wir die Ungleichung zwischen dem arithmetischen Mittelwert und der Wurzel aus dem Mittelwert der Quadrate: Für positive a und b gilt:

$$\sqrt{\frac{a^2+b^2}{2}} \geq \frac{a+b}{2}\,.$$

Setzen wir $x = 1/\sqrt{a}$ und $y = 1/\sqrt{b}$ in (13.1), erhalten wir $2\,(1/a + 1/b) \geq 1/a + 2/\sqrt{ab} + 1/b$ bzw. $(a+b)/ab \geq 2/\sqrt{ab}$. Bilden wir die Kehrwerte und multiplizieren die Ungleichung mit 2, erhalten wir die Ungleichung zwischen dem harmonischen und dem geometrischen Mittelwert: Für positive Zahlen a und b gilt:

$$\sqrt{ab} \geq \frac{2ab}{a+b}\,.$$

Wir verallgemeinern nun Abb. 13.7 zu überlappenden Rechtecken innerhalb eines Rechtecks.

Für $a \geq b > 0$ und $c \geq d > 0$ (wie in Abb. 13.8) ist $2(ac+bd) \geq (a+b)(c+d)$ bzw.

$$ac + bd \geq ad + bc\,. \tag{13.2}$$

Die Ungleichung gilt auch für $b \geq a > 0$ und $d \geq c > 0$. Sie gilt in umgekehrter Form für $a \geq b > 0$ und $d \geq c > 0$ und für $b \geq a > 0$ und $c \geq d > 0$. Die Gleichheit gilt genau dann, wenn $a = b$ oder $c = d$.

13.5   Die Tschebyschow-Ungleichung

Als eine Anwendung von (13.2) können wir nun die *Tschebyschow-Ungleichung* beweisen (Pafnuti Lwowitsch Tschebyschow, 1821–1894): *Für alle $n \geq 2$ sei $0 < x_1 \leq x_2 \leq \cdots \leq x_n$. Dann folgt:*

Abb. 13.9

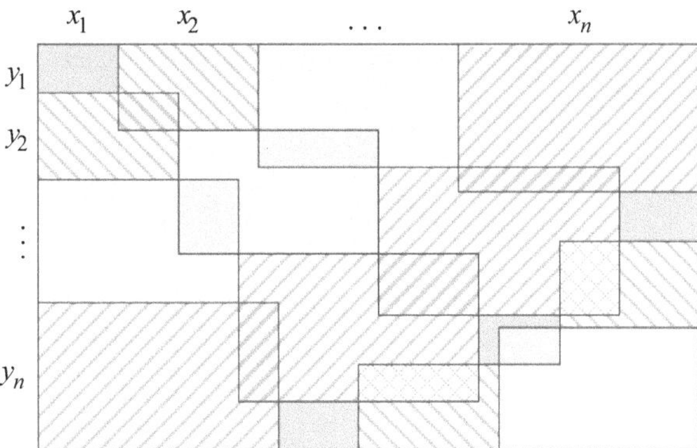

$$\text{(i)} \qquad \text{Für } 0 < y_1 \leq y_2 \leq \cdots \leq y_n \text{ gilt } \sum_{i=1}^{n} x_i \sum_{j=1}^{n} y_j \leq n \sum_{i=1}^{n} x_i y_i , \qquad (13.3a)$$

$$\text{(ii)} \qquad \text{für } y_1 \geq y_2 \geq \cdots \geq y_n > 0 \text{ gilt } \sum_{i=1}^{n} x_i \sum_{j=1}^{n} y_j \geq n \sum_{i=1}^{n} x_i y_i . \qquad (13.3b)$$

Die Gleichheit gilt jeweils genau dann, wenn alle x_i oder alle y_i gleich sind.

Zum Beweis von (13.3a) verwenden wir das Ergebnis in (13.2) mit $i \leq j$, $a = x_i$, $b = x_j$, $c = y_i$ und $d = y_j$, sodass $x_i y_j + x_j y_i \leq x_i y_i + x_j y_j$. Berücksichtigen wir diese Ungleichung in der Entwicklung von $(x_1 + x_2 + \cdots + x_n)(y_1 + y_2 + \cdots + y_n)$, so erhalten wir eine Summe von Ausdrücken der Form $x_i y_i$, womit die Ungleichung bewiesen ist. Für (13.3b) gehen wir entsprechend vor, allerdings gilt in diesem Fall die Ungleichung in umgekehrter Form, da $b \geq a$ und $c \geq d$.

Abbildung 13.9 verdeutlicht den Fall $n = 4$ von (13.3a) durch überlappende Rechtecke.

13.6 Summen von dritten Potenzen

Ein eleganter Beweis [Golomb, 1965] der Gleichung für die Summe der dritten Potenzen der ersten n natürlichen Zahlen,

$$1^3 + 2^3 + 3^3 + \cdots + n^3 = (1 + 2 + 3 + \cdots + n)^2 ,$$

beruht auf überlappenden Quadraten. Zunächst interpretieren wir k^3 als k Kopien von k^2 für alle k zwischen 1 und n. Anschließend setzen wir wie in Abb. 13.10 die Quadrate zu einem großen Quadrat mit der Seitenlänge $1 + 2 + \cdots + n$ zusammen. Wenn k gerade ist, überlappen zwei Quadrate, doch die Fläche dieser Überlappung ist dieselbe wie die Fläche eines Quadrats (in weiß), das von den schraffierten Quadraten nicht überdeckt wird.

13.7 Aufgaben

Abb. 13.10

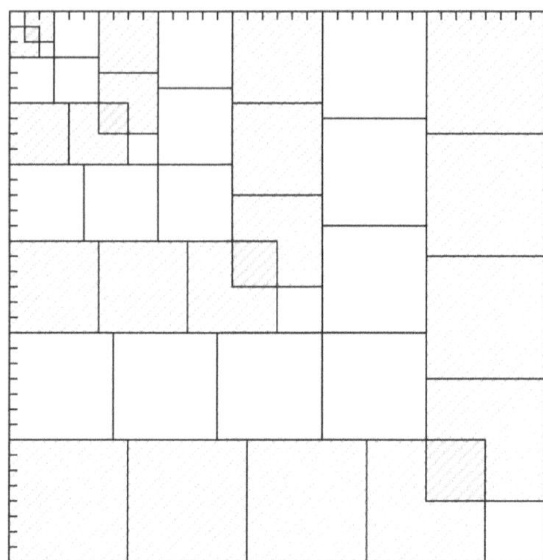

13.1 In dem Viereck $ABCD$ seien M, N, P und Q die Mittelpunkte der Seiten AB, BC, CD und EF wie in Abb. 13.11. Man zeige, dass die Fläche des dunkelgrauen Vierecks gleich der Summe der Flächen der vier weißen Dreiecke ist.

13.2 Abbildung 13.12 zeigt zwei rechteckige Teppiche in einem rechteckigen Zimmer. Man beweise, dass die Fläche des dunkelgrauen Vierecks gleich der Summe der Flächen der sechs weißen Dreiecke ist.

Abb. 13.11

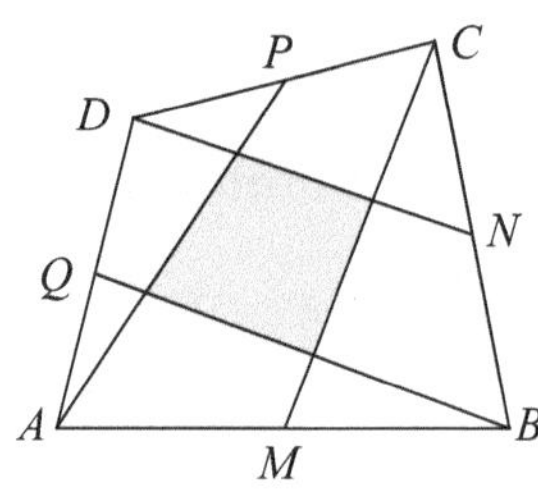

Abb. 13.12

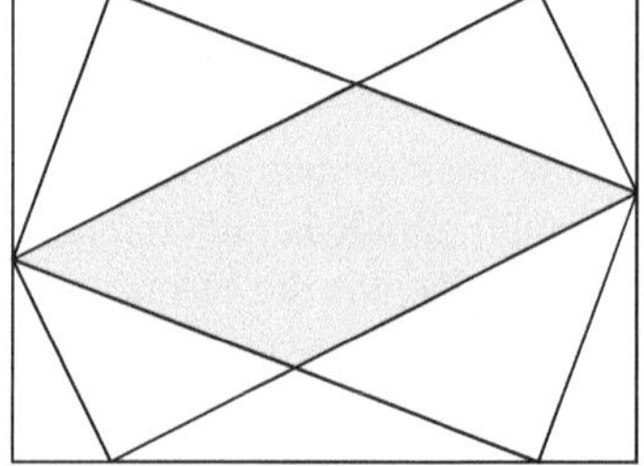

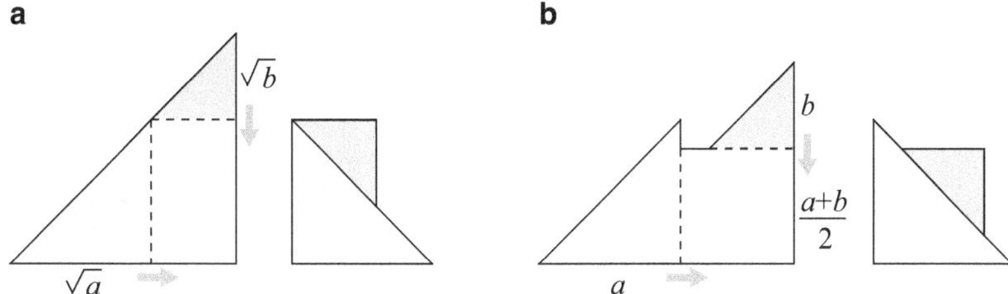

Abb. 13.13

13.3 *Ungleichungen durch Papierfalten*: In den Abb. 13.13a und 13.13b sehen wir Scherenschnitte von grau unterlegten gleichschenkligen rechtwinkligen Dreiecken sowie einem weißen Rechteck und einem Quadrat. Klappt man die Dreiecke entlang der gestrichelten Linien um, wie in den Abbildungen, so erkennt man, dass die unterlegten Flächen in beiden Fällen über die weiße Fläche hinausragen, wodurch sich Ungleichungen ergeben. Um welche Ungleichungen handelt es sich?

13.4 *Punkte auf einem Kreis* [Gardner, 1975]: Fünf Papierrechtecke (bei einem wurde eine Ecke abgerissen) und sechs Papierscheiben wurden wie in Abb. 13.14 auf einen Tisch geworfen. Jeder Eckpunkt eines Rechtecks und jeder Ort, an dem sich Kanten treffen, kennzeichnen einen Punkt. Die Aufgabe besteht darin, vier Mengen von jeweils vier Punkten zu finden, die jeweils auf einem Kreis liegen. Beispielsweise bilden die Eckpunkte des einzelnen Rechtrecks unten rechts in Abb. 13.14 eine solche Menge, da jedes Rechteck einen Umkreis besitzt.

Martin Gardner schreibt diese Aufgabe Stephen Barr zu.

Abb. 13.14

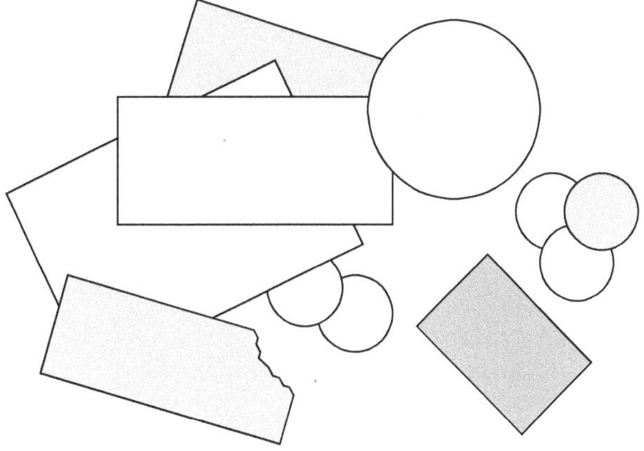

Abb. 13.15

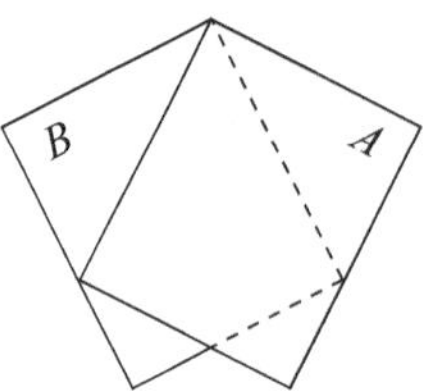

13.5 Eine Zeitschrift A liegt über einer anderen Zeitschrift B wie in Abb. 13.15. Überdeckt A mehr oder weniger als die Hälfte der Fläche von B?

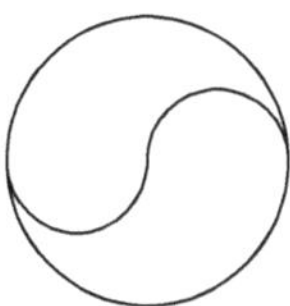

Seine zwei Elemente vereinen sich und werden zum Konkreten. Auf diese Weise werden die Vielfalt der Dinge und der menschlichen Wesen geschaffen. In ihrer unaufhörlichen Abfolge bilden die beiden Elemente des Yin und Yang die großen Prinzipien dieses Universums.
(Zhang Zai, 1020–1077)

In der chinesischen Philosophie stehen Yin und Yang für die beiden großen gegensätzlichen, aber gleichzeitig sich ergänzenden schöpferischen Kräfte in diesem Universum. Die Figur des Yin und Yang, unsere Schlüsselfigur in diesem Kapitel, ist im Taoismus als *taijitu* (Symbol des Höchsten) bekannt und veranschaulicht die philosophische Idee komplementärer Gegensätze als Teil eines größeren Ganzen (z. B. Tag und Nacht, weiblich und männlich, gut und böse, positiv und negativ, ungerade und gerade etc.). Das *taijitu* besteht aus einem Kreis, der durch eine Kurve aus zwei Halbkreisen in zwei deckungsgleiche Gebiete meist unterschiedlicher Farbe geteilt wird. Es tauchte zunächst in der Flagge des Kaiserreichs von Korea im Jahre 1893 auf und ist heute Teil der Flagge der Republik Korea (Südkorea,

Abb. 14.1 Flagge der Republik Korea

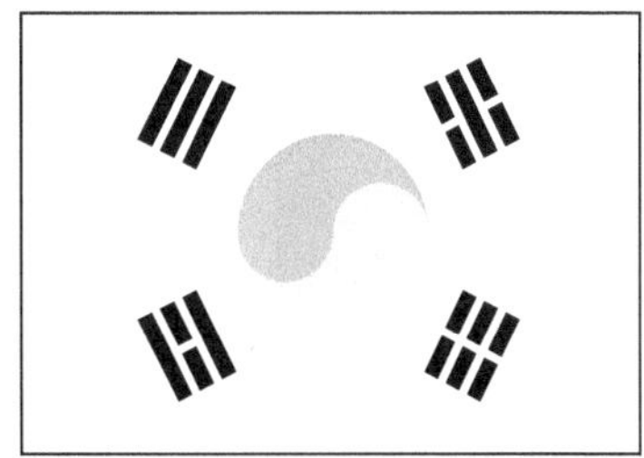

C. Alsina, R.B. Nelsen, *Perlen der Mathematik*, DOI 10.1007/978-3-662-45461-9_14

Abb. 14.1). Es findet sich in Firmenlogos und allgemein ist die Form sehr beliebt bei Schmuck, Möbeln, Schalen und Schüsseln.

Zwei Kopien eines zwei- oder dreidimensionalen geometrischen Objekts lassen sich zu einer neuen Figur mit doppelter Fläche oder Volumen vereinen (wie bei Yin und Yang, die zusammen eine Kreisscheibe bilden). Diese einfache Idee hat viele nette Anwendungen in der Mathematik, auf die wir eingehen werden, nachdem wir zunächst einige Eigenschaften der Schlüsselfigur dieses Kapitels untersucht haben.

14.1 Die große Monade

Im Jahre 1917 veröffentlichte Henry Ernest Dudeney (1857–1930), Abb. 14.2 zeigt sein Portrait, sein bekanntes Buch mathematischer Rätsel *Amusements in Mathematics*. Aufgabe 158 bezieht sich auf das Yin und Yang, das Dudeney *die große Monade* nennt (eine *Monade* ist eine metaphysische Entität geistiger Natur, die in sich selbst das gesamte Universum reflektiert). In seinem Rätsel stellt Dudeney uns zwei Aufgaben:

1. Wir sollen das Yin und Yang (siehe Abb. 14.2a) durch einen einzigen Schnitt in vier Teile derselben Größe und Form unterteilen, und
2. wir sollen das Yin und Yang durch einen graden Schnitt in vier Teile derselben Größe unterteilen.

Auch wenn Dudeney es nicht explizit erwähnt, ist offensichtlich, dass wir diese Aufgaben mit den klassischen euklidischen Hilfsmitteln – Zirkel und Lineal – lösen sollen. (Mehr als diese beiden Hilfsmittel werden wir für keine der Konstruktionen in diesem Kapitel benötigen.)

Die erste Aufgabe lösen wir, indem wir die Figur entlang der dunkel eingezeichneten Kurve in Abb. 14.2b zerschneiden. Dabei handelt es sich um die um 90° gedrehte Grenze zwischen Yin und Yang. Die zweite Aufgabe wird durch die dunkle gerade Linie in Abb. 14.2c gelöst, die unter 45° zum horizontalen Durchmesser (der gestrichelten Linie) verläuft. Sie halbiert die Flächen der beiden Formen, da die Fläche des grauen Halbkreises unterhalb der gestrichelten Linie 1/8 der Gesamtfläche des Kreises ausmacht, und die Fläche des grauen Kreisausschnitts oberhalb der gestrichelten Linie ebenfalls 1/8 der Gesamtfläche des Kreises ist. Also haben der

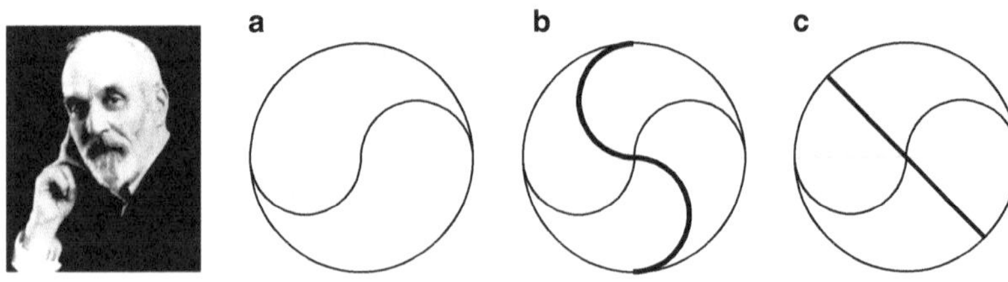

Abb. 14.2

Halbkreis und der Kreisausschnitt zusammen gerade 1/4 der Fläche des gesamten Kreises. Es gibt noch weitere Möglichkeiten, das Yin und Yang zu halbieren, siehe beispielsweise Aufgabe 14.1.

Stückweise kreisförmige Kurven
Die gemeinsame Grenze zwischen Yin und Yang ist ein Beispiel für eine *stückweise kreisförmige Kurve*, also eine endliche Abfolge von Kreisbögen, wobei der Endpunkt eines Bogens gleich dem Anfangspunkt des nächsten Bogens ist [Banchoff und Giblin, 1994]. Stückweise kreisförmige Kurven sind die kreisförmigen Analoga zu Vielecken. Andere Beispiele sind das Arbelos und das Salinon aus Abschn. 4.4, die Mondsichel aus Aufgabe 4.7, das Vesica Piscis in Kap. 11, das Reuleaux-Dreieck aus Abschn. 12.3 und die Kardioide von Boščović in Aufgabe 4.9.

Abbildung 14.3 zeigt ein asymmetrisches Yin und Yang, das durch eine Unterteilung des horizontalen Durchmessers in zwei Abschnitte mit den Längen a und b entsteht. Was ist das Verhältnis der Flächen des grauen und weißen Bereichs?

Die Fläche des grauen Bereichs ist:

$$\frac{\pi}{8}a^2 + \frac{\pi}{8}(a+b)^2 - \frac{\pi}{8}b^2 = \frac{\pi}{4}a(a+b)\,,$$

und entsprechend erhalten wir für die Fläche des weißen Bereichs $\pi b(a+b)/4$. Also ist das Verhältnis der Flächen gleich dem Verhältnis a/b der beiden Abschnitte auf dem Durchmesser.

Für $b = 6a$ ist die Fläche des grauen Bereichs gleich 1/7 der Fläche des gesamten Kreises. Das führt auf die Frage: Können wir einen Kreis in sieben Bereiche mit jeweils 1/7 der Kreisfläche unterteilen? Wir wissen, dass wir einen Kreis nicht in sieben Kreissektoren gleicher Fläche unterteilen können, denn das entspricht der Konstruktion eines regulären Siebenecks in einem Kreis. Wir können die Aufgabe jedoch durch eine Unterteilung in Yin- und Yang-artige Abschnitte lösen.

Wir unterteilen den Durchmesser eines Halbkreises in sieben Abschnitte gleicher Länge und konstruieren im Inneren sechs ineinander liegende Halbkreise wie in Abb. 14.4a. Man kann leicht zeigen, dass die Flächen der Bereiche zwischen den Halbkreisen die angegebenen Werte haben (der Wert von x spielt keine Rolle).

Abb. 14.3

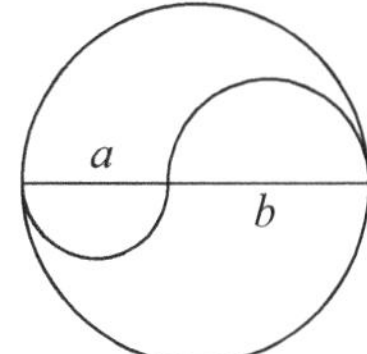

Abb. 14.4

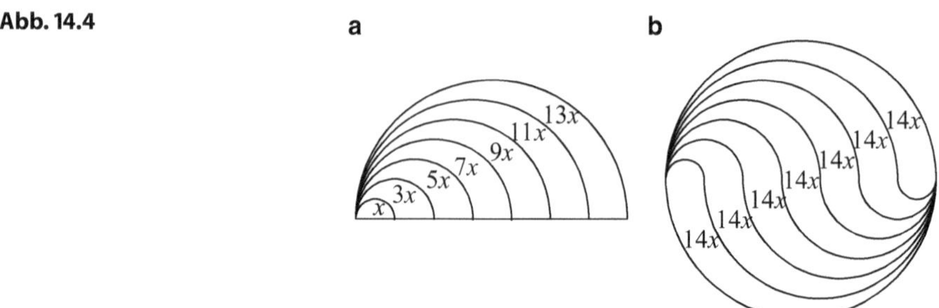

Vervollständigen wir die Kreisscheibe wie in Abb. 14.4b, erhalten wir Bereiche mit derselben Fläche von jeweils 1/7 der Kreisfläche.

14.2   Kombinatorik mit Yin und Yang

Die Symmetrie in der Figur des Yin und Yang lässt sich zur Lösung einiger einfacher kombinatorischer Aufgaben nutzen. Die vielleicht einfachste (und bekannteste) ist die Berechnung von $T_n = 1 + 2 + 3 + \cdots + n$. Wir repräsentieren diese Summe als eine dreieckige Anordnung von Kugeln wie in Abb. 14.5a und bezeichnen mit T_n die n-te *Dreieckszahl*. Durch eine Verdopplung von T_n erhalten wir die rechteckige Anordnung aus Abb. 14.5, die insgesamt $n \cdot (n + 1)$ Kugel enthält. Also ist

$$T_n = 1 + 2 + 3 + \cdots + n = \frac{n(n + 1)}{2} \, .$$

Die Summe ist ein Beispiel für eine *arithmetische Folge*, bei der die Differenz zwischen zwei aufeinanderfolgenden Termen eine Konstante ist. Ist der erste Term der Folge a und die konstante Differenz jeweils d, dann ergibt die Summe der ersten n Terme:

$$a + (a + d) + (a + 2d) + \cdots + [a + (n - 1)d] = \frac{n}{2}[2a + (n - 1)d] \, .$$

Das bedeutet, die Summe ist gleich der Hälfte der Anzahl von Termen multipliziert mit der Summe aus dem ersten und dem letzten Term der Folge. In Abb. 14.6 [Con-

Abb. 14.5

Abb. 14.6

a					
	$a+d$				
		$a+2d$			
		$a+(n-1)d$			

way und Guy, 1996] wurden die Terme der Folge durch Flächen von Rechtecken dargestellt.

Die flächenbezogene Symmetrie des Yin und Yang lässt sich auch auf drei Dimensionen übertragen, wo wir ein Objekt verdoppeln können und auf diese Weise einen Körper erhalten, dessen Volumen sich leicht berechnen lässt. Als Beispiel betrachten wir für $n \geq 1$:

$$S_n = \sum_{i=1}^{n} \sum_{j=1}^{n} (i + j - 1)\,.$$

Stellen wir S_n als Ansammlung von Einheitswürfeln wie in Abb. 14.7a dar, dann passen zwei Kopien von S_n gerade in eine rechteckige Säule mit den Abmessungen $n \times n \times 2n$ (Abb. 14.7b). Also ist $2S_n = 2n^3$ oder $S_n = n^3$.

Mithilfe einer ähnlichen Figur erhalten wir die verallgemeinerte Beziehung

$$\sum_{i=1}^{m} \sum_{j=1}^{n} [a + (i - 1)b + (j - 1)c] = \frac{mn}{2}[2a + (m - 1)b + (n - 1)c]\,.$$

Wie bei der eindimensionalen arithmetischen Folge ist die Summe gleich der Hälfte der Anzahl der Terme multipliziert mit der Summe aus dem ersten $[(i, j) = (1,1)]$ und dem letzten $[(i, j) = (m, n)]$ Term.

Abb. 14.7

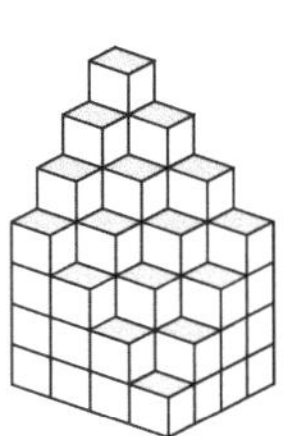

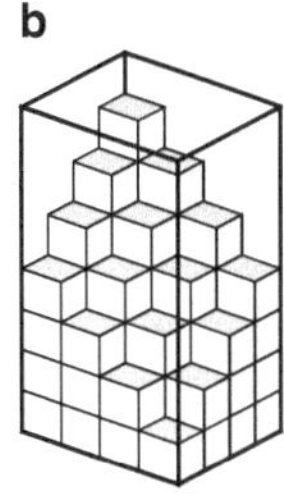

14.3 Integration mithilfe der Symmetrie des Yin und Yang

Aufgabe A3 des William-Lowell-Putnam-Mathematikwettbewerbs von 1980 forderte die Teilnehmer auf, das folgende Integral zu berechnen:

$$\int_0^{\pi/2} \frac{dx}{1 + (\tan x)^{\sqrt{2}}} \, .$$

Diese Aufgabe war für viele Teilnehmer sehr schwierig. Mit einem grafikfähigen Taschenrechner (die allerdings bei dem Wettbewerb nicht erlaubt sind) wären sie vielleicht erfolgreicher gewesen. Hätten sie den Graphen des Integranden über dem Intervall $[0, \pi/2]$ in Abb. 14.8a gesehen, wären viele Schüler in der Lage gewesen, das Integral unter Ausnutzung seiner Symmetrie zu bestimmen.

Bei der Symmetrie des Graphen des Integranden handelt es sich um eine *Punktsymmetrie*, also dieselbe Symmetrie wie in der Grenzlinie (den beiden Halbkreisen) zwischen Yin und Yang in Abb. 14.2a. Genauer bezeichnet man den Graphen einer Funktion $y = f(x)$ als punktsymmetrisch in Bezug auf den Punkt $(c, f(c))$, wenn $f(c-t)+f(c+t) = 2f(c)$, wobei $c, c-t$ und $c+t$ natürlich im Definitionsbereich der Funktion liegen sollen (Abb. 14.8b).

Angenommen, f ist auf dem Intervall $[a, b]$ stetig und der Graph von f ist symmetrisch in Bezug auf den Punkt, dessen x-Koordinate der Mittelpunkt $(a + b)/2$ von $[a, b]$ ist. Die Funktion f erfüllt also die Bedingung $f(x) + f(a + b - x) = 2f((a + b)/2)$ für alle x in $[a, b]$. Solche Funktionen lassen sich leicht integrieren:

$$\int_a^b f(x)\, dx = (b - a) f\left(\frac{a + b}{2}\right) = \frac{1}{2}(b - a)[f(a) + f(b)] \, .$$

Ein analytischer Beweis ist einfach, doch Abb. 14.9 zeigt die Zusammenhänge vielleicht deutlicher. Hier erkennen wir eine rechteckige Version des Yin und Yang.

Der Integrand in der Putnam-Aufgabe erfüllt auf dem Intervall $[0, \pi/2]$ die Beziehung $f(x) + f(\pi/2 - x) = 2f(\pi/4) = 1$. Daher ist die Lösung der Aufgabe

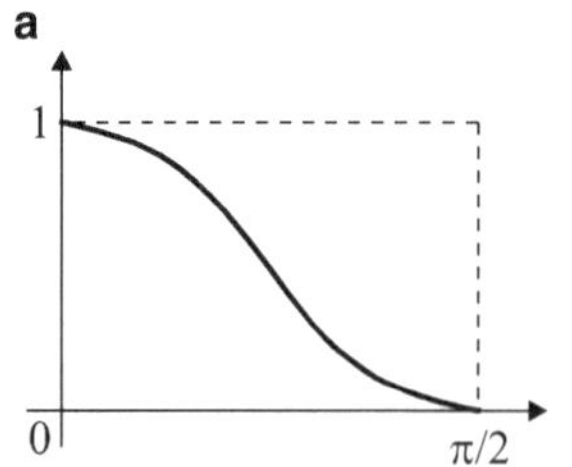

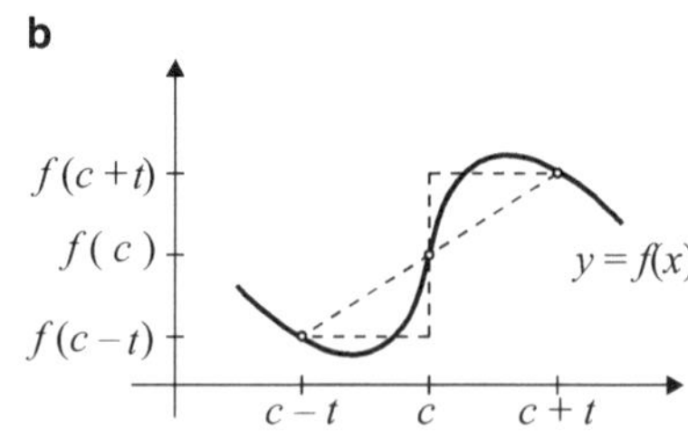

Abb. 14.8

Abb. 14.9

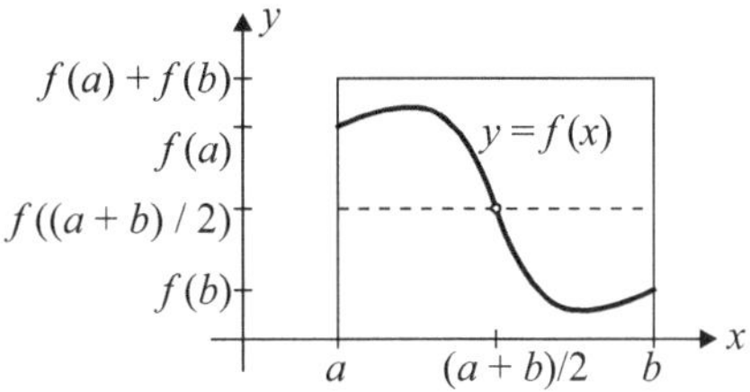

$(1/2)(\pi/2)[1 + 0] = \pi/4$. Eine ähnliche Aufgabe war auch Aufgabe B1 beim Putnam-Wettbewerb 1987: Man berechne

$$\int_{2}^{4} \frac{\sqrt{\ln(9-x)}\, dx}{\sqrt{\ln(9-x)} + \sqrt{\ln(x+3)}} \, .$$

Mit dem angegebenen Verfahren kann man zeigen, dass die Lösung 1 ist. Das Computeralgebraprogramm *Mathematica* (v. 7.01) kann die beiden Putnam-Integrale nicht berechnen. Aufgabe 14.6 enthält weitere Integrale, die sich unter Ausnutzung einer Symmetrie lösen lassen.

14.4 Yin und Yang zur Unterhaltung

In Abschn. 14.1 haben wir Dudeneys Räsel von der großen Monade kennengelernt (siehe auch Aufgabe 14.1). Das Yin und Yang in Abb. 14.2a unterteilt die Kreisscheibe nicht nur in zwei deckungsgleiche Bereiche, sondern es besitzt auch eine interessante Drehsymmetrie. In der Welt der Unterhaltungsmathematik lässt sich die Symmetrie des Yin und Yang häufig ausnutzen.

Im Jahre 1871 konstruierte Sam Loyd ein Rätsel, das er „trick donkeys" (Akrobatenesel) nannte. Im Jahr darauf vermarktete P. T. Barnum das Rätsel unter der Bezeichnung „P. T. Barnum's Trick Mules" (P.T. Barnums Akrobatenmulis). Millionen Kopien wurden auf Karten gedruckt und verkauft, wodurch Sam Loyd innerhalb eines Jahres ein reicher Mann wurde. Das Rätsel ist in Abb. 14.10 wiedergegeben.

Abb. 14.10

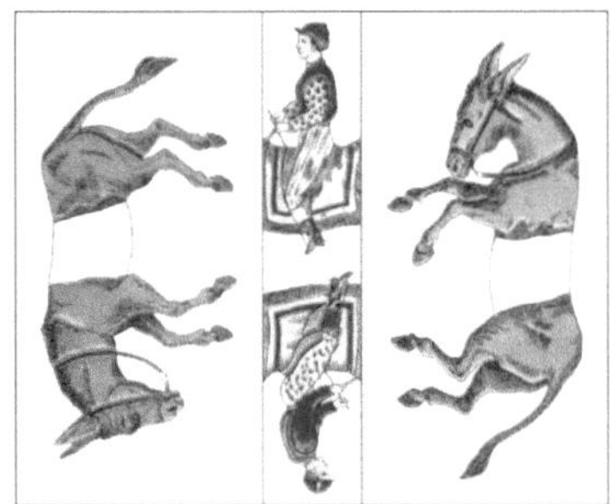

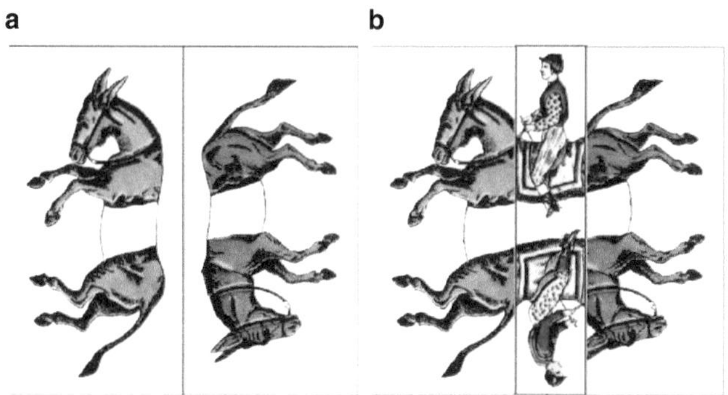

Abb. 14.11

Die Aufgabe besteht darin, die Karte entlang zweier vertikaler Geraden in drei (und nur drei) Teile zu zerlegen und diese so umzuordnen, dass jeder Reiter auf einem Esel zu sitzen scheint.

Die Lösung besteht darin, die beiden Teile mit den Eseln Rücken an Rücken zu legen wie in Abb. 14.11a (hier erkennt man eine Symmetrie wie im Yin und Yang) und dann den Teil mit den Reitern quer darüber zu legen wie in Abb. 14.11b.

Das Nim-Spiel ist ein Kinderspiel für zwei Personen, das beispielsweise mit n Spielsteinen gespielt wird, die kreisförmig angeordnet sind wie in Abb. 14.12a für $n = 9$. Abwechselnd darf jeder Spieler entweder einen oder zwei Spielsteine wegnehmen, allerdings müssen bei zwei Spielsteinen diese nebeneinander liegen. Der Spieler, der den letzten Stein nimmt, hat gewonnen. Nachdem jeder Spieler einmal dran war, könnte beispielsweise die Situation aus Abb. 14.12b entstanden sein. Vielleicht möchten Sie, bevor Sie weiterlesen, zunächst selbst versuchen eine Gewinnstrategie zu finden.

Ist Ihnen aufgefallen, dass der zweite Spieler immer gewinnen kann? Für n gerade wiederholt der zweite Spiele immer den Zug des ersten auf der diametral gegenüberliegenden Seite. Ist n ungerade und der erste Spieler entfernt einen Stein, nimmt der zweite Spieler zwei Steine gegenüber. Nimmt der erste Spieler zwei Steine, nimmt der zweite Spieler einen Stein gegenüber. Nun könnte eine Situation wie in Abb. 14.12b eingetreten sein, und der zweite Spieler verwendet die Strategie für n gerade.

Abb. 14.12

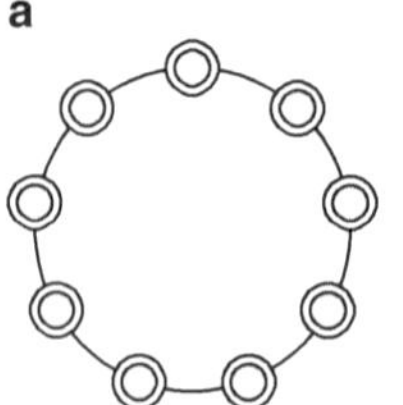

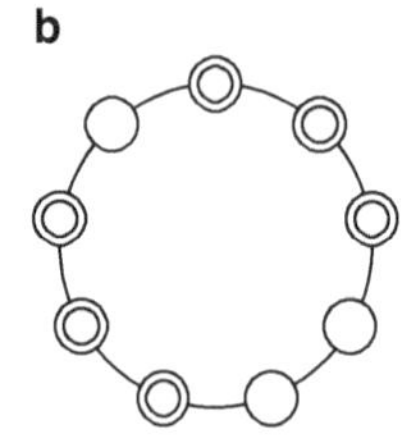

14.5 Aufgaben

14.1 Man zeige, dass die in Abb. 14.13 dargestellten Schnitte das Yin und Yang aus Abb. 14.2a ebenfalls in zwei gleiche Hälften teilen. (Anmerkungen: Wenn wir den Radius der Monade 1 wählen, dann ist der Radius des kreisförmigen Schnitts in (b) $\sqrt{2}/2$, und in (c) sind die Radien der Halbkreise, die den Schnitt definieren, $\phi/2$ und $1/2\phi$, wobei ϕ der Goldene Schnitt ist: $\phi = (1 + \sqrt{5})/2$.)

14.2 Man verwende zwei Kopien der Kugelanordnung in Abb. 14.14 und beweise:

$$1 + 3 + 5 + \cdots + (2n - 1) = n^2 \,.$$

14.3 In Abschn. 4.2 haben wir gezeigt, dass $T_n = n(n + 1)/2$. Die n-te Dreieckszahl ist also gleich dem Binomialkoeffizienten $\binom{n+1}{2}$. Da $\binom{k}{2}$ die Anzahl der Möglichkeiten angibt, zwei Elemente aus einer Menge von k Elementen auszuwählen, sollte es eine eineindeutige Beziehung zwischen einer Menge aus T_n Elementen und der Menge der zweielementigen Teilmengen einer anderen Menge mit $n + 1$ Elementen geben. Finden Sie eine solche Beziehung.

14.4 Man beweise, dass sich jede natürliche Zahl $N > 1$, die keine Potenz von 2 ist, als Summe von aufeinanderfolgenden natürlichen Zahlen ausdrücken lässt.

14.5 Man verwende eine Anordnung von Würfeln (ähnlich wie in Abb. 14.7) zur Veranschaulichung der Formel für die Summe der Quadrate der ersten n natürlichen Zahlen:

$$1^2 + 2^2 + 3^2 + \cdots + n^2 = \frac{n(n + 1)(2n + 1)}{6} \,.$$

(Hinweis: Versuchen Sie es mit sechs Kopien!)

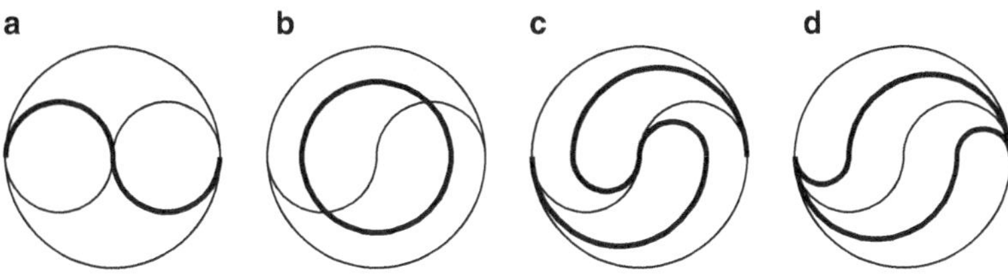

Abb. 14.13

Abb. 14.14

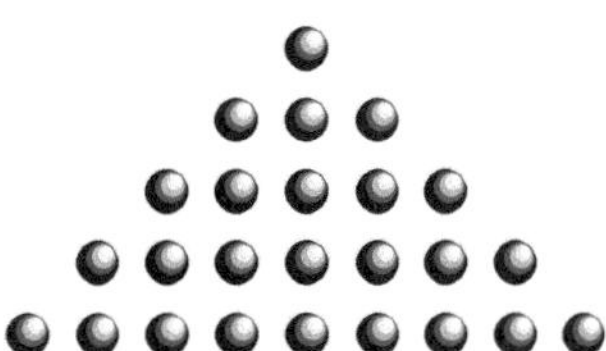

Abb. 14.15

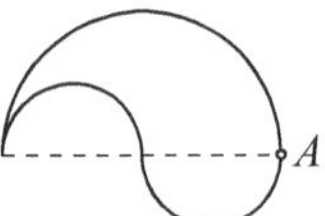

14.6 Man bestimme die Integrale:

(i) $\displaystyle\int_{-1}^{1} \arctan(e^x)\, dx$

(ii) $\displaystyle\int_{0}^{\pi/4} \ln(1 + \tan x)\, dx$

(iii) $\displaystyle\int_{0}^{2} \frac{dx}{x + \sqrt{x^2 - 2x + 2}}$

(iv) $\displaystyle\int_{0}^{2} \sqrt{x^2 - x + 1} - \sqrt{x^2 - 3x + 3}\, dx$

(v) $\displaystyle\int_{0}^{4} \frac{dx}{4 + 2^x}$

(vi) $\displaystyle\int_{0}^{2\pi} \frac{dx}{1 + e^{\sin x}}$

14.7 Im oberen Teil (dem Yin) der Yin-und-Yang-Scheibe sei A der rechte Endpunkt des Durchmessers der Scheibe (Abb. 14.15). Man suche alle Punkte B auf dem Rand von Yin, zu denen es einen Punkt C auf dem Rand von Yin gibt, sodass ABC ein rechtwinkliges Dreieck mit dem rechten Winkel bei B ist.

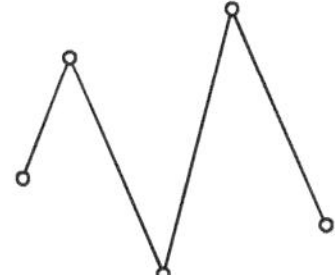

... so ist doch unter den gebildeteren Schichten bekannt, dass kein Kreis in Wirklichkeit ein Kreis ist, sondern nur ein Vieleck mit einer sehr großen Anzahl kleinster Seiten. Wenn die Zahl z. B. drei- oder vierhundert beträgt, so ist es selbst für die feinste Berührung äußerst schwierig, irgendeinen Vieleckswinkel zu spüren.
(Edwin Abbott Abbott, *Flächenland*, 1884)

Ein Polygonzug ist vereinfacht ausgedrückt eine Menge von Strecken, wobei benachbarte Strecken gemeinsame Endpunkte haben. Etwas formaler definieren wir: Gegeben eine endliche Folge $\{P_0, P_1, P_2, \ldots, P_n\}$ von $n + 1$ verschiedenen Punkten in der Ebene, genannt die Eckpunkte oder *Vertices*, dann besteht ein *Polygonzug* aus den Eckpunkten und den zugehörigen Kanten, also den Strecken $P_0 P_1$, $P_1 P_2, \ldots, P_{n-1} P_n$.

Beispiele von Polygonzügen im Alltag sind der Zollstock, ein Datenverlauf und eine Gelenkleiter in Abb. 15.1.

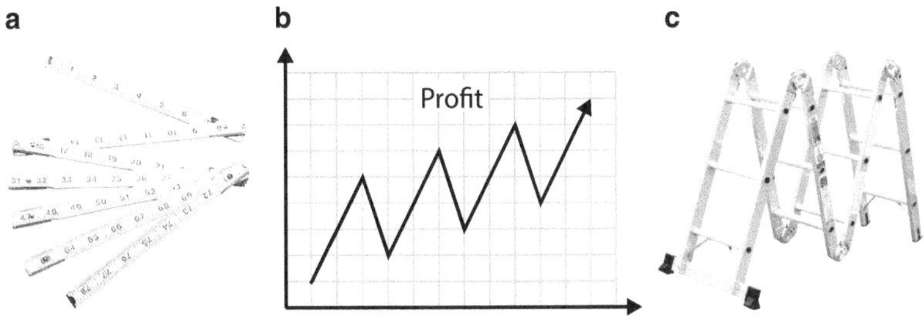

Abb. 15.1

© Springer-Verlag Berlin Heidelberg 2015
C. Alsina, R.B. Nelsen, *Perlen der Mathematik*, DOI 10.1007/978-3-662-45461-9_15

Ist $P_n = P_0$, so erhalten wir eine geschlossene Figur, die man *Polygon* oder *Vieleck* nennt. Wollen wir noch die Anzahl der Kanten angeben, spricht man auch von einem *n-Eck*. In den vorangegangenen Kapiteln sind wir Vielecken schon mehrfach begegnet – Dreiecken und Quadraten in Kap. 1, Trapezen in Kap. 2 usw.

Wir beginnen mit einer einfachen Frage: Wie zeichnen wir den einfachsten Polygonzug: einen Geradenabschnitt? Anschließend leiten wir Gleichungen für Polygonalzahlen ab, indem wir die Eckpunkte eines Polygonzugs betrachten. Wir verweisen auch auf die Verwendung von Polygonzügen in der Integralrechnung. Nach einigen allgemeinen Sätzen zu konvexen Vielecken beenden wir das Kapitel, indem wir mithilfe regulärer Vielecke einige Ergebnisse zu Zykloiden und Kardioiden ableiten.

15.1   Geraden und Strecken

Die einfachsten Polygonzüge sind Abschnitte einer Geraden. Doch was verstehen wir unter einer „Geraden"? In seinem Dialog *Parmenides* schreibt Platon „gerade ist das, dessen Mitte den beiden Enden gegenüber ist". In den *Elementen* von Euklid lautet die Definition 1.4 „Eine gerade Linie ist eine solche, die zu den Punkten auf ihr gleichmäßig liegt." Es überrascht kaum, dass Euklid von dieser Definition nie Gebrauch machte.

Sehen wir von dem Problem, wie man eine gerade Linie oder eine Strecke definiert, einmal ab. Doch wie *zeichnet* man eine gerade Linie? Das scheint einfach: Man verwendet ein Lineal. Doch woher wissen wir, dass das Lineal gerade ist?

Wenn wir einen Kreis zeichnen, gleiten wir gewöhnlich nicht mit einen Stift eine Kreisscheibe entlang, sondern wir verwenden (bzw. verwendeten, bevor es geeignete Computerprogramme gab) einen Zirkel. Ein Zirkel ist ein mechanisches Gerät, mit dem wir die Definition eines Kreises als des Orts aller Punkte, die einen festen Abstand von einem gegebenen Punkt haben, umsetzen können. Die Definition von Euklid hilft uns nicht weiter, wenn wir eine Gerade zeichnen wollen.

Gibt es ein mechanisches Gerät, mit dem sich eine gerade Linie zeichnen lässt, ähnlich einem Zirkel für das Zeichnen von Kreisen? Im 19. Jahrhundert wurde dies eine wichtige Frage, als im Zuge der industriellen Revolution viele mechanische Geräte entwickelt wurden. Man konstruierte Kopplungen (aus starren Metall- oder Holzstangen, die an ihren Enden durch Nieten verbunden waren), um eine Drehbewegung in eine lineare Bewegung – und umgekehrt – umzuwandeln. Der schottische Ingenieur James Watt (1736–1819) und der russische Mathematiker Pafnuti Lwowitsch Tschebyschow (1821–1894) schufen Kopplungen, mit denen man näherungsweise eine lineare Bewegung erzeugen konnte, doch das erste Koppelgetriebe, das eine Kreisbewegung in eine exakte lineare Bewegung überführte, entdeckte im Jahre 1864 der französische Ingenieur Charles-Nicolas Peaucellier (1832–1913). Unabhängig von ihm wurde diese Konstruktion 1871 von dem russischen Mathematiker Lippman Lipkin (1851–1875) wiederentdeckt. Dieses Kopplung bezeichnet man unterschiedlich als *Peaucellier-Lipkin-Kopplung, Peaucellier-Zelle* oder auch *Peaucellier-Inversor.*

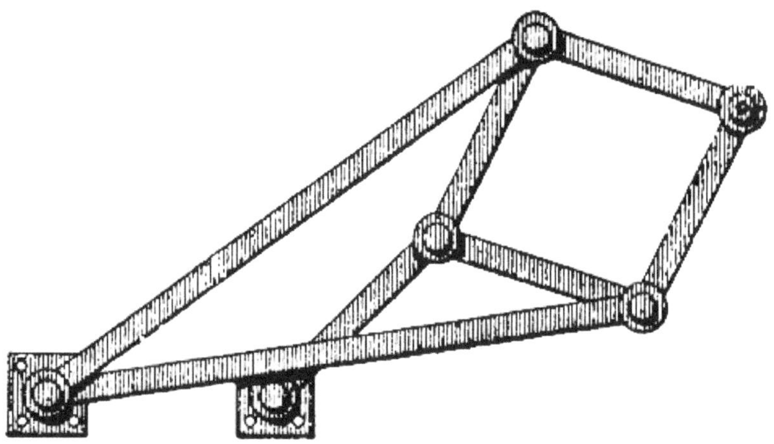

Abb. 15.2

1876 hielt Alfred Bray Kempe im Londoner South Kensington Museum einen
Vortrag mit dem Titel *Wie zeichnet man eine gerade Linie?*, der im folgenden Jahr
als kleines Buch veröffentlicht wurde [Kempe, 1877]. Abbildung 15.2 zeigt Kempes
Darstellung der Peaucellier-Lipkin-Kopplung.

In seinem Vortrag und Buch verwendete Kempe ein aufwendiges Argument, um
zu beweisen, dass der Inversor tatsächlich eine gerade Linie zeichnet. Unser Beweis ist einfacher und beruht nur auf dem Kosinussatz. In Abb. 15.3 definieren wir:
$|BC| = |BD| = a$, $|AC| = |CP| = |AD| = |DP| = b$ mit $a > b > 0$ und
$|AE| = |BE| = r$. Da B und E fest sind, bewegt sich A auf einem Kreis mit
Radius r um den Punkt E. Es seien $\angle ABE = \alpha$ und $\angle CAP = \beta$. Außerdem sei
Q der Fußpunkt der Senkrechten von P auf die x-Achse.

Zum Beweis, dass P einer geraden Linie folgt, zeigen wir, dass seine x-
Koordinate nur von a, b und r abhängt, aber nicht von α oder β. Da $|AB| =
2r\cos\alpha$ und $|AP| = 2b\cos\beta$, ist die x-Koordinate von P gleich $|BQ| =
|BP|\cos\alpha = (2r\cos\alpha + 2b\cos\beta)\cos\alpha$. Der Kosinussatz angewandt auf das
Dreieck ABC ergibt:

$$a^2 = b^2 + (2r\cos\alpha)^2 - 2b(2r\cos\alpha)\cos(\pi - \beta)$$

Abb. 15.3

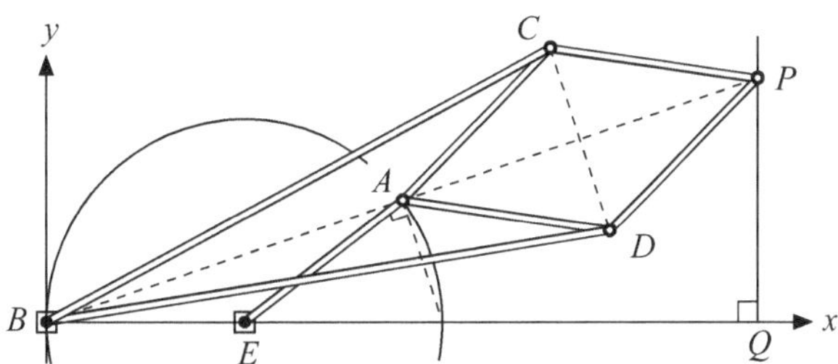

und somit:

$$\frac{a^2 - b^2}{2r} = (2r \cos \alpha + 2b \cos \beta) \cos \alpha = |BQ| \, .$$

Also hängt die x-Koordinate von P nur von a, b und r ab, sodass P, wie behauptet, einer geraden Linie folgt.

15.2 Polygonalzahlen

Die physikalische Realisierung von Zahlen durch Gegenstände wie Steine oder Murmeln reicht mindestens bis zu den antiken griechischen Geometern zurück. Zahlen, die solche Darstellungen beispielsweise durch Quadrate oder Würfel zulassen, bezeichnet man als *figurative Zahlen*. Handelt es sich bei der Darstellung um die Form eines Vielecks, sprechen wir von einer *Polygonalzahl*.

Die einfachsten Polygonalzahlen sind die Dreieckszahlen und die Quadratzahlen. Die ersten fünf Dreieckszahlen – 1, 3, 6, 10 und 15 – sind in Abb. 15.4 dargestellt. In Abschn. 14.2 hatten wir gesehen, dass für die n-te Dreieckszahl gilt: $T_n = n(n + 1)/2$.

Abbildung 15.5 zeigt die ersten fünf Quadratzahlen $S_n = n^2$. Die Abbildung macht gleichzeitig deutlich, dass die n-te Quadratzahl gleich der Summe der ersten n ungeraden Zahlen ist.

Die ersten vier *Pentagonalzahlen* – 1, 5, 12 und 22 – zeigt Abb. 15.6.

Eine Formel für P_n, die n-te Pentagonalzahl, erhalten wir aus Beziehungen zwischen den Pentagonalzahlen und den Dreieckszahlen. In Abb. 15.7a haben wir das Fünfeck zu einem Trapez verformt, woraus deutlich wird, dass $P_n = T_{2n-1} - T_{n-1}$. Aus Abb. 15.7b folgt unmittelbar $P_n = (1/3)T_{3n-1}$. Beide Beziehungen führen auf $P_n = n(3n - 1)/2$.

Die n-te *Hexagonalzahl* H_n ist ä hnlich definiert. Abbildung 15.8a zeigt H_n für $n = 4$ (d. h., $H_4 = 28$) und den Abb. 15.8b–d entnehmen wir, dass jede Hexago-

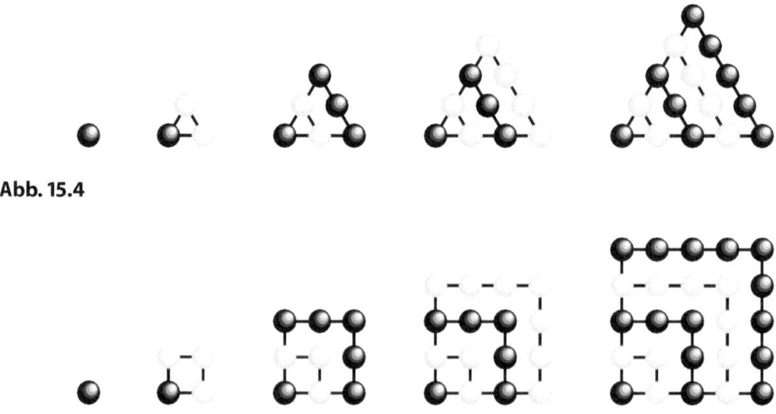

Abb. 15.4

Abb. 15.5

Abb. 15.6

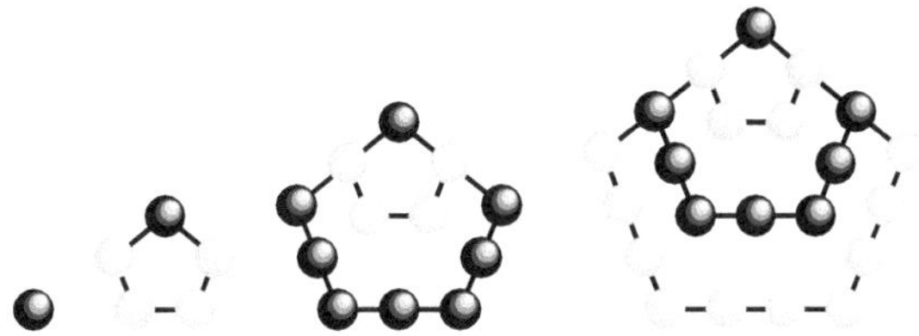

nalzahl eine Dreieckszahl ist und ihr gemeinsamer Wert das Produkt ihrer beiden Indizes (in diesem Fall $H_4 = T_7 = 4 \cdot 7$). Allgemein gilt $H_n = T_{2n-1} = n(2n-1)$.

Ebenso, wie sich jede Pentagonalzahl als Differenz von zwei Dreieckszahlen schreiben lässt, ist jede *Oktagonalzahl* O_n die Differenz von zwei Quadratzahlen. In Abb. 15.9 sehen wir den Fall $n = 4$, dem wir allgemein $O_n = (2n-1)^2 - (n-1)^2 = n(3n-2)$ entnehmen können.

Die Beziehung zwischen einer Polygonalzahl und den Dreieckszahlen lässt sich auch ausnutzen, um Gleichungen für P_n^k zu finden, also die n-te k-Eckszahl für natürliche Zahlen $n \geq 1$ und $k \geq 3$ (beispielsweise ist $P_n^3 = T_n$, $P_n^4 = S_n$, usw.). Abbildung 15.8b konnten wir entnehmen, dass sich P_4^6, also die 4. Hexagonalzahl, in drei Kopien von T_3 plus eine Kopie von T_4 zerlegen lässt. Ganz ähnlich lässt sich allgemein P_n^k in $k-3$ Kopien von T_{n-1} plus eine Kopie von T_n zerlegen, und damit folgt:

$$P_n^k = T_n + (k-3)T_{n-1} = \frac{n}{2}[(k-2)n - (k-4)] . \qquad (15.1)$$

a
        b

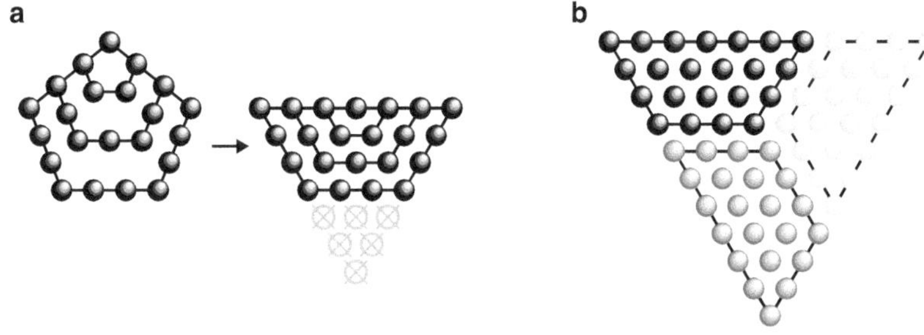

Abb. 15.7

a
    b
    c
    d

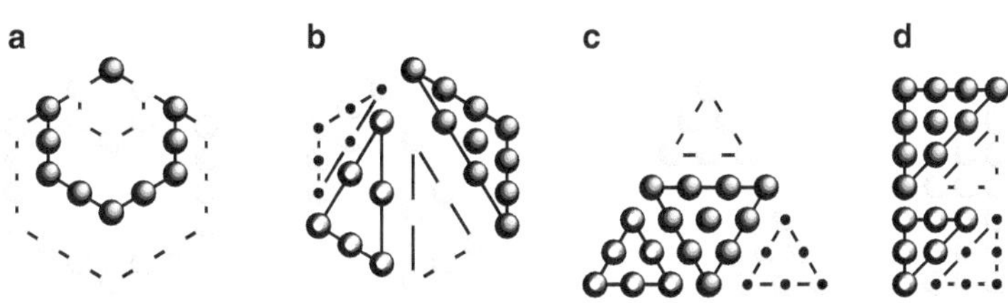

Abb. 15.8

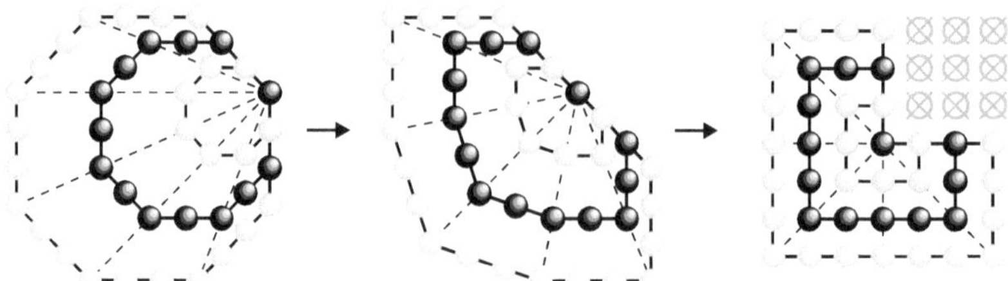

Abb. 15.9

Polygonalzahlen spielen eine wichtige Rolle in der Zahlentheorie. Ihre Eigenschaften wurden schon von Nicomachos von Gerasa (um 100) und Diophantos von Alexandrien (um 250) untersucht. Im Jahre 1638 schrieb Pierre de Fermat (1601–1665), dass sich jede positive ganze Zahl als Summe von höchstens drei Dreieckszahlen, höchstens vier Quadratzahlen und im Allgemeinen höchstens n n-Eckszahlen darstellen lässt. Falls er einen Beweis hatte, ist er zumindest nie gefunden worden. Carl Friedrich Gauß (1777–1855) bewies den Fall für Dreieckszahlen und schrieb am 10. Juli 1796 in sein Tagebuch „EYPHKA! Num $= \Delta + \Delta + \Delta$." Der Fall für Quadratzahlen wurde 1770 von Joseph Louis Lagrange (1736–1813) bewiesen und ist als Vier-Quadrate-Satz von Lagrange bekannt. 1813 bewies Augustin-Louis Cauchy (1789–1857) den allgemeinen Fall von Fermats Behauptung.

15.3   Polygonzüge in der Integralrechnung

Die Annäherung eines Graphen einer Funktion durch einen Polygonzug ist oft der Ausgangspunkt für Beweise in der Integralrechnung. Es folgen zwei Beispiele. In beiden Fällen betrachten wir die Funktion $y = f(x)$ auf einem bestimmten Intervall.

1. *Die Trapezregel.* Um den Wert des Integrals $\int_a^b f(x)dx$ (mit $a < b$ und $f(x) \geq 0$) anzunähern, interpretieren wir das Integral als eine Fläche und ersetzen den Graphen von $y = f(x)$ über dem Intervall $[a, b]$ durch einen Polygonzug mit den Eckpunkten $\{P_0, P_1, P_2, \ldots, P_n\}$, wobei $P_i = (x_i, y_i)$ mit $\Delta x = (b - a)/n$, $x_i = a + i\,\Delta x$ und $y_i = f(x_i)$. Die Fläche unter dem Graphen des Polygonzugs ist die Summe der Flächen der n Trapeze, womit näherungsweise folgt:

$$\int\limits_a^b f(x)dx \approx \frac{\Delta x}{2}(y_0 + 2y_1 + 2y_2 + \cdots + 2y_{n-1} + y_n)\,.$$

2. *Bogenlänge.* Die Herleitung der Integralformel für die Länge des Graphen einer Funktion $y = f(x)$ über dem Intervall $[a, b]$ beginnt mit der Näherung

$\sum_{i=1}^{n} |P_{i-1}P_i|$. Dies ist die Gesamtlänge desselben Polygonzugs zu dem Graphen von $y = f(x)$, den wir auch bei der Trapezregel verwendet haben.

15.4 Konvexe Vielecke

Ein Vieleck heißt *konvex*, wenn jede Strecke, die zwei Punkte auf dem Vieleck verbindet, innerhalb des Vielecks liegt. Dementsprechend sind die Innenwinkel kleiner als 180° und die Diagonalen (die Verbindungsstrecken zwischen nicht benachbarten Eckpunkten) liegen ganz innerhalb des Vielecks. Zu den Eigenschaften der Winkel und Diagonalen in einem konvexen n-Eck gehören die folgenden:

(i)   *Die Summe der Winkel beträgt $(n-2)180°$.*
(ii) *Es gibt $n(n-3)/2$ Diagonalen.*
(iii) *Die Diagonalen schneiden sich in höchstens $\binom{n}{4}$ inneren Punkten.*

Da das n-Eck konvex sein soll, können wir einen beliebigen Eckpunkt wählen und die $n-3$ Diagonalen zu allen anderen Eckpunkten außer den beiden Nachbarn ziehen. Diese $n-3$ Diagonalen unterteilen das n-Eck in $n-2$ Dreiecke, sodass die Summe der Innenwinkel $(n-2)180°$ beträgt. Für (ii) überlegen wir uns, dass an jedem Eckpunkt $n-3$ Diagonalen enden, die Gesamtzahl der Endpunkte von Diagonalen somit $n(n-3)$ ist. Da jede Diagonale zwei Endpunkte hat, gibt es $n(n-3)/2$ Diagonalen. (iii) Jeder innere Schnittpunkt von zwei Diagonalen ist gleichzeitig der Schnittpunkt der Diagonalen von mindestens einem Viereck, dessen vier Eckpunkte auch Eckpunkte des n-Ecks sind (Abb. 15.10). Es gibt $\binom{n}{4}$ Möglichkeiten, vier Eckpunkte aus den n Eckpunkten eines n-Ecks zu wählen.

Wir betrachten ein n-Eck und alle seine Diagonalen. Wie viele Dreiecke gibt es? Wir beantworten diese Frage für den Fall, dass sich keine drei Diagonalen bei einem inneren Punkt schneiden, wie in Abb. 15.10. Sei P ein konvexes n-Eck mit der Eigenschaft, dass sich keine drei Diagonalen an einem inneren Punkt treffen. Dann ist die Anzahl der Dreiecke in P, deren Eckpunkte entweder innere Punkte oder Eckpunkte von P sind, gleich

$$\binom{n}{3} + 4\binom{n}{4} + 5\binom{n}{5} + \binom{n}{6}.$$

Abb. 15.10

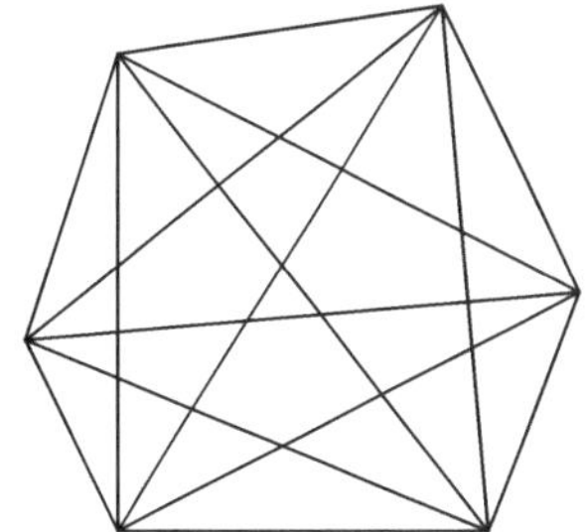

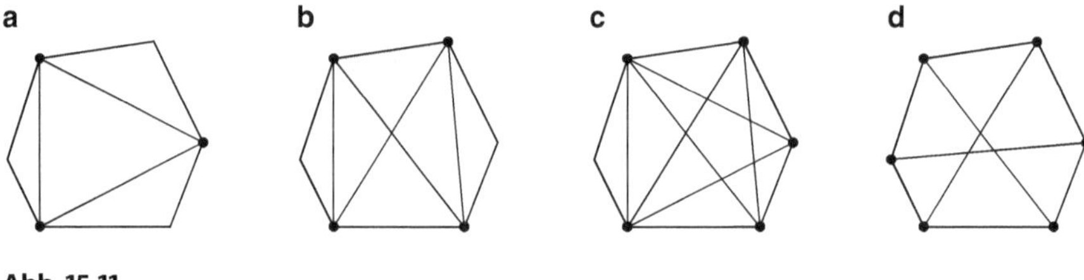

Abb. 15.11

In Anlehnung an [Conway und Guy, 1996] zählen wir die Dreiecke entsprechend der Anzahl der Eckpunkte, die sie mit P gemeinsam haben. Es gibt $\binom{n}{3}$ Dreiecke, die alle drei Eckpunkte mit P gemeinsam haben (Abb. 15.11a), $4\binom{n}{4}$ Dreiecke, die genau zwei Vertices mit P gemeinsam haben (Abb. 15.11b), $5\binom{n}{5}$ Dreiecke mit genau einem Vertex aus P (Abb. 15.11c) und $\binom{n}{6}$ Dreiecke, deren Eckpunkte alle innere Punkte von P sind.

Eine ähnliche Frage ist folgende: In wie viele Bereiche unterteilen die Diagonalen eines konvexen n-Ecks P das Innere des Vielecks? Beweise findet man beispielsweise in [Honsberger, 1973; Freeman, 1976; Alsina und Nelsen, 2010]. Sofern P die Eigenschaft hat, dass sich keine drei Diagonalen an einem inneren Punkt treffen, ist die Anzahl der Gebiete, in welche die Diagonalen das Innere von P unterteilen, durch

$$\binom{n}{4} + \binom{n-1}{2}$$

gegeben.

Unter einer *Triangulation* eines Vielecks versteht man die Unterteilung des Inneren in nicht überlappende Dreiecke durch Diagonalen, die Paare von Eckpunkten verbinden und sich nicht schneiden. Beispielsweise ist die Anzahl der Triangulationen eines Quadrats gleich 2, die eines Fünfecks gleich 5 und die eines Sechsecks gleich 14 (Abb. 15.12).

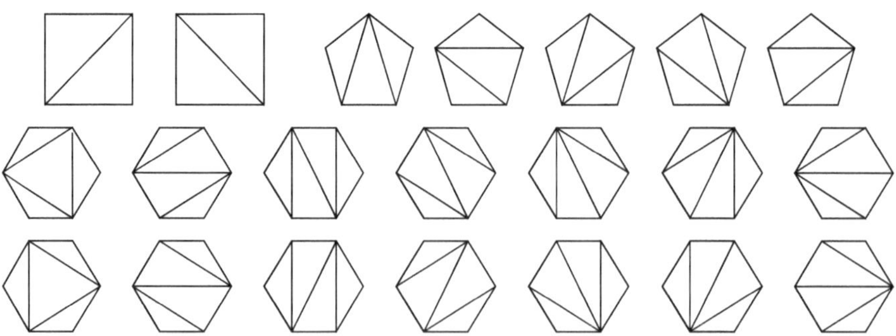

Abb. 15.12

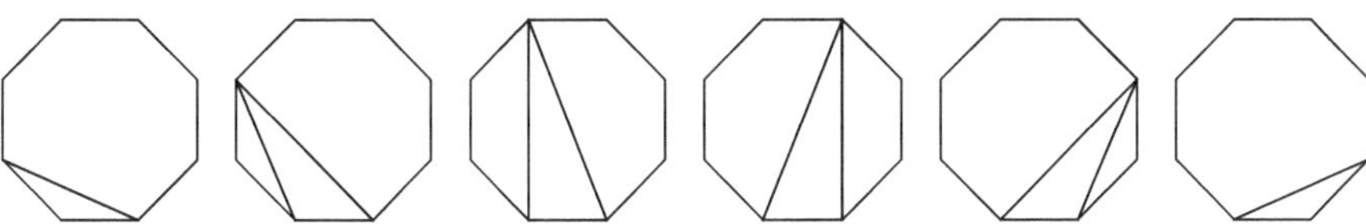

Abb. 15.13

Die Frage nach der Anzahl der Triangulationen eines konvexen n-Ecks hat eine interessante Geschichte. Das Problem (zusammen mit provisorischen Anworten für einige Werte von n) stellte Christian Goldbach (1690–1764) in einem Brief an Leonhard Euler (1707–1783) [Euler, 1965]. Euler berichtete Jan Andrej Segner (1704–1777) von dem Problem, der es auch löste. Später wurde es als offene Herausforderung von Joseph Liouville (1809–1894) gestellt und von verschiedenen Mathematikern gelöst, unter anderem auch von Gabriel Lamé (1795–1870). In diesem Abschnitt beziehen wir uns auf die kombinatorischen Argumente von Lamé [Lamé, 1838].

Es sei $T_n, n \geq 3$, die Anzahl der Triangulationen eines konvexen n-Ecks. Dann gilt $T_3 = 1$ und:

(i) $T_{n+1} = T_n + T_3 T_{n-1} + T_4 T_{n-2} + \ldots + T_{n-2} T_4 + T_{n-1} T_3 + T_n$ für $n \geq 3$,

(ii) $T_n = n\,(T_3 T_{n-1} + T_4 T_{n-2} + \ldots + T_{n-2} T_4 + T_{n-1} T_3)/(2n - 6)$ für $n \geq 4$ und

(iii) $T_{n+1} = (4n - 6)T_n/n$ für $n \geq 3$.

Wir verdeutlichen den Beweis von (i) an einem Achteck, doch seine Verallgemeinerung auf ein allgemeines n-Eck ist offensichtlich (Abb. 15.13).

Wir betrachten die untere Kante des Achtecks. Wie man der Abbildung entnimmt, kann diese Kante nach einer Triangulation die Grundseite von genau sechs Dreiecken sein. In allen Fällen gibt es sowohl links als auch rechts von dem Dreieck ein Vieleck (möglichweise auch nur eine Linie oder „Zweieck"), das ebenfalls trianguliert werden muss.

Im ersten Achteck in Abb. 15.13 gibt es eine Linie links von dem Dreieck und ein 7-Eck rechts, das auf T_7 Möglichkeiten trianguliert werden kann. Im zweiten Fall gibt es ein Dreieck auf der linken Seite und ein Sechseck auf der rechten, die zusammen auf $T_3 T_6$ Weisen trianguliert werden können. Fahren wir in dieser Weise fort, erhalten wir schließlich $T_8 = T_7 + T_3 T_6 + T_4 T_5 + T_5 T_4 + T_6 T_3 + T_7$.

Den Beweis von (ii) zeigen wir an einem Siebeneck, doch auch hier ist offensichtlich, wie man bei einem n-Eck vorzugehen hat (Abb. 15.14). Jede Diagonale tritt in vielen Triangulationen auf. Die in Abb. 15.14 ganz links liegende Diagonale erscheint in $T_3 T_6$ Triangulationen, da sie das Siebeneck in ein Dreieck und ein Sechseck unterteilt. Die Diagonale rechts daneben unterteilt das Siebeneck in ein Viereck und ein Fünfeck und erscheint somit in $T_4 T_5$ Triangulationen. Da das Siebeneck sieben Eckpunkte hat, finden wir auf diese Weise $L_7 = 7(T_3 T_6 + T_4 T_5 +$

Abb. 15.14

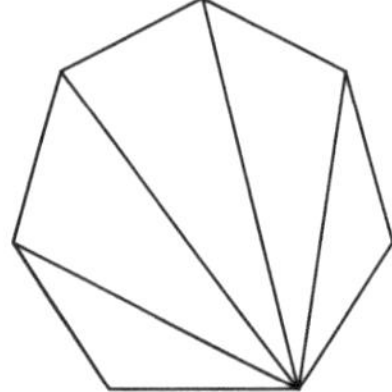

$T_5T_4 + T_6T_3$) mögliche Triangulationen, von denen viele jedoch mehrfach gezählt wurden. Im Allgemeinen gilt: $L_n = n(T_3T_{n-1} + T_4T_{n-2} + \cdots + T_{n-1}T_3)$.

Jede Triangulation eines n-Ecks hat $n - 3$ verschiedene Diagonalen, und jede Menge von $n - 3$ verschiedenen Diagonalen tritt in der Summe L_n genau $2(n - 3)$-mal auf, da jede Diagonale zwei Endpunkte hat. Also ist, wie behauptet, $T_n = L_n/(2n - 6)$. Schließlich ist (iii) eine unmittelbare Folge von (i) und (ii), und (iii) gibt uns gleichzeitig ein induktives Verfahren an die Hand, um die folgende explizite Formel für T_n zu beweisen:

$$T_n = \frac{1}{n-1}\binom{2n - 4}{n - 2}.$$

Die Zahlen $\{T_n\}_{n=3}^{\infty}$ bezeichnet man auch als *Catalan-Zahlen* $C_n = T_{n+2}$, d. h., die n-te Catalan-Zahl ist gleich der Anzahl der Triangulationen eines $(n + 2)$-Ecks für $n \geq 1$. Diese Zahlen treten in den Lösungen zu vielen kombinatorischen Problemen auf, beispielsweise der Anzahl von Klammerungen in Produkten, der Anzahl von Wegen auf einem Quadratgitter, die die Diagonale nicht schneiden, sowie der Abzählung von binären Bäumen. Benannt sind sie nach dem belgischen Mathematiker Eugene Charles Catalan (1814–1894).

15.5   Polygonale Zykloiden

Wenn ein Kreis eine Gerade entlangrollt, erzeugt ein Punkt auf dem Kreisrand eine Kurve, die als *Zykloide* bekannt ist. Zykloiden haben unter anderem zwei nette Eigenschaften: (i) Die Fläche unter einer Zykloiden ist das Dreifache der Fläche des erzeugenden Kreises, und (ii) die Länge einer Zykloide ist das Vierfache des Durchmessers des erzeugenden Kreises. Gelten ähnliche Beziehungen auch, wenn man den Kreis durch ein reguläres Vieleck ersetzt?

Die Helena der Geometer

Die Zykloide wurde zuerst von Nikolaus von Kues (1401–1464) und Charles de Bovelles (1471–1553) untersucht, doch die Bezeichnung „Zykloide" erhielt sie von Galileo Galilei (1564–1642), der auch für ihre Verwendung als Bogen in der Architektur warb.

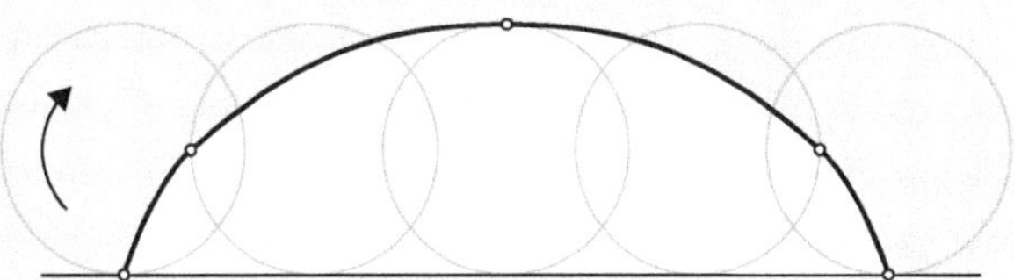

Abb. 15.15

Gilles Personne de Roberval (1602–1675) bestimmte die Fläche unter dem Bogen und Christopher Wren (1632–1723) fand seine Länge. Die Zykloide wurde auch als „Helena der Geometer" bekannt, weil sie während des 17. Jahrhunderts sehr viele Prioritätsstreitigkeiten auslöste. Christiaan Huygens (1629–1695) zeigte, dass eine auf dem Kopf stehende Zykloide das Tautochronenproblem löst: Gesucht ist eine Kurve, entlang der eine Kugel in einer festen Zeit bis zum Boden rollt, unabhängig von dem Punkt, an dem die Kugel auf der Kurve gestartet ist. Die Lösung zum Tautochronenproblem erscheint auch in folgendem Abschnitt aus dem Roman *Moby Dick* (1851) von Herman Melville: „Am linken Kochtopf der ‚Pequod', als der Seifenstein fleißig ringsum fuhr, fiel mir einst die bemerkenswerte Tatsache auf, dass geometrisch gesprochen alle Körper, die einer Zykloide entlanggleiten, wie zum Beispiel mein Seifenstein damals, von jedem beliebigen Punkt aus genau gleich viel Zeit brauchen, um nach unten zu rutschen."

Wenn wir den Kreis durch ein reguläres Vieleck ersetzen, besteht die Kurve, die von einem Eckpunkt des Vielecks erzeugt wird, aus Kreisbögen, die man manchmal auch *Zyklogone* nennt [Apostol und Mnatsakanian, 1999]. Abbildung 15.16a zeigt ein Achteck, das eine Gerade entlangrollt.

Ersetzen wir diese Bögen durch ihre Sehnen, erhalten wir eine Figur, die man als *polygonale Zykloide* bezeichnet. Für das Achteck zeigt Abb. 15.16b diese Kurve. Wir bestimmen die Fläche unter einem Bogen einer polygonalen Zykloide sowie

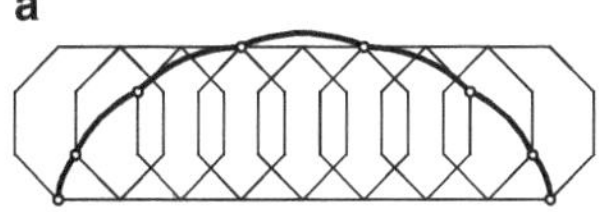

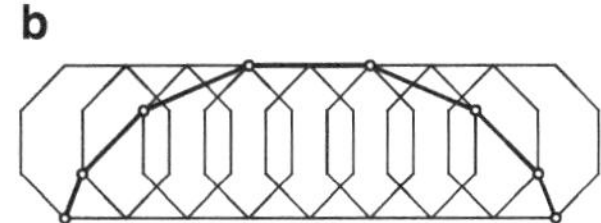

Abb. 15.16

seine Länge. Zunächst beweisen wir jedoch einen Satz, der auch für sich genommen sehr interessant ist [Ouellette und Bennett, 1979]:

Es seien $V_1, V_2, \ldots, V_n$ die Eckpunkte eines regulären n-Ecks mit Umkreisradius R und P ein Punkt auf dem Umkreis des n-Ecks, dann gilt:

$$|PV_1|^2 + |PV_2|^2 + \cdots + |PV_n|^2 = 2nR^2 \, .$$

Man lege das n-Eck in die xy-Ebene, sodass sich der Umkreismittelpunkt im Ursprung befindet. Die Koordinaten der Eckpunkte seien $V_i = (a_i, b_i)$ und die von $P = (u, v)$. Dann folgt:

$$|PV_1|^2 + |PV_2|^2 + \cdots + |PV_n|^2$$
$$= \sum_1^n (u - a_i)^2 + \sum_1^n (v - b_i)^2$$
$$= n(u^2 + v^2) - 2u \sum_1^n a_i - 2v \sum_1^n b_i + \sum_1^n (a_i^2 + b_i^2)$$
$$= 2nR^2 - 2u \sum_1^n a_i - 2v \sum_1^n b_i \, ,$$

da $u^2 + v^2 = R^2$ und $a_i^2 + b_i^2 = R^2$. Wir müssen noch zeigen, dass $\sum_1^n a_i = \sum_1^n b_i = 0$. Man stelle sich gleiche Gewichte an den Eckpunkten des n-Ecks vor. Da ihr Gesamtschwerpunkt der Umkreismittelpunkt ist und die Momente in x- und y-Richtung verschwinden, folgt $\sum_1^n a_i = \sum_1^n b_i = 0$. (Einen formaleren Beweis mithilfe komplexer Zahlen findet man in [Ouellette und Bennett, 1979].)

Ein besonderer Fall liegt vor, wenn P einer der Eckpunkte des n-Ecks ist. Dann ist die Summe der quadratischen Abstände von einem Eckpunkt des n-Ecks mit Umkreisradius R zu allen anderen $n - 1$ Eckpunkten gleich $2nR^2$.

Wir beweisen zunächst, dass die Flächeneigenschaft der Zykloide auch für polygonale Zykloide gilt: *Rollt ein reguläres Vieleck entlang einer Geraden, dann ist die Fläche der polygonalen Zykloide, die durch einen Eckpunkt des Vielecks erzeugt wird, das Dreifache der Fläche des Vielecks.*

Es sei R der Umkreisradius des n-Ecks. Mit $d_1, d_2, \ldots, d_{n-1}$ bezeichnen wir die Abstände von einem Eckpunkt (beispielsweise V_1) des n-Ecks zu den anderen $n-1$ Eckpunkten (Abb. 15.17a).

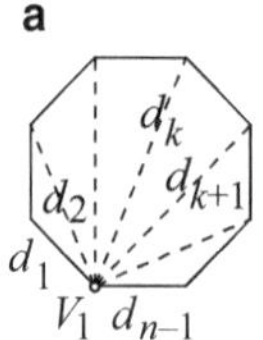

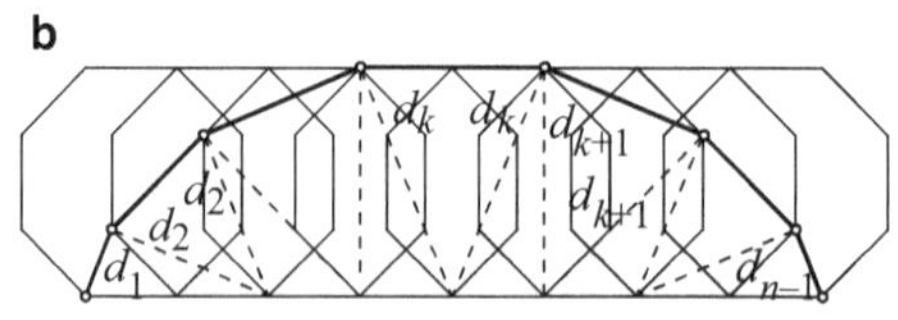

Abb. 15.17

Es sei A die Fläche des regulären n-Ecks mit Umkreisradius 1. Abbildung 15.17b zeigt die polygonale Zykloide, die von V_1 erzeugt wird, wenn das Vieleck die Gerade entlangrollt. Der Bereich unter der polygonalen Zykloide lässt sich in $n-2$ grau unterlegte Dreiecke und $n-1$ weiße gleichschenklige Dreiecke unterteilen, die alle den Scheitelwinkel $2\pi/n$ haben. (Wir geben die Winkel in Radianten an, da wir in diesem und dem nächsten Abschnitt Winkelfunktionen verwenden). Die Schenkel der gleichschenkligen Dreiecke sind jeweils $d_1, d_2, \ldots, d_{n-1}$. Die $n-2$ grauen Dreiecke sind deckungsgleich zu den $n-2$ Dreiecken, die man durch die Diagonalen in dem n-Eck erhält, und damit ist die Summe ihrer Flächen gleich $R^2 A$. Die Summe der Flächen der $n-1$ weißen gleichschenkligen Dreiecke ist

$$\frac{1}{n} A \left(d_1^2 + d_2^2 + \cdots + d_{n-1}^2\right) = \frac{A}{n} \cdot 2nR^2 = 2R^2 A \,.$$

Also ist die Fläche unter der polygonalen Zykloide gleich $3R^2 A$ bzw. das Dreifache der Fläche des erzeugenden n-Ecks. Aus dem Grenzfall unendlich vieler Ecken folgt, dass die Fläche unter einem Bogen der Zykloide das Dreifache der Fläche des erzeugenden Kreises ist.

Wir wenden unsere Aufmerksamkeit nun der Länge einer polygonalen Zykloide zu und beweisen: *Wenn ein reguläres Vieleck eine Gerade entlangrollt, dann ist die Länge der polygonalen Zykloide, die von einem Eckpunkt des Vielecks erzeugt wird, das Vierfache der Summe aus Inkreisradius und Umkreisradius des Vielecks.*

Es seien r und R der Inkreis- bzw. Umkreisradius des n-Ecks. Mit L_k bezeichnen wir die Länge des Abschnitts der polygonalen Zykloide, der in Abb. 15.17b der Grundseite des gleichschenkligen Dreiecks mit den Schenkeln d_k entspricht. Da $d_k = 2R \sin(k\pi/n)$, folgt:

$$L_k = 4R \sin \frac{k\pi}{n} \sin \frac{\pi}{n} = 2R \left[\cos \frac{(k-1)\pi}{n} - \cos \frac{(k+1)\pi}{n}\right],$$

und damit ist die Gesamtlänge der polygonalen Zykloide:

$$\sum_{k=1}^{n-1} L_k = 2R \sum_{k=1}^{n-1} \left[\cos \frac{(k-1)\pi}{n} - \cos \frac{(k+1)\pi}{n}\right]$$
$$= 4R \left(1 + \cos \frac{\pi}{n}\right) = 4R + 4r \,.$$

Der letzte Schritt ergibt sich aus der Beziehung $r = R \cos(\pi/n)$. Entsprechend ist die Länge eines Zykloidenbogens das Vierfache des Durchmessers des erzeugenden Kreises.

15.6 Polygonale Kardioiden

Die *Kardioide* (aus dem Griechischen καρδιά „Herz" und είδos „Form" oder „Erscheinung") erhält man, wenn ein Kreis außen um einen festen zweiten Kreis derselben Größe rollt (Abb. 15.18a). Wie die Zykloide hat auch die Kardioide zwei nette Eigenschaften: (i) Die Fläche der Kardioide ist das Sechsfache der Fläche des erzeugenden Kreises, und (ii) die Länge einer Kardioide ist das Achtfache des Durchmessers des erzeugenden Kreises. Es ist vermutlich nicht überraschend, dass ähnliche Eigenschaften auch gelten, wenn die Kreise durch reguläre Vielecke ersetzt werden. Abbildung 15.18b zeigt das Beispiel eines Achtecks.

Auch wenn Kardioide soviel wie „herzförmig" bedeutet, sehen viele in der Form eher den Querschnitt eines Pfirsichs, einer Pflaume oder einer Tomate. Trotzdem hängt die Kurve auch mit den bekannten herzförmigen Figuren zusammen, die auf Postkarten zum Valentinstag, Spielkarten oder auch Milton Glassers „I♥NY"-Emblem auftreten. Die Kardioide erscheint auch in einem ähnlichen Emblem, das eine Begeisterung für die Mathematik zum Ausdruck bringt (Abb. 15.19).

Zur Bestimmung der Fläche, die von einer polygonalen Kardioide wie in Abb. 15.18b umspannt wird, gehen wir ähnlich wie bei der polygonalen Zykloide vor. Es sei A die Fläche des regulären n-Ecks mit Umkreisradius 1. Der Bereich, der von der polygonalen Kardioide umschlossen wird, lässt sich in $n-2$ weiße Dreiecke und $n-1$ dunkelgraue gleichschenklige Dreiecke unterteilen, die jeweils den Scheitelwinkel $4\pi/n$ haben. Die Schenkellängen der gleichschenkligen Dreiecke seien $d_1, d_2, \ldots, d_{n-1}$. Die $n-2$ weißen Dreiecke sind deckungsgleich mit den $n-2$ Dreiecken, die aus den Diagonalen des ursprünglichen n-Ecks gebildet werden, und daher ist ihre Summe gleich $R^2 A$. Die Summe der Flächen der $n-1$

Abb. 15.18
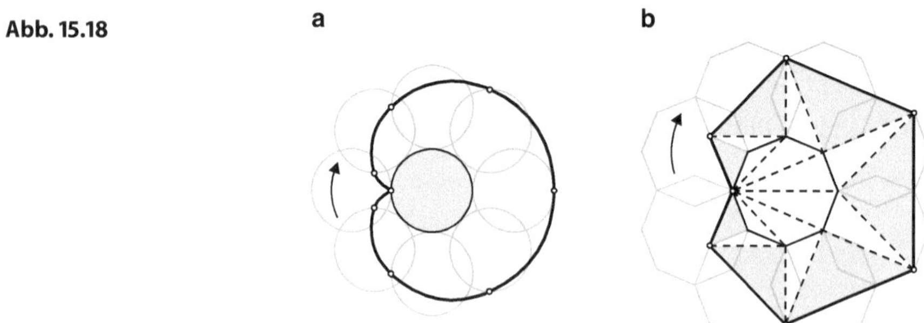

Abb. 15.19

dunkelgrauen gleichschenkligen Dreiecke ist

$$\frac{1}{2}(d_1^2 + d_2^2 + \cdots + d_{n-1}^2)\sin\frac{4\pi}{n} = (d_1^2 + d_2^2 + \cdots + d_{n-1}^2)\sin\frac{2\pi}{n}\cos\frac{2\pi}{n}$$

$$= \frac{2A}{n}(d_1^2 + d_2^2 + \cdots + d_{n-1}^2)\cos\frac{2\pi}{n}$$

$$= \frac{2A}{n}\cdot 2nR^2\cos\frac{2\pi}{n} = 4R^2 A\cos\frac{2\pi}{n}\,.$$

Also ist die Fläche, die von der polygonalen Kardioide umschlossen wird, gleich $[2 + 4\cos(2\pi/n)]R^2 A$. Für große Werte von n ist das nahezu das Sechsfache der Fläche des erzeugenden n-Ecks. Im Grenzfall unendlich vieler Ecken wird diese Beziehung exakt, d. h., die von einer Kardioide umschlossene Fläche ist das Sechsfache der Fläche des erzeugenden Kreises.

In Aufgabe 15.6 werden Sie zeigen, dass die Länge der polygonalen Kardioide, die von einem n-Eck erzeugt wird, gleich $8R\cos^2(\pi/n) + 8r$ ist, also ungefähr das Achtfache der Summe aus dem Inkreisradius und dem Umkreisradius des n-Ecks. Auch hier folgt aus dem Grenzfall unendlich großer n, dass die Länge der Kardioide das Achtfache des Durchmessers des erzeugenden Kreises ist.

Es gibt viele Möglichkeiten, eine Kardioide zu definieren. Den Punkt, bei dem die Kardioide den festen Kreis (mit Radius a) berührt, bezeichnet man als *Cusp-Punkt* der Kardioide. Führen wir Polarkoordinaten ein mit dem Cusp-Punkt als Ursprung und der Polarachse als Verlängerung des Durchmessers des festen Kreises durch den Cusp-Punkt, dann hat der Mittelpunkt des Kreises die Koordinaten $(a, 0)$ und die Gleichung der Kardioide ist $r = 2a(1 + \cos\theta)$. Einzelheiten findet man in [Pedoe, 1976].

Die Mandelbrot-Kardioide

Die *Mandelbrot-Menge* (der dunkle Bereich in Abb. 15.20) besteht aus der Menge aller komplexer Zahlen c, sodass der Grenzwert der Folge $\{c, c^2 + c, (c^2 + c)^2 + c, \ldots\}$ *nicht* ∞ ist. Der Rand des mittleren Bereichs der Mandelbrot-Menge erscheint wie eine Kardioide. Und genau das ist er auch – einen Beweis findet man in [Branner, 1989].

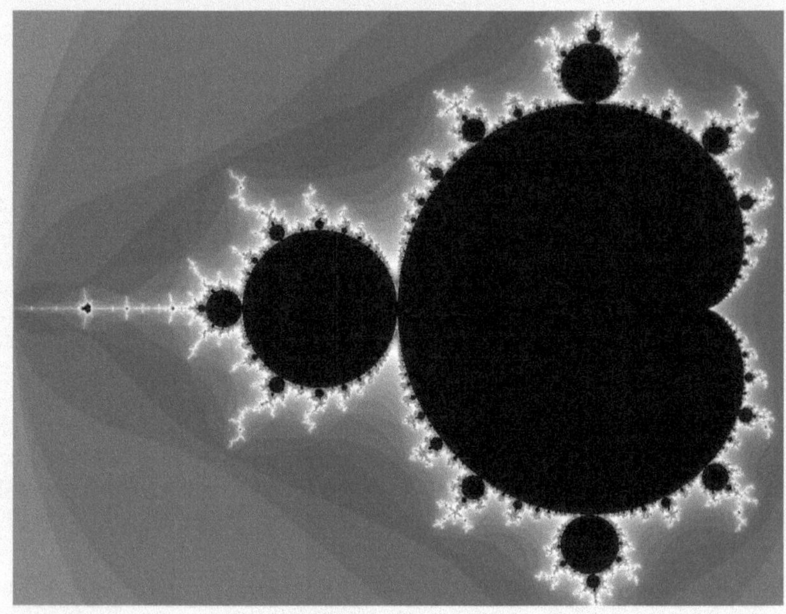

Abb. 15.20 © Wolfgang Beyer; cc-by-sa 3.0

15.7 Aufgaben

15.1 Eine Zahl, die sich als Summe von zwei oder mehr aufeinanderfolgenden natürlichen Zahlen schreiben lässt, bezeichnet man als *Treppenzahl*. Beispielsweise ist jede Fünfeckszahl eine Treppenzahl, wie man in Abb. 15.7a erkennt. In Aufgabe 14.4 haben Sie bewiesen, dass eine Zahl n, die keine Potenz von 2 ist, eine Treppenzahl ist. Nun sollen Sie das Umgekehrte beweisen: Wenn n eine Treppenzahl ist, dann ist n keine Potenz von 2. (Treppenzahlen, die keine Dreieckszahlen sind, bezeichnet man häufig als *Trapezzahlen*).

15.2 P_n^k sei die n-te k-Eckszahl. Man zeige, dass $P_n^{k+1} = P_n^k + T_{n-1}$ und $P_{n+1}^k = P_n^k + (k-2)n + 1$ für $k \geq 3$ und $n \geq 2$. Damit kann man leicht eine Tabelle der Vieleckzahlen beginnend mit $P_1^k = 1$ erstellen:

$n\rightarrow$	1	2	3	4	5	6	7	8...
Dreieck	1	3	6	10	15	21	28	36
Quadrat	1	4	9	16	25	36	49	64
Fünfeck	1	5	12	22	35	51	70	92
Sechseck	1	6	15	28	45	66	91	120
Siebeneck	1	7	18	34	55	81	112	148
Achteck	1	8	21	40	65	96	133	176

etc.

15.3 Sei T_k die k-te Dreieckszahl (mit $T_0 = 0$), $0 \le a, b, c \le n$ und $2n \le a+b+c$. Man zeige:

$$T_a + T_b + T_c - T_{a+b-n} - T_{b+c-n} - T_{c+a-n} + T_{a+b+c-2n} = T_n \,.$$

(Ein algebraischer Beweis ist zwar möglich, aber man versuche es mit einer dreieckigen Anordnung von T_n Objekten.) Einige Spezialfälle sind besonders interessant:

(i) $(n; a, b, c) = (2k - j; k, k, k)$: $3(T_k - T_j) = T_{2k-j} - T_{2j-k}$;

(ii) $(n; a, b, c) = (a+b+c; 2a, 2b, 2c)$: $T_{a+b+c}+T_{a+b-c}+T_{a-b+c}+T_{-a+b+c} = T_{2a} + T_{2b} + T_{2c}$;

(iii) $(n; a, b, c) = (3k; 2k, 2k, 2k)$: $3(T_{2k} - T_k) = T_{3k}$.

15.4 Es sei P ein reguläres n-Eck mit Umkreisradius R. Man zeige, dass die Summe der Quadrate aller Seitenlängen und aller Diagonalen von P gleich $n^2 R^2$ ist.

15.5 Wie groß sind die Winkel in einer polygonalen Zykloide, die von einem entlang einer Geraden rollenden n-Eck erzeugt wird?

15.6 Man zeige, dass die Länge der polygonalen Kardioide, die von einem n-Eck erzeugt wird, gleich $8R\cos^2(\pi/n) + 8r$ ist, wobei r und R der Inkreisradius bzw. der Umkreisradius des n-Ecks sind.

15.7 Man zeige, dass die Länge von jeder Sehne in einer Kardioide, die durch den Cusp-Punkt verläuft, das Vierfache des Radius des erzeugenden Kreises ist.

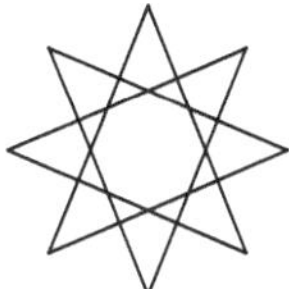

Über der Wolke mit ihrem Schatten steht der Stern mit seinem Licht.
(Pythagoras)
Selbst ein kleiner Stern leuchtet in der Dunkelheit.
(Finnisches Sprichwort)

Vielecke in Form von Sternen haben die Menschen schon immer fasziniert. Seit der Antike waren sie Symbole in Mythologie und Religion, und sie spielen im Judaismus, Islam und Christentum eine besondere Rolle. Sternförmige Objekte finden sich in der Natur ebenso wie in Artefakten oder auch als Symbole für herausragende Leistungen. Abbildung 16.1 zeigt einen Seestern, einige sternförmige Zahnkränze für Fahrräder sowie einen Stern auf dem Walk of Fame des Hollywood Boulevards.

Neben den Sternen in Abb. 16.1 gibt es sternförmige Blumen, Sterne auf Fahnen und Sternlogos von Organisationen und Firmen. Allgemein verwendet man Sterne zur Bewertung von Qualität (z. B. die 3-Sterne-Restaurants). Man findet sie aber auch oft als Formen von Plätzchen, Gebäck oder Nudeln. Sterne mit Punkten stellen oft die astronomischen Sterne am Himmel dar.

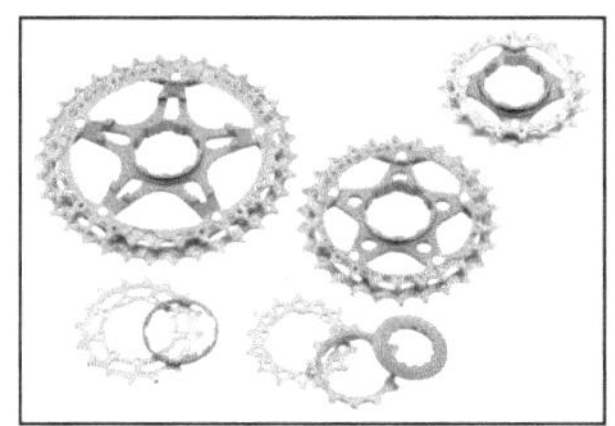

Abb. 16.1

Sternförmige Fünfecke und Sechsecke (*Pentagramme* und *Hexagramme*) wurden von den antiken griechischen Geometern untersucht, und das Pentagramm wurde zum Symbol der pythagoreischen Schule. Die ersten Personen, die mathematische Sterne im Allgemeinen untersuchten, waren Thomas Bradwardine (1290–1349), ein englischer Mathematiker und für kurze Zeit auch Erzbischof von Canterbury, später Regiomontanus (1436–1476) und Charles de Bovelles (1479–1567).

Im Zusammenhang seiner Untersuchungen von Polyedern behandelt Johannes Kepler (1571–1630) auch *stellare Polygone* in seinem 1619 veröffentlichten Buch *Harmonices Mundi* (Die Harmonie der Welt).

Wir beginnen mit einer allgemeinen Diskussion der Geometrie der Sternpolygone und behandeln anschließend Pentagramme, Hexagramme und Oktagramme. Abschließend betrachten wir einige „magische Sterne" aus der Unterhaltungsmathematik.

16.1   Die Geometrie von Sternpolygonen

Gewöhnliche (konvexe oder konkave) Vielecke sind insofern einfach, als sich ihre Seiten nicht schneiden. Andernfalls erhalten wir *Sternpolygone*. Reguläre Sternpolygone oder *Polygramme* bezeichnen wir mit $\{p/q\}$, und sie lassen sich folgendermaßen konstruieren: Man verbinde jeden q-ten Eckpunkt eines regulären Vielecks mit p Seiten, wobei $1 < q < p/2$. Abbildung 16.2 zeigt (von rechts nach links) die regulären Sternpolygone $\{5/2\}$, $\{6/2\}$, $\{7/2\}$, $\{7/3\}$, $\{8/2\}$ und $\{8/3\}$. Viele reguläre Sternpolygone haben spezielle Namen: $\{5/2\}$ ist ein *Pentagramm*, $\{6/2\}$ ein *Hexagramm*, *Davidstern* oder *Salomonssiegel*, $\{8/2\}$ ist der *Lakshmi-Stern* und $\{8/3\}$ das *Oktagramm*.

Zu einem Sternpolygon gehören neben dem äußeren Rand auch die inneren Streckenabschnitte. Beispielsweise ist das erste Symbol in Abb. 16.2 das Pentagramm und nicht der Stern ☆, bei dem es sich um ein konkaves Zehneck handelt.

Der Vollständigkeit halber sei $\{p/1\}$ bzw. einfach $\{p\}$ das reguläre konvexe Vieleck mit p Kanten. Sind p und q teilerfremd, bezeichnet man $\{p/q\}$ als *unikursal*, d. h., die Figur lässt sich mit einem Stift auf einem Blatt Papier zeichnen, ohne dass der Stift abgesetzt oder entlang von Kurventeilen zurückgeführt werden muss. Wenn p und q einen größten gemeinsamen Teiler $d > 1$ haben, besteht $\{p/q\}$ aus d Kopien von $\{(p/d)/(q/d)\}$, und man spricht oft von einer *Sternfigur*. Beispielsweise bestehen das Hexagramm $\{6/2\}$ aus zwei gleichseitigen Dreiecken $\{3\}$ und der Lakshmi-Stern $\{8/2\}$ aus zwei Quadraten $\{4\}$.

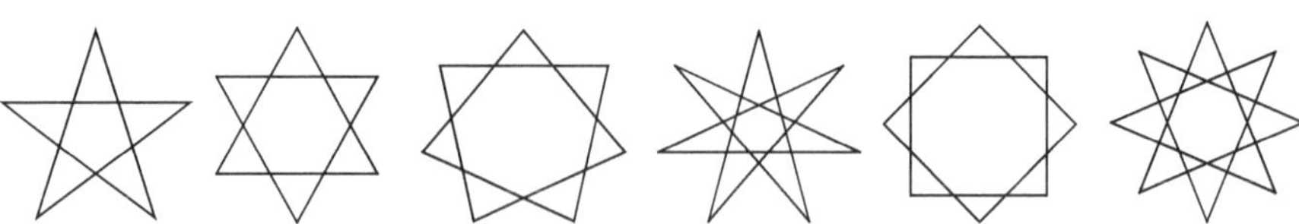

Abb. 16.2

Verlängern wir jede Kante eines gewöhnlichen Vielecks in beide Richtungen bis sie eine andere verlängerte Kante schneidet, erhalten wir ein *stelliertes Vieleck* und die Konstruktion eines solchen Sternpolygons bezeichnet man als *Stellation*. Alle Sternpolygone in Abb. 16.2 sind in diesem Sinne stellierte Vielecke. In manchen Fällen muss eine Kante nur bis zum ersten Schnittpunkt mit einer anderen erweiterten Kante verlängert werden, in anderen Fällen erhält man den Stern erst, wenn man Kanten bis zu einem zweiten Schnittpunkt mit einer verlängerten anderen Kante erweitert, wie beim $\{7/3\}$- und $\{8/3\}$-Sternpolygon.

Sterne und die Abzeichen von Gesetzeshütern
Sterne mit fünf, sechs, sieben und gelegentlich auch acht Spitzen sind in den Vereinigten Staaten verbreitete Abzeichen für Gesetzeshüter wie Polizisten oder Sheriffs. Die Verbindung zwischen Sternen und dem Gesetzesvollzug könnte auf die Verwendung von Sternen in der englischen und schottischen Heraldik zurückgehen, wo dieses Symbol oft mit Sporen in Verbindung gebracht wurde. Abbildung 16.3 zeigt Abzeichen in der Form von Sternpolygonen $\{p/2\}$ für $p = 5, 6, 7$ und 8.

Abb. 16.3

Thomas Bradwardine entdeckte die Formel $(p - 2q)180°$ für die Summe der Eckpunktwinkel von $\{p/q\}$. Jeder der p Eckpunktwinkel beträgt $[1 - 2(q/p)]180°$, und daher ist ihre Summe $(p - 2q)180°$. Also ist die Summe der Eckpunktwinkel des Pentagramms $180°$, des Hexagramms und Oktagramms $360°$ und des Lakshmi-Sterns $720°$.

Auch für nicht reguläre Sternpentagons ist die Summe der Eckpunktwinkel gleich $180°$, wie man in Abb. 16.4 erkennt, da [Nakhli, 1986]

$$\alpha + (\beta + \delta) + (\gamma + \varepsilon) = \alpha + \theta + \phi = 180°.$$

Abb. 16.4

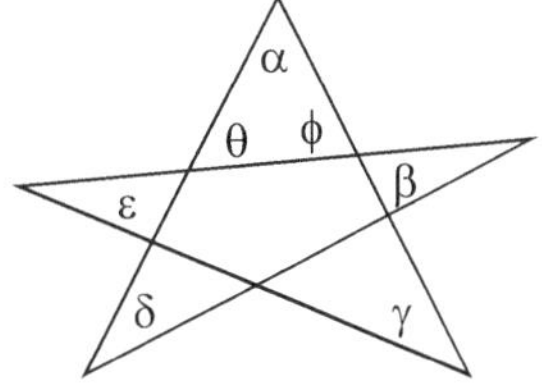

Abb. 16.5

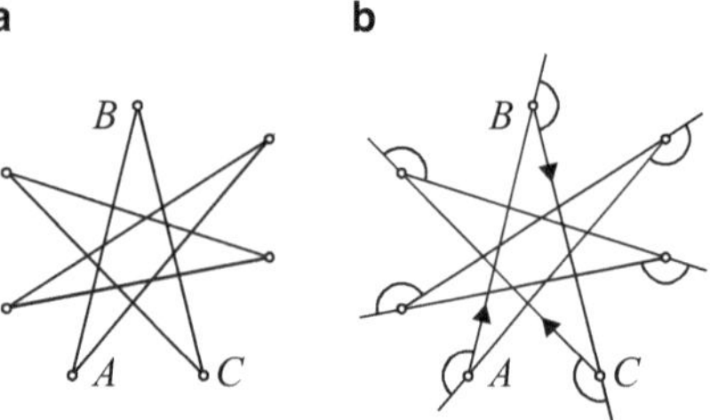

Wir zeigen nun, dass die Formel von Bradwardine auch für allgemeine (nicht reguläre) Sternpolygone $[p/q]$ gilt (die ganz analog zu den regulären $\{p/q\}$ aus einem allgemeinen konvexen Polygon konstruiert werden können). Angenommen, p und q seien teilerfremd wie $[7/3]$ in Abb. 16.5a. Wir stellen uns nun eine Ameise vor, die das Sternpolygon entlangläuft. Sie fängt bei A an, spaziert zu B, dreht sich um den markierten äußeren Winkel und läuft weiter zu C, dreht sich wieder um den äußeren Winkel usw. wie in Abb. 16.5b. Wenn die Ameise schließlich wieder bei A ankommt, schaut sie in dieselbe Richtung wie zu Beginn ihres Spaziergangs. Insgesamt hat sie sich dreimal vollständig gedreht, denn wenn die Ameise jeweils immer zu jedem dritten Eckpunkt läuft, muss sie sich insgesamt dreimal drehen, um jeden Eckpunkt besucht zu haben.

Also ist die Summe der äußeren Winkel gleich $3 \cdot 360°$, außerdem ist jeder Innenwinkel gleich $180°$ minus einem äußeren Winkel, also ist die Summe der sieben Innenwinkel gleich $7 \cdot 180° - 3 \cdot 360° = (7 - 2 \cdot 3)180°$. Ersetzen wir $[7/3]$ durch $[p/q]$ erhalten wir für die Summe $(p - 2q)180°$ [de Villiers, 1999].

Wenn p und q einen größten gemeinsamen Teiler $d > 1$ haben, besteht $[p/q]$ aus d Kopien eines $[(p/d)/(q/d)]$-Sternpolygons, und damit ist die Winkelsumme dieselbe wie vorher:

$$d \cdot [(p/d) - 2(q/d)]180° = (p - 2q)180° \, .$$

a
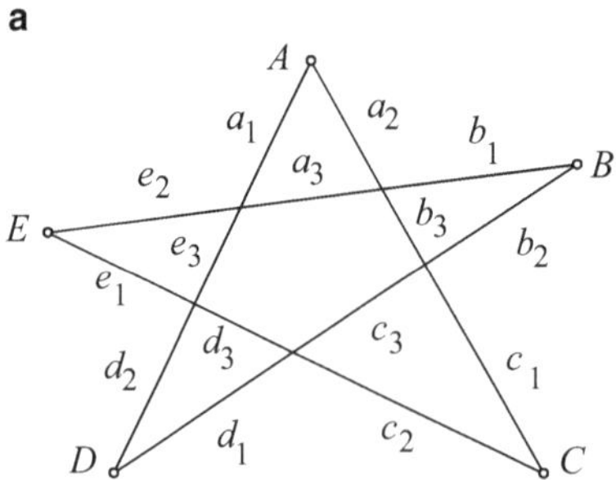

b
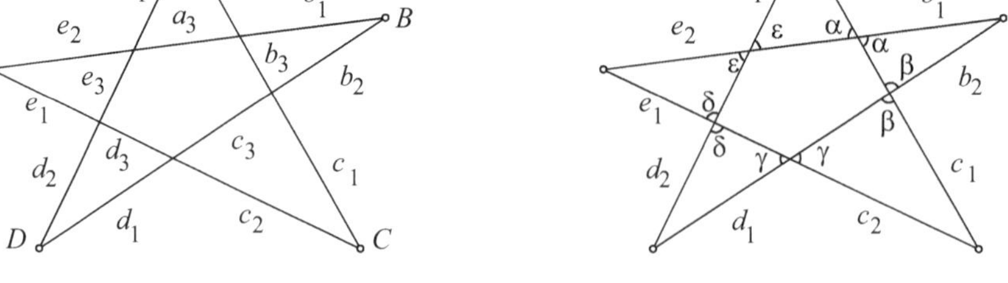

Abb. 16.6

Nicht nur für die Winkel sondern auch für die Längen der Kantenabschnitte in einem allgemeinen Pentagramm gibt es nette Beziehungen. Abbildung 16.6a zeigt ein Pentagramm $ABCDE$, bei dem wir die Kanten des kleinen Dreiecks bei Eckpunkt A mit a_1, a_2 und a_3 (und entsprechend für die anderen Eckpunkte) bezeichnet haben.

Mit diesen Bezeichnungen gilt:

$$a_1 b_1 c_1 d_1 e_1 = a_2 b_2 c_2 d_2 e_2 \tag{16.1}$$

und:

$$\frac{(a_3 + b_1)}{(a_2 + b_3)} \cdot \frac{(b_3 + c_1)}{(b_2 + c_3)} \cdot \frac{(c_3 + d_1)}{(c_2 + d_3)} \cdot \frac{(d_3 + e_1)}{(d_2 + e_3)} \cdot \frac{(e_3 + a_1)}{(e_2 + a_3)} = 1 \,. \tag{16.2}$$

Zum Beweis von (16.1) wenden wir den Sinussatz auf jedes der grauen Dreiecke in Abb. 16.6b an und erhalten $a_1/a_2 = \sin\alpha/\sin\varepsilon$, $b_1/b_2 = \sin\beta/\sin\alpha$, $c_1/c_2 = \sin\gamma/\sin\beta$, $d_1/d_2 = \sin\delta/\sin\gamma$ und $e_1/e_2 = \sin\varepsilon/\sin\delta$. Das Produkt dieser Gleichungen ergibt $a_1 b_1 c_1 d_1 e_1/a_2 b_2 c_2 d_2 e_2 = 1$ [Lee, 1998]. Gleichung (16.2) lässt sich ähnlich beweisen (siehe Aufgabe 16.1). Gleichung (16.1) gilt auch für allgemeine $[p/2]$-Sternpolygone, wobei auf jeder Seite ein Produkt aus p Termen steht.

Sternpolygone in Gaudís Säulen
Unter dem Einfluss eingehender geometrischer Studien entwarf der Architekt Antoni Gaudí (1852–1926) die Säulen in der Kirche der Sagrada Familia in Barcelona. Gaudí wollte die klassischen griechischen und salomonischen Säulen vermeiden und wurde gleichzeitig inspiriert durch die helikalen Formen bei lebenden Bäumen. So schuf er Sternpolygone mit 6, 8, 10 und 12 Seiten. Er experimentierte mit Säulen [Bonet, 2000], deren sternpolygonale Grundflächen sich langsam um die Säule winden.

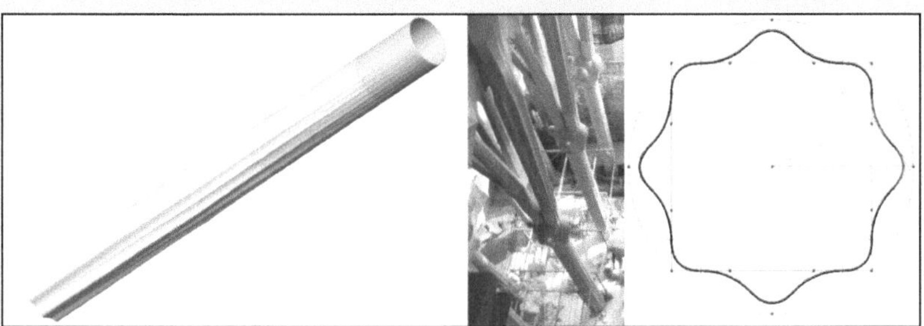

Abb. 16.7

Wenn sich zwei derartige Säulen mit entgegengesetzten Windungsrichtungen gegenseitig durchdringen, resultiert eine Säule, deren Grundseite ein

Sternpolygon ist, deren Querschnittsflächen bei verschiedenen Höhen jedoch Sternpolygone mit zunehmender Seitenzahl sind, bis sie nahezu kreisförmig wird. Um Eckkanten mit Winkeln bei den Sternpolygonen zu vermeiden, rundete Gaudí sie mit Parabeln ab, sodass die Querschnitte von glatten Kurven berandet werden.

16.2   Das Pentagramm

Das Pentagramm oder auch reguläre Sternpentagon hängt eng mit dem *Goldenen Schnitt* ϕ, der positiven Wurzel $(\sqrt{5} + 1)/2$ der quadratischen Gleichung $x^2 - x - 1 = 0$, zusammen. Das ergibt sich aus der Tatsache, dass die Diagonale des regulären Fünfecks mit der Seitenlänge 1 gleich ϕ ist, was wir nun anhand von Abb. 16.8 beweisen.

Ein reguläres Fünfeck mit der Seitenlänge 1 und der Diagonalen d und ein Pentagramm seien einem Kreis einbeschrieben wie in Abb. 16.8. Da die drei Winkel an jedem Eckpunkt des Fünfecks gleich sind (zu jedem Winkel gehört ein Kreisbogen von einem Fünftel des Kreisumfangs), sind die unterlegten gleichschenkligen Dreiecke in den Abb. 16.8bc ähnlich. Also ist

$$ d = \frac{d}{1} = \frac{x}{y} = \frac{x + y}{x} = 1 + \frac{y}{x} = 1 + \frac{1}{d} \, , $$

sodass $d^2 = d + 1$ und damit $d = \phi$.

Da jeder Eckpunktwinkel des Pentagramms 36° beträgt (weil sich alle fünf Winkel zu 180° addieren), können wir mit dem Pentagramm aus Abb. 16.8a auch die Werte von Winkelfunktionen für Vielfache von 18° finden [Bradie, 2002]. Man zeichne ein Paar paralleler Strecken wie in Abb. 16.9, sodass man die beiden grauen Dreiecke erhält, die jeweils die Hypotenusenlänge 1 haben.

a   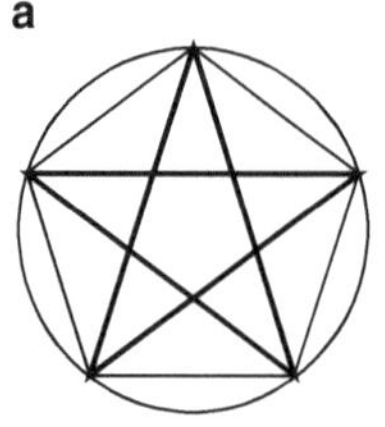   b   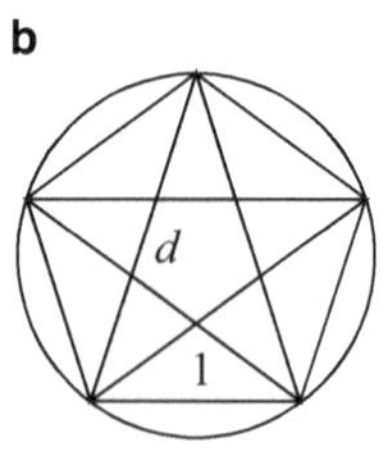   c   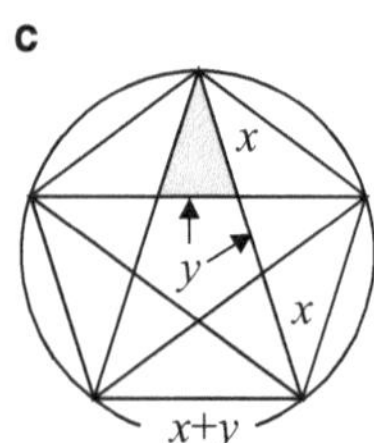

Abb. 16.8

Abb. 16.9

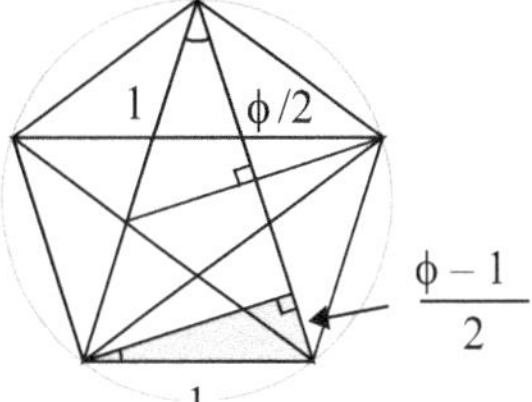

Für das hellgraue Dreieck gilt:

$$\cos 36^\circ = \sin 54^\circ = \frac{\phi}{2} = \frac{\sqrt{5}+1}{4}$$

und für das dunkelgraue Dreieck:

$$\sin 18^\circ = \cos 72^\circ = \frac{\phi-1}{2} = \frac{\sqrt{5}-1}{4} \, .$$

Ein Fünfeck mit einem einbeschriebenen Pentagramm erlaubt einen einfachen Beweis, dass der Goldene Schnitt ϕ irrational ist. Angenommen, ϕ wäre rational und $\phi = m/n$, wobei m und n teilerfremde ganze Zahlen sind. Man zeichne das Pentagramm mit der Seite n und der Diagonalen m wie in Abb. 16.10a. Wie in Abb. 16.8c gezeigt wurde, ist das graue Dreieck in Abb. 16.10b ähnlich zu dem grauen Dreieck in Abb. 16.10a, und daher ist $\phi = n/(m-n)$. Dies ist ein Widerspruch, denn $1 < \phi < 2$ bedeutet $n < m$ und $m - n < n$.

Wir können ein Papiermodell eines regulären Dodekaeders (ein Körper mit zwölf fünfeckigen Flächen (linker Teil von Abb. 16.11)) basteln, indem wir ein *Netz* wie in der Mitte der Abbildung ausschneiden. Jede Hälfte des Netzes lässt sich aus einem regulären Fünfeck zeichnen, dem man ein Pentagramm einbeschreibt und dann ein zweites Pentagramm in das Fünfeck in der Mitte zeichnet. Die Verlängerung der Seitenlinien dieses kleinen Pentagramms beranden die grau unterlegten dreieckigen Bereiche, die nicht Teil des Netzes sind (siehe die Figur im rechten Teil der Abbildung) [Bishop, 1962].

Aus dem Modell eines Dodekaeders können wir wieder mithilfe von Pentagrammen ein Modell eines *kleinen stellierten Dodekaeders* basteln, also eines Sternpolyeders mit zwölf Seiten, die man aus Pentagrammen erhält. Der kleine stellierte

Abb. 16.10

a
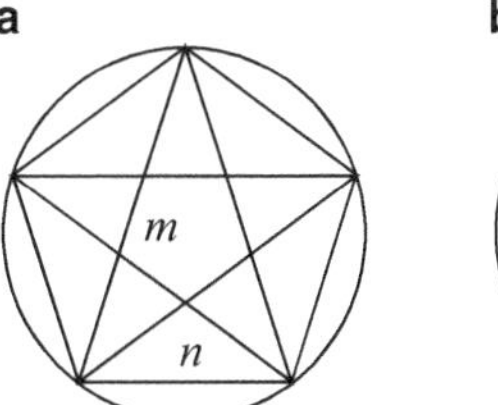 **b**
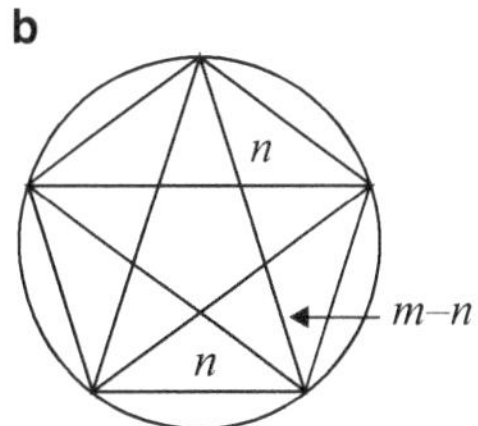

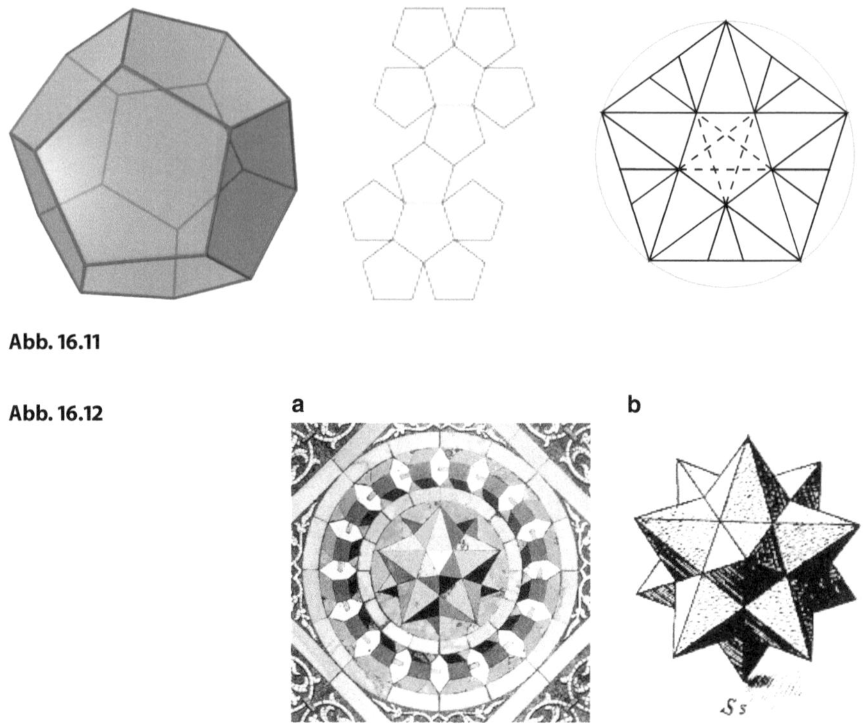

Dodekaeder in Abb. 16.12a stammt von einem Mosaik im Markusdom in Venedig und wurde um 1430 von Paolo Uccello (1397–1475) geschaffen. Die Zeichnung des kleinen stellierten Dodekaeders in Abb. 16.12b stammt von Johannes Kepler (1571–1630).

Falten wir bei einem Papierpentagramm wie dem in Abb. 16.8a die fünf Dreiecke der Zacken nach oben, erhalten wir eine pentagonale Pyramide. Zwölf derartige Pyramiden lassen sich auf den zwölf Seitenflächen eines Dodekaeders befestigen. Wir müssen allerdings noch überprüfen, dass die dreieckigen Seitenflächen der Pyramide in genau der Ebene der fünfeckigen Flächen des Dodekaeders liegen. Der Diederwinkel (der Winkel zwischen benachbarten Seitenflächen) des regulären Dodekaeders ist $\arccos(-1/\sqrt{5}) \approx 116{,}565°$, und der Diederwinkel zwischen der Grundfläche und einer dreieckigen Seitenfläche der Pyramide ist $\arccos(1/\sqrt{5}) \approx 63{,}435°$. Also sind die Seitenflächen des Modells tatsächlich Pentagramme.

16.3　Der Davidstern

Der Codex Leningradensis ist die älteste erhaltene vollständige *Tanakh* oder hebräische Bibel und stammt aus dem Jahre 1008 oder 1009. Das Hexagramm des Davidsterns erscheint auf dem Umschlag (Abb. 16.13). Seine hebräische Bezeichnung *Magen David* bedeutet Schild des David. Heute ist der Davidstern das allgemein bekannte Symbol des jüdischen Volkes, und er erscheint in der Flagge Israels.

Abb. 16.13

Abb. 16.14

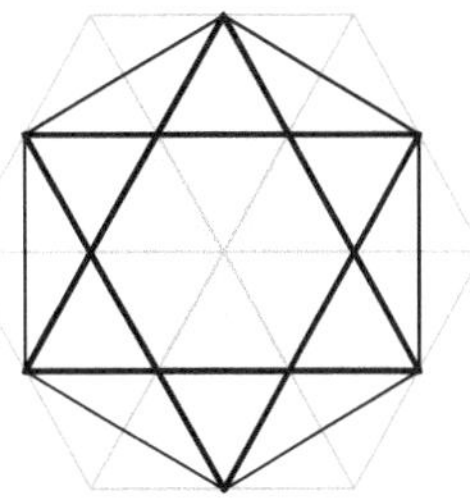

Der Davidstern wird oft als Verbindung aus zwei gleichseitigen Dreiecken angesehen, von denen eines nach oben und das andere nach unten zeigt. Die Punkte, an denen sich die Seiten der Dreiecke schneiden, dritteln die Dreiecksseiten und bilden wiederum ein reguläres Sechseck, wie man in Abb. 16.14 erkennt.

Mit einem Gitter aus kleineren gleichseitigen Dreiecken, das wir über das Hexagramm legen, können wir Flächen vergleichen. Beispielsweise macht die Fläche des Hexagramms zwei Drittel der Fläche des ursprünglichen Sechsecks aus, und die Fläche des inneren Sechsecks ist gleich der Hälfte der Fläche des Hexagramms.

Wir beschließen diesen Abschnitt mit der verblüffenden Erscheinung eines Hexagramms, das man erhält, wenn man die Seiten eines Dreiecks drittelt und die Eckpunkte des Dreiecks mit den Punkten der Seitendrittelung wie in Abb. 16.15a verbindet.

Die Strecken der Drittelung schließen im Zentrum des Dreiecks ein nicht reguläres Sechseck ein, dessen Diagonalen ein nicht reguläres Hexagramm ergeben. Überraschend ist, dass die Fläche des Hexagramms genau 7/100 der Fläche des ursprünglichen Dreiecks beträgt.

Wir bestimmen zunächst die Fläche des grauen, dem Sechseck einbeschriebenen Dreiecks (Abb. 16.15). Überdecken wir wieder das ursprüngliche Dreieck mit einem Gitter aus ähnlichen kleineren Dreiecken, erkennen wir, dass die Fläche

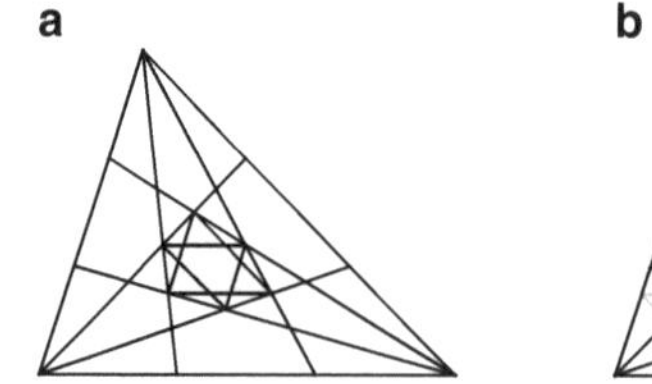
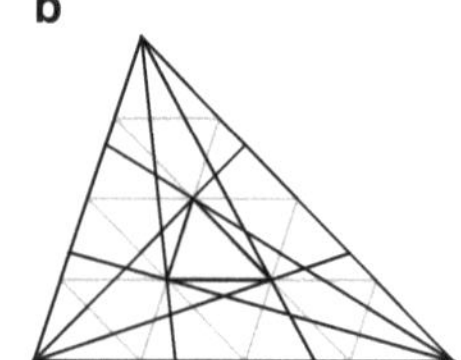
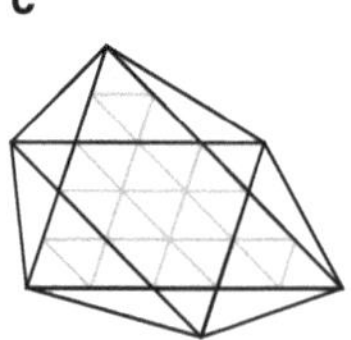

Abb. 16.15

des grauen Dreiecks 1/16 der Fläche des ursprünglichen Dreiecks ist. Abbildung 16.15c zeigt eine vergrößerte Darstellung des Hexagramms aus Abb. 16.15a, wiederum mit einem Gitter ähnlicher Dreiecke überdeckt. Wir zählen die kleinen Dreiecke und finden, dass die Fläche des Hexagramms 28/25 der Fläche des grauen Dreiecks aus Abb. 16.15b ausmacht. Somit ist die Fläche des Hexagramms gleich $(28/25) \cdot (1/16) = 7/100$ der Fläche des ursprünglichen Dreiecks.

Sternhalma und Sternzahlen

Sternhalma ist ein Brettspiel, bei dem die möglichen Positionen der Figuren auf einem Brett ein sechseckiges Muster bilden (Abb. 16.16a). Das Standardbrett hat $S_5 = 121$ Positionen, wobei S_n die n-te *Sternzahl* ist. Wie man in Abb. 16.16b erkennt, ist für $n \geq 2$ die Sternzahl $S_n = 12T_{n-1} + 1 = 6n(n-1) + 1$, wobei T_n die n-te Dreieckszahl ist (siehe Abschn. 14.2). Die zweite Sternzahl $S_2 = 13$ erscheint in dem Großen Siegel der Vereinigten Staaten auf der Ein-Dollar-Note (Abb. 16.16c).

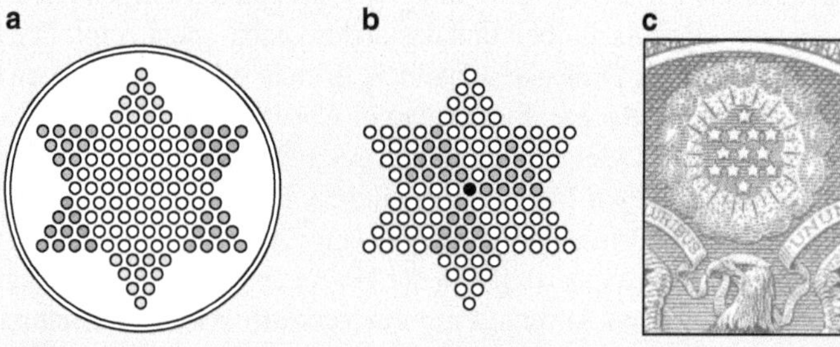

Abb. 16.16

Erfunden wurde das Spiel in Deutschland um 1890. In den Vereinigten Staaten wurde es 1928 zum ersten Mal produziert und erschien dort aus Verkaufszwecken unter dem Namen „Chinese Checkers", obwohl es weder in China erfunden noch einen Bezug zum gewöhnlichen Dame-Spiel (Checkers) hat.

Abb. 16.17

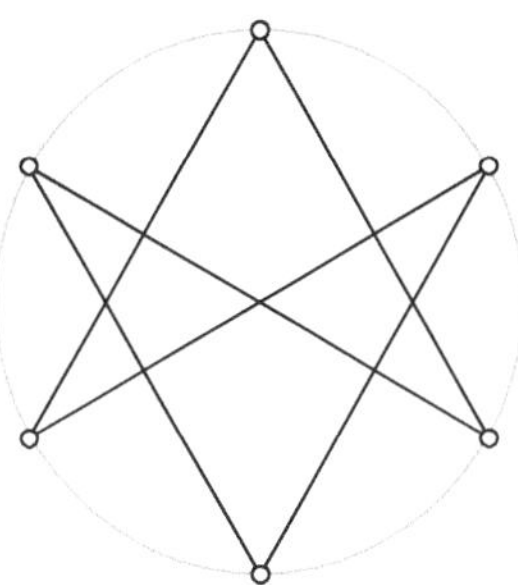

Ein weiteres Sternsechseck ist das sogenannte *unikursale Hexagramm* (Abb. 16.17). Es ist keine reguläre Figur, da seine Kanten nicht alle dieselbe Länge haben. Die Summe seiner Eckpunktwinkel beträgt 240°.

16.4 Der Lakshmi-Stern und das Oktagramm

Zwei reguläre Sternpolygone lassen sich aus dem Achteck konstruieren: {8/2}, der *Lakshmi-Stern*, und {8/3}, das *Oktagramm* (Abb. 16.18).

In der indischen Philosophie symbolisiert der Lakshmi-Stern das *Ashta Lakshmi*, die acht Formen des Wohlstands von Lakshmi, der Hindugöttin des Glücks und Reichtums. Er spielt in hinduistischen und islamischen Zeichnungen oft eine symbolische Rolle.

Überall auf der Welt findet man seit Jahrhunderten Sternoktagone in Werken der Kunst und des Handwerks. Auf der linken Seite von Abb. 16.19 sehen wir einen {8/2}-Stern von der Patio del Cuarto Dorado in der Alhambra aus dem 14. Jahrhundert. Daneben finden wir einen {8/3}-Stern innerhalb eines {8/2}-Sterns, umgeben von acht weiteren {8/2}-Sternen aus der Real Alcázar in Sevilla, ebenfalls aus dem 14. Jahrhundert. Der dritte Teil der Abbildung zeigt ein „Hex Sign", wie man es häufig an Häusern aus dem 19. Jahrhundert im Osten von Pennsylvania findet. Auf der rechten Seite sehen wir ein traditionelles amerikanisches Deckenmuster, genannt „Lone Star".

Im Sternoktagon finden sich zwei interessante Konstanten: die *Córdoba-Proportion* und der *Silberne Schnitt*. Zur Berechnung benötigen wir Ausdrücke

Abb. 16.18

a

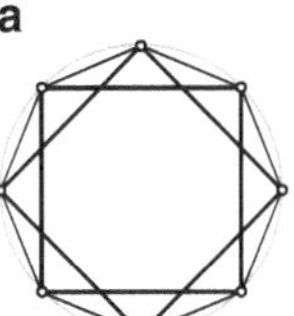

b

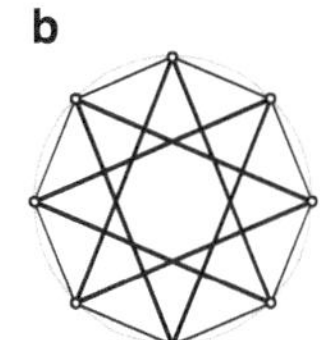

Abb. 16.19

Abb. 16.20

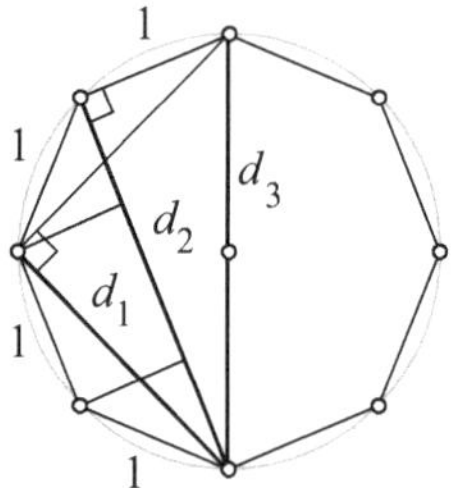

für die Seitenlängen der $\{8/2\}$- und $\{8/3\}$-Sterne, also der Längen der Diagonalen eines regulären Achtecks. Abbildung 16.20 zeigt, wie sie sich mithilfe rechtwinkliger Dreiecke leicht bestimmen lassen. Wählen wir die Seitenlänge des Achtecks gleich 1 und bezeichnen mit d_1, d_2 und d_3 die drei abgebildeten Diagonalen, dann folgt $d_1 = \sqrt{2+\sqrt{2}}$, $d_2 = 1 + \sqrt{2}$ und $d_3 = \sqrt{4+2\sqrt{2}}$.

Dementsprechend ist der Umkreisradius des Lakshmi-Sterns (und damit auch des Achtecks) gleich $R = d_3/2 = \sqrt{4+2\sqrt{2}}/2 = 1/\sqrt{2-\sqrt{2}} \approx 1{,}3065\dots$. Der spanische Architekt Rafael de la Hoz nannte dies die *Córdoba-Proportion*, da er dieses Verhältnis in vielen arabischen und maurischen Gebäuden wiederfand, beispielsweise der Mezquita in Córdoba [de la Hoz, 1995].

Die Seitenlänge $d_2 = 1 + \sqrt{2}$ des Oktagramms bezeichnet man manchmal auch als *Silberner Schnitt*, da sie einige Eigenschaften mit dem Goldenen Schnitt (siehe Abschn. 16.2) teilt. Häufig verwendet man für den Silbernen Schnitt das Symbol δ_S. Sowohl ϕ als auch δ_S treten als Seitenlängen bei Sternpolygonen auf, und beide Ausdrücke haben eine einfache Kettenbruchzerlegung:

$$\phi = 1 + \cfrac{1}{1 + \cfrac{1}{1+\frac{1}{1+\cdots}}} \quad \text{und} \quad \delta_s = 2 + \cfrac{1}{2 + \cfrac{1}{2+\frac{1}{2+\cdots}}}.$$

Abb. 16.21

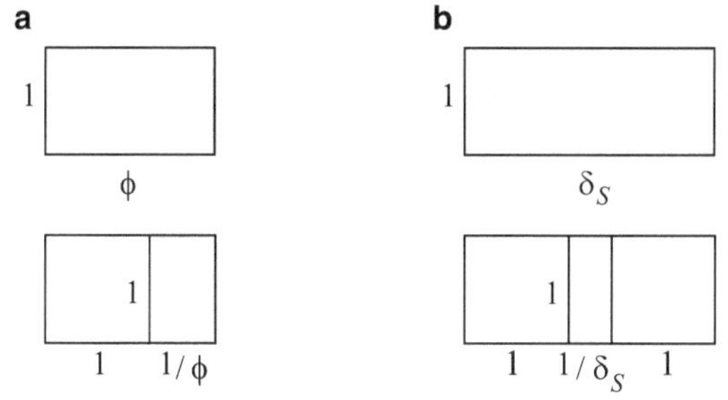

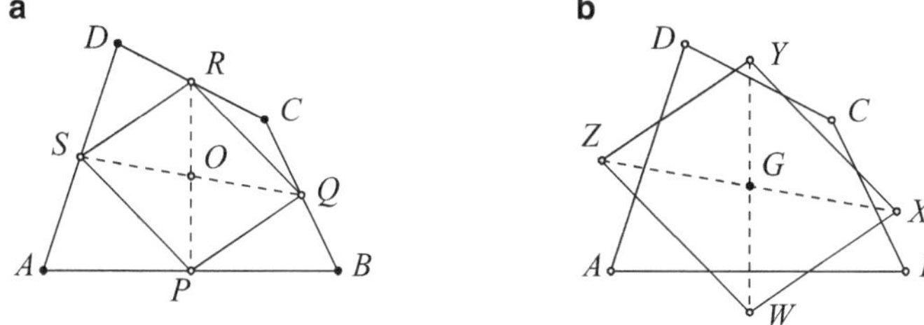

Aus der Gleichung $\phi - 1 = 1/\phi$ ergibt sich folgende geometrische Interpretation des Goldenen Schnitts: Entfernt man von einem *Goldenen Rechteck* (mit den Abmessungen $\phi \times 1$) ein Quadrat der Seitenlänge 1, so bleibt ein ähnliches Rechteck übrig, wie man in Abb. 16.21a erkennt. Entsprechend bedeutet $\delta_S - 2 = 1/\delta_S$: Entfernt man von einem *Silbernen Rechteck* (mit den Seitenlängen $\delta_S \times 1$) zwei Quadrate, verbleibt ein ähnliches Rechteck (Abb. 16.21b).

Nicht reguläre Oktagramme treten im Zusammenhang mit der Untersuchung der Schwerpunkte von Vierecken auf. Wenn wir vier gleiche Massen an die Eckpunkte eines konvexen Vierecks $ABCD$ platzieren (Abb. 16.22a), dann ist der *Schwerpunkt* gleich dem Mittelpunkt des *Varignon-Parallelogramms $PQRS$*, dessen Eckpunkte die Mittelpunkte der Kanten von $ABCD$ sind.

Wenn jedoch das konvexe Viereck $ABCD$ aus einem homogenen Material hergestellt wurde, dann ist der Schwerpunkt der Mittelpunkt G des *Wittenbauer-Parallelogramms $XYZW$* in Abb. 16.22b. Dieses ergibt sich, indem man die Kanten von $ABCD$ drittelt. Einen Beweis findet man in [Foss, 1959]. Da die Seiten von $PQRD$ und $XYZW$ jeweils parallel zu den Diagonalen von $ABCD$ sind, bilden diese, wie behauptet, Parallelogramme.

Abb. 16.22

Das Oktagramm als Windrose

Das Oktagramm aus Abb. 16.23a bezeichnet man als *Windrose*. Es findet sich auf Land- und Seekarten sowie auf Magnetkompassen zur Anzeige der Himmelsrichtung. Das Oktagramm als Windrose findet man ebenso auf dem „Point Zero" von Frankreich, einem Punkt in der Nähe von Notre Dame in Paris, von dem aus sämtliche Autobahndistanzen in Frankreich gemessen werden (Abb. 16.23b).

a   **b**

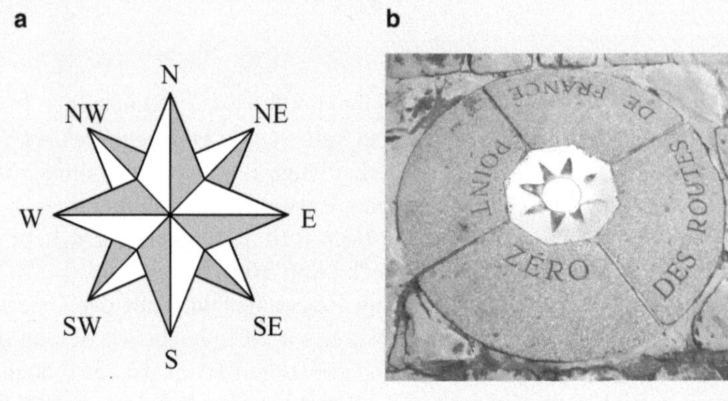

Abb. 16.23

16.5 Sternpolygone in der Unterhaltungsmathematik

Es gibt viele Probleme aus der Unterhaltungsmathematik, bei denen Sternpolygone auftreten. Viele von ihnen wurden durch Martin Gardner bekannt [Gardner, 1975]. Magische Sterne ähneln ihren besser bekannten Verwandten, den magischen Quadraten. Die Aufgabe besteht darin, Zahlen in Zellen so zu verteilten, dass die Summen in alle Richtungen dieselben sind.

Beispielsweise zeigt Abb. 16.24a die Vorlage für ein *magisches Pentagramm*. Die Aufgabe besteht darin, die Zahlen 1 bis 10 so auf die Kreise zu verteilen, dass

Abb. 16.24   **a**   **b**

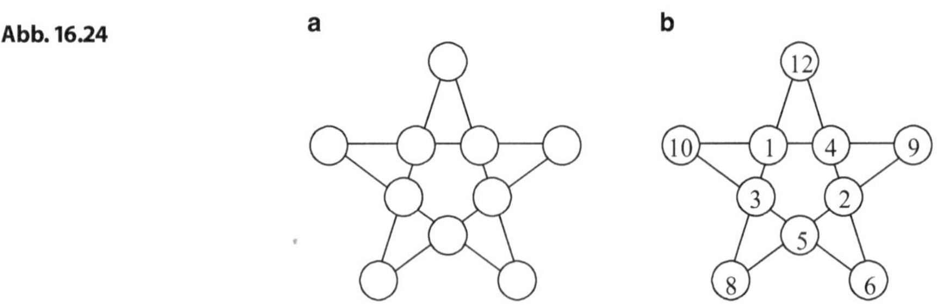

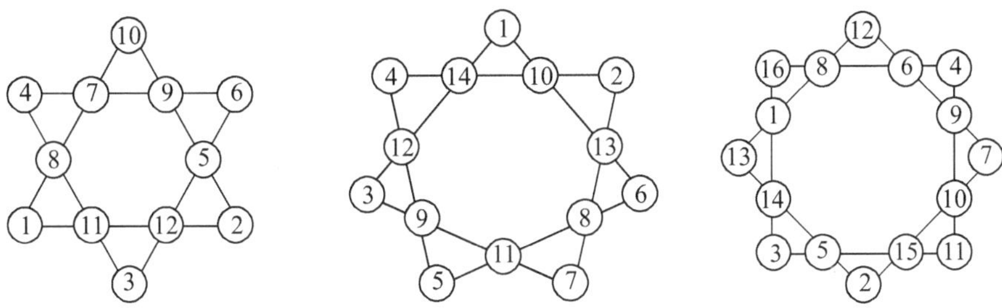

Abb. 16.25

die Summe der vier Zahlen auf den fünf Linien immer dieselbe ist. Diese Summe bezeichnet man als *magische Konstante* des magischen Pentagramms.

Die magische Konstante lässt sich leicht bestimmen. Da die Summe der Zahlen 1 bis 10 insgesamt 55 ist und jede Zahl bei zwei Linien auftritt, muss die Summe der fünf Linien insgesamt $2 \cdot 55 = 110$ sein. Da in jeder Linie dieselbe Summe steht, ist die magische Konstante (sofern es ein magisches Pentagramm überhaupt gibt) gleich $110/5 = 22$.

Doch es gibt keine magischen Pentagramme. Das folgende einfache Argument stammt von Ian Richards [Gardner, 1975].

Die beiden Linien, welche die Zahl 1 enthalten, müssen ingesamt noch sechs weitere Zahlen haben, deren Summe 42 sein sollte. Da $9 + 8 + 7 + 6 + 5 + 4 = 39$, müssen 1 und 10 auf derselben Linie liegen, die wir A nennen. B sei die zweite Linie durch die 1 und C die zweite Linie durch die 10. Wäre $A = \{1, 10, 4, 7\}$ kann man keine vier Zahlen für B und C mehr finden. Also bleiben drei Möglichkeiten (vgl. Tabelle):

A	B	C
1, 10, 2, 9	1, 6, 7, 8	10, 5, 4, 3
1, 10, 3, 8	1, 5, 7, 9	10, 6, 4, 2
1, 10, 5, 6	1, 4, 8, 9	10, 7, 3, 2

Bei keiner Möglichkeit haben B und C eine Zahl gemeinsam, also kann es magische Pentagramme nicht geben.

Geben wir die Bedingung auf, dass wir nur die Zahlen von 1 bis 10 verwenden dürfen, fordern aber immer noch, dass alle Zahlen positiv und verschieden sein müssen, gelangen wir zu unvollkommenen magischen Pentagrammen. Abbildung 16.24b zeigt ein solches, das aus den Zahlen $\{1, 2, 3, 4, 5, 6, 8, 9, 10, 12\}$ mit der magischen Konstanten 24 konstruiert wurde.

Aus Abb. 16.25 erkennt man, dass es magische Hexagramme, Heptagramme und Oktagramme gibt, deren magische Konstanten jeweils 26, 30 bzw. 34 sind.

Man kann zeigen, dass es 80 verschiedene magische Hexagramme gibt, 72 verschiedene Heptagramme und 112 verschiedene Oktagramme.

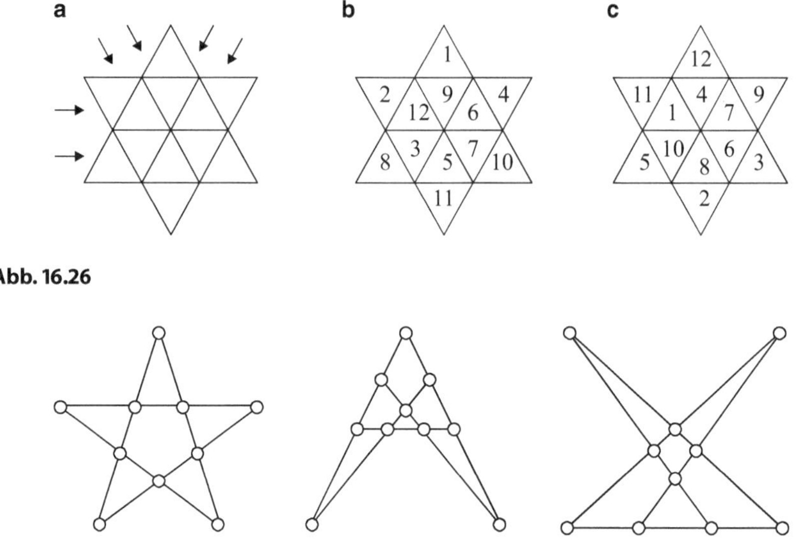

Abb. 16.26

Abb. 16.27

Eine andere Art eines magischen Hexagramms erhält man, indem man die Zahlen 1 bis 12 auf die zwölf dreieckigen Zellen des Hexagramms in Abb. 16.26a verteilt, sodass die fünf Zahlen in jeder der angegebenen sechs Zeilen dieselbe Summe haben.

Die Lösungen findet man in [Bolt et al., 1991; Gardner, 2000]. Sie wurden mit einem Computer bestimmt, und es gibt insgesamt nur zwei Konfigurationen, die in den Abb. 16.26b und 16.26c wiedergeben sind und die magischen Konstanten 33 bzw. 32 haben.

Ein weiteres Problem der Unterhaltungsmathematik ist das *Baumpflanzproblem* oder auch *Obstgartenproblem*. Angegeben werden die Anzahl der Bäume, die Anzahl von Baumreihen und die Anzahl von Bäumen in jeder Baumreihe. Beispielsweise lässt sich das Problem, 10 Bäume in 5 Reihen mit 4 Bäumen in jeder Reihe durch das Pentagramm lösen. Es gibt aber auch noch andere Konfigurationen (Abb. 16.27).

Es sei $r(n,k)$ die Anzahl von Reihen, wobei insgesamt n Bäume gegeben und k Bäume pro Reihe gepflanzt werden sollen. Das Problem, allgemein den größtmöglichen Wert für $r(n,k)$ angeben zu können, ist bisher ungelöst. Für die Konfigurationen in Abb. 16.27 gilt $r(10,4) = 5$. Das Hexagramm in Abb. 16.25 zeigt, wie man 12 Bäume in 6 Reihen mit jeweils 4 Bäumen pro Reihe pflanzen kann. Dies ist jedoch nicht der maximale Wert, da die Konfiguration in Abb. 16.28a den Wert $r(12,4) = 7$ hat. Allerdings gehören Konfigurationen, die auf Sternpolygonen beruhen, oftmals zu den Beispielen mit der maximalen Anzahl von Zeilen. Abbildung 16.28b zeigt das Beispiel $r(16,4) = 15$ [Dudeney, 1907].

Abb. 16.28

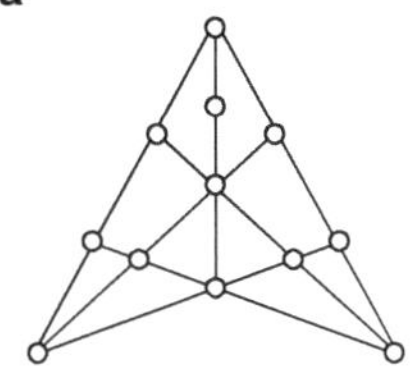
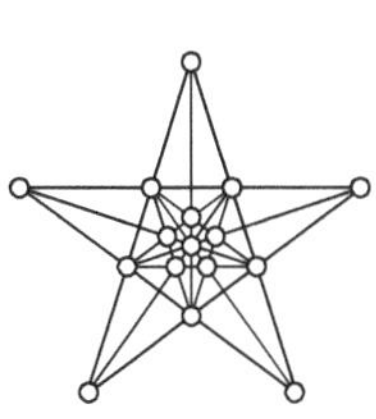

16.6 Aufgaben

16.1 Man beweise für das Fünfeck $ABCDE$ aus Abb. 16.6a die Beziehung (16.2).

16.2 $ABCDE$ sei ein (nicht notwendigerweise reguläres) Fünfeck, dem wie in Abb. 16.29 sein Pentagramm einbeschrieben ist. Alle fünf Dreiecke ABC, BCD, CDE, DEA und EAB sollen die Fläche 1 haben. Man zeige, dass die Fläche des Fünfecks gleich $\phi + 2$ ist, wobei ϕ der Goldene Schnitt ist.

16.3 Indem wir jeden Eckpunkt eines Quadrats mit den Mittelpunkten der nicht benachbarten Kanten verbinden, erzeugen wir ein nicht reguläres Sternoktagon wie in Abb. 16.30a.

Man zeige, dass (i) das graue Dreieck in Abb. 16.30b ein rechtwinkliges Dreieck mit den Seitenverhältnissen 3:4:5 ist, und dass (ii) die Fläche des grauen Achtecks in Abb. 16.30c gleich 1/6 der Fläche des ursprünglichen Quadrats ist.

16.4 Das unvollkommene magische Pentagramm in Abb. 16.24b hat in seinem mittleren Fünfeck die Zahlen 1, 2, 3, 4 und 5. Kann man ein unvollkommenes magisches Pentagramm mit denselben zehn Zahlen konstruieren, bei dem sich aber die Zahlen 1, 2, 3, 4 und 5 an den Eckpunkten des Pentagramms befinden?

16.5 Man beweise, dass in einem magischen Hexagramm die Summe der drei Zahlen an den Ecken von jedem großen Dreieck dieselbe sein muss.

Abb. 16.29

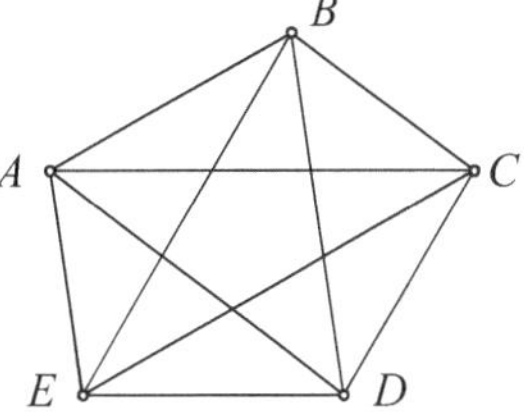

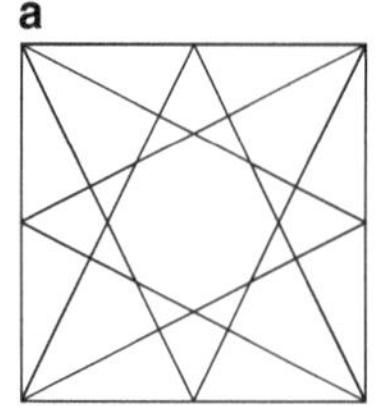 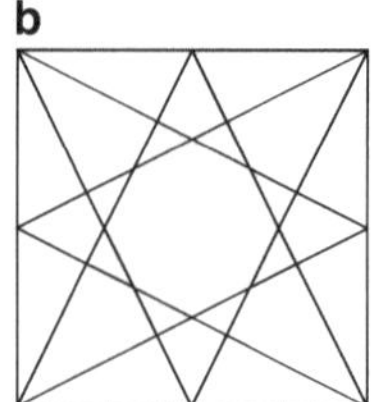 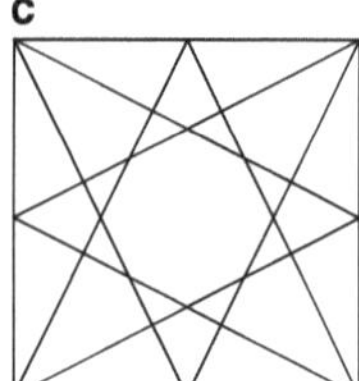

Abb. 16.30

16.6 Im Jahr 1821 veröffentlichte John Jackson die folgende mathematische Aufgabe in Versform [Burr, 1981]:

> Your aid I want, nine trees to plant
>   In rows just half a score,
> And let there be in each row three,
>   Solve this: I ask no more.

> (Ich bitte um Deine Hilfe: Neun Bäume
> möchte ich in zehn Reihen pflanzen
> und in jeder Reihe seien drei Bäume.
> Löse dies, um mehr bitte ich nicht.)

16.7 Angenommen, auf einem 7×7-Raster wachsen 49 Bäume wie in Abb. 16.31. (i) Kann man 29 der Bäume fällen, sodass die verbleibenden 20 in 18 Reihen mit jeweils 4 Bäumen in jeder Reihe stehen? [R. Bracho López, 2000] (ii) Ist es möglich, 39 der Bäume zu fällen, sodass die verbliebenen 10 Bäume in 5 Reihen mit jeweils 4 Bäumen in jeder Reihe stehen? (Hinweis: siehe Abb. 16.30a und 16.28 als Ausgangspunkt.)

16.8 Einem Kreis beschreibe man wie in Abb. 16.32 ein reguläres Zehneck zusammen mit seinem $\{10/3\}$-Stern ein. Man beweise, dass die Seitenlänge des $\{10/3\}$-Sterns gleich der Seitenlänge des Zehnecks plus dem Radius des Kreises ist.

Abb. 16.31

o   o   o   o   o   o   o

o   o   o   o   o   o   o

o   o   o   o   o   o   o

o   o   o   o   o   o   o

o   o   o   o   o   o   o

o   o   o   o   o   o   o

o   o   o   o   o   o   o

Abb. 16.32

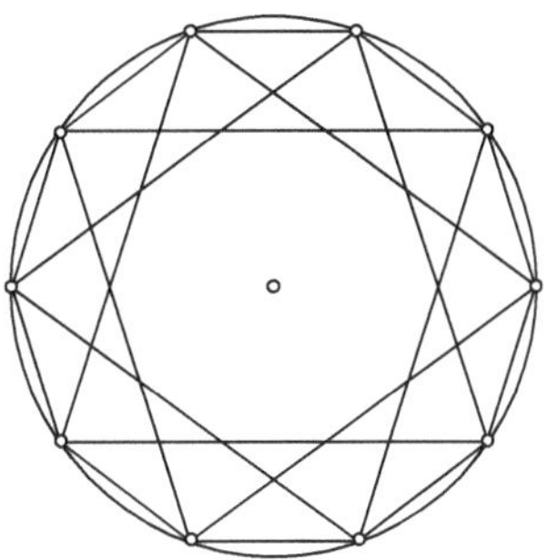

16.9 Es folgen zwei Spaßrätsel aus Sam Loyds *Cyclopedia* [Loyd, 1914].

(i)   In dem Rätsel „The Lost Star" (Der verlorene Stern) bittet uns Loyd, in Abb. 16.33a einen perfekten Fünfpunktstern (☆) zu finden. Also, finden Sie ihn!

(ii) In dem Rätsel „The New Star" bittet uns Loyd „zu zeigen, wie und wo man in Abb. 16.33b einen weiteren Stern der ersten Magnitude" unterbringen kann. Unter „erster Magnitude" versteht Loyd einen Stern, der größer ist als alle anderen und der keinen der anderen Sterne berührt. Man löse das Rätsel.

a

b

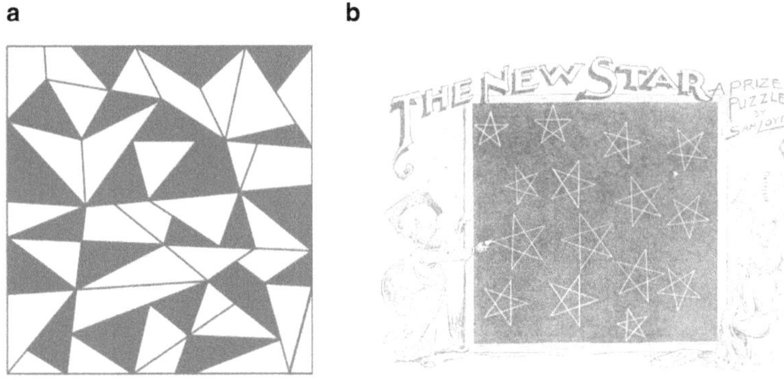

Abb. 16.33

Abb. 16.34

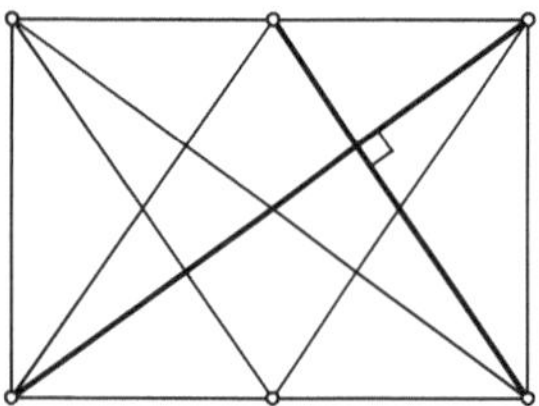

16.10 Abbildung 16.34 zeigt ein unikursales Hexagramm wie in Abb. 16.17, diesmal einem Rechteck einbeschrieben. Die beiden dicker gezeichneten Kanten seien senkrecht zueinander. Welches Verhältnis haben die Seitenlängen des Rechtecks?

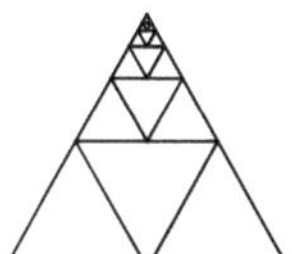

Ein großer Floh hat kleine Flöhe,
die beißen ihn hier und dort,
Den kleinen tun noch kleinere wehe,
und so geht es immer fort.
Die großen Flöhe aber setzen
noch größeren Flöhen zu –
und selbst die rauben, zum Entsetzen,
nächstgrößeren Flöhen die Ruh.
(Augustus De Morgan, *A Budget of Paradoxes*, 1872)

Ein Objekt heißt *selbstähnlich*, wenn es zu einer echten Teilmenge seiner selbst ähnlich ist, wie das unendlich oft unterteilte gleichseitige Dreieck in der Schlüsselfigur dieses Kapitels. Selbstähnliche Objekte schauen gleich aus, wenn man sie geeignet vergrößert oder auch verkleinert. Näherungsweise selbstähnliche natürliche Objekte sind beispielsweise Romanesco (eine besondere Form des Blumenkohls), das Gehäuse des Gemeinen Perlboots (Nautilus pompilius) und die Blüte des Persischen Bärenklaus (Abb. 17.1).

Abb. 17.1

© Springer-Verlag Berlin Heidelberg 2015
C. Alsina, R.B. Nelsen, *Perlen der Mathematik*, DOI 10.1007/978-3-662-45461-9_17

In der Mathematik können wir selbstähnliche Figuren durch *Iteration* erzeugen.
Dabei unterteilen wir eine Figur in ähnliche Teile oder erweitern sie durch Bereiche,
sodass diese dem Original ähnlich sind, und wiederholen diesen Prozess im Prinzip
unendlich oft. In diesem Kapitel betrachten wir mehrere geometrische Figuren, bei
denen ein Teil der Figur eine verkleinerte Form der gesamten Figur ist.

Eine Iteration des Stuhls der Braut
Kapitel 1 handelte von der Figur des Stuhls der Braut, einem rechtwinkligen
Dreieck, das von drei Quadraten umgeben ist. Zu seiner Iteration behandeln
wir jedes Quadrat über einer Kathete als das Hypotenusenquadrat eines ähnlichen Stuhls der Braut. Nach vier Iterationen erhalten wir das Objekt auf der
linken Seiten in Abb. 17.2.

Abb. 17.2

Nach weiteren Iterationen erhalten wir ein nettes Fraktal, das als *Baum des
Pythagoras* bekannt ist (rechter Teil von Abb. 17.2). Eine Einführung in die
Mathematik der Fraktale findet man in [Mandelbrot, 1977].

17.1 Geometrische Reihen

In Abschn. 6.1 haben wir mit Hilfe ähnlicher rechtwinkliger Dreiecke die bekannte
Formel für die Summe einer geometrischen Reihe mit positivem ersten Term a und
gemeinsamen Verhältnis $r < 1$ verdeutlicht: $a + ar + ar^2 + \cdots = a/(1-r)$. Ist
$a = r = 1/n, n \geq 2$, können wir mit selbstähnlichen Figuren die Beziehung

$$\frac{1}{n} + \left(\frac{1}{n}\right)^2 + \left(\frac{1}{n}\right)^3 + \cdots = \frac{1/n}{1-(1/n)} = \frac{1}{n-1} \tag{17.1}$$

veranschaulichen.

Für $n = 2$ erhalten wir $1/2 + 1/4 + 1/8 + \cdots = 1$, was wir bildlich durch eine
Unterteilung des Einheitsquadrats in Abb. 17.3 darstellen können.

Für $n = 3$ folgt $1/3 + 1/9 + 1/27 + \cdots = 1/2$, was wir durch ein Rechteck der
Fläche 1 verdeutlichen, dessen Seiten sich wie $\sqrt{3}$ zu 1 verhalten (Abb. 17.4). Der

Abb. 17.3

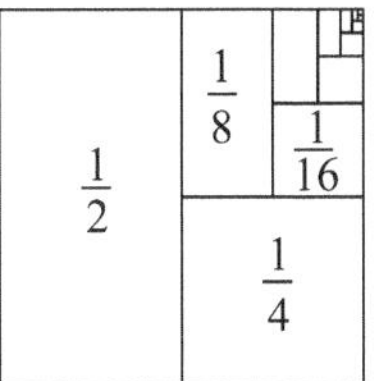

graue Bereich ist deckungsgleich zum weißen Bereich und hat damit die Fläche $1/2$ [Mabry, 2001].

Für $n = 4$ veranschaulicht Abb. 17.5 die Reihe $1/4 + 1/16 + 1/64 + \cdots = 1/3$ auf zwei verschiedene Weisen [Ajose, 1994; Mabry, 1999].

Für $n = 5$ betrachten wir ein rechtwinkliges Dreieck mit den Katheten $1/\sqrt{5}$ und $2/\sqrt{5}$, also mit der Hypotenuse 1 und der Fläche $1/5$. Vier solcher Dreiecke sowie ein Quadrat der Fläche $1/5$ lassen sich wie in Abb. 17.6a zu einem Einheitsquadrat zusammenlegen.

Unterteilen wir das Quadrat mit der Fläche $1/5$ wieder in vier rechtwinklige Dreiecke und ein kleineres Quadrat mit der Fläche $1/25$ und fahren in dieser Weise fort, erhalten wir $1/5 + 1/25 + 1/125 + \cdots = 1/4$ (siehe Abb. 17.6b).

Allgemein lässt sich (17.1) durch ein reguläres $(n-1)$-Eck veranschaulichen, das in n kongruente Trapeze und ein ähnliches $(n-1)$-Eck mit der Kantenlänge $1/\sqrt{n}$ der ursprünglichen Kantenlänge unterteilt wird [Tanton, 2008]. Abbildung 17.7a

Abb. 17.4

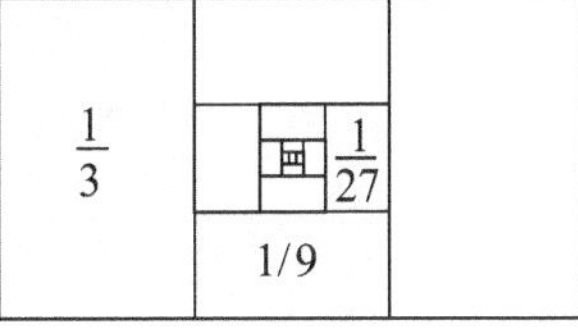

Abb. 17.5

a

b

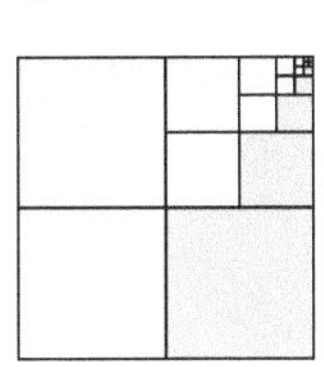

Abb. 17.6

a

b

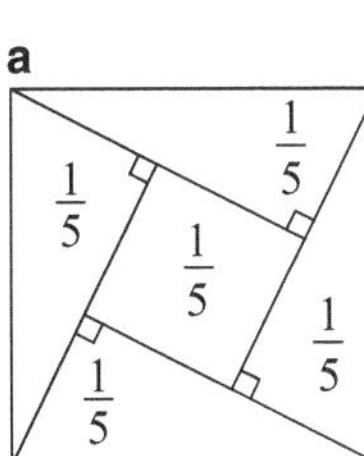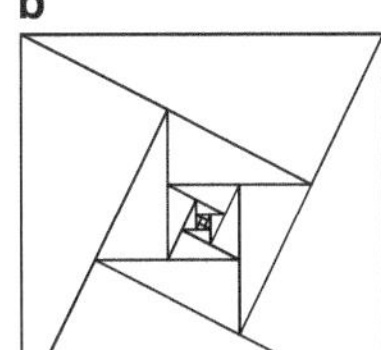

Abb. 17.7

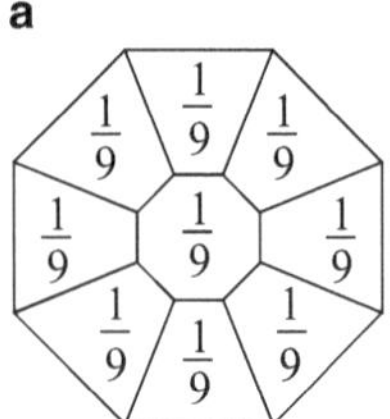

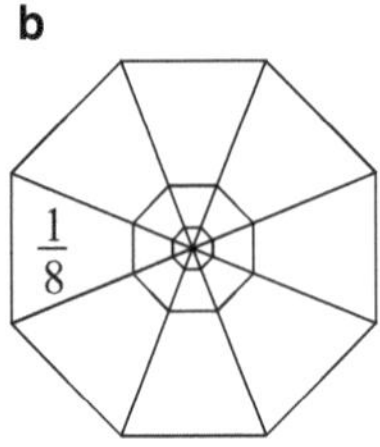

zeigt ein Achteck, bei dem das kleinere Achteck im Zentrum die Kantenlänge $1/3$ des Originals hat.

Wiederholen wir diesen Prozess, bildet die Reihe der Trapeze in dem grauen Bereich von Abb. 17.7b eine Veranschaulichung von $1/9 + 1/81 + 1/729 + \cdots = 1/8$. Aufgabe 17.5 bezieht sich auf eine Veranschaulichung von geometrischen Reihen mithilfe rechtwinkliger Dreiecke.

17.2 Iteratives Wachstum von Figuren

Einige endliche Summen lassen sich veranschaulichen, indem man eine Figur iterativ anwachsen lässt. Das Ergebnis ist nur näherungsweise selbstähnlich, trotzdem können wir die Summe damit bestimmen.

Beispielsweise sehen wir in Abb. 17.8 Anordnungen von $1, 3, 9, 27$ und 81 Punkten, die wir iterativ erzeugen, indem wir jeden Punkt in der k-ten Anordnung durch ein Dreieck mit drei Punkten ersetzen, was auf die $(k+1)$-te Anordnung führt [Sher, 1997].

Zählen wir die 81 Punkte auf eine andere Weise ab, indem wir die Punkte oberhalb und unterhalb der Diagonalen in Abb. 17.9 betrachten, sehen wir, dass für $n = 3$ gilt $1 + 2(1 + 3 + 3^2 + \cdots + 3^n) = 3^{n+1}$.

Also folgt:

$$1 + 3 + 3^2 + \cdots + 3^n = \frac{3^{n+1} - 1}{2}.$$

Abb. 17.8

Abb. 17.9

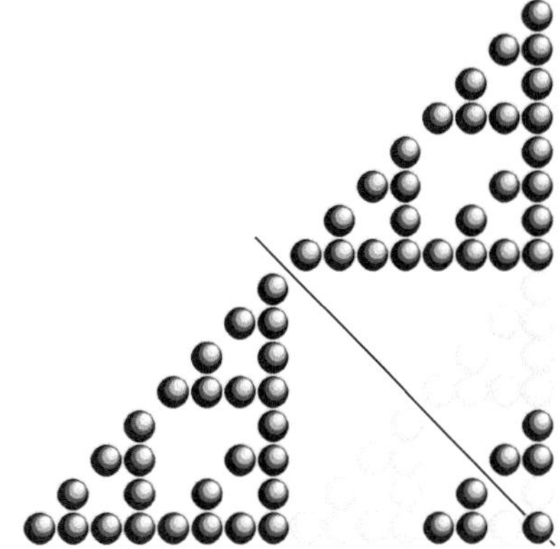

Zur Veranschaulichung der entsprechenden Formel für Potenzen von 2 falten wir ein Seil n-mal jeweils in gleiche Hälften (Abb. 17.10 zeigt den Fall $n = 4$). Die rechte Bildseite ist in gewisser Hinsicht eine vergrößerte Version der oberen Hälfte der linken Seite des Bildes.

Auf der rechten Seite sehen wir eine Gruppe aus 2^n Seilen und auf der linken das Ergebnis der bisherigen Faltungen, also ist $1 + 1 + 2 + 2^2 + \cdots 2^{n-1} = 2^n$ oder [Tanton, 2009]:

$$1 + 2 + 2^2 + \cdots 2^{n-1} = 2^n - 1 \, .$$

Abbildung 17.11 zeigt quadratische Anordnungen von 1, 4, 16, 64 und 256 Kugeln, von denen sich jede neue Anordnung aus der vorherigen durch Hinzufügen von drei Kopien der jeweiligen Quadrate ergibt [Sher, 1997].

Die Anordnung ganz rechts besteht aus einem Quadrat mit $1 + 1 + 2 + 2^2 + \cdots 2^n = 2^{n+1}$ Kugeln entlang einer Kante (hier für $n = 3$). Zählt man die Kugeln insgesamt jedoch entsprechend ihrer Einfärbung, erhalten wir:

$$1 + 3(1 + 4 + 4^2 + \cdots + 4^n) = (2^{n+1})^2 = 4^{n+1}$$

und somit:

$$1 + 4 + 4^2 + \cdots + 4^n = \frac{4^{n+1} - 1}{3} \, .$$

Ganz ähnlich können wir dreieckige Anordnungen von Kugeln wachsen lassen und damit Beziehungen für die Dreieckszahlen $T_k = 1 + 2 + \cdots + k$ ableiten, wenn k eine Potenz von 2 ist.

Abb. 17.10

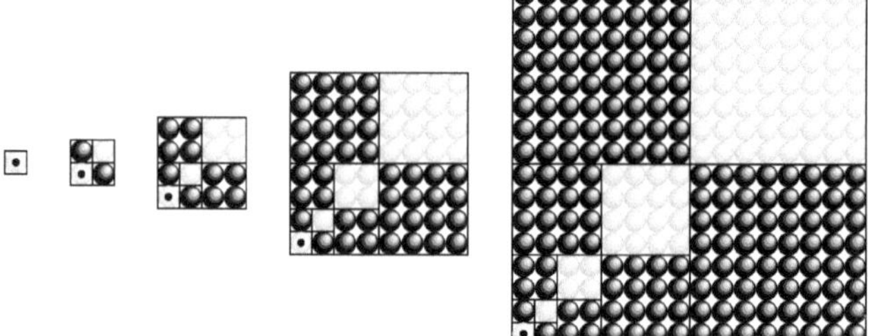

Abb. 17.11

Abb. 17.12

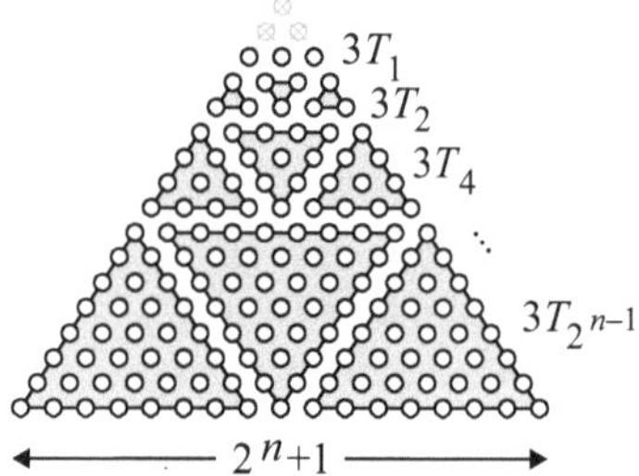

Die dreieckige Anordnung von T_{2^n+1} Kugeln in Abb. 17.12 veranschaulicht die
Beziehung

$$3(T_1 + T_2 + T_4 + \cdots + T_{2^{n-1}}) + 3 = T_{2^n+1}\,,$$

oder [Nelsen, 2005]:

$$T_1 + T_2 + T_4 + \cdots + T_{2^{n-1}} = \frac{1}{3}T_{2^n+1} - 1\,. \tag{17.2}$$

17.3   Lässt sich Papier zwölfmal durch Falten halbieren?

Allgemein ist bekannt, dass man ein Blatt Papier, unabhängig von seine Größe oder
Dicke, kaum öfter als siebenmal durch Falten halbieren kann. Ein gewöhnliches
Blatt Papier (DIN A 4) ist 21 cm breit und 29,7 cm hoch und hat eine Dicke von
rund 0,1 mm. Wenn wir es siebenmal falten, dann erhalten wir einen Papierturm
mit einer Fläche von weniger als 5 Quadratzentimeter und einer Höhe von rund 1,3
Zentimeter. Einen solchen Turm kann man nicht mehr durch Falten halbieren.

Wie steht es jedoch, wenn wir die in ihrer Richtung abwechselnde Faltung eines
rechteckigen Papierblatts durch eine Faltung ersetzen, bei der ein sehr langes Blatt
Papier, z. B. ein Band oder eine Toilettenrolle, immer in derselben Richtung gefal-
tet und halbiert wird? Eine solche Faltung führt auf einen Stapel, der von der Seite
ähnlich wie die Faltung in Abb. 17.10 aussieht. Genau dies hat Britney Gallivan, damals eine Schülerin in der Oberstufe, im Jahr 2002 gemacht, als es darum ging, ein

Abb. 17.13

Blatt Papier zwölfmal durch Falten zu halbieren. Zunächst hat Britney berechnet, wie lang ein Papierstreifen für diese Aufgabe sein muss [Gallivan, 2002].

Ihr ging es dabei um den Papierverlust durch das Falten selbst, d. h., sie berechnete den Papierverbrauch durch die Faltungen in den halbkreisförmigen Bereichen der Zeichnung in Abb. 17.10. t sei die Dicke des Papiers, n gibt an, wie oft das Papier durch Falten halbiert wurde, und L_n sei der Papierverlust durch die Faltungen. Für die Gesamtlänge L des Papiers muss dann gelten $L \geq L_{12}$. Aus Abb. 17.10 können wir für $n = 4$ ablesen $L_4 = \pi t + (\pi t + 2\pi t) + (\pi t + 2\pi t + 3\pi t + 4\pi t) + (\pi t + 2\pi t + \cdots + 8\pi t)$, und ganz allgemein erhalten wir:

$$L_n = \pi t (T_1 + T_2 + T_4 + \cdots + T_{2^{n-1}}).$$

Nach (17.2) ist

$$L_n = \frac{\pi t}{3}(T_{2^n+1} - 3) = \frac{\pi t}{6}[(2^n + 1)(2^n + 2) - 6] = \frac{\pi t}{6}(2^n + 4)(2^n - 1).$$

Einlagiges Toilettenpapier hat eine Dicke von rund 0,05 mm, damit erhalten wir $L_{12} \approx 445$ Meter. Möchten wir zusätzlich in jeder der 2^{12} Lagen zwischen den Faltungen noch rund 15 Zentimeter flaches Papier haben, müssen wir nochmals rund 625 Meter addieren und kommen damit auf eine Gesamtlänge von rund 1070 Metern. Britney verwendete eine Papierrolle von etwas über 1200 Meter Länge, um diese dann zwölfmal in der Hälfte zu falten. Abbildung 17.13 zeigt Britney und ihr Papier vor der zwölften Faltung.

17.4   Die *Spira Mirabilis*

Die *logarithmische Spirale* (oder *gleichwinklige Spirale*) ist eine Spirale, deren Form man auch in der Natur oft findet. Zuerst untersucht wurde sie von René Descartes (1596–1650) und später von Jacob Bernoulli (1654–1705), der ihr den Namen *Spira Mirabilis* („wundersame Spirale") gab. In Polarkoordinaten lautet ihre Gleichung $r = ae^{b\theta}$, wobei a und b nicht verschwindende Konstanten sind. Für $b > 0$

a **b** **c**

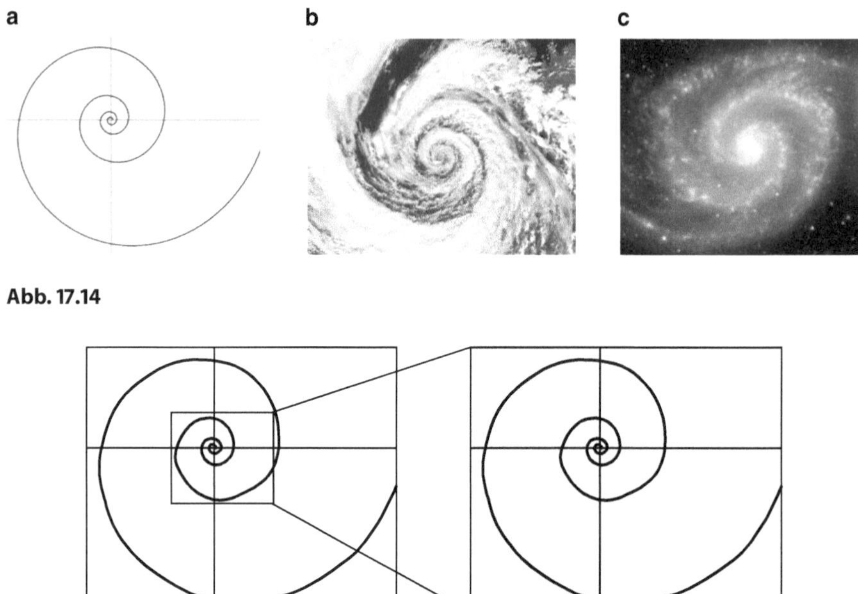

Abb. 17.14

Abb. 17.15

sieht sie wie der Graph in Abb. 17.14a aus, während sie sich für $b < 0$ entgegen dem Uhrzeigersinn windet.

Näherungsweise findet man die logarithmische Spirale in der Natur beispielsweise bei der Schale der Nautilus pompilius (Abb. 17.1), den Wolkenmustern in einem Niedrigdruckgebiet (Abb. 17.14b) und den Armen einer Spiralgalaxie wie der Whirlpool-Galaxie im Sternbild Canes Venatici (Abb. 17.14c).

Die logarithmische Spirale ist selbstähnlich. Wenn wir den Graphen von $r_1 = ae^{b\theta}$ um $e^{2\pi b}$ skalieren, erhalten wir $r_2 = e^{2\pi b} \cdot r_1 = ae^{b(\theta+2\pi)}$. Der Graph bleibt derselbe, wie man in Abb. 17.15 erkennt.

Wenn sich der Punkt (s, ϕ) auf dem Graphen von $r_1 = ae^{b\theta}$ befindet, dann auch der Punkt $(s, \phi + 2\pi)$ (da (s, ϕ) und $(s, \phi + 2\pi)$ die Koordinaten desselben Punktes in der Polarebene sind), und damit liegt (s, ϕ) auch auf dem Graphen von $r_2 = ae^{b(\theta+2\pi)}$. Entsprechend ist jeder Punkt auf dem Graphen von $r_2 = e^{2\pi b} \cdot r_1$ auch ein Punkt auf $r_1 = ae^{b\theta}$.

Aus der Eigenschaft der Selbstähnlichkeit der logarithmischen Spirale ergeben sich einige interessante Folgerungen. Die Schnittpunkte der Spirale mit einem Strahl $\theta = \theta_0$ unterteilen den Strahl in Streckenabschnitte, deren Längen eine geometrische Folge bilden. Außerdem schneiden die Tangenten, welche die Spirale in den Schnittpunkten mit dem Strahl berühren, die Spirale immer unter demselben Winkel, woraus sich die Bezeichnung *gleichwinklige Spirale* ableitet.

Wird θ um $\pi/2$ größer, nimmt der Abstand eines Punktes der logarithmischen Spirale vom Pol um den Faktor $e^{b\pi/2}$ zu. Ist diese Zahl gleich dem Goldenen

a   **b**   **c**

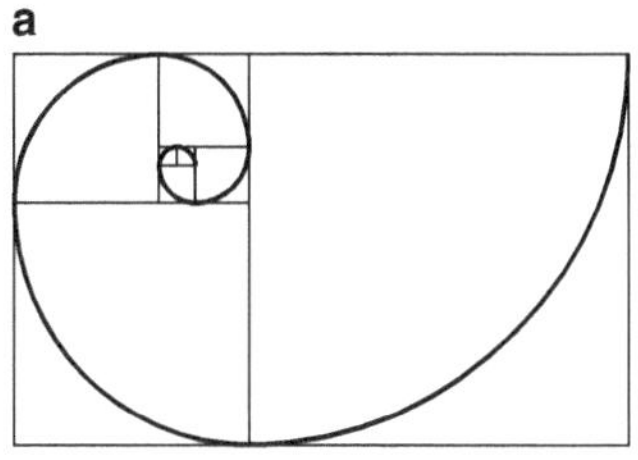  

Abb. 17.16

Schnitt ϕ, wird die Spirale durch die Polargleichung $r = a\phi^{2\theta/\pi}$ beschrieben und lässt sich in ein *Goldenes Rechteck* einbeschreiben, also ein Rechteck mit dem Seitenverhältnis ϕ. Eine solche Spirale bezeichnet man als *Goldene Spirale*. Sie kann leicht mit der *Fibonacci-Spirale* verwechselt werden, bei der Viertelkreise einer Folge von Quadraten einbeschrieben werden, deren Kantenlängen den Fibonacci-Zahlen entsprechen. Abbildung 17.16a zeigt einen Ausschnitt einer Fibonacci-Spirale in einem Rechteck, dessen Kantenlängen im Verhältnis 21 zu 34 stehen, was ungefähr dem Goldenen Rechteck entspricht. Fibonacci-Spiralen findet man auch auf einer Schweizer Briefmarke aus dem Jahre 1987 und der litauischen 10-Litas-Goldmünze von 2007 (Abb. 17.16b und 17.16c).

Neben der logarithmischen Spirale und der Fibonacci-Spirale gibt es noch viele weitere Spiralen. Bekannt ist die *Archimedische Spirale* ($r = a\theta$). Sie hat die Eigenschaft, dass ihre Schnittpunkte mit einem Strahl $\theta = \theta_0$ den Strahl in Streckenabschnitte in arithmetischer Folge unterteilen. Weitere Einzelheiten findet man in [Alsina und Nelsen, 2010].

17.5 Der Menger-Schwamm und der Sierpiński-Teppich

Der *Menger-Schwamm* ist ein erstaunliches Objekt, das zuerst 1926 von Karl Menger (1902–1985) beschrieben wurde. Er entsteht iterativ aus einem Würfel mit den Kantenlängen 1. Man unterteile den Würfel in 27 ($3 \times 3 \times 3$) kleinere Würfel und entferne den Würfel im Zentrum sowie die sechs Würfel in der Mitte einer Seitenfläche. Nun wiederhole man diesen Prozess mit den verbliebenen 20 Würfeln. Den Menger-Würfel erhält man im Grenzfall unendlich vieler Iterationen. Abbildung 17.17 zeigt Karl Menger sowie den Würfel nach vier Iterationen.

Bei jeder Iteration verringert sich das Volumen des verbliebenen Teils des Würfels, wogegen die Oberfläche zunimmt. Nach n Iterationen ist das verbliebene Volumen des Würfels $V_n = (20/27)^n$ und die Oberfläche ist $A_n = 2(20/9)^n + 4(8/9)^n$. Eine der überraschenden Eigenschaften des Menger-Würfels ist daher, dass er null Volumen aber unendliche Oberfläche hat!

Eine Seite des Mengerwürfels bezeichnet man als *Sierpiński-Teppich*, benannt nach dem polnischen Mathematiker Wacław Sierpiński (1882–1969), der ihn im Jahre 1916 zum ersten Mal beschrieben hat (Abb. 17.18 zeigt ein Foto von Sierpiński sowie seinen Teppich nach vier Iterationen). Der Sierpiński-Teppich hat die

Abb. 17.17

 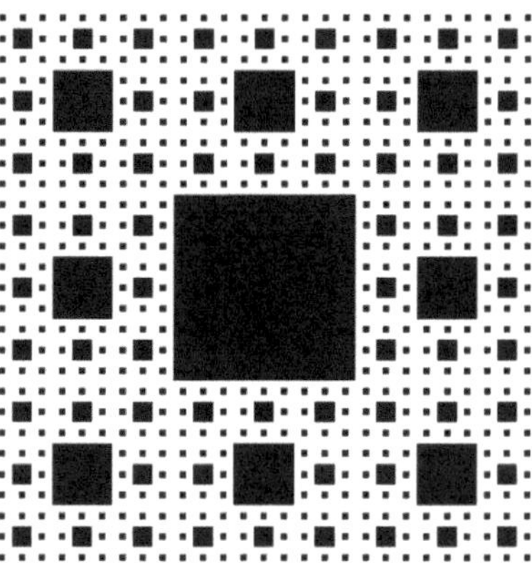

Abb. 17.18

Fläche null, doch der Umfang der Löcher ist unendlich (siehe Aufgabe 17.4). Weitere Eigenschaften des Menger-Schwamms und des Sierpiński-Teppichs findet man in [Mandelbrot, 1977].

17.6   Aufgaben

17.1 Welche Reihen und zugehörigen Summen werden durch die Partitionen des Quadrats und des Dreiecks in Abb. 17.19 veranschaulicht (beide haben die Fläche 1)?

17.2 Abbildung 17.20 zeigt fünf Damen auf einem 5-auf-5-Schachbrett, sodass keine der Damen eine andere angreift. Man zeige durch Iteration, wie man eine

Abb. 17.19

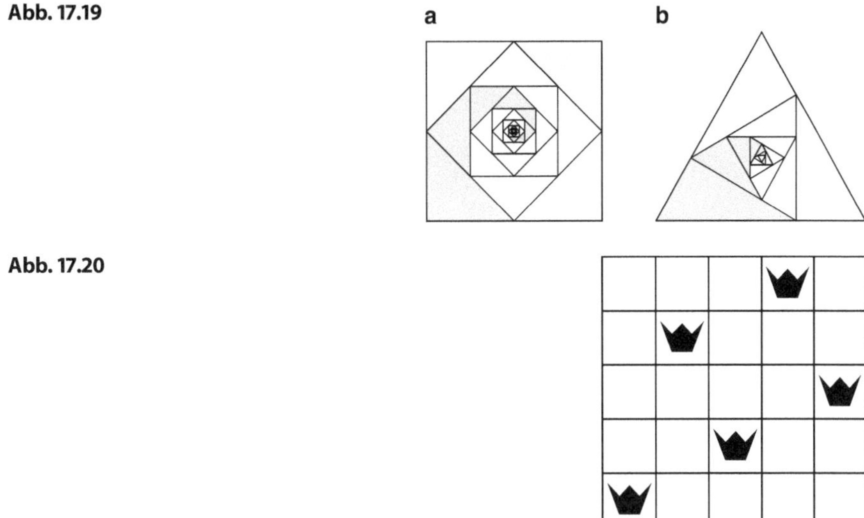

Abb. 17.20

maximale Verteilung von sich nicht gegenseitig angreifenden Damen auf einem unendlichen Schachbrett erreicht.

17.3 Eines der schönsten Fraktale ist das *Sierpiński-Dreieck*, das manchmal auch Sierpiński-Sieb oder Sierpiński-Dichtung genannt wird. Sierpiński beschrieb es zum ersten Mal 1915. Zur Konstruktion beginnt man mit einem gleichseitigen Dreieck, unterteilt es in vier gleiche Dreiecke und entfernt das zentrale Dreieck. Dann entfernt man die jeweils zentralen Vierteldreiecke der verbliebenen drei Dreiecke usw. Die ersten Schritte sind in Abb. 17.21 dargestellt. Das Sierpiński-Dreieck ist der Grenzwert nach unendlich vielen Iterationen.

Das Sierpiński-Dreieck ist selbstähnlich und besteht aus jeweils drei Kopien seiner selbst, die um einen Faktor 1/2 verkleinert sind. Man zeige, dass das Sierpiński-Dreieck die Fläche null aber einen unendlich langen Rand hat.

17.4 Man zeige, dass der Sierpiński-Teppich die Fläche null hat, der Umfang der Löcher aber unendlich ist.

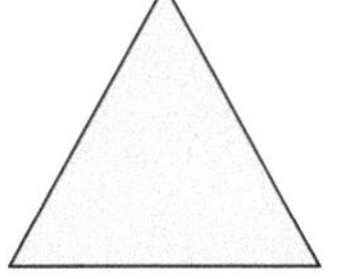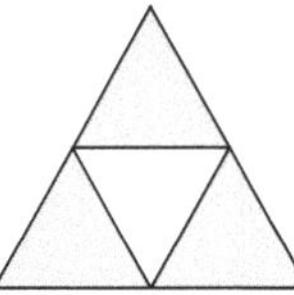

Abb. 17.21

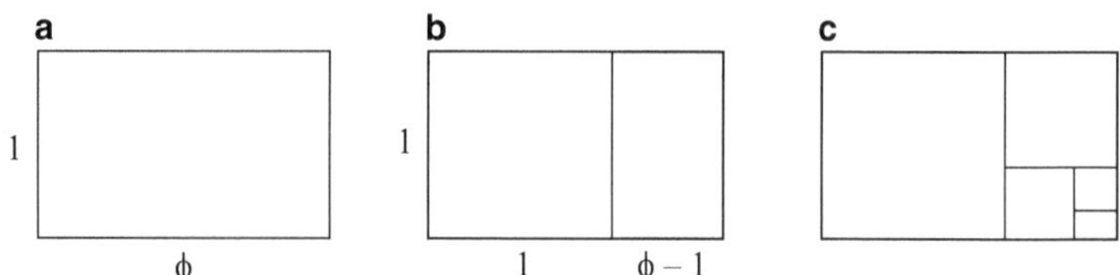

Abb. 17.22

17.5 Ausgehend von den ähnlichen rechtwinkligen Dreiecken der Abb. 5.14 und 5.15.15 konstruiere man Veranschaulichungen von (17.1) für $n = 2, 3, 4$ und 5.

17.6 Ein *Goldenes Rechteck* (ein $1 \times \phi$-Rechteck mit dem Goldenen Schnitt $\phi = (1 + \sqrt{5})/2$) hat folgende Eigenschaft: Entfernt man ein Quadrat wie in Abb. 17.22b, ist das verbleibende Rechteck ähnlich zu dem ursprünglichen. Dieser Prozess lässt sich mit dem jeweils verbliebenen Rechteck unendlich oft wiederholen (Abb. 17.22b). Man folgere daraus, dass

$$1 + \frac{1}{\phi^2} + \frac{1}{\phi^4} + \frac{1}{\phi^6} + \cdots = \phi \, .$$

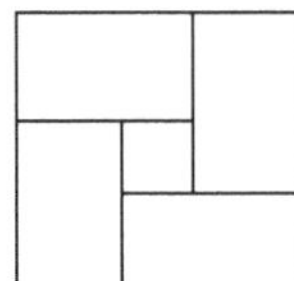

Heller Herbstmond
über den Tatamimatten,
die Schatten der Kiefern.
(Takarai Kikaku, 1661–1707)

Tatami nennt man die Bodenmatten in traditionellen japanischen Häusern. Während der Muromachi-Zeit (1332–1573) bestand Tatami aus einen Kern aus Reisstroh (heute sind es meist Holzspäne oder Styropor) überdeckt mit geflochtener Binse. Tatamiböden sind im Sommer kühl und im Winter warm und eignen sich gut für die schwülen Sommermonate in Japan. Die Größe der Tatamimatten hängt von der Gegend ab, doch meist sind sie rechteckig und doppelt so lang wie breit, gewöhnlich etwa 1 mal 2 Meter, und ihre Dicke schwankt zwischen 5,5 und 6 Zentimetern. Raumgrößen werden oft durch die Anzahl der Tatamimatten angegeben, und in Abb. 18.1b sehen wir Anordnungen für Räume mit 12, 8 und 4,5 Matten (4 × 6 m,

a

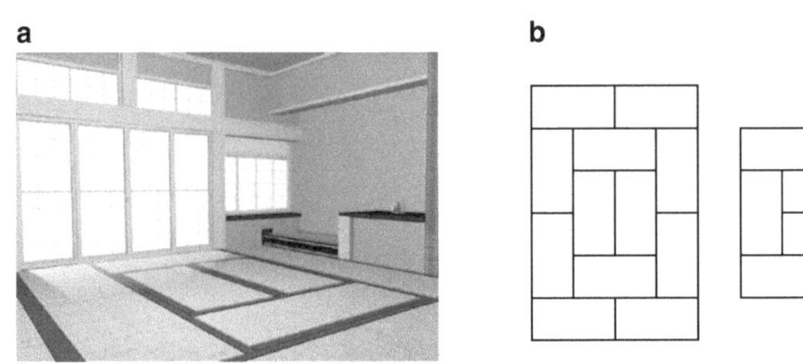

b

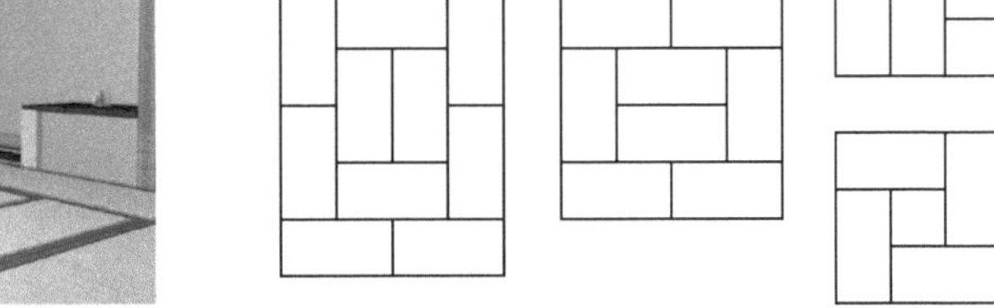

Abb. 18.1

© Springer-Verlag Berlin Heidelberg 2015
C. Alsina, R.B. Nelsen, *Perlen der Mathematik*, DOI 10.1007/978-3-662-45461-9_18

Abb. 18.2

4×4 m und 3×3 m). Im letzten Fall verwendet man eine quadratische halbe Matte; die Abbildung zeigt zwei mögliche Anordnungen. Es gibt verschiedene Möglichkeiten, einen Boden mit Matten auszulegen, doch bevorzugt werden T-förmige Verbindungen gegenüber kreuzförmigen.

Unsere Schlüsselfigur beruht auf der symmetrischen Anordnung von Tatamimatten in einem 4,5-Matten-Raum (unten rechts in Abb. 18.1b). Sie besteht aus vier a-auf-b-Rechtecken ($b > a > 0$), die zu einem Quadrat der Kantenlänge $a + b$ zusammengelegt wurden. Wir werden auch andere Mattenanordnungen untersuchen, die den Boden vollständig überdecken ohne zu überlappen.

Der katalanische Architekt Antoni Gaudí, den wir schon in Kap. 16 erwähnt haben, verwendete unserer Tatami-Figur ähnliche Muster in einigen seiner Gebäude. Abbildung 18.2 zeigt Türverkleidungen und Fenstergitter der Casa Vicens in Barcelona.

18.1   Der Satz des Pythagoras – Beweis von Bhāskara

Es seien a und b (mit $b > a > 0$) die Katheten und c die Hypotenuse eines rechtwinkligen Dreiecks. Man konstruiere die Tatami-Figur mit vier $a \times b$-Rechtecken und unterteile jedes Rechteck in zwei rechtwinklige Dreiecke wie in Abb. 18.3a.

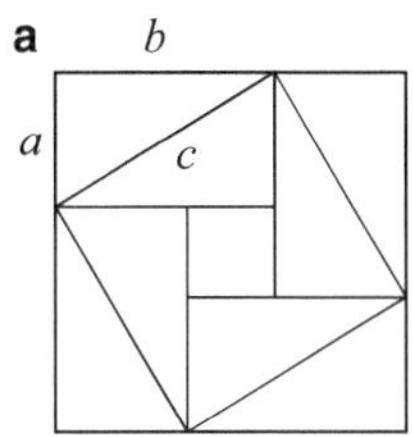
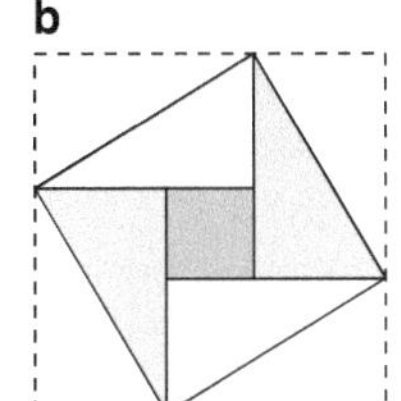
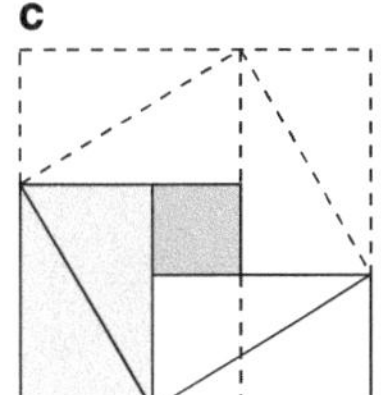

Abb. 18.3

In den Abb. 18.3b und 18.3c entfernen wir vier Dreiecke auf zwei verschiedene
Weisen von der Figur. Die grau unterlegten Bereiche haben somit dieselbe Fläche.
Der graue Bereich in Abb. 18.3b hat die Fläche c^2, wohingegen der graue Bereich
in Abb. 18.3c die Vereinigung von zwei Quadraten mit den Flächen a^2 und b^2 ist.
Also erhalten wir $c^2 = a^2 + b^2$.

Die Abb. 18.3b und 18.3c (ohne die gestrichelten Linien) bilden einen eleganten
„Ein-Wort-Beweis" für den Satz des Pythagoras, der dem indischen Mathematiker und Astronomen Bhāskara (1114–1185) zugeschrieben wird. Das eine
Wort (mit dem Bhāskara seinen Beweis kommentiert haben soll): *Behold!* (Gebt
acht!).

Wir beenden diesen Abschnitt mit einer weiteren Eigenschaft rechtwinkliger
Dreiecke, die sich leicht mit unserer Tatami-Figur zeigen lässt. Man lege vier
rechtwinklige Dreiecke so zusammen, dass ihre Hypotenusen ein Quadrat bilden wie in Abb. 18.4a. Dann liegen die Punkte zu den vier rechten Winkeln auf
einer Geraden, wie man in Abb. 18.4b erkennt, wenn man die gestrichelten Linien zur Vervollständigung der Tatami-Figur hinzufügt. Da diese Gerade eine
Diagonale der Figur ist, halbiert sie das Quadrat ebenso wie die beiden rechten
Winkel der äußeren Dreiecke in Abb. 18.4a (vgl. Abb. 2.3) [DeTemple und Harold,
1996].

Abb. 18.4

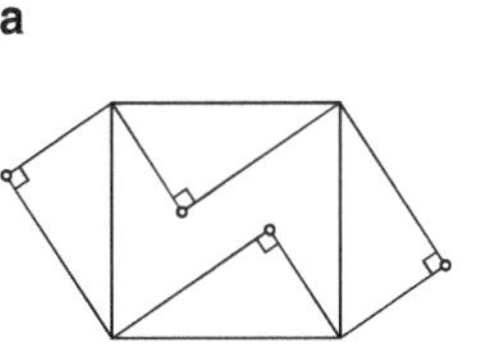
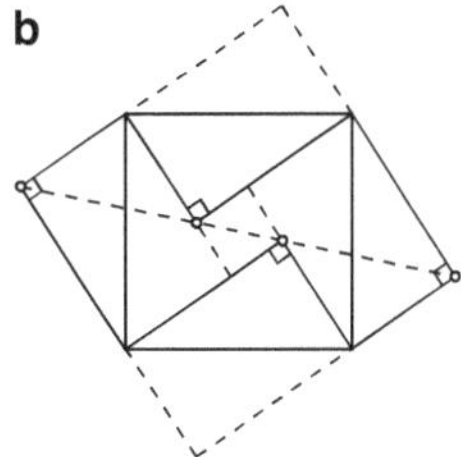

18.2 Tatamimatten und Fibonacci-Zahlen

Angenommen, wir haben einen Satz von 1-auf-2-Tatamimatten, und wir möchten damit einen 2-auf-n-Flur für ein festes $n \geq 1$ auslegen. Jede Matte kann mit ihrer Längsseite entweder parallel oder senkrecht zur Flurrichtung liegen. Es sei t_n die Anzahl der Anordnungen von Tatamimatten für einen 2-auf-n-Flur. Beispielsweise ist $t_5 = 8$, wie man in Abb. 18.5 für einen 2-auf-5-Flur erkennt. Dort sind die acht Möglichkeiten, die Tatamimatten auszurichten, skizziert.

Wir erhalten $t_1 = 1$, $t_2 = 2$, $t_3 = 3$, $t_4 = 5$, $t_5 = 8$, $t_6 = 13$ und so weiter. Man erkennt leicht, dass für jedes $n \geq 3$ die Bedingung $t_n = t_{n-1} + t_{n-2}$ erfüllt ist: Um den Flur zu überdecken, beginnen wir an einem Ende mit einer Tatamimatte senkrecht zur Flurrichtung und überdecken den Rest auf t_{n-1} Weisen, oder wir beginnen mit zwei Tatamimatten parallel zur Flurrichtung und vollenden die Überdeckung auf t_{n-2} Weisen.

Definieren wir also $t_0 = 1$ (es gibt nur eine Möglichkeit, einen Flur der Fläche null zu überdecken – man verwende keine Tatamimatte), dann gilt für alle $n \geq 0$ die Beziehung $t_n = F_{n+1}$, die $n + 1$-ste Fibonacci-Zahl. In *Proofs That Really Count* [Benjamin und Quinn, 2003] findet man weitere nette Beweise für Fibonacci-Identitäten, die auf ähnlichen Verfahren beruhen.

Mit der quadratischen Tatami-Figur lassen sich ebenfalls Fibonacci-Identitäten veranschaulichen. Die Abmessungen des Rechtecks in der Tatami-Figur in Abb. 18.6a seien F_{n-1} und F_n. Dann ist die Kantenlänge des kleinen mittleren Quadrats gleich F_{n-2} und die Kantenlänge des Gesamtquadrats F_{n+1}. Damit erhalten wir [Bicknell und Hoggatt, 1972]:

$$F_{n+1}^2 = 4F_n F_{n-1} + F_{n-2}^2 \, .$$

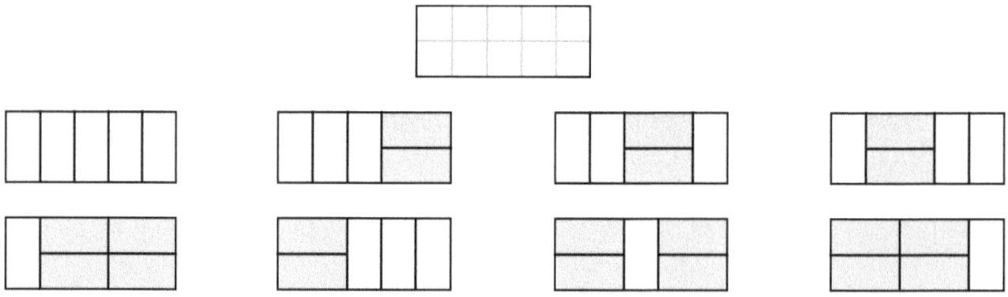

Abb. 18.5

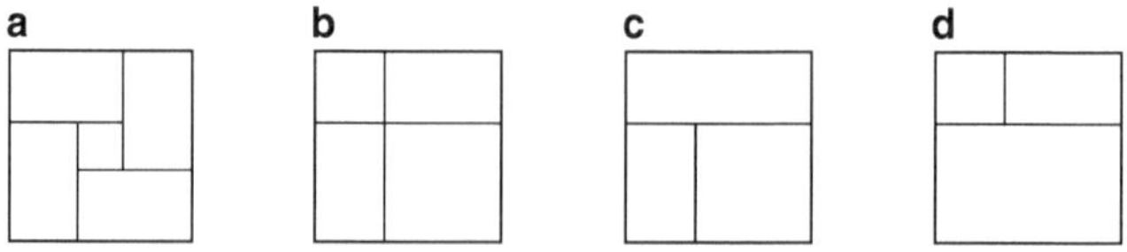

Abb. 18.6

Abb. 18.7

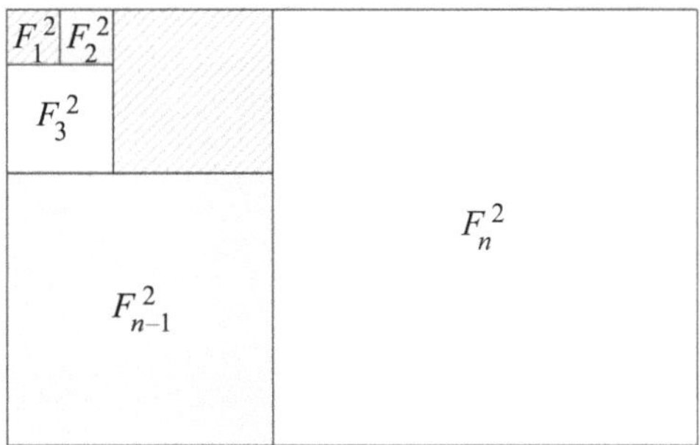

Wir können weitere Veranschaulichungen von Fibonacci-Identiäten konstruieren, indem wir Matten verwenden, deren Abmessungen Fibonacci-Zahlen entsprechen. Wenn die Abmessungen des großen Quadrats in den Abb. 18.6b–d durch $F_{n+1} = F_n + F_{n-1}$ gegeben sind, finden wir [Ollerton, 2008]:

$$\begin{aligned}
F_{n+1}^2 &= F_n^2 + 2F_n F_{n-1} + F_{n-1}^2\,, \\
&= F_n^2 + F_n F_{n-1} + F_{n+1} F_{n-1}\,, \\
&= F_{n-1}^2 + F_n F_{n-1} + F_{n+1} F_n\,.
\end{aligned}$$

n quadratische Matten mit den Flächen $F_1^2, F_2^2, \ldots, F_n^2$ überdecken einen Boden mit den Abmessungen F_n-auf-F_{n+1}, wie man in Abb. 18.7 erkennt. Damit folgt die Identität $F_1^2 + F_2^2 + \cdots + F_n^2 = F_n F_{n+1}$ [Brousseau, 1972].

18.3 Tatamimatten und Darstellungen von Quadratzahlen

Abbildung 18.8a zeigt ein 9-auf-9-Quadrat, das mit 40 1-auf-2-Tatamimatten und einer 1-auf-1-Matte in der Mitte überdeckt ist. Berechnen wir die von den Tatamimatten überdeckte Fläche über die konzentrischen Mattenringe, erhalten wir:

$$\begin{aligned}
9^2 &= 1 + 4 \cdot 2 + 8 \cdot 2 + 12 \cdot 2 + 16 \cdot 2 \\
&= 1 + 8(1 + 2 + 3 + 4)\,.
\end{aligned}$$

Abb. 18.8

a

b

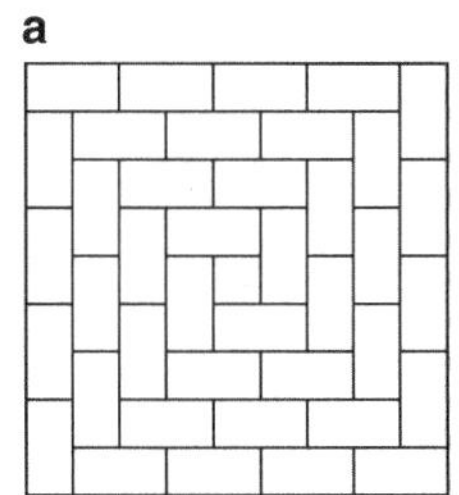
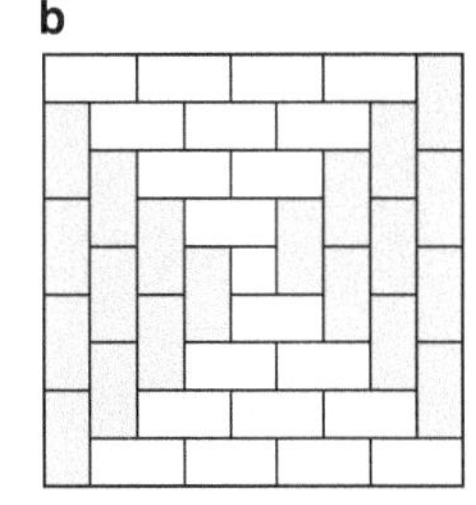

Abb. 18.9

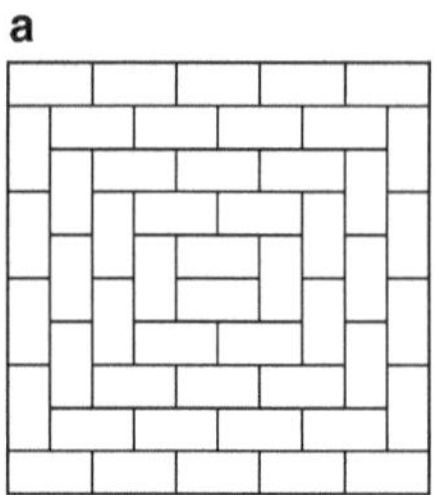

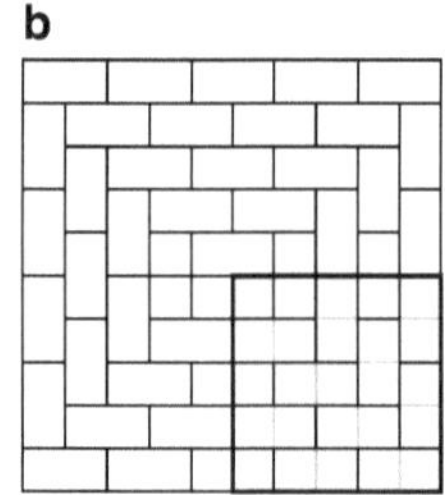

Allgemein gilt für eine ungerade Zahl $2n + 1$:

$$(2n + 1)^2 = 1 + 8(1 + 2 + 3 + \cdots + n) = 1 + 8T_n \,. \tag{18.1}$$

Dies folgt auch aus Abb. 18.8b, wenn wir noch berücksichtigen, dass die Fläche von jedem grau unterlegten Bereich das Doppelte einer Dreieckszahl ist [Wakin, 1987]. Damit erhalten wir eine weitere Ableitung für die Formel der n-ten Dreieckszahl T_n:

$$T_n = 1 + 2 + 3 + \cdots + n = \frac{(2n + 1)^2 - 1}{8} = \frac{n(n + 1)}{2} \,.$$

In ähnlicher Weise zeigt Abb. 18.9a einen 10-auf-10-Raum der durch 50 1-auf-2-Tatamimatten überdeckt wurde. Bestimmen wir die Fläche wieder durch konzentrische Ringe von Matten, folgt:

$$10^2 = 2 \cdot 2 + 2 \cdot 6 + 2 \cdot 10 + 2 \cdot 14 + 2 \cdot 18 \,.$$

Teilen wir dies durch 4, erhalten wir $5^2 = 1 + 3 + 5 + 7 + 9$, wie Abb. 18.9b veranschaulicht.

Allgemein gilt $1 + 3 + 5 + \cdots + (2n - 1) = n^2$.

Eine Möglichkeit, k^3 in der Ebene darzustellen, besteht in k Kopien von k-auf-k-Quadratmatten. Abbildung 18.10 zeigt einen 30-auf-30-Raum, der durch Matten überdeckt wurde [Lushbaugh, 1965; Cupillari, 1989].

Die Flächensumme der weißen Matten ist $1^3 + 2^3 + 3^3 + 4^3 + 5^3$. Dies ist ein Viertel der Gesamtfläche des Raums, also $30^2/4 = [(5 \cdot 6)/2]^2$. Allgemein erhalten wir für die Summe der ersten n dritten Potenzen von Zahlen: $1^3 + 2^3 + \cdots + n^3 = [n(n + 1)/2]^2$.

Abb. 18.10

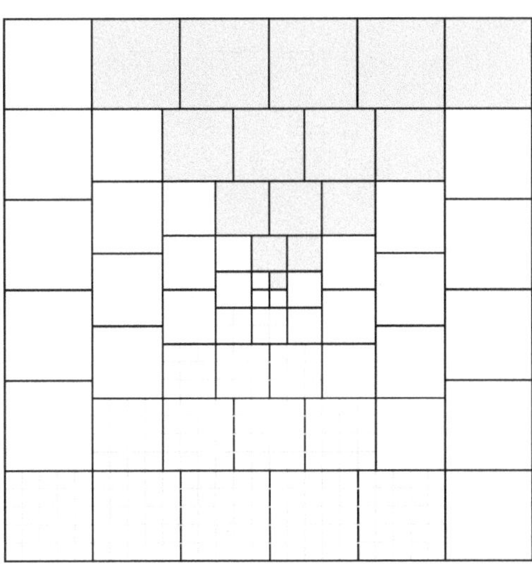

18.4 Tatami-Ungleichungen

In den Abschn. 4.5 und 13.4 haben wir Ungleichungen betrachtet, die den arithmetischen Mittelwert $(a + b)/2$, den geometrischen Mittelwert $\sqrt{ab}$ und den harmonischen Mittelwert $2ab/(a + b)$ für zwei positive Zahlen a und b betrafen:

$$\frac{a + b}{2} \geq \sqrt{ab} \geq \frac{2ab}{a + b} \,. \tag{18.2}$$

Gleichheit gilt nur für $a = b$. Wir werden diese Beziehungen nun mit der Tatami-Figur veranschaulichen.

Abbildung 18.11 zeigt unsere Figur mit vier Tatamimatten, deren Seiten im Verhältnis a zu b stehen, allerdings können sie noch auf verschiedene Zimmergrößen skaliert werden. In Abb. 18.11a ist die Zimmerseite gleich dem arithmetischen Mittelwert $(a + b)/2$, und jede Matte hat die Fläche $ab/4$. Da in der Regel die vier Matten den Boden nicht vollständig überdecken, folgt $((a + b)/2)^2 \geq 4(ab/4) = ab$. Bilden wir auf beiden Seiten die Quadratwurzel, erhalten wir unsere erste Ungleichung in (18.2) [Schattschneider, 1986].

In Abb. 18.11b wurde die Mattengröße so gewählt, dass die Seitenlänge des Zimmers gleich dem geometrischen Mittelwert $\sqrt{ab}$ ist, und jede Matte hat die Fläche $(ab/(a + b))^2$. Auch hier überdecken die vier Matten den Boden gewöhnlich nicht vollständig, sodass $ab \geq 4(ab/(a + b))^2$. Die Quadratwurzel dieser Beziehung führt auf die zweite Ungleichung in (18.2). In beiden Fällen überdecken die Matten den Boden genau dann, wenn sie quadratisch sind, also wenn $a = b$.

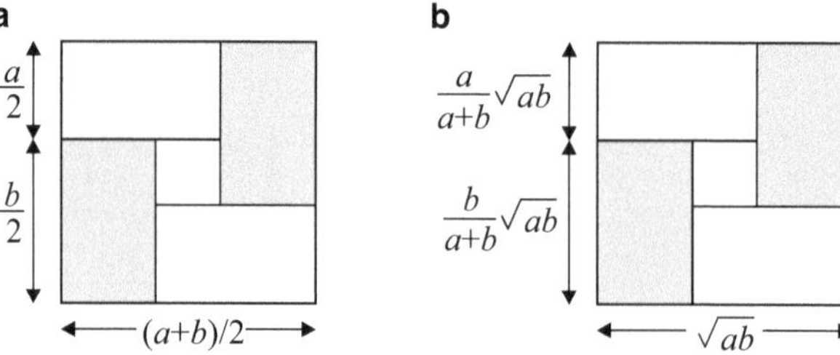

Abb. 18.11

18.5 Verallgemeinerte Tatamimatten

Auch wenn wir in den Kap. 2 und 3 bereits Beweise für die Additionstheoreme für den Sinus gesehen haben, zeigen wir nun einen Beweis mithilfe von Tatamimatten. Er gleicht unserem Beweis für den Satz des Pythagoras. Gegeben seien ein Paar Tatamimatten mit den Abmessungen $\sin\alpha$ auf $\cos\alpha$ und ein weiteres Paar mit den Abmessungen $\sin\beta$ auf $\cos\beta$ für positive Winkel α und β im ersten Quadranten. Die Diagonalen beider Matten sind 1, und sie lassen sich wie in Abb. 18.12a in einem Zimmer mit den Maßen $(\sin\alpha + \sin\beta)$ zu $(\cos\alpha + \cos\beta)$ (zusammen mit einer kleinen Matte für die Mitte) auslegen.

Wir schneiden die vier größeren Matten entlang ihrer Diagonalen und entfernen vier der so entstandenen dreieckigen Matten auf zwei verschiedene Weisen (Abb. 18.12a und 18.12b). Die beiden verbliebenen grau unterlegten Bereiche haben dieselbe Fläche, $\sin(\alpha+\beta)$ für das Parallelogramm in Abb. 18.12b und $\sin\alpha\cos\beta + \cos\alpha\sin\beta$ für die Summe der beiden benachbarten Rechtecke in Abb. 18.12c. Damit ist das Additionstheorem bewiesen.

Die Subtraktionsformel für den Kosinus lässt sich ähnlich veranschaulichen (siehe Aufgabe 18.3).

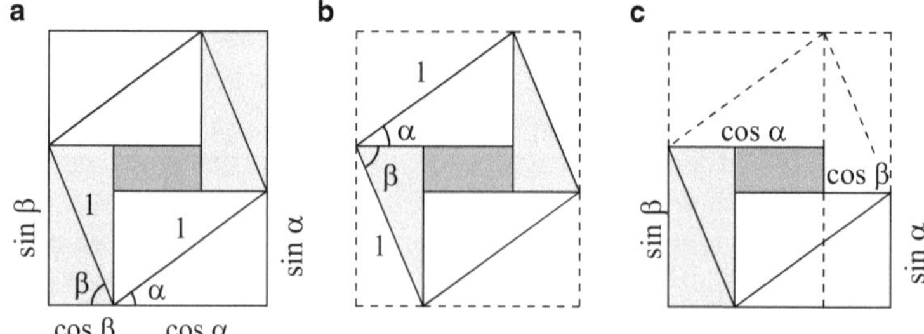

Abb. 18.12

18.6 Aufgaben

18.1 Eine Iteration der 4,5 Tatamimatten-Figur aus Abb. 18.1 führt auf Abb. 18.13. Angenommen, die Fläche der gesamten Figur ist 1, welche unendliche Reihe (und ihre Summe) wird hier veranschaulicht?

18.2
(i) Man überdecke den Boden des L-förmigen Zimmers in Abb. 18.14 auf zwei verschiedene Weisen mit Tatamimatten, deren Abmessungen Fibonacci-Zahlen entsprechen. Zeigen Sie damit $F_{n+1}^2 + F_n^2 = F_{n-1}F_{n+1} + F_n F_{n+2}$.
(ii) Mit dem Ergebnis aus (i) beweise man die *Identität von Cassini*: Für alle $n \geq 2$ ist $F_{n-1}F_{n+1} - F_n^2 = (-1)^n$.

18.3 Man veranschauliche die Beziehung $\cos(\alpha - \beta) = \cos\alpha\cos\beta + \sin\alpha\sin\beta$ mit verallgemeinerten Tatamimatten ähnlich wie in Abschn. 18.5.

18.4 Ein weiteres Rätsel aus Sam Loyds *Cyclopedia* [Loyd, 1914] ist „The Juggler" (der Jongleur, Abb. 18.15). Loyd fragt: „Man zerlege eines der Dreiecke in zwei Teile und bilde aus den sechs Teilen ein Quadrat." Lösen Sie das Rätsel. (Anmerkung: Die rechtwinkligen Dreiecke sind alle deckungsgleich und eine Kathete ist doppelt so lang wie die andere.)

18.5 Es seien p und q zwei positive Zahlen, deren Summe 1 ist. Man beweise:

(i) $\dfrac{1}{p} + \dfrac{1}{q} \geq 4$ und

(ii) $\left(p + \dfrac{1}{p}\right)^2 + \left(q + \dfrac{1}{q}\right)^2 \geq \dfrac{25}{2}$.

Abb. 18.13

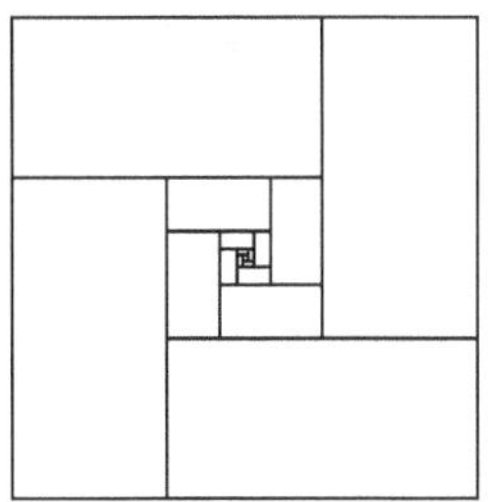

Abb. 18.14

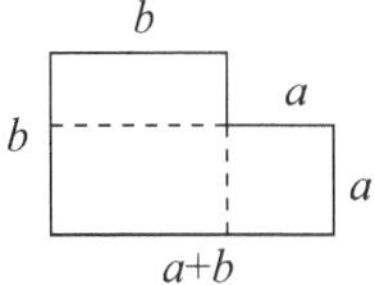

Abb. 18.15

(Hinweis: Man verwende eine Tatami-Figur für (i) und eine Figur mit überlappenden Quadraten für (ii).)

18.6 Man kann sich leicht davon überzeugen, dass $T_8 = 6^2$ und $T_{288} = 204^2$. Man beweise, dass es unendlich viele Zahlen gibt, die gleichzeitig Dreieckszahlen und Quadratzahlen sind. (Hinweis: Betrachten Sie T_{8T_n} und (8.1).)

18.7 Bhāskaras Beweis für den Satz des Pythagoras in Abschn. 18.1 könnte die Motivation für folgendes Rätsel aus Ernest Dudeneys Klassiker *Amusements in Mathematics* (1917) gewesen sein: „Man nehme einen Streifen Papier, dessen Abmessungen fünf Zoll zu einem Zoll betragen sollen, und schneide ihn derart in fünf Teile, dass die Teile zu einem Quadrat zusammengelegt werden können wie in Abb. 18.16. Es ist eine interessante Aufgabe zu entdecken, wie man dies auch mit nur vier Teilen erreichen kann." Lösen Sie das Rätsel.

18.8 Da die Figur der überlappenden Quadrate der Tatami-Figur sehr ähnlich ist, wird es kaum überraschen, dass man mit ihr ebenfalls Fibonacci-Identitäten veran-

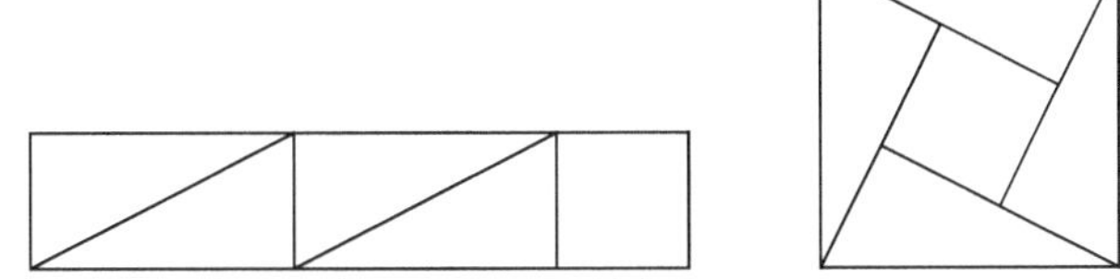

Abb. 18.16

schaulichen kann. Man verwende überlappende Quadrate und Rechtecke zur Verdeutlichung der folgenden Identitäten:

(i) $\quad F_{n+1}^2 = 2F_{n+1}F_{n-1} + F_n^2 - F_{n-1}^2 \,,$

(ii) $\quad F_{n+1}^2 = 2F_n^2 + 2F_{n-1}^2 - F_{n-2}^2$ und

(iii) $\quad F_{n+1}^2 = 4F_n^2 - 4F_{n-1}F_{n-2} - 3F_{n-2}^2 \,.$

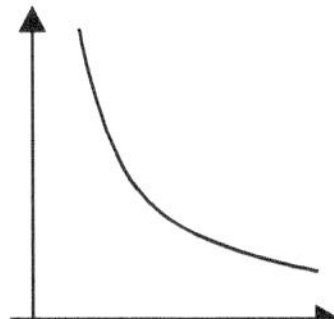

Welcher Mathematiker hat nie über einer Hyperbel gebrütet und die unglückliche Kurve hier und dort mit Geraden schneiden lassen, in seinem Bemühen, irgendeine Eigenschaft zu beweisen...?
(Lewis Carroll, *The Dynamics of a Particle*, 1865)

Hyperbeln gehören zusammen mit den Kreisen, Ellipsen und Parabeln zu der Familie ebener Kurven, die als Kegelschnitte bekannt sind. Menaichmos, Euklid und Aristaios haben sich mit Kegelschnitten beschäftigt, und Apollonios von Perge (um 240–190 v. Chr.) verfasste das achtbändige Werk *Konika* („Über Kegelschnitte"), das diese Kurven in der heutigen Form als Schnittmengen von Kegeln mit Ebenen charakterisiert.

Hyperbeln findet man bei natürlichen wie auch künstlichen Gegenständen. Abbildung 19.1 zeigt von links nach rechts die hyperbolische Bahnkurve eines nicht

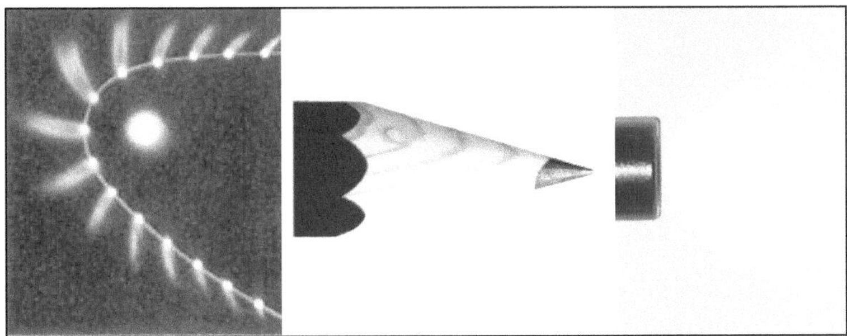

Abb. 19.1

© Springer-Verlag Berlin Heidelberg 2015
C. Alsina, R.B. Nelsen, *Perlen der Mathematik*, DOI 10.1007/978-3-662-45461-9_19

Abb. 19.2

wiederkehrenden Kometen, drei der sechs hyperbolischen Bögen an der Spitze eines sechseckigen Bleistifts und die hyperbolische Form eines Lichtstrahls von einer Taschenlampe, die parallel zur einer Wand gehalten wird.

Beeindruckende Beispiele von Hyperbeln in der Architektur findet man in den Säulen der Catedral Metropolitana Nossa Senhora Aparecida in Brasília und im Aufbau des McDonnell-Planetariums in St. Louis (Abb. 19.2).

Bei einer *rechtwinkligen Hyperbel* (oder auch *gleichseitigen Hyperbel*) stehen die Asymptoten senkrecht aufeinander. Wir werden uns mit der Rolle von rechtwinkligen Hyperbeln in der Mathematik der Logarithmen, bei Ungleichungen sowie den hyperbolischen Funktionen beschäftigen.

Hyperbeln und Glocken

Das erste Buch, das sich mit der idealen Form einer Glocke beschäftigte, war das *Harmonicorum, libri XII* (1648), eine wunderbare Untersuchung von Marin Mersenne (1588–1648), der nach einer funktionalen Beschreibung der Form einer Glocke suchte.

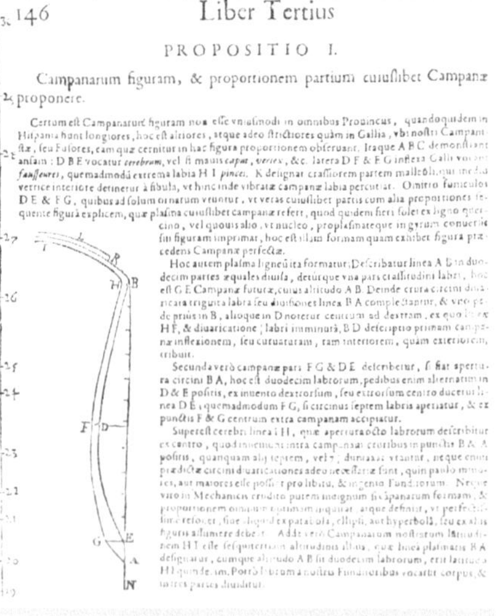

Liber Tertius

PROPOSITIO I.

Campanarum figuram, & proportionem partium cuiuslibet Campanæ proponere.

Abb. 19.3

Mersennes Beschreibung von Glocken mit hyperbolischen Kurven hat die Formgebung für Glocken für Jahrhunderte beeinflusst und kann als Beginn der Kurvenparametrisierungen gesehen werden.

19.1 Eine Kurve, viele Definitionen

Es gibt viele Möglichkeiten, eine Hyperbel zu definieren. Dazu zählen die Charakterisierung als Schnittmenge eines Doppelkegels mit einer Ebene, die Definition durch einen Brennpunkt und eine Direktrix und die Definition durch zwei Brennpunkte, die wir in Abschn. 11.2 verwendet hatten. Sie sind alle äquivalent. Für die Behauptung, dass die Charakterisierung als Kegelschnitt und die Definition durch einen Brennpunkt und eine Direktrix äquivalent sind, findet man in [Eves, 1983; Alsina und Nelsen, 2010] einen eleganten Beweis, der auf die belgischen Mathematiker Adolphe Quetelet (1796–1874) und Germinal-Pierre Dandelin (1794–1847) zurückgeht.

Rechtwinklige Hyperbeln werden oft durch Gleichungen definiert, beispielsweise $xy = k \neq 0$ (mit den Geraden $xy = 0$, also der x- und y-Achse, als Asymptoten) oder $x^2 - y^2 = c \neq 0$ (mit den Geraden $x^2 - y^2 = 0$, also $y = x$ und $y = -x$, als Asymptoten). Der Beweis, dass diese Kurven beispielsweise die Definition über zwei Brennpunkte erfüllen, ist einfach aber länglich. Im Gegensatz zu allgemeinen Hyberbeln gibt es eine nette Definition für die rechtwinklige Hyperbel $xy = k^2$: Der Zweig dieser Hyperbel im ersten Quadranten ist gleich der Menge aller Orte für den vierten Eckpunkt aller Rechtecke mit fester Fläche k^2, wobei ein Eckpunkt im Ursprung und zwei Eckpunkte auf der positiven x- und y-Achse liegen sollen (Abb. 19.4).

Abb. 19.4 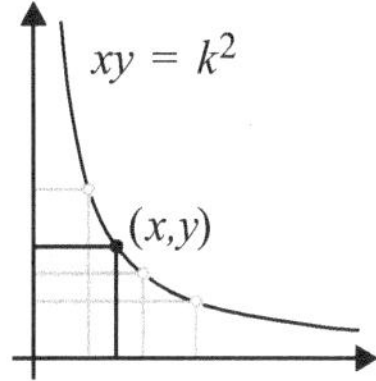

19.2　Die rechtwinklige Hyperbel und ihre Tangenten

Wir beginnen mit einer einfachen Optimierungsaufgabe. Welche Gerade durch (a, b) im ersten Quadranten schneidet aus dem ersten Quadranten ein Dreieck mit der kleinsten Fläche heraus? Wir behaupten, es ist die Gerade L mit der Gleichung $(x/a) + (y/b) = 2$ (Abb. 19.5a). Man beachte, dass (a, b) der Mittelpunkt des Anteils von L innerhalb des ersten Quadranten ist.

Zum Beweis, dass das Dreieck zur Geraden L tatsächlich die kleinste Fläche hat, betrachten wir eine zweite Gerade durch (a, b), beispielsweise die gestrichelte Gerade in Abb. 19.5b. Sie erzeugt ein Dreieck, dessen Fläche um die Fläche des kleinen dunkelgrauen Dreiecks größer ist, da die beiden hellgrauen Dreiecke deckungsgleich sind und damit dieselbe Fläche haben.

Für die rechtwinklige Hyperbel $xy = ab$ durch (a, b) (Abb. 19.6a) ist die Gerade L in Abb. 19.5a die Tangente im Punkt (a, b). Zum Beweis zeigen wir, dass der Punkt (a, b) der einzige Punkt ist, den die Hyperbel und die Gerade L gemeinsam haben (weil der Anteil von L im ersten Quadranten eine endliche Länge hat). Unser Beweis stammt aus [Lange, 1976].

Angenommen (a', b') sei ein zweiter Punkt sowohl auf L als auch auf der Hyperbel, verschieden von (a, b). Also gilt $(a'/a) + (b'/b) = 2$ und $a'b' = ab$ oder, gleichbedeutend:

$$\frac{(a'/a) + (b'/b)}{2} = 1 \quad \text{und} \quad \sqrt{\frac{a'}{a} \cdot \frac{b'}{b}} = 1 \,.$$

Der arithmetische und geometrische Mittelwert der Zahlen a'/a und b'/b ist daher gleich, also müssen die Zahlen gleich sein. Damit folgt $ab' = a'b$ und zusammen mit $a'b' = ab$ erhalten wir $a = a'$ und $b = b'$, also einen Widerspruch.

In der Abb. 19.6b sehen wir den Spezialfall $(a, b) = (1,1)$. Die Hyperbel $y = 1/x$ liegt daher immer oberhalb oder auf der Tangente $y = 2 - x$. Also muss für alle positiven x gelten:

$$x + \frac{1}{x} \geq 2 \,, \tag{19.1}$$

d. h., *die Summe einer positiven Zahl und ihrem Kehrwert ist mindestens* 2. Diese Ungleichung folgt unmittelbar aus der Ungleichung zwischen dem arithmetischen

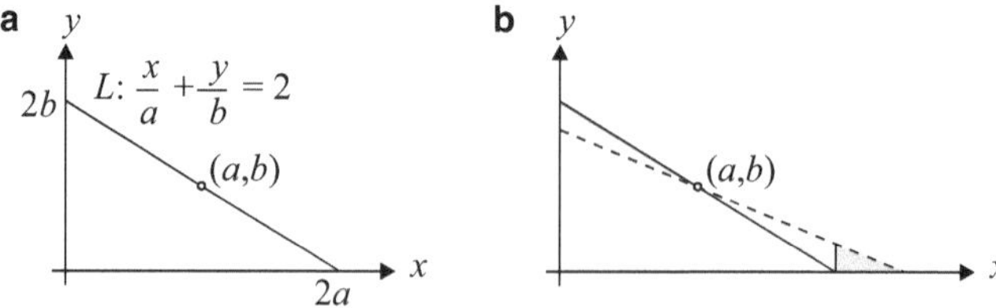

Abb. 19.5

Abb. 19.6

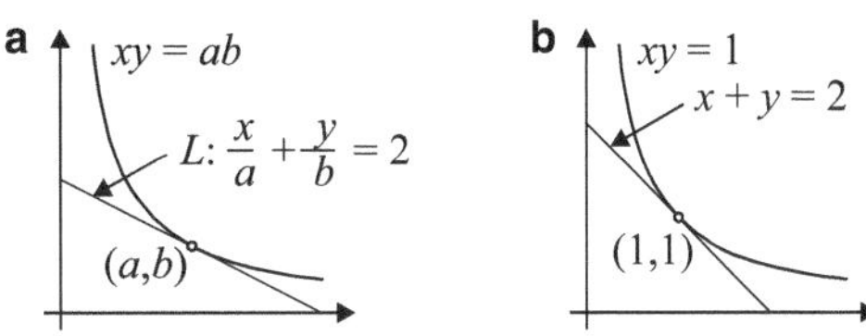

und geometrischen Mittelwert, doch aus (19.1) folgt auch umgekehrt diese Ungleichung, sodass die beiden Behauptungen äquivalent sind. Zum Beweis sei in (19.1) $x = \sqrt{a}/\sqrt{b}$ für zwei beliebige positive Zahlen a und b. Damit folgt $a + b \geq 2\sqrt{ab}$, also die Ungleichung zwischen arithmetischem und geometrischem Mittelwert.

Mithilfe der rechtwinkligen Hyperbel lässt sich auch der geometrische Mittelwert von zwei positiven Zahlen konstruieren (siehe Aufgabe 19.1).

19.3 Ungleichungen für natürliche Logarithmen

In den meisten modernen Lehrbüchern zur Integralrechnung wird der natürliche Logarithmus $\ln b$ einer positiven Zahl b durch folgendes bestimmtes Integral definiert:

$$\ln b = \int_1^b \frac{1}{x}\, dx \,.$$

Interpretieren wir das Integral als Fläche, dann ist die Fläche unter dem Graphen von $xy = 1$ über dem Intervall $[a, b]$ (mit $0 < a < b$) gleich $\ln(b/a) = \ln b - \ln a = \int_a^b (1/x)\, dx$.

Grégoire de St. Vincent

Der belgische Mathematiker Grégoire de St. Vincent (1584–1667) veröffentlichte im Jahr 1647 sein Wert *Opus Geometricum*. Mithilfe eines von Archimedes entwickelten Verfahrens zur Berechnung der Fläche unter einem parabolischen Kurvenabschnitt bestimmt er in diesem Buch die Fläche von Bereichen, die durch Hyperbeln begrenzt werden. Er bewies, dass die Flächen unter dem Graphen von $xy = k$ über den Intervallen $[a, b]$ und $[c, d]$ gleich sind, wenn $a/b = c/d$ (a, b, c, d, k positiv). Also verhalten sich die Flächen unter einer rechtwinkligen Hyperbel wie Logarithmen. Für seinen Beweis nutzte er Eigenschaften von Kegelschnitten, ohne Bezug auf Koordinatengeometrie oder Integralrechnung [Burn, 2000].

Verschiedene Näherungen für Flächen, die von der Kurve $xy = 1$ berandet werden, führen auf interessante Ungleichungen für den natürlichen Logarithmus. Wir

Abb. 19.7

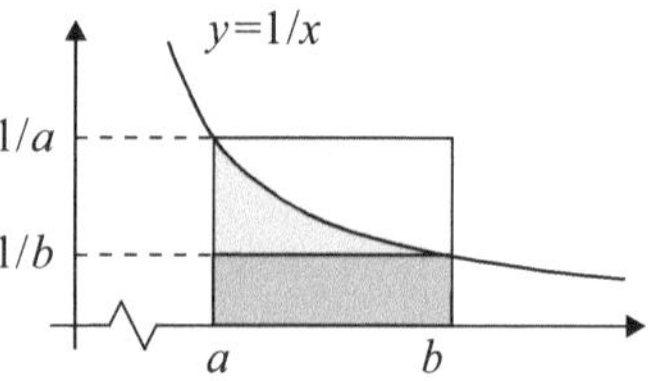

betrachten als Beispiel den Bereich unter dem Graphen von $xy = 1$ über dem
Intervall $[a, b]$ und nähern ihn wie in Abb. 19.7 durch ein einbeschriebenes und
umbeschriebenes Rechteck an. Auf diese Weise gelangen wir zu der *Ungleichung
von Napier*:

$$\text{Für} \quad 0 < a < b \quad \text{gilt} \quad \frac{1}{b} < \frac{\ln b - \ln a}{b - a} < \frac{1}{a}. \tag{19.2}$$

Zum Beweis vergleichen wir die Flächen der Rechtecke mit der Fläche des Bereichs unter der Hyperbel und erhalten:

$$\frac{1}{b}(b - a) < \int_a^b \frac{1}{x}\, dx < \frac{1}{a}(b - a).$$

Daraus folgt unmittelbar die Ungleichung von Napier.

Mithilfe der Ungleichung von Napier können wir auch die bekannte Darstellung
der Zahl e als Grenzwert ableiten. Es seien $a = n$ und $b = n + 1$. Die folgenden
Umformungen erfordern nur etwas elementare Algebra und den Grenzfall $n \to \infty$
[Schaumberger, 1972]:

$$\frac{1}{n + 1} < \ln \frac{n + 1}{n} < \frac{1}{n}$$

$$\ln e^{n/(n+1)} = \frac{n}{n + 1} < \ln \left(1 + \frac{1}{n}\right)^n < 1 = \ln e$$

$$e^{n/(n+1)} < \left(1 + \frac{1}{n}\right)^n < e$$

$$\lim_{n \to \infty} \left(1 + \frac{1}{n}\right)^n = e.$$

Der Kehrwert von (19.2) liefert:

$$\text{Für} \quad 0 < a < b \quad \text{gilt} \quad a < \frac{b - a}{\ln b - \ln a} < b.$$

Das bedeutet, $(b - a)/(\ln b - \ln a)$ ist ein Mittelwert von a und b, den man entsprechend als *logarithmischen Mittelwert* von a und b bezeichnet. Zum Vergleich
des logarithmischen Mittelwerts mit dem arithmetischen und dem geometrischen

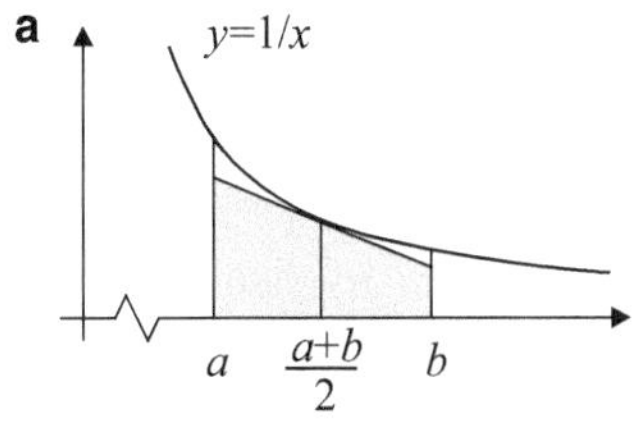
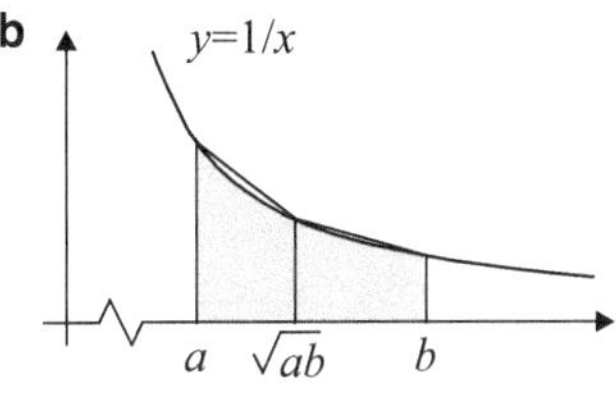

Abb. 19.8

Mittelwert verwenden wir eine bessere Näherung der Fläche unter dem Graphen von $xy = 1$ über dem Intervall $[a, b]$ (Abb. 19.8).

In Abb. 19.8a hat das einbeschriebene Trapez die Fläche $2(b - a)/(a + b)$ und damit folgt:

$$\frac{2(b - a)}{a + b} < \ln b - \ln a \quad \text{oder} \quad \frac{b - a}{\ln b - \ln a} < \frac{a + b}{2} \, .$$

In Abb. 19.8b haben wir der Fläche zwei Trapeze umbeschrieben, eines mit der Grundseite $[a, \sqrt{ab}]$ und eines mit der Grundseite $[\sqrt{ab}, b]$. Die Flächen der beiden Trapeze vereinfachen sich zu $(b - a)/2\sqrt{ab}$ und damit folgt:

$$\frac{b - a}{\sqrt{ab}} > \ln b - \ln a \quad \text{oder} \quad \sqrt{ab} < \frac{b - a}{\ln b - \ln a} \, .$$

Dieselben Ungleichungen folgen für $0 < b < a$, dementsprechend liegt der logarithmische Mittelwert zwischen dem geometrischen und dem arithmetischen Mittelwert, d. h., für positive Zahlen a und b gilt:

$$\sqrt{ab} \leq \frac{b - a}{\ln b - \ln a} \leq \frac{a + b}{2} \, , \tag{19.3}$$

und die Gleichheit gilt genau dann, wenn $a = b$.

Als Anwendung von (19.3) betrachten wir den Fall $\{a, b\} = \{1, x\}$ für x positiv und $x \neq 1$. Dann folgt

$$\sqrt{x} < \frac{x - 1}{\ln x} < \frac{1 + x}{2} \quad \text{und somit} \quad \lim_{x \to 1} \frac{\ln x}{x - 1} = 1 \, .$$

Eine weitere Anwendung findet man in Aufgabe 19.3.

19.4   Der Sinus und Kosinus Hyperbolicus

In den meisten Lehrbüchern werden die Sinus- und Kosinus-Hyperbolicus-Funktion über die Exponentialfunktion definiert: $\sinh \theta = (e^{\theta} - e^{-\theta})/2$ und $\cosh \theta = (e^{\theta} + e^{-\theta})/2$. Anschließend beweist man bestimmte Identiäten und erklärt den Grund für die Bezeichnung „hyperbolisch": Der Punkt $(\cosh \theta, \sinh \theta)$ liegt auf dem rechten Zweig der rechtwinkligen Hyperbel $x^2 - y^2 = 1$. Doch weshalb betrachtet man genau diese Kombinationen von e^{θ} und $e^{-\theta}$? Die gewöhnliche Sinus- und Kosinus-Funktion lassen sich als Koordinaten eines Punktes auf dem Einheitskreis definieren, d. h., $(\cos \theta, \sin \theta)$ ist der Punkt auf $x^2 + y^2 = 1$, für den die (vorzeichenbehaftete) Fläche des grau unterlegten Kreissektors in Abb. 19.9a gleich $\theta/2$ ist.

Es sei (c, s) der Punkt auf dem rechten Zweig von $x^2 - y^2 = 1$, für den die (vorzeichenbehaftete) Fläche des grau unterlegten hyperbolischen Sektors in Abb. 19.9b gleich $\theta/2$ ist. Wir beweisen nun: $s = (e^{\theta} - e^{-\theta})/2 = \sinh \theta$ und $c = (e^{\theta} + e^{-\theta})/2 = \cosh \theta$. Da $c^2 - s^2 = 1$, suchen wir eine zweite Gleichung für c und s, und Abb. 19.9b legt nahe, die Fläche $\theta/2$ des hyperbolischen Sektors durch c und s auszudrücken.

Dazu drehen wir die Hyperbel und den Sektor um 45° entgegen dem Uhrzeigersinn wie in Abb. 19.9c. Durch die Drehung wird der Punkt $(1,0)$ der Hyperbel $x^2 - y^2 = 1$ in $(\sqrt{2}/2, \sqrt{2}/2)$ überführt, und der Punkt (c, s) in den Punkt $(a, b) = (\sqrt{2}(c - s)/2, \sqrt{2}(c + s)/2)$. Die Gleichung für die Hyperbel wird zu $xy = 1/2$. Die Fläche des grau unterlegten Sektors in Abb. 19.9c ist gleich der Fläche unter der Hyperbel über dem Intervall $(a, \sqrt{2}/2)$ (siehe Aufgabe 19.2) und somit folgt:

$$\frac{\theta}{2} = \int_{a}^{\sqrt{2}/2} \frac{1}{2x}\, dx = \frac{1}{2}[\ln(\sqrt{2}/2) - \ln a] = -\frac{1}{2}\ln(c - s)\,,$$

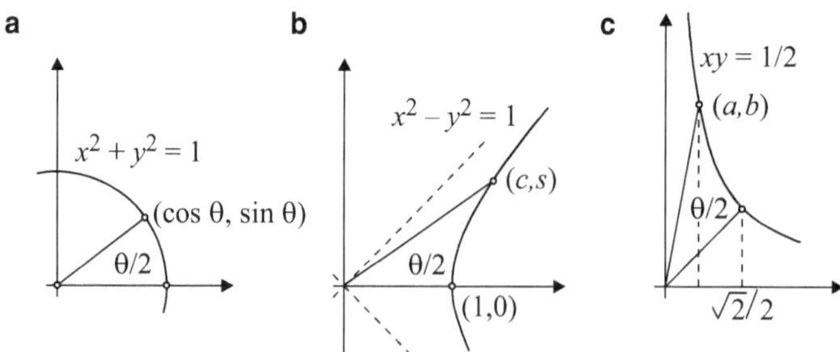

Abb. 19.9

sodass $c - s = e^{-\theta}$. Zusammen mit $c^2 - s^2 = 1$ führt dies auf die vertrauten Ausdrücke $s = (e^{\theta} - e^{-\theta})/2$ und $c = (e^{\theta} + e^{-\theta})/2$ für den Sinus und Kosinus Hyperbolicus.

19.5   Die Reihe der Kehrwerte der Dreieckszahlen

Mithilfe des Graphen einer rechtwinkligen Hyperbel lässt sich der Wert der Reihe

$$\frac{1}{1} + \frac{1}{3} + \frac{1}{6} + \cdots + \frac{1}{T_n} + \cdots = 2$$

veranschaulichen, wobei $T_n = 1 + 2 + 3 + \cdots + n$ die n-te Dreieckszahl ist. Abbildung 19.10 zeigt den Graphen von $xy = 2$. Außerdem haben wir die Tatsache verwendet, dass sich der Kehrwert der Dreieckszahlen $T_n = n(n + 1)/2$ als $2/n - 2/(n + 1)$ darstellen lässt. In Abb. 19.10 haben wir graue Dreiecke konstruiert, deren Flächen den Termen $\{1, 1/3, 1/6, \cdots\}$ der Reihe entsprechen. Da diese Rechtecke alle dieselbe Grundseite haben, lassen sie sich wie im rechten Teil der Abbildung zusammenlegen. Dadurch entsteht ein größeres Rechteck der Fläche 2, die Summe der Reihe. Andere Teleskop-Reihen lassen sich auf ähnliche Weise veranschaulichen. Beispiele findet man in [Plaza, 2010].

Abb. 19.10

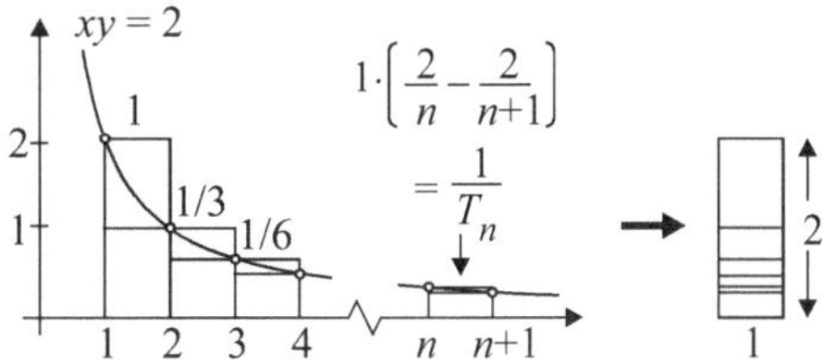

19.6   Aufgaben

19.1 Es seien A und B zwei Punkte auf dem Zweig von $xy = 1$ im ersten Quadranten, M sei der Mittelpunkt der Strecke AB und P sei der Schnittpunkt von OM mit der Hyperbel (Abb. 19.11). Man beweise, dass die Koordinaten von P gleich dem geometrischen Mittelwert der entsprechenden Koordinaten von A und B sind.

Abb. 19.11

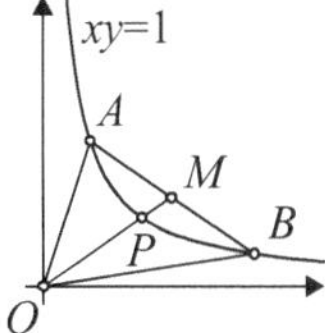

19.2 Es seien A und B zwei Punkte auf demselben Zweig einer rechtwinkligen Hyperbel. Man beweise, dass die Fläche des hyperbolischen Sektors, der wie in Abb. 19.12a von dem Bogen zwischen A und B berandet wird, gleich der Fläche unter dem hyperbolischen Bogen zwischen A und B ist (Abb. 19.12b).

19.3 Man zeige, dass

(i)   für $x > -1$, $x \neq 0$ die Ungleichungen $x/(1+x) < \ln(1+x) < x$ gelten und
(ii) für $x > 0$ die Ungleichungen $2x/(2+x) < \ln(1+x) < x/\sqrt{1+x}$.

19.4 Es sei $x > 0$. Man beweise, dass $\lim_{n \to \infty} n\left(x^{1/n} - 1\right) = \ln x$.

19.5 Man zeige, dass für $-1 < x < 1$, aber $x \neq 0$ gilt: $x < \ln\sqrt{(1+x)/(1-x)} < x/\sqrt{1-x^2}$.

19.6 Beweisen Sie, dass sich für positive a und b (19.3) zu

$$\sqrt{ab} \leq \sqrt[4]{ab}\,\frac{\sqrt{a} + \sqrt{b}}{2} \leq \frac{b - a}{\ln b - \ln a}$$
$$\leq \left(\frac{\sqrt{a} + \sqrt{b}}{2}\right)^2 \leq \frac{a + b}{2} \tag{19.4}$$

verschärfen lässt.

Abb. 19.12

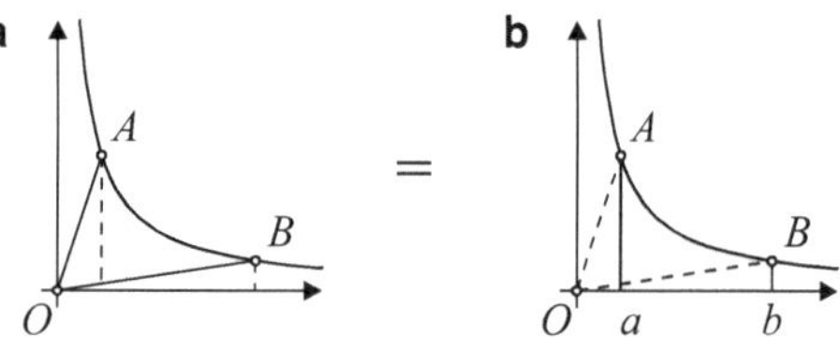

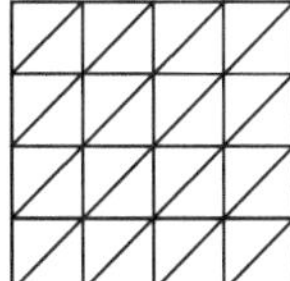

Die Formen des Mathematiker müssen ebenso wie die der Maler oder Dichter schön sein.
(G. H. Hardy, *A Mathematician's Apology*)

Zu den schönsten Formen, mit denen sich Mathematiker beschäftigen, gehören Parkettierungen. Eine *ebene Parkettierung* oder *Kachelung* ist eine Anordnung von geschlossenen Formen, die eine Ebene vollständig überdecken, ohne sich zu überlappen oder Lücken zu lassen.

Unter von Menschen geschaffenen Objekten gibt es unzählige beeindruckende ebene Parkettierungen, beispielsweise die einfachen Muster in Decken oder Böden, die verblüffenden Mosaike in maurischen Gebäuden wie der Alhambra in Granada und die genialen Entwürfe des holländischen Künstlers Maurits Cornelis Escher (1898–1972).

Drei natürliche Parkettierungen erkennt man in Abb. 20.1: eine Bienenwabe, die Basaltsäulen des Giant's Causeway („Damm des Riesen") in Nordirland und Schlamm in einem ausgetrockneten See.

Abb. 20.1

© Springer-Verlag Berlin Heidelberg 2015

C. Alsina, R.B. Nelsen, *Perlen der Mathematik*, DOI 10.1007/978-3-662-45461-9_20

In der Mathematik wurden viele Arten von Parkettierungen klassifiziert und genauer untersucht: reguläre und halb-reguläre Parkettierungen, periodische und aperiodische Parkettierungen, Penrose-Parkettierungen usw. Wir wollen Parkettierungen jedoch zur Veranschaulichung mathematischer Beziehungen verwenden. In den meisten Fällen benötigen wir nur einen Ausschnitt aus der gesamten ebenen Parkettierung, wie beispielsweise bei unserer Schlüsselfigur dieses Kapitels.

20.1 Gittermultiplikation

Eines der frühesten Beispiele für die Verwendung einer Parkettierung in der Mathematik ist ein Algorithmus, der manchmal als *Gittermultiplikation* oder auch *Netzmultiplikation* bezeichnet wird. Die Gittermultiplikation stammt wahrscheinlich ursprünglich aus Indien und ist irgendwann vor dem 12. Jahrhundert entstanden, denn sie wird in einem Kommentar zum *Lilāvati* von Bhāskara erwähnt. Leonardo von Pisa (um 1170–1250), auch bekannt als Fibonacci, führte das Verfahren in seinem Buch *Liber Abaci* (Buch des Rechnens) um 1202 in Europa ein. Das Verfahren verwendet ein Gitter oder Raster aus gleichschenkligen rechtwinkligen Dreiecken wie in unserer Schlüsselfigur zu diesem Kapitel.

Wir erläutern den Algorithmus der Gittermultiplikation an dem Beispiel 63579×523. Die beiden Zahlen 63579 und 523 werden entlang der oberen und rechten Kante des Gitters geschrieben, und die Produkte der Ziffern werden jeweils in die zugehörigen Quadrate eingetragen, wobei die Zehner links oben und die Einer rechts unten stehen. Nun wird entlang jeder Diagonalen, beginnend unten rechts, die Summe gebildet sowie ein eventueller Übertrag in der nächsten Diagonalen vermerkt. Die Antwort 33251817 steht dann an der linken und unteren Kante von links oben beginnend (Abb. 20.2).

Der Schotte John Napier (1550–1617), eher bekannt für die Erfindung der Logarithmen, erfand auch ein dem Abakus ähnliches Rechenhilfsmittel, das auf der Gittermultiplikation beruhte und als *Napier'sche Rechenstäbchen* bezeichnet wird (Abb. 20.3).

Abb. 20.2

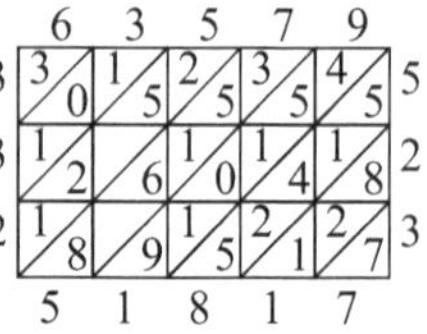

Abb. 20.3

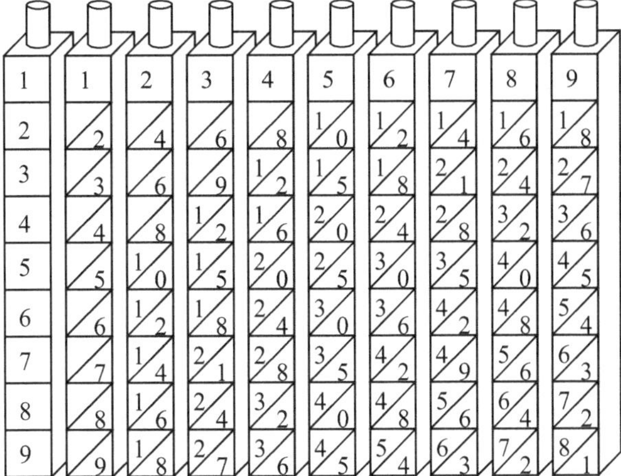

20.2 Parkettierung als Beweisverfahren

Mit jedem Viereck – gleichgültig ob konvex oder konkav – lässt sich die Ebene parkettieren (Abb. 20.4).

Damit haben wir ein einfaches Verfahren, die Fläche eines Vierecks zu bestimmen: *Die Fläche eines Vierecks Q ist gleich der Hälfte der Fläche eines Parallelogramms P, dessen Seiten parallel und gleichlang zu den Diagonalen von Q sind.*

Abbildung 20.5 veranschaulicht diese Beziehung für konvexe Vierecke. In Aufgabe 20.2 fragen wir nach einem Beweis für konkave Vierecke.

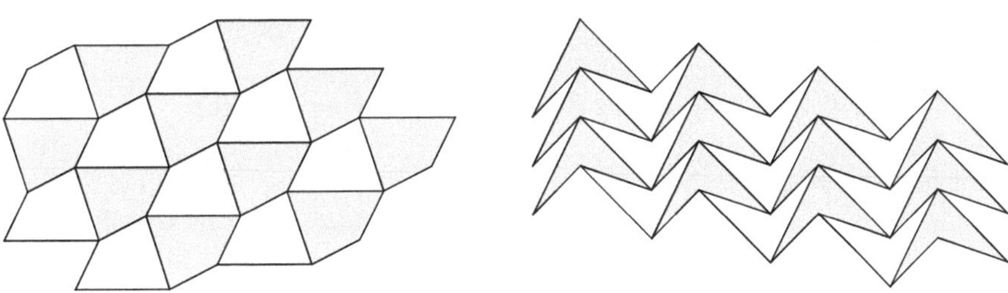

Abb. 20.4

Abb. 20.5

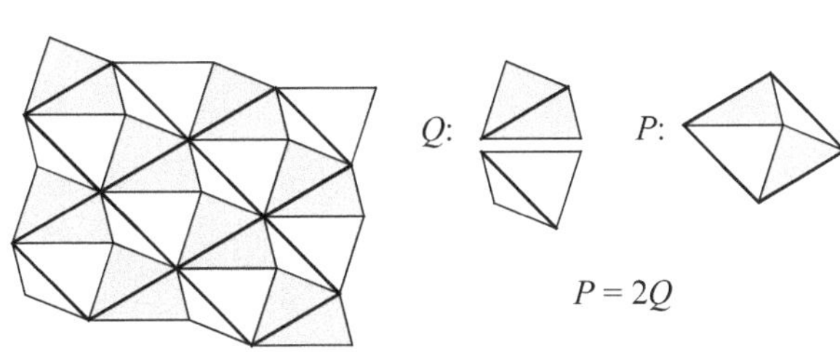

Abb. 20.6

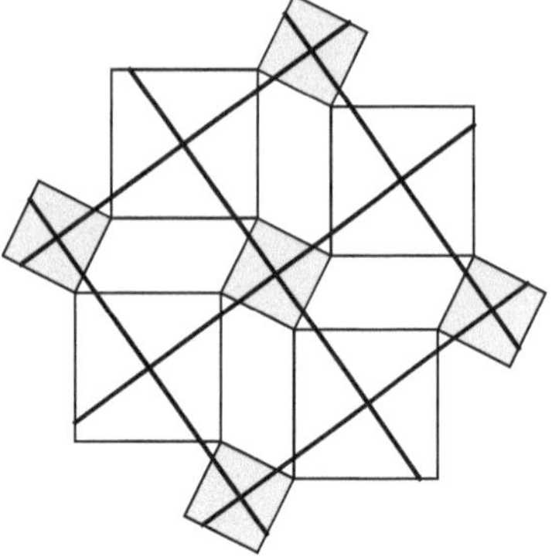

In Kap. 8 sind wir dem Napoleonischen Dreieck begegnet, dem gleichseitigen Dreieck, dessen Eckpunkte die Mittelpunkte der drei gleichseitigen Dreiecke über den Seiten eines beliebigen Dreiecks sind. Gibt es etwas Ähnliches für Vierecke?

Für Parallelogramme und Quadrate lautet die Antwort „ja", was der folgende Satz zum Ausdruck bringt: *Das Viereck aus den Mittelpunkten der Quadrate, die außen über den vier Seiten eines beliebigen Parallelogramms errichtet werden, ist ein Quadrat.*

Abbildung 20.6 zeigt einen Ausschnitt der ebenen Parkettierung durch ein Parallelogramm und den Quadraten über seinen Seiten. Darübergelegt ist ein Gitter, das die Mittelpunkte der Quadrate verbindet [Flores, 1997].

Bezeichnen wir mit a und b die Kantenlängen des Parallelogramms, mit P seine Fläche und mit S die Fläche eines der über die Parkettierung gelegten Quadrate, dann erhalten wir das Analogon des Napoleonischen Satzes für ein Parallelogramm: $2S = 2P + a^2 + b^2$.

20.3 Parkettierung eines Rechtecks mit Rechtecken

Wir bezeichnen ein Rechteck als durch Rechtecke parkettiert, wenn ein Satz von Rechtecken ein gegebenes Rechteck ohne Überlappungen oder Lücken überdeckt. Abbildung 20.7 zeigt ein Beispiel.

Abb. 20.7

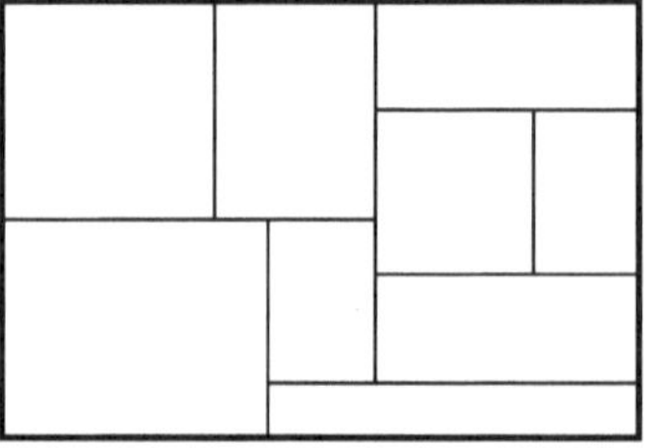

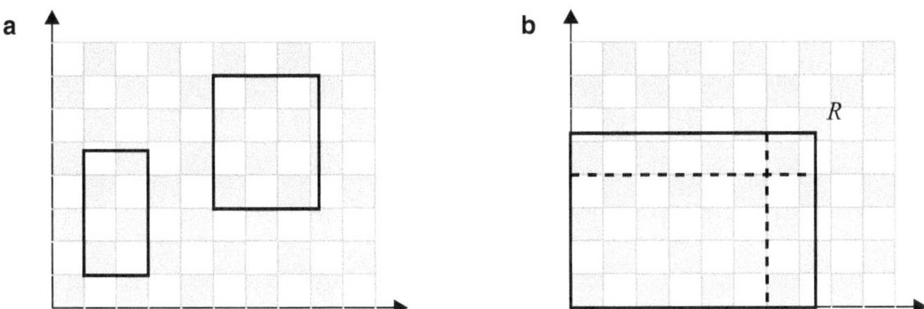

Abb. 20.8

Im Jahre 1969 bewies N. G. de Bruijn ein bemerkenswertes Ergebnis: *Wenn ein Rechteck durch Rechtecke parkettiert wird, von denen alle mindestens eine Kante ganzzahliger Länge haben, dann hat das parkettierte Rechteck mindestens eine Kante ganzzahliger Länge.* In einem Übersichtsartikel [Wagon, 1987] beschreibt Stan Wagon vierzehn verschiedene Beweise für diesen Satz und bestimmte Verallgemeinerungen, die auf den unterschiedlichsten Verfahren beruhen, angefangen bei Doppelintegralen bis hin zur Graphentheorie. Hier stellen wir einen elementaren Beweis aus [Konhauser et al., 1996] vor, den Wagon unabhängig R. Rochberg und S. K. Stein zuschreibt.

Man überdecke den ersten Quadranten der Ebene wie ein Schachbrett mit grauen und weißen Quadraten, von denen jedes die Kantenlänge 1/2 hat (Abb. 20.8). Aus Abb. 20.8a wird deutlich, dass jedes Rechteck mit einer ganzzahligen Kante dieselbe Menge an grauer und weißer Fläche enthält. Also muss auch das parkettierte Rechteck R dieselbe Menge an grauer und weißer Fläche enthalten.

Nun lege man R in den ersten Quadranten an den Ursprung wie in Abb. 20.8b. Wenn keine Seite von R eine ganzzahlige Länge hat, dann lässt sich R in vier Teile unterteilen (durch die gestrichelten Linien), von denen drei die gleiche Menge an grauer und weißer Fläche enthalten, doch der vierte Teil nicht. Also muss mindestens eine Seite von R ganzzahlige Länge haben.

20.4 Der Satz des Pythagoras – unendlich viele Beweise

Wir haben dieses Buch mit Euklids Beweis für den Satz des Pythagoras begonnen, und in den darauf folgenden Kapiteln haben wir weitere Beweise vorgestellt. Zum Abschluss dieses Buchs beweisen wir, dass es unendlich viele verschiedene Beweise für den Satz des Pythagoras gibt.

In Kap. 1 haben wir mehrere Zerlegungsbeweise für den Satz des Pythagoras angegeben, zwei davon sind nochmals in Abb. 20.9 wiedergegeben.

Wie kann man solche Zerlegungsbeweise finden? Eine Möglichkeit geht von einer ebenen Parkettierung aus, die auf Quadraten von zwei verschiedenen Größen

Abb. 20.9

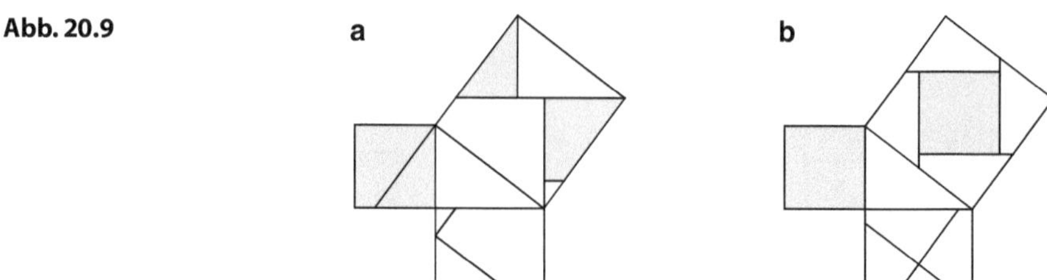

beruht, wie in Abb. 20.10. Aus Gründen, die wir gleich sehen werden, bezeichnet man eine solche Parkettierung oft als *pythagoreische Parkettierung*.

In einer solchen pythagoreischen Parkettierung zeichne man wie in Abb. 20.10a Geraden durch die oben rechts liegenden Ecken der kleineren dunkelgrauen Quadrate. Dadurch überdeckt man die Parkettierung mit einem Gitter aus deckungsgleichen Quadraten. Dieses Gitter bezeichnen wir als *Hypotenusenraster*. Man beachte, dass sich nun in der linken unteren Ecke der größeren hellgrauen Quadrate ein rechtwinkliges Dreieck befindet. Es seien a und b die Katheten und c die Hypotenuse dieser rechtwinkligen Dreiecke, dann sind die Flächen der dunkelgrauen bzw. hellgrauen Quadrate a^2 bzw. b^2. Die durchsichtigen Quadrate des Hypotenusenrasters veranschaulichen nun den Zerlegungsbeweis $c^2 = a^2 + b^2$ aus Abb. 20.9a.

Verschieben wir das Hypotenusenraster, sodass die Schnittpunkte der Geraden in den Mittelpunkten der größeren hellgrauen Quadrate liegen wie in Abb. 20.10b, erhalten wir den Zerlegungsbeweis für den Satz des Pythagoras aus Abb. 20.9b.

Auf diese Weise können wir so viele Zerlegungsbeweise für den Satz des Pythagoras erzeugen, wie wir Möglichkeiten haben, das Hypotenusenraster über die pythagoreische Parkettierung zu legen. Damit haben wir bewiesen, dass es unendlich viele verschiedene Zerlegungsbeweise für den Satz des Pythagoras gibt. Tatsächlich sind es sogar überabzählbar viele Beweise, und in allen Fällen ist das Quadrat über der Hypotenuse in nicht mehr als neun Teile zerlegt worden!

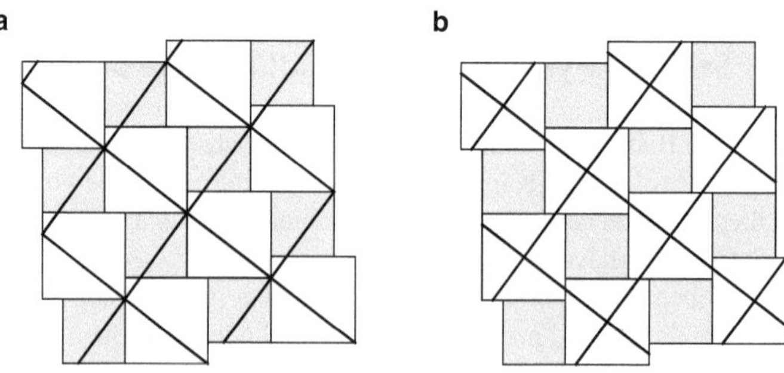

Abb. 20.10

20.5 Aufgaben

20.1 Ist es möglich, die Ebene mit Figuren zu parkettieren, die durch Kreisbögen berandet werden?

20.2 Man beweise, dass die Fläche eines konkaven Vierecks Q gleich der Hälfte der Fläche eines Parallelogramms P ist, dessen Seiten parallel zu den Diagonalen von Q verlaufen und gleich lang wie diese sind.

20.3 Der Kachelboden im Salon de Carlos V im Real Alcázar von Sevilla (Abb. 20.11a) legt einen weiteren Parkettierungsbeweis für den Satz des Pythagoras nahe. Verwenden Sie die Parkettierung mit Rechteckten und Quadraten sowie das darüber gezeichnete Raster von Quadraten (Abb. 10.11b) für einen solchen Beweis.

20.4 Wenn wir ein Quadrat einem Halbkreis und ein weiteres Quadrat einem Vollkreis mit demselben Radius einbeschreiben wie in Abb. 20.12, in welchem Verhältnis stehen dann ihre Flächen? (Hinweis: Man verwende eine Parkettierung aus

a b

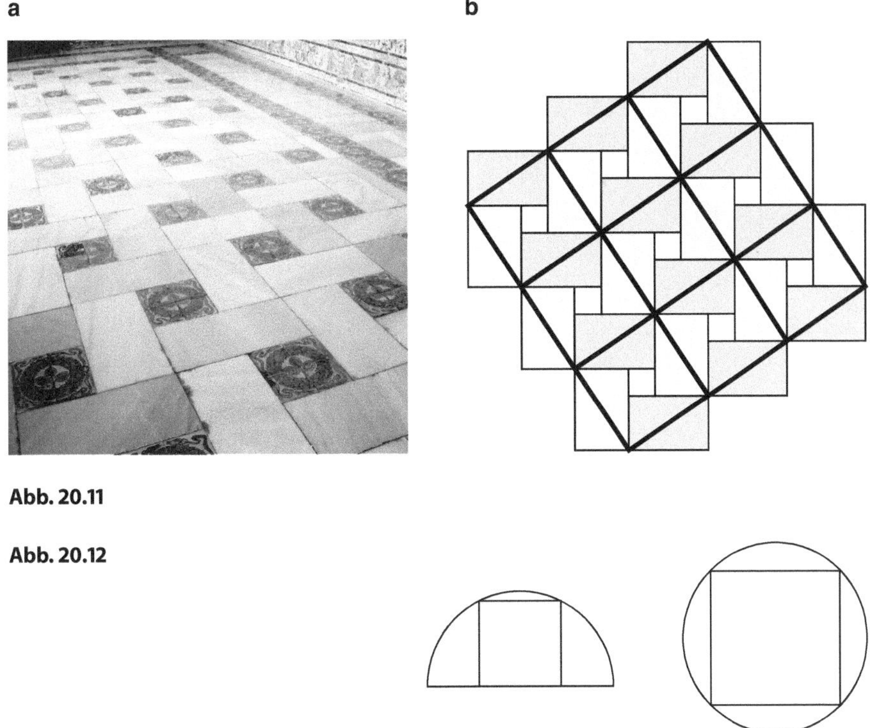

Abb. 20.11

Abb. 20.12

Abb. 20.13

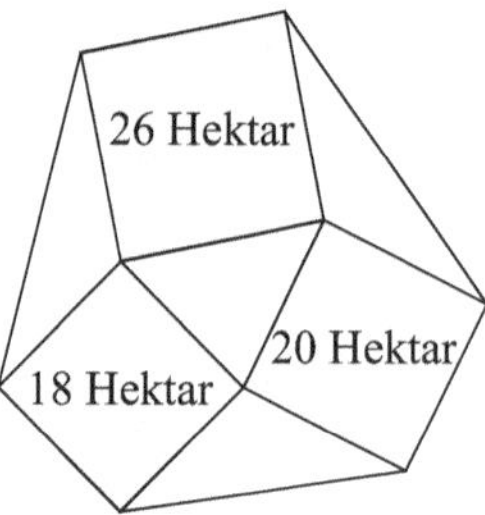

Einheitsquadraten und zeichne einen Kreis vom Radius $\sqrt{5}$ um den Punkt, wo sich vier Quadrate treffen.)

20.5 Es folgt ein weiteres Rätsel aus Ernest Dudeneys *Amusements in Mathematics* (1917): „Bauer Wurzel besaß drei quadratischen Felder mit 18, 20 und 26 Hektar, wie in der Karte in Abb. 20.13 dargestellt. Um seinen Besitz umzäunen zu können, kaufte er die vier eingezeichneten dreieckigen Felder hinzu. Das Rätsel lautet: Wie groß ist nun die Gesamtfläche seines Besitzes." (Hinweis: Man lege die Karte – eine Vecten-Konfiguration – auf ein Quadrat von 144 Hektar, das mit Quadraten von 1 Hektar Fläche parkettiert ist.)

20.6 Man verwende eine Parkettierung der Ebene durch Rechtecke mit den Abmessungen $|a| \times |x|$ und $|b| \times |y|$ für einen Beweis der zweidimensionalen Cauchy-Schwarz-Ungleichung: Für reelle Zahlen a, b, x, y gilt:

$$|ax + by| \leq \sqrt{a^2 + b^2}\sqrt{x^2 + y^2}\,.$$

Viele der Aufgaben haben mehrere Lösungen, von denen wir hier immer nur eine zeigen. Die Leser seien jedoch dazu angehalten, nach weiteren Lösungen zu suchen.

21.1 Kapitel 1

1.1
(i)   Ja, aber sie sind alle dem 3-4-5-Dreieck ähnlich. Setzen wir $b = a + d$ und $c = a + 2d$, dann folgt aus $a^2 + b^2 = c^2$ die Beziehung $a^2 - 2ad - 3d^2 = 0$, sodass $a = 3d$, $b = 4d$ und $c = 5d$.
(ii) Ja, und sie sind alle dem Dreieck mit den Kantenlängen 1, $\sqrt{2}$ und $\sqrt{3}$ ähnlich.
(iii) Setzen wir $b^2 = a^2 r$ und $c^2 = a^2 r^2$, so folgt $r^2 = r + 1$. r muss also gleich dem Goldenen Schnitt $\phi = (1 + \sqrt{5})/2$ sein.

1.2 Es seien x, y, z die Kantenlängen der äußeren Quadrate und A, B, C die Winkel im zentralen Dreieck gegenüber den Seiten a, b bzw. c. Für (i) ergibt der Kosinussatz $a^2 = b^2 + c^2 - 2bc \cos A$ und $x^2 = b^2 + c^2 - 2bc \cos(180° - A) = b^2 + c^2 + 2bc \cos A$, also $x^2 = 2b^2 + 2c^2 - a^2$. Entsprechend sind $y^2 = 2a^2 + 2c^2 - b^2$ und $z^2 = 2a^2 + 2b^2 - c^2$. Daraus folgt das Ergebnis. Für (ii) erhalten wir $x^2 + y^2 + z^2 = 6c^2$ und $z^2 = c^2$, also $x^2 + y^2 = 5z^2$.

1.3 Die Strecken $P_b P_c$ und AP_a stehen senkrecht aufeinander und haben dieselbe Länge. Das Gleiche gilt für $P_b P_c$ und AP_x, also ist A der Mittelpunkt von $P_a P_x$. Die anderen beiden Beziehungen ergeben sich entsprechend.

1.4 Wir bezeichnen die Eckpunkte der Quadrate und Dreiecke wie in Abb. 21.1. Die Kantenlängen des Quadrats $AEDP$ bezeichnen wir mit a und die des Quadrats $CHIQ$ mit b. Die Dreiecke ABE und BCH sind deckungsgleich und haben die Katheten a und b. Nach dem Korollar aus dem Absatz vor Abb. 1.7 folgt, dass die Dreiecke ABE und DEK dieselbe Fläche haben, ebenso die Dreiecke BCH und

© Springer-Verlag Berlin Heidelberg 2015
C. Alsina, R.B. Nelsen, *Perlen der Mathematik*, DOI 10.1007/978-3-662-45461-9_21

Abb. 21.1

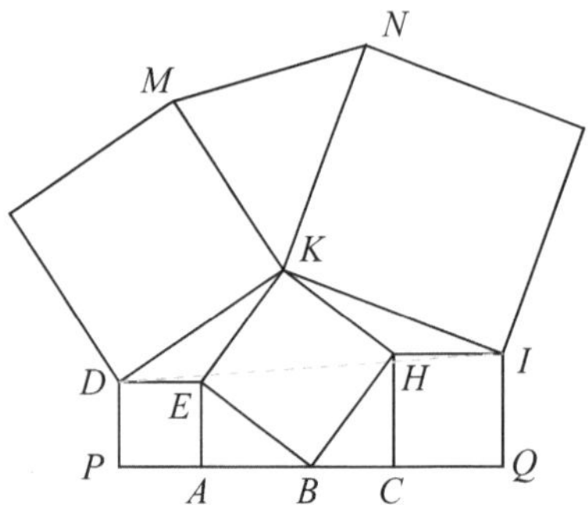

KHI sowie die Dreiecke KMN und DKI. Also haben die Dreiecke ABE, DEK, KHI und BCH dieselbe Fläche ($ab/2$), und außerdem gilt: $|PQ| = 2(a + b)$.

Damit folgt, wie behauptet:

$$\text{Fläche}(KMN) = \text{Fläche}(DKI) = \text{Fläche}(PDKIQ) - \text{Fläche}(PDIQ)$$
$$= (a^2 + b^2 + 4 \cdot ab/2 + \text{Fläche}(BEKH))$$
$$- (1/2) \cdot 2(a + b) \cdot (a + b)$$
$$= (a + b)^2 + \text{Fläche}(BEKH) - (a + b)^2$$
$$= \text{Fläche}(BEKH).$$

(Außerdem gilt: $\text{Fläche}(BEKH) = a^2 + b^2$.)

1.5 Die Flächen des Dreiecks ABH und des Vierecks $HIJC$ sind gleich. Seien $a = |BC|$ und $b = |AC|$. Da die Dreiecke ACI und ADE ähnlich sind, folgt $|CI|/b = a/(a + b)$, sodass $|CI| = ab/(a + b)$ und $\text{Fläche}(ACI) = ab^2/2(a + b)$. Entsprechend gilt: $\text{Fläche}(BJC) = a^2b/2(a + b)$ und damit $\text{Fläche}(ACI) + \text{Fläche}(BJC) = ab/2 = \text{Fläche}(ABC)$. Wir erhalten also:

$$\text{Fläche}(AJH) + 2\text{Fläche}(HIJC) + \text{Fläche}(BIH)$$
$$= \text{Fläche}(ACI) + \text{Fläche}(BJC)$$
$$= \text{Fläche}(ABC)$$
$$= \text{Fläche}(AJH) + \text{Fläche}(HIJC)$$
$$+ \text{Fläche}(BIH) + \text{Fläche}(ABH),$$

und somit folgt $\text{Fläche}(HIJC) = \text{Fläche}(ABH)$ [Konhauser et al., 1996].

1.6 Man konstruiere deckungsgleiche Parallelogramme $ABED'$ und $ADFB'$ wie in Abb. 21.2. Offensichtlich sind Q und S die Mittelpunkte von $ABED'$ und $ADFB'$. Eine Drehung um $90°$ im Uhrzeigersinn um den Punkt R überführt $ABED'$ in $ADFB'$ und die Strecke RQ in RS. Also sind QR und RS gleich lang und stehen senkrecht aufeinander. Eine ähnliche Drehung um $90°$ entgegen dem

Uhrzeigersinn um den Punkt T zeigt, dass auch QT und TS dieselbe Länge haben und senkrecht aufeinanderstehen. Daraus ergibt sich, dass $QRST$ ein Quadrat sein muss.

Abb. 21.2

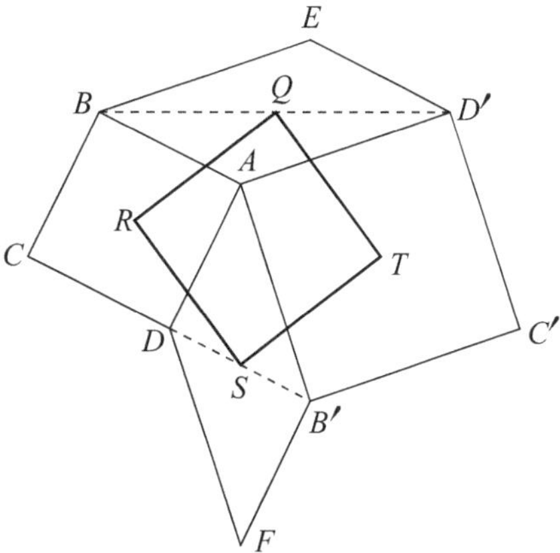

1.7 Die Dreiecke ACF und BCE sind deckungsgleich, und eine Drehung um $90°$ überführt das eine in das andere. Also stehen AF und BE im Punkt P senkrecht aufeinander. Da $\angle APE$ ein rechter Winkel ist, liegt er auf dem Umkreis des Quadrats $ACED$. Damit folgt $\angle DPE = 45°$, da der zugehörige Bogen einen Viertelkreis halbiert. Entsprechend ist $\angle FPG = 45°$, sodass $\angle DPG = 45° + 90° + 45° = 180°$. Also liegen D, P und G auf einer Geraden [Honsberger, 2001].

21.2   Kapitel 2

2.1 Die Gleichheit gilt in (2.1) nur für $\sin \theta = 1$, also $\theta = 90°$ in Abb. 2.5. Das bedeutet, dass die grau unterlegten Dreiecke gleichschenklige rechtwinklige Dreiecke sind und somit $\sqrt{a} = \sqrt{b}$ bzw. $a = b$ gilt. Die Gleichheit in (2.2) gilt nur für $\theta = 90°$ in Abb. 2.6 und $|ax + by| = |ax| + |by|$, d. h., ax und by haben dasselbe Vorzeichen. Das bedeutet, dass die grau unterlegten Dreiecke ähnlich sind, sodass $|x|/|y| = |a|/|b|$ oder $|ay| = |bx|$. Wenn ax und by dasselbe Vorzeichen haben, folgt $ay = bx$.

2.2 Die Fläche des weißen Parallelogramms in Abb. 21.3a ist $\sin(\pi/2 - \alpha + \beta)$ und $\sin(\pi/2 - \alpha + \beta) = \cos(\alpha - \beta)$ [Webber und Bode, 2002].

2.3 In Abb. 2.5 setze man $x = \sin t$ und $y = \cos t$.

Abb. 21.3

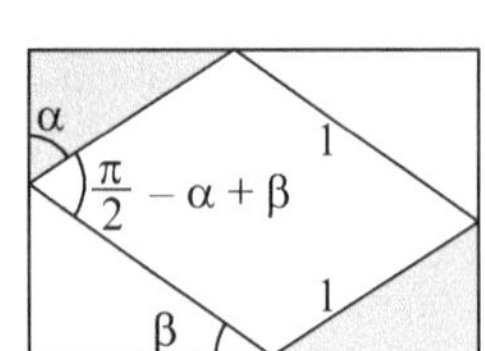

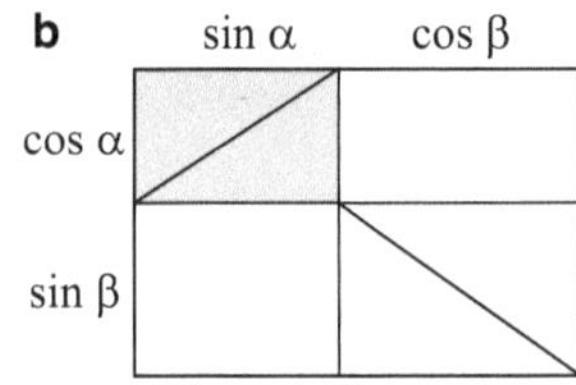

2.4 Mit (2.2) folgt:

$$|ax + by + cz| \leq |ax + by| + |cz|$$
$$\leq \sqrt{a^2 + b^2}\sqrt{x^2 + y^2} + |cz|$$
$$\leq \sqrt{(a^2 + b^2) + c^2}\sqrt{(x^2 + y^2) + z^2}\,.$$

Die Cauchy-Schwarz-Ungleichung in n Variablen,

$$|a_1 x_1 + a_2 x_2 + \cdots + a_n x_n|$$
$$\leq \sqrt{a_1^2 + a_2^2 + \cdots + a_n^2}\sqrt{x_1^2 + x_2^2 + \cdots + x_n^2}\,,$$

lässt sich einfach durch Induktion beweisen.

2.5 Man setze in (2.2) x und y gleich $1/2$:

$$\frac{a + b}{2} = \left|a \cdot \frac{1}{2} + b \cdot \frac{1}{2}\right| \leq \sqrt{a^2 + b^2}\sqrt{\frac{1}{2}} = \sqrt{\frac{a^2 + b^2}{2}}\,.$$

2.6 Nein. Man betrachte ein beliebiges gleichschenkliges Dreieck mit $\angle A = \angle B$ und $\angle C \neq 90°$.

21.3   Kapitel 3

3.1 Man verwende (3.1) mit $a = |\sin\theta|$ und $b = |\cos\theta|$.

3.2 Siehe Abb. 21.4. Die rechtwinkligen Dreiecke mit den Katheten a und $\sqrt{ab}$ bzw. $\sqrt{ab}$ und b sind ähnlich, also ist das grau unterlegte Dreieck rechtwinklig. Seine Hypotenuse $a + b$ ist mindestens so lang wie die Grundseite $2\sqrt{ab}$ des Trapezes, also ist $(a + b)/2 \geq \sqrt{ab}$.

Abb. 21.4

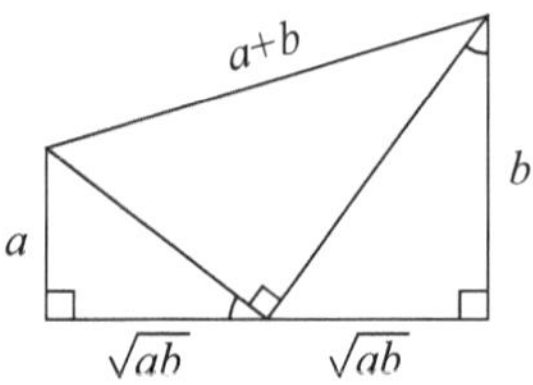

3.3 Siehe Abb. 21.5.

Abb. 21.5

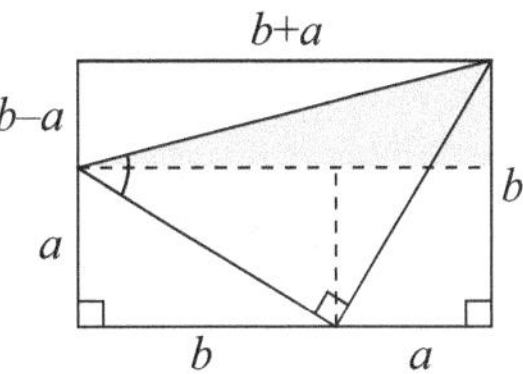

3.4 In (3.4) seien $p = F_{2n}$ und $q = F_{2n-1}$. Dann ist $p+q = F_{2n+1}$ und $p^2 + pq + 1 = F_{2n}^2 + F_{2n} F_{2n-1} + 1$. Aus der Identität von Cassini ($F_{k-1} F_{k+1} - F_k^2 = (-1)^k$ für $k \geq 2$) folgt $F_{2n}^2 + 1 = F_{2n-1} F_{2n+1}$ und somit $p^2 + pq + 1 = F_{2n-1}(F_{2n} + F_{2n+1}) = q \cdot F_{2n+2}$. Also ist $q/(p^2 + pq + 1) = 1/F_{2n+2}$.

3.5 Siehe Abb. 21.6.

Abb. 21.6

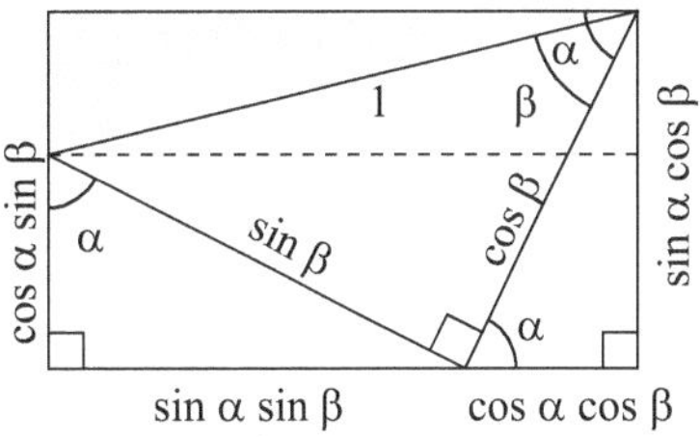

3.6 Siehe Abb. 21.7.

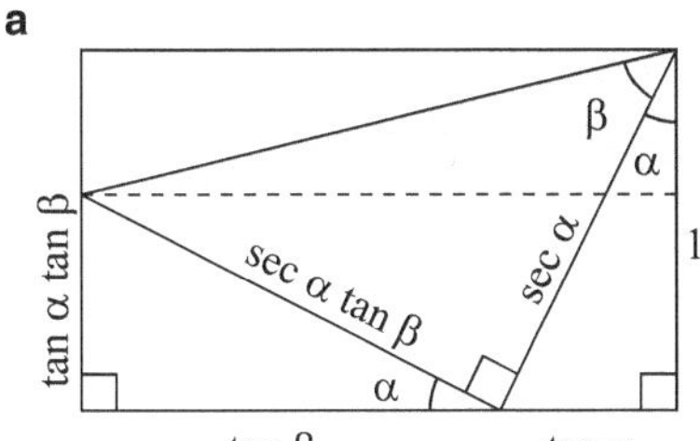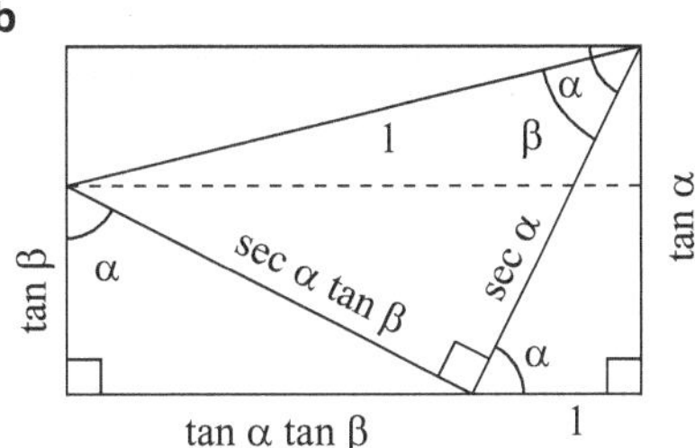

Abb. 21.7

3.7 Siehe Abb. 21.8 [Burk, 1996].

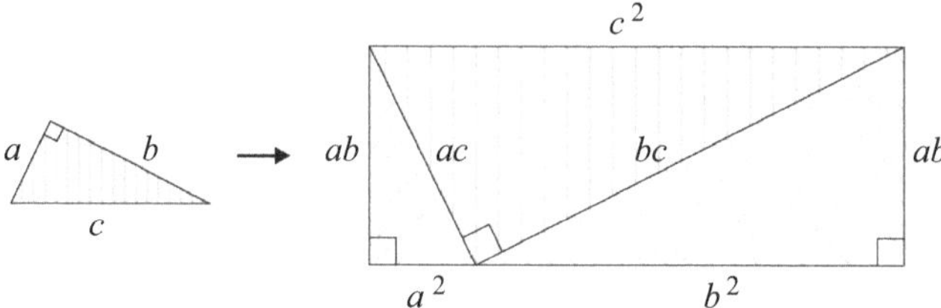

Abb. 21.8

3.8 Man berechne von jedem rechtwinkligen Dreieck die Länge der Hypotenuse (Abb. 21.9). Dann folgt für das grau unterlegte Dreieck $\sin\theta = 2z/(1 + z^2)$ und $\cos\theta = (1 - z^2)/(1 + z^2)$ [Kung, 2001].

Abb. 21.9

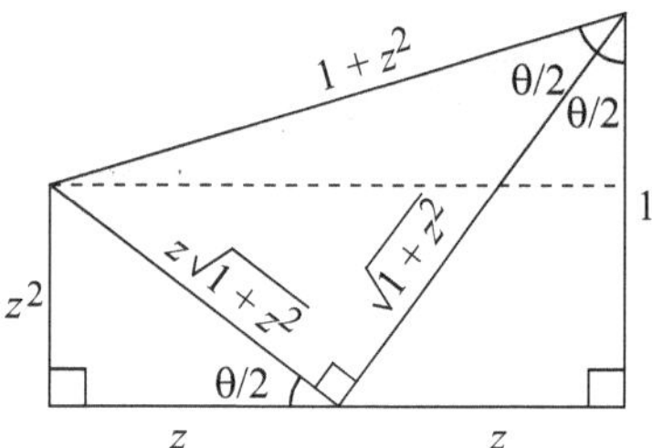

3.9 Legen wir das Trapez in den ersten Quadranten wie in Abb. 21.10, dann sind die Koordinaten von P_k

$$P_k = ((b + ak)/2, (a + bk)/2) = (b/2, a/2) + k(a/2, b/2).$$

Also liegt P_k auf dem Strahl ausgehend von $(b/2, a/2)$ mit der Steigung b/a.

Abb. 21.10

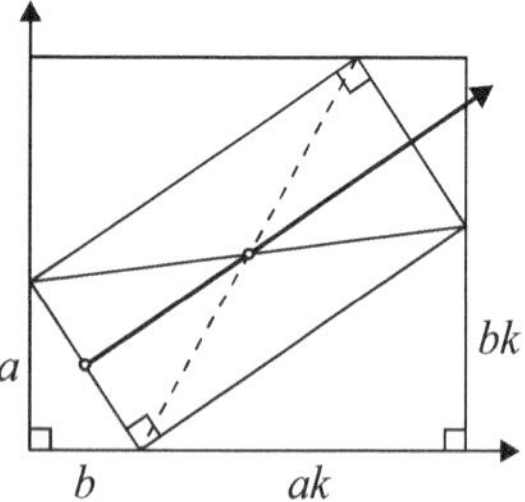

3.10 In dem Garfield-Trapez in Abb. 21.11 gilt $\sqrt{2(x + 1/x)} \geq \sqrt{x} + \sqrt{1/x}$, woraus sich die erste Ungleichung in (3.5) ergibt. Die zweite folgt aus der Ungleichung für den arithmetischen und geometrischen Mittelwert.

Abb. 21.11

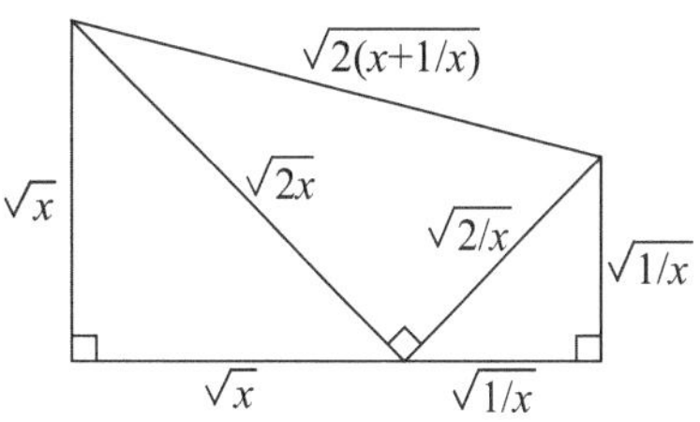

21.4 Kapitel 4

4.1 Parallel zu BC bzw. AC zeichne man AD und BD mit dem Schnittpunkt D. Da bei C ein rechter Winkel ist, handelt es sich bei $ACBD$ um ein Rechteck. Also haben seine Diagonalen AB und CD dieselbe Länge und schneiden sich jeweils im Mittelpunkt O. Da O von A, B und C denselben Abstand hat, ist O der Umkreismittelpunkt des Dreiecks ABC, und AB ist der Umkreisdurchmesser (Abb. 21.12).

Abb. 21.12

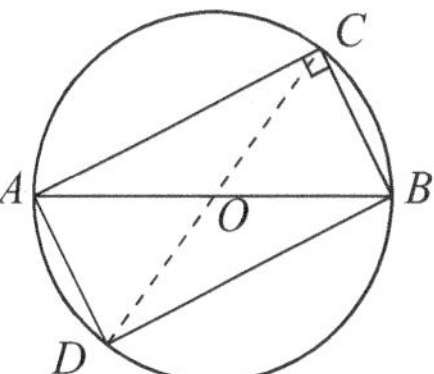

4.2 Es seien $|PQ| = a$, $|QR| = b$ und $|QS| = h$, sodass nach dem Höhensatz für rechtwinklige Dreiecke $h^2 = ab$ gilt. Bezeichnen wir mit A die Fläche des Arbelos und mit C die Fläche des Kreises mit dem Durchmesser QS, dann gilt:

$$A = \frac{\pi}{2}\left(\frac{a+b}{2}\right)^2 - \frac{\pi}{2}\left(\frac{a}{2}\right)^2 - \frac{\pi}{2}\left(\frac{b}{2}\right)^2 = \pi\left(\frac{ab}{4}\right) = \pi\left(\frac{h}{2}\right)^2 = C\,.$$

4.3 In Abb. 4.14 und den beiden Gleichungen für den Tangens des halben Winkels setze man

(i) $\theta = \arcsin x$, $\sin\theta = x$ und $\cos\theta = \sqrt{1-x^2}$.
(ii) $\theta = \arccos x$, $\cos\theta = x$ und $\sin\theta = \sqrt{1-x^2}$.
(iii) $\theta = \arctan x$, $\sin\theta = x/\sqrt{1+x^2}$ und $\cos\theta = 1/\sqrt{1+x^2}$.

4.4 Wählen wir die durchgezogene Linie als Höhe, ergibt sich für die Fläche des Dreiecks $(1/2)\sin 2\theta$. Wählen wir jedoch die gestrichelte Linie als Höhe, folgt für die Fläche $(1/2)(2\sin\theta)\cos\theta$ und somit $\sin 2\theta = 2\sin\theta\cos\theta$. Nach dem Kosinussatz gilt für die Länge $2\sin\theta$ der Sehne $(2\sin\theta)^2 = 1^2 + 1^2 - 2\cos 2\theta$ und damit folgt $\cos 2\theta = 1 - 2\sin^2\theta$.

4.5 Siehe Abb. 21.13.

Abb. 21.13

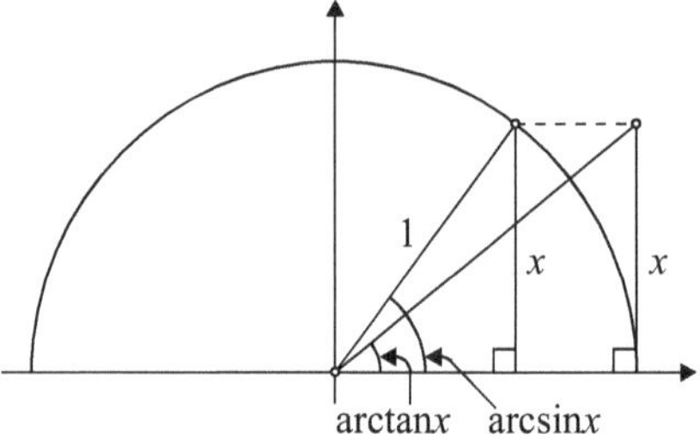

4.6 Die Fläche des grau unterlegten Gebiets ist $\pi(R^2 - r^2)/2$. Da a der geometrische Mittelwert aus $R + r$ und $R - r$ ist, folgt $a^2 = (R + r)(R - r) = R^2 - r^2$.

4.7 Es sei T die Fläche des rechtwinkligen Dreiecks, außerdem seien L_1 und L_2 die Flächen der Mondsicheln und S_1 und S_2 die Flächen der Kreisabschnitte (in weiß) in Abb. 21.14. Damit folgt aus der Formulierung des pythagoreischen Satzes, wie Archimedes sie im *Buch der Lemmata* für Satz 4 verwendet hat: $T + S_1 + S_2 = (S_1 + L_1) + (S_2 + L_2)$, also $T = L_1 + L_2$.

Abb. 21.14

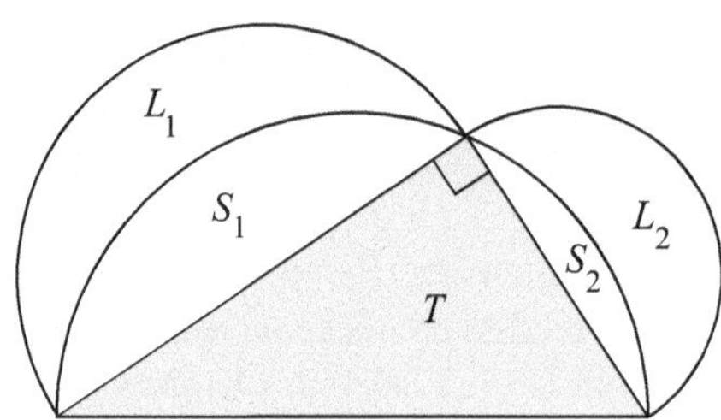

4.8 Zunächst berechnen wir die Längen der Sehnen in Abb. 4.18 aus der Geometrie der Dreiecke: Sei $|AB| = d$, dann folgt:

$$|AF| = d\sqrt{6}/3 \, , |BF| = d\sqrt{3}/3 \, ,$$
$$|AE| = d\sqrt{2}/2 \text{ und } |BN| = d/\phi\sqrt{3} \, .$$

(i)   Für ein Tetraeder mit der Kantenlänge s betrachte man die Querschnittsfläche durch eine Kante und die Höhen der gegenüberliegenden Seiten (Abb. 21.15).

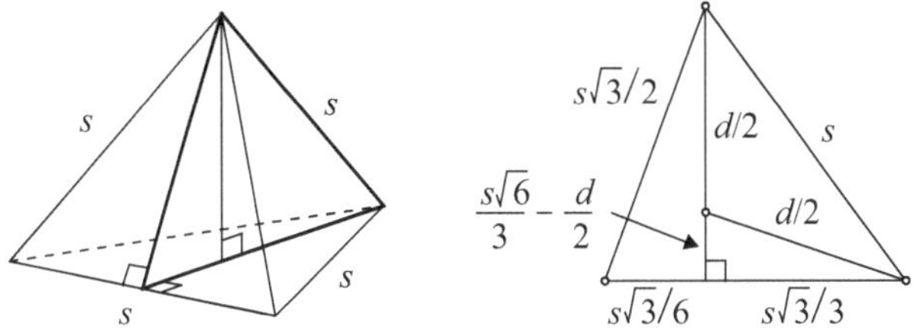

Abb. 21.15

Da die beiden Höhen die Länge $s\sqrt{3}/2$ haben, hängen s und d wie in dem grau unterlegten Dreieck zusammen, und es gilt:

$$\left(\frac{s\sqrt{6}}{3}-\frac{d}{2}\right)^2+\left(\frac{s\sqrt{3}}{3}\right)^2=\left(\frac{d}{2}\right)^2$$

und somit $s=d\sqrt{6}/3=|AF|$.

(ii)   Für einen Würfel mit der Kantenlänge s ist der Durchmesser d der Kugel gleichzeit die Diagonale eines Rechtecks mit den Kantenlängen s und $s\sqrt{2}$, sodass $d^2=s^2+2s^2$ und damit $s=d\sqrt{3}/3=|BF|$.

(iii) Für ein Oktaeder mit der Kantenlänge s ist d die Diagonale eines Quadrats mit der Kantenlänge s und damit folgt $s=d\sqrt{2}/2=|AE|$.

(iv)   Für ein Dodekaeder mit Kantenlänge s betrachten wir eine Querschnittsfläche durch ein Paar gegenüberliegender Kanten (Abb. 21.16).

Abb. 21.16

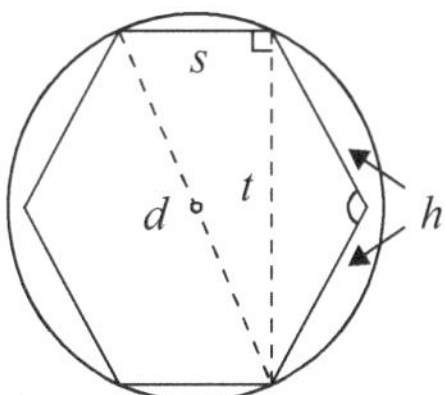

Die Querschnittsfläche ist ein Sechseck, dessen vier andere Kanten die Höhen der fünfeckigen Flächen sind und die Länge $h=(s\tan 72°)/2$ haben. Der Winkel zwischen zwei solchen Kanten ist ein Diederwinkel $\arccos(-1/\sqrt{5})$ des Dodekaeders. Sei t die Länge der in der Abbildung angegebenen Kreissehne, dann folgt aus dem Kosinussatz sowie den Identitäten $\sec 72°=2\phi$ und $\phi+(1/\phi)=\sqrt{5}$, dass $t^2=s^2(1+\phi)^2$. Also erhalten wir $d^2=s^2+s^2(1+\phi)^2=3s^2(1+\phi)=3s^2\phi^2$ oder $s=d/\phi\sqrt{3}=|BN|$.

4.9 Ohne Einschränkung der Allgemeinheit nehmen wir an, dass der Radius des kleinen Halbkreises gleich 1 ist und der Radius des großen Halbkreises gleich 2. Dementsprechend ist der Umfang der Kardioide gleich 4π. Wir müssen nur Geraden durch den Cusp-Punkt betrachten, die zu dem gemeinsamen Durchmesser der

Halbkreise (in Abb. 21.17 gestrichelt) unter einem Winkel θ in $[0, \pi/2]$ stehen. Die Länge des Anteils des Umfangs rechts von der Geraden ist $2\theta + 2(\pi - \theta) = 2\pi$, also die Hälfte des Gesamtumfangs.

Abb. 21.17

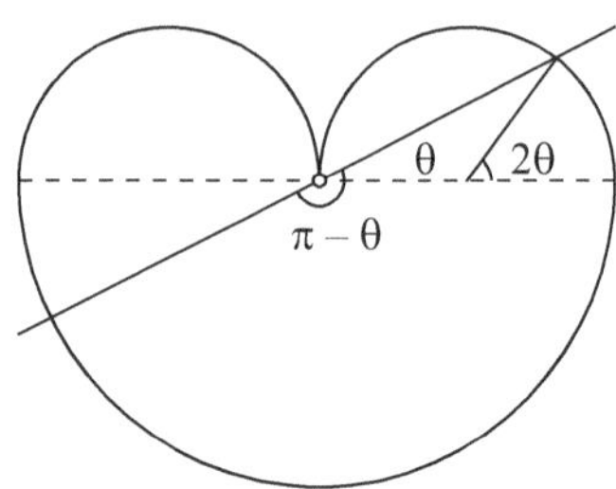

21.5   Kapitel 5

5.1 Da (a, b, c) and (a', b', c') ähnlich sind, gibt es eine positive Konstante k, sodass $a' = ka$, $b' = kb$ und $c' = kc$. Also folgt:

$$aa' + bb' = ka^2 + kb^2 = kc^2 = cc'.$$

5.2 Es seien s und t die Längen der in Abb. 21.18 gekennzeichneten Strecken. Da die drei grau unterlegten Dreiecke zu ABC ähnlich sind, folgt $b'/b = s/c$ und $a'/a = t/c$, und damit gilt, wie behauptet [Konhauser et al., 1996]:

$$\frac{a'}{a} + \frac{b'}{b} + \frac{c'}{c} = \frac{t}{c} + \frac{s}{c} + \frac{c'}{c} = \frac{c}{c} = 1.$$

Abb. 21.18

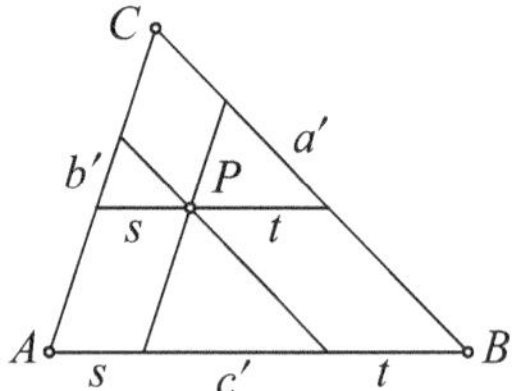

5.3 Man zeichne wie in Abb. 21.19 den Durchmesser PS und die Kreissehne QS. Da $\angle QPS = \angle PQR$, ist das rechtwinklige Dreieck PQS ähnlich zu dem rechtwinkligen Dreieck PQR. Also gilt $|QR|/|PQ| = |PQ|/|PS|$, sodass $|PQ|$ der geometrische Mittelwert von $|QR|$ und $|PS|$ ist.

Abb. 21.19

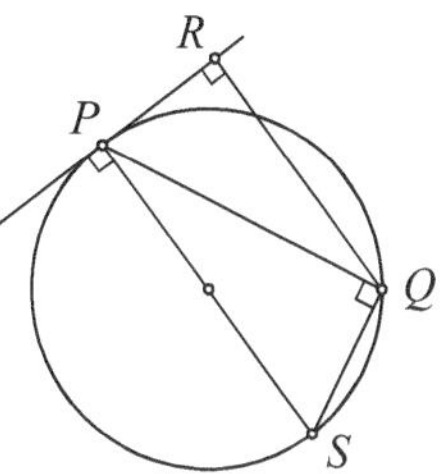

5.4 Man zeichne wie in Abb. 21.20 KE parallel zu CD. Die Dreiecke AKE und AFC sind ähnlich, und damit folgt $|FC|/|KE| = |AC|/|AE| = 2$, sodass $|FC| = 2|KE|$. Da $x = 22{,}5°$, ist $\angle DFG = 67{,}5° = \angle DGF$. Die Dreiecke DFG und EGK sind ähnlich, und da DFG gleichschenklig ist, gilt dies auch für EKG. Also ist $|GE| = |KE|$, sodass $|FC| = 2|GE|$.

Abb. 21.20

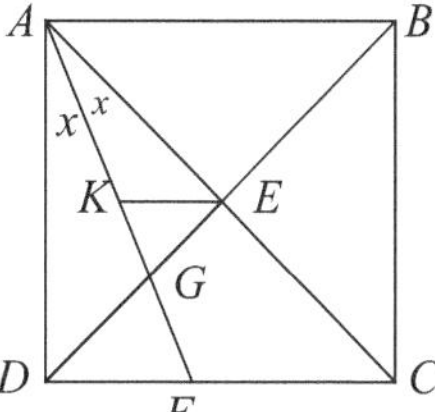

5.5 Da die Dreiecke den Winkel bei D gemeinsam haben, müssen die Winkel x und y gleich sein. Also muss AD eine Winkelhalbierende für den Winkel bei A sein (Abb. 21.21).

Abb. 21.21

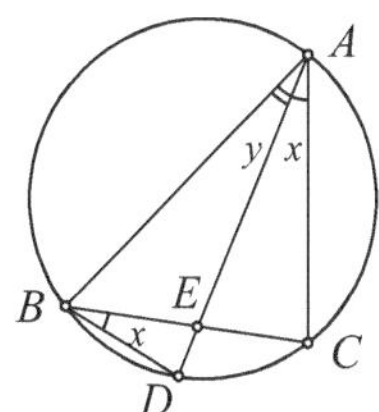

5.6 Abbildung 21.22a,b können wir entnehmen, dass das I und P rep-4 Formen sind. Da das L-Pentomino ein 2×5-Rechteck parkettiert (Abb. 21.22c) und das Y-Pentomino ein 5×10-Rechteck (Abb. 21.22d), können beide ein 10×10-Quadrat parkettieren und sind daher rep-100 Formen.

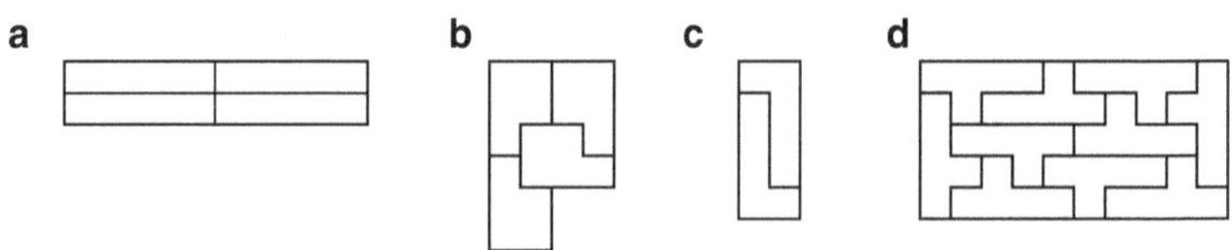

Abb. 21.22

5.7 Nein. Die Bedingung (5.3) bedeutet $e^{bx} = ke^{ax/k}$. Bei $x = 0$ erhalten wir $k = 1$ und damit $a = b$.

21.6 Kapitel 6

6.1 Aus Abb. 21.23 ergibt sich $2m_a \leq b + c$, $2m_b \leq c + a$ und $2m_c \leq a + b$, sodass $m_a + m_b + m_c \leq 2s$. Das graue Dreieck hat die Seitenlängen $2m_a$, $2m_b$, $2m_c$ und die Seitenhalbierenden $3a/2$, $3b/2$ und $3c/2$. Aus der obigen Ungleichung folgt daher $3(a + b + c)/2 \leq 2(m_a + m_b + m_c)$ oder $3s/2 \leq m_a + m_b + m_c$.

Abb. 21.23

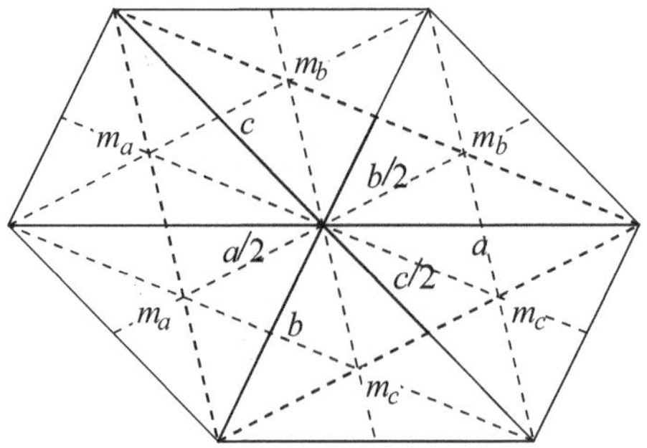

6.2 Siehe Abb. 21.24a, wo wir $a > b > c$ gewählt haben. Da die Seiten eine arithmetische Folge bilden sollen, folgt $a + c = 2b$ und damit ist der halbe Umfang gleich $s = 3b/2$. Also gilt für die Fläche $K = rs = 3br/2$, außerdem ist $K = bh/2$ und damit $h = 3r$. Der Inkreismittelpunkt I liegt also auf der Geraden parallel zu AC bei einem Drittel der Höhe auf AC (Abb. 21.24). Der Schwerpunkt G liegt auf der Seitenhalbierenden BM_b ebenfalls bei einem Drittel der Höhe, und damit liegt G ebenfalls auf der gestrichelten Linie [Honsberger, 1978].

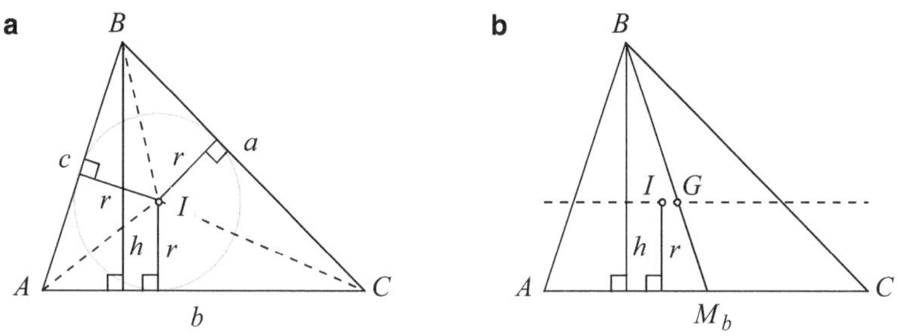

Abb. 21.24

6.3 Man zeichne die Höhe auf eine Seite und zerschneide die Fläche entlang der beiden Seitenhalbierenden vom Fußpunkt dieser Höhe zu den beiden gegenüberliegenden Seiten. Nun drehe man die beiden abgeschnittenen Teile jeweils um 180° wie in Abb. 21.25. Das ganze so entstande neue Dreieck drehe man ebenfalls um 180° [Konhauser et al., 1996].

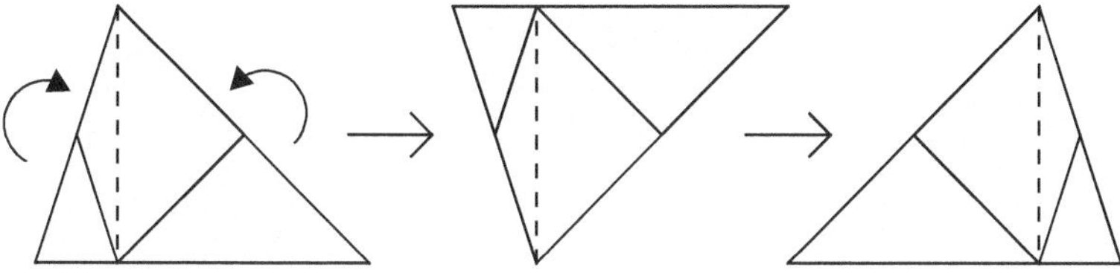

Abb. 21.25

6.4 Unsere Lösung stammt aus [Erdös, 1937]. Da eine Transversale der genannten Art kürzer ist als die längere der beiden Seiten an dem Eckpunkt, von dem sie gezeichnet wurde, ist sie kürzer als die längste Seite des Dreiecks. Man zeichne die Strecken PR und PS jeweils parallel zu AC bzw. BC wie in Abb. 21.26, sodass $\triangle PRS$ ähnlich zu $\triangle ABC$ ist. Da PZ eine Transversale in $\triangle PRS$ ist und RS deren längste Seite, folgt $|PZ| < |RS|$.

Abb. 21.26

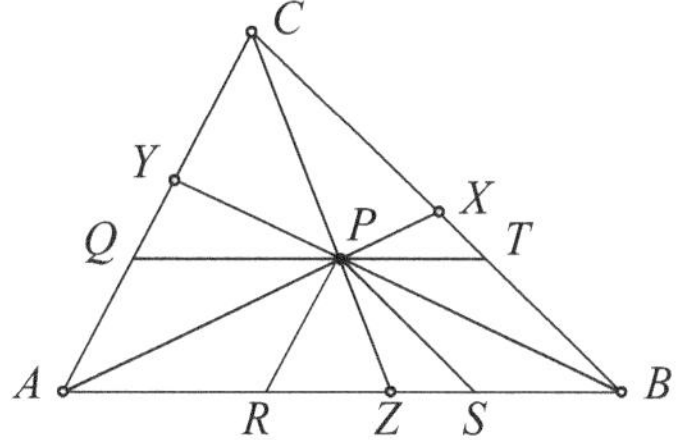

Man zeichne nun die Strecke QT parallel zu AB durch den Punkt P. Das Dreieck $\triangle QPY$ ist ähnlich zu $\triangle ABY$, und da AB die längste Seite von $\triangle ABY$ ist, ist

QP auch die längste Seite von $\triangle QPY$. Da $AQPR$ ein Parallelogramm ist, folgt $|PY| < |QP| = |AR|$. Entsprechend ist $|PX| < |PT| = |SB|$, und somit erhalten wir

$$|PX| + |PY| + |PZ| < |SB| + |AR| + |RS| = |AB| \ .$$

6.5 In Abb. 6.7 sind die Dreiecke AHY und BHX ähnlich, d. h. $|AH|/|HY| = |BH|/|HX|$, sodass $|AH| \cdot |HX| = |BH| \cdot |HY|$. Entsprechend gilt $|BH| \cdot |HY| = |CH| \cdot |HZ|$.

6.6 Die Seiten von $\triangle XYZ$ sind parallel zu den Seiten von $\triangle ABC$, deshalb sind die Höhen von $\triangle XYZ$ senkrecht zu den Seiten von $\triangle ABC$ (Abb. 21.27). Es sei O der Höhenschnittpunkt von $\triangle XYZ$. Also ist $\triangle AOZ$ deckungsgleich zu $\triangle BOZ$ und $|AO| = |BO|$. Entsprechend folgt $|BO| = |CO|$, und damit hat O denselben Abstand von A, B und C.

Abb. 21.27

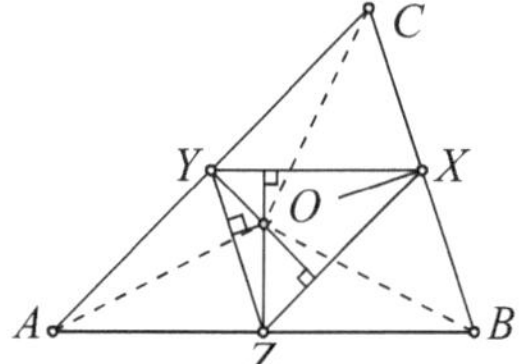

6.7 Es sei M der Mittelpunkt von CD wie in Abb. 21.28. Damit ist ME parallel zu BC, und da BC senkrecht auf AC steht, gilt dies auch für ME. Also ist ME Teil der Höhe auf AC im Dreieck $\triangle ACE$. In dem Dreieck $\triangle ACE$ ist auch CD eine Höhe, also ist M der Höhenschnittpunkt von $\triangle ACE$. Somit liegt AM auf der dritten Höhe und AM ist senkrecht zu CE. Da A und M Mittelpunkte der Seiten von $\triangle CDF$ sind, ist AM parallel zu FD und damit ist auch FD senkrecht zu CE [Honsberger, 2001].

Abb. 21.28

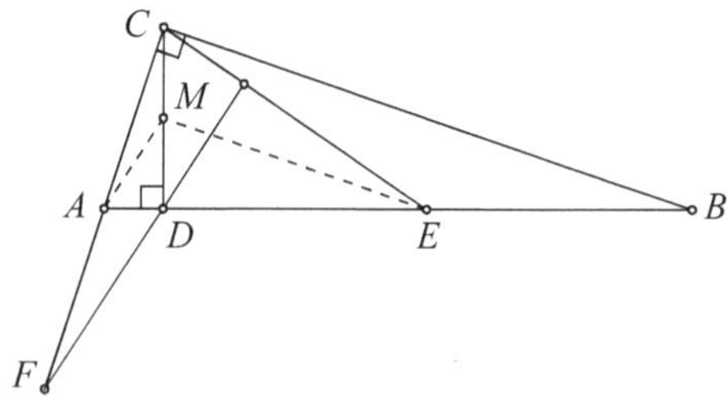

6.8

(i)   Man zeichne PQ und CR senkrecht zu AB (Abb. 21.29).

Abb. 21.29

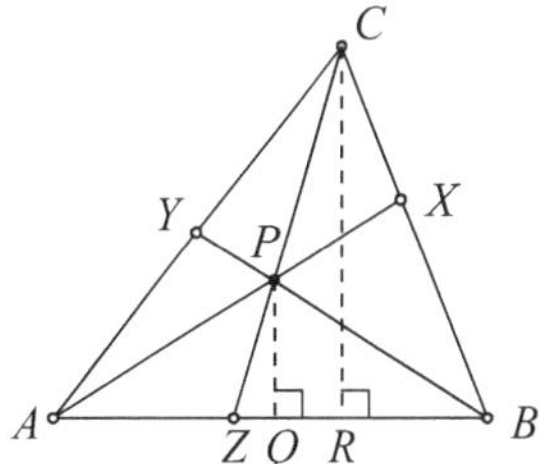

Dann sind die rechtwinkligen Dreiecke PQZ und CRZ ähnlich und es gilt:

$$\frac{|PZ|}{|CZ|} = \frac{|PQ|}{|CR|} = \frac{|PQ| \cdot |AB|/2}{|CR| \cdot |AB|/2} = \frac{[ABP]}{[ABC]} \, .$$

Entsprechend gelten die Beziehungen:

$$\frac{|PX|}{|AX|} = \frac{[BCP]}{[ABC]} \quad \text{und} \quad \frac{|PY|}{|BY|} = \frac{[CAP]}{[ABC]} \, .$$

Also ist

$$\frac{|PX|}{|AX|} + \frac{|PY|}{|BY|} + \frac{|PZ|}{|CZ|} = \frac{[ABP] + [BCP] + [CAP]}{[ABC]} = \frac{[ABC]}{[ABC]} = 1 \, .$$

(ii)   Es ist $|PA|/|AX| = 1 - |PX|/|AX|$, und entsprechende Beziehungen gelten für die anderen Seiten. Damit folgt:

$$\frac{|PA|}{|AX|} + \frac{|PB|}{|BY|} + \frac{|PC|}{|CZ|} = 3 - \left(\frac{|PX|}{|AX|} + \frac{|PY|}{|BY|} + \frac{|PZ|}{|CZ|} \right) = 3 - 1 = 2 \, .$$

6.9 Da X und Y Mittelpunkte von BC und AC sind, ist XY parallel zu AB und hat die halbe Länge, d. h. $|AZ| = |XY| = |BZ|$ (Abb. 21.30). Und da PQ parallel zu AB und XY ist, haben PR, RS und SQ jeweils die halben Längen von AZ, XY bzw. BZ. Also folgt $|PR| = |RS| = |SQ|$ [Honsberger, 2001].

Abb. 21.30

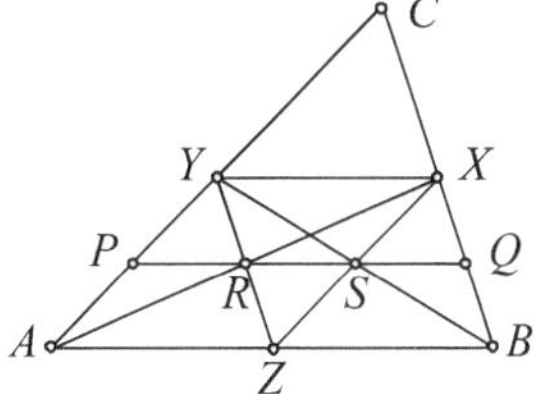

6.10 Wir müssen nur zeigen, dass der halbe Umfang s eines Dreiecks der Fläche $1/\pi$ größer ist als 1. Bezeichnen wir mit r den Inkreisradius des Dreiecks, folgt $rs = 1/\pi$ oder $s = 1/\pi r$. Die Fläche πr^2 des Inkreises ist kleiner als die Fläche des Dreiecks, also folgt $\pi r^2 < 1/\pi$ und somit $1 < 1/(\pi r)^2$ oder $1 < 1/\pi r$. Also ist $s = 1/\pi r > 1$ [Honsberger, 2001].

21.7 Kapitel 7

7.1 Die Gleichheit gilt in (i) und (ii) nur, wenn $ay - bx = 0$, d. h., $a/b = x/y$. In (iii) gilt sie nur, wenn $a/b = x/y$ oder $-y/x$ (Abb. 21.31).

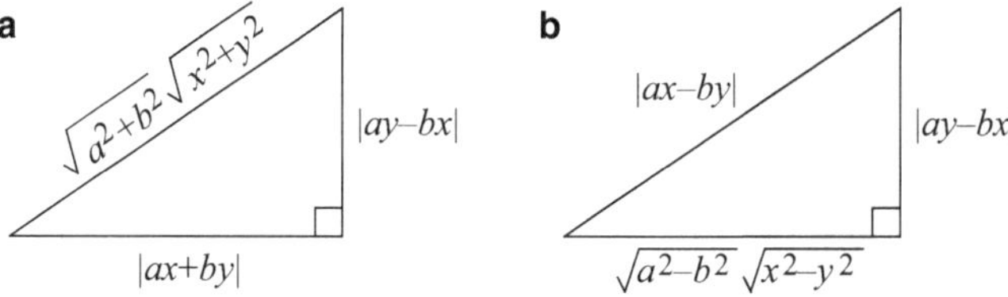

Abb. 21.31

7.2 Siehe Abb. 21.32.

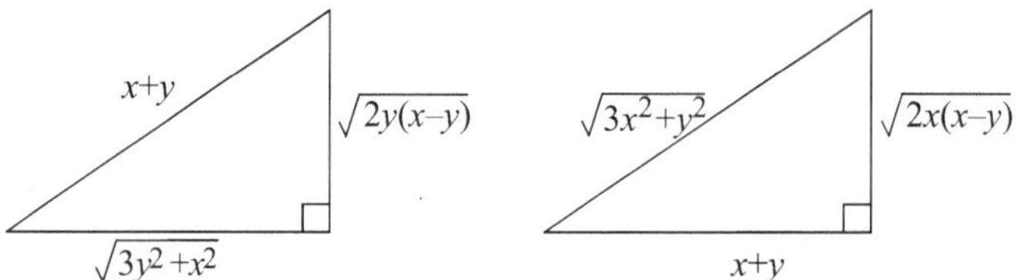

Abb. 21.32

7.3

(i) Zwei sich nicht schneidende Kreise besitzen zwei innere gemeinsame Tangenten, die sich bei einem Punkt zwischen den Kreisen auf der Verbindungslinie zwischen den beiden Mittelpunkten schneiden. Also liegt der Eckpunkt A als Schnittpunkt von b und c auf der Verbindungslinie zwischen I_b und I_c. Entsprechendes gilt für die Eckpunkte B und C.

(ii) Zwei sich nicht schneidende Kreise haben auch zwei gemeinsame äußere Tangenten, die sich in einem Punkt jenseits von einem Kreis auf der Verbindungslinie der Mittelpunkte schneiden. Außerdem ist diese Figur aus zwei Kreisen und vier Tangenten symmetrisch bezüglich der Verbindungslinie der Mittelpunkte. Wenn also eine innere und eine äußere Tangente senkrecht aufeinanderstehen, dann gilt dies auch für die andere innere und äußere Tangente. Die Ankreise zu den Seiten a und c haben die zueinander senkrechten Katheten als innere und äußere gemeinsame Tangenten und damit muss die gestrichelte Linie ganz links senkrecht zur Hypotenusengerade sein. Ähnliche Überlegungen zum Ankreis zu a und dem Inkreis, dem Ankreis zu b und dem Inkreis und den Ankreisen zu b und c zeigen, dass die anderen drei gestrichelten Geraden ebenfalls senkrecht zur Hypotenuse stehen und daher alle parallel zueinander sind.

7.4 Ja. Es gilt $(z + 2)^2 + [(2/z) + 2]^2 = [z + 2 + (2/z)]^2$, und wenn z rational ist, gilt dies auch für alle drei Seiten.

7.5
(i) Die Länge der Überlappung ist $a + b - c = 2r$.
(ii) Wir bezeichnen die Seiten mit a, b, c und die Höhe mit d und wenden Teil (i) dieser Aufgabe auf alle drei rechtwinkligen Dreiecke an:

$$2r + 2r_1 + 2r_2 = (a + b - c) + (|AD| + h - b) + (|BD| + h - a)$$
$$= 2h + |AD| + |BD| - c = 2h \,.$$

Somit ist $r + r_1 + r_2 = h$ [Honsberger, 1978].

7.6
(i) Da $c = 2R = a + b - 2r$ folgt $R + r = (a + b)/2 \geq \sqrt{ab} = \sqrt{2K}$.
(ii) Da $rs = K = ch/2 \leq (2R \cdot R)/2 = R^2$ folgt $R^2 - rs \geq 0$. Doch $s = 2R + r$ bedeutet $rs = 2rR + r^2$ und somit ist $R^2 - 2Rr - r^2 \geq 0$ oder $(R/r)^2 - 2(R/r) - 1 \geq 0$. Da $R/r > 0$, ist R/r mindestens so groß wie die positive Wurzel $1 + \sqrt{2}$ von $x^2 - 2x - 1 = 0$. Die Gleichheit gilt, wenn es sich um ein gleichschenkliges Dreieck handelt.

7.7 Sei $c = 1 - \sqrt{xy}$ und $b = \sqrt{(1-x)(1-y)}$, dann ist $a = \sqrt{c^2 - b^2} = \sqrt{x + y - 2\sqrt{xy}}$. Wegen der Ungleichung zwischen arithmetischem und geometrischem Mittelwert ist a reell, sodass a, b und c ein rechtwinkliges Dreieck bilden, für das $b \leq c$ ist. Es ist $a = 0$ genau dann, wenn $x = y$.

7.8 Man führe ein Koordinatensystem mit dem Ursprung bei C ein, sodass AC auf der positiven x-Achse liegt und BC auf der positiven y-Achse. Die Koordinaten der relevanten Punkte sind dann $M(b/2, 0)$, $N(0, r_a)$ und $I(r, r)$. Aus der Geradengleichung für MN und mit (7.2) folgt, dass I auf MN liegt.

7.9 Seien a, b, c die Seiten des Dreiecks und s die Seite des Quadrats, wie in Abb. 21.33.

Abb. 21.33

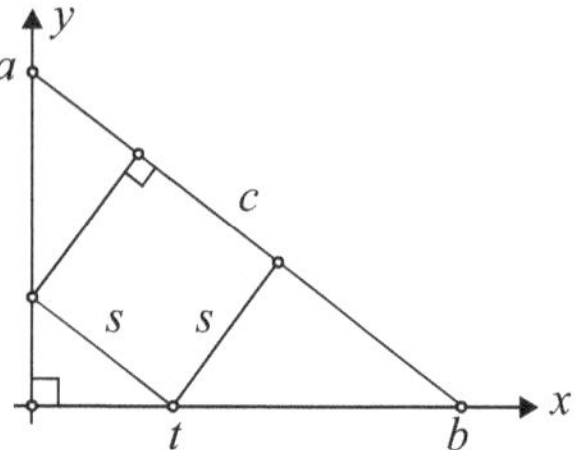

Wegen der Ähnlichkeit der Dreiecke ist $s = tc/b$ und $s/(b - t) = a/c$. Damit folgt $s = abc/(ab + c^2)$. Sei (a, b, c) ein einfaches pythagoreisches Tripel, dann sind abc und $ab + c^2$ teilerfremd und s ist keine ganze Zahl. Ersetzen wir (a, b, c) durch (ka, kb, kc), wobei k eine natürliche Zahl ist, folgt $s = kabc/(ab + c^2)$. Das ist genau dann eine ganze Zahl, wenn k ein Vielfaches von $ab + c^2$ ist. Also erhalten wir das kleinste Dreieck dieser Art, das ähnlich zu dem primitiven Dreieck ist, indem wir $k = ab + c^2$ setzen. Da das kleinste (in Bezug auf die Fläche und den Umfang) primitive pythagoreische Tripel $(3, 4, 5)$ ist, und dies $ab + c^2$ minimiert, erhalten wir das gesuchte Tripel, indem wir es mit $3 \cdot 4 + 5^2 = 37$ multiplizieren. Das Ergebnis ist $(111{,}148{,}185)$ [Yocum, 1990].

7.10 Die Schnürung nach dem Querbindermuster (d) ist die kürzeste und die des Zickzackmusters (c) die längste. Wir zeigen, dass die Reihenfolge nach der Länge (d) < (a) < (b) < (c) ist. Dazu vergleichen wir die Kantenlängen in rechtwinkligen Dreiecken, deren Eckpunkte den Senkellöchern entsprechen. Wir entfernen Schnürsenkelabschnitte gleicher Länge von (d) und (a) und gelangen zu Abb. 21.34. Der Vergleich einer Kathete und einer Hypotenuse eines rechtwinkligen Dreiecks ergibt (d) < (a).

Abb. 21.34

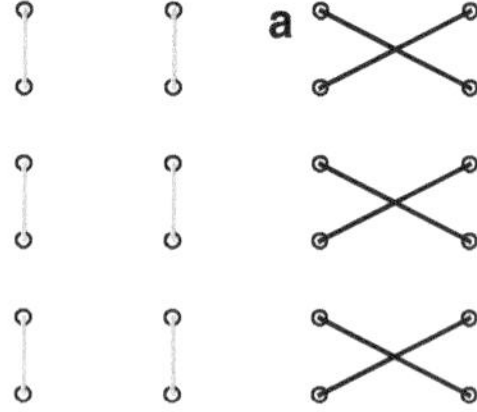

Entfernen wir Schnürsenkelabschnitte gleicher Länge von (a) und (b) erhalten wir die Muster auf der linken Seite von Abb. 21.35. Dabei handelt es sich um vier Kopien der einfacheren Muster in der Mitte der Abbildung. Im rechten Teil haben wir die Abschnitte umgeordnet. Da die Gerade die kürzeste Verbindung zwischen zwei Punkten ist, folgt (a) < (b).

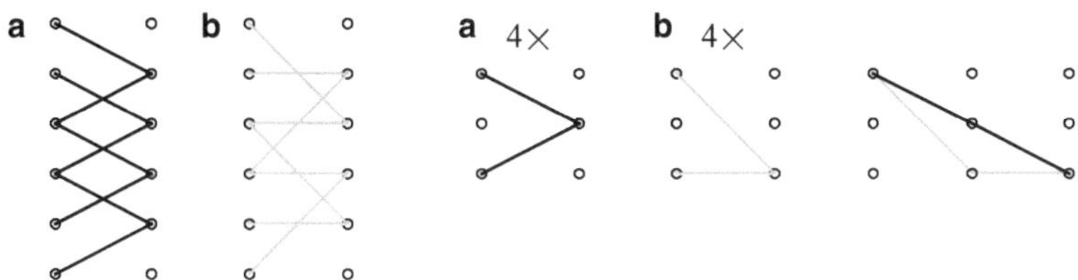

Abb. 21.35

Wiederholen wir dasselbe mit den Mustern (b) und (c) erhalten wir Abb. 21.36 und damit (b) < (c).

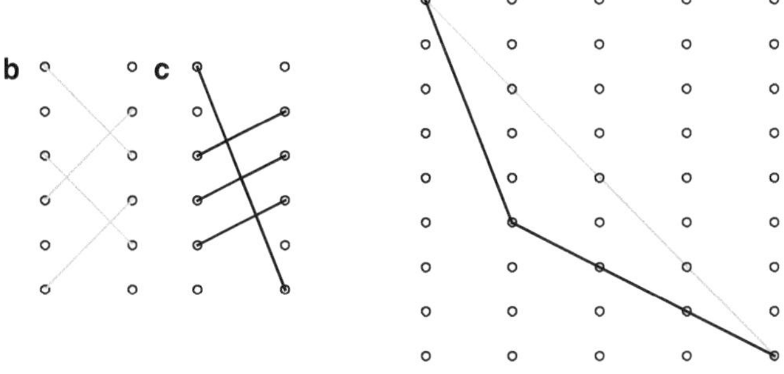

Abb. 21.36

7.11 Siehe Abb. 21.37 und bestimme $\sin\theta$ und $\cos\theta$ aus dem grau unterlegten Dreieck.

Abb. 21.37

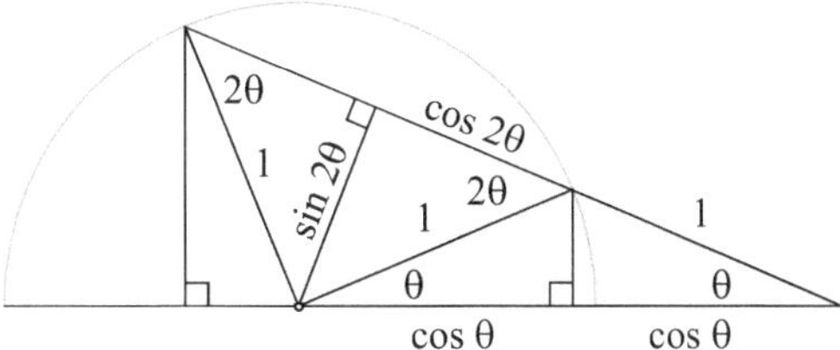

7.12 Siehe Abb. 21.38.

Abb. 21.38

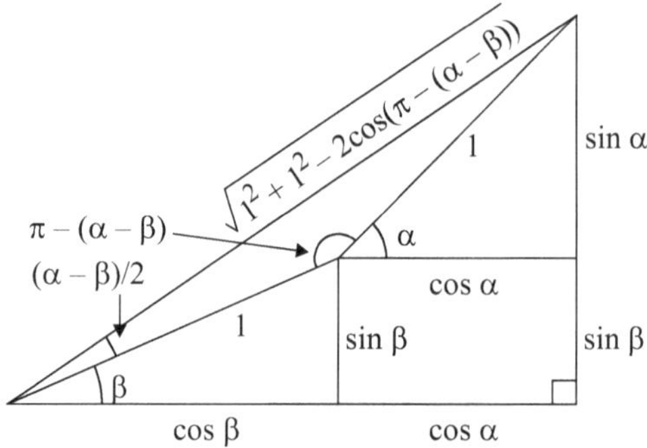

7.13 Der Mittelwert $xy\sqrt{(x+y)/(x^3+y^3)}$ ist kleiner als der harmonische Mittelwert, und der Mittelwert $\sqrt{(x^3+y^3)/(x+y)}$ ist größer als der kontraharmonische Mittelwert. Wir können die beiden Spalten addieren und erhalten Tab. 21.1:

Tab. 21.1

	c	b	a
0)	$\dfrac{2xy}{x+y}$	$xy\sqrt{\dfrac{x+y}{x^3+y^3}}$	$\dfrac{\sqrt{3}\,xy\,|x-y|}{\sqrt{(x^3+y^3)(x+y)}}$
5)	$\sqrt{\dfrac{x^3+y^3}{x+y}}$	$\dfrac{x^2+y^2}{x+y}$	$\dfrac{|x-y|\,\sqrt{xy}}{x+y}$

21.8　Kapitel 8

8.1 Es genügt zu zeigen, dass $\angle PGR = 60°$ und $|PG| = 2|GR|$. Sei T der Mittelpunkt von BC. Wir zeigen zunächst, dass die Dreiecke PCG und RTG ähnlich sind (Abb. 21.39).

Abb. 21.39

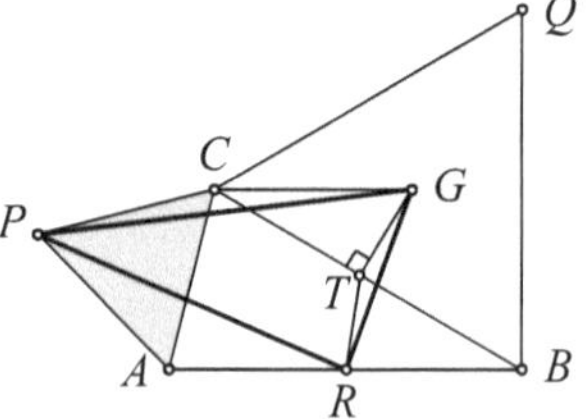

Da RT parallel zu AC ist, gilt $|PC| = |AC| = 2|RT|$. Da G auch der Umkreismittelpunkt des gleichseitigen Dreiecks $\triangle BQC$ ist, steht GT senkrecht auf BC. Damit ist $\triangle CGT$ ein 30°-60°-90°-Dreieck, sodass $\angle GCT = 30°$ und

$|CG| = 2\,|GT|$. Doch $\angle RTB = \angle ACB$, sodass $\angle RTG = \angle ACB + 90°$. Weiterhin ist $\angle PCG = 60° + \angle ACB + 30°$, und somit sind die Dreiecke PCG und RTG ähnlich, und da $|CG| = 2\,|GT|$, folgt $|PG| = 2\,|GR|$. Schließlich ist $\angle PGR = \angle PGT + \angle TGR = \angle PGT + \angle PGC = 60°$, und damit ist $\triangle PGR$, wie behauptet, ein $30°$-$60°$-$90°$-Dreieck [Honsberger, 2001].

8.2

(i) Da X und Z die Mittelpunkte von AC und CD sind, ist XZ parallel zu AD und $|XZ| = (1/2)\,|AD|$. Entsprechend ist YZ parallel zu BC und $|YZ| = (1/2)\,|BC|$. Da $|AD| = |BC|$, folgt $|XZ| = |YZ|$. Wegen der Parallelen ist $\angle YXZ + \angle XYZ = 120°$ und somit $\angle XZY = 60°$. Also ist $\triangle XYZ$ gleichseitig.

(ii) Da $\angle A + \angle B = 120°$, ist $\angle C + \angle D = 240°$. Damit ist

$$\angle PCB = 360° - \angle C - 60° = 300° - (240° - \angle D)$$
$$= 60° + \angle D = \angle ADP\,.$$

Also sind die Dreiecke ADP und BCP deckungsgleich, und der Winkel zwischen AP und BP ist $60°$. Damit ist auch $\triangle APB$ gleichseitig [Honsberger, 1985].

8.3 Das in Abb. 8.15 gestrichelt gezeichnete Dreieck ist das Napoleonische Dreieck, da der äußere Eckpunkt eines der kleinen grauen Dreiecke der Mittelpunkt des gleichseitigen Dreiecks über der gesamten Seite des gegebenen Dreiecks ist (Abb. 21.40).

Abb. 21.40

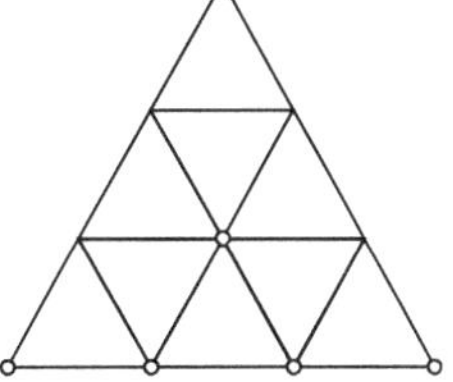

8.4 Ja. Man muss zwei Fälle berücksichtigen, wenn man die Fläche eines Flankendreiecks berechnet. Wir verwenden die Formel $(ab\sin\theta)/2$ für die Fläche eines Dreiecks mit den Seiten a und b und eingeschlossenem Winkel α. Für $\alpha > 60°$ folgt aus der Gleichheit der Flächen von ABC und dem Flankendreieck, dass $\sin\alpha = \sin(240° - \alpha)$ oder $\alpha = 120°$ (Abb. 21.41a).

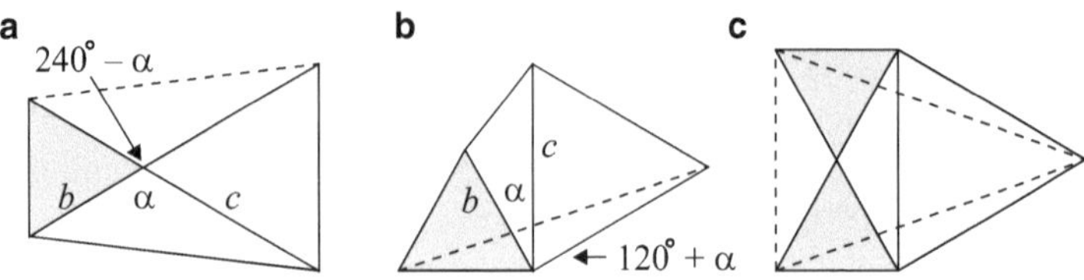

Abb. 21.41

Ist $\alpha < 60°$ folgt aus der Gleichheit der Flächen von ABC und dem Flankendreieck $\sin\alpha = \sin(120° + \alpha)$ oder $\alpha = 30°$ (Abb. 21.41b). Das einzige Dreieck, bei dem alle Winkel entweder $30°$ oder $120°$ sind, ist ein $30°$-$30°$-$120°$-Dreieck wie in Abb. 21.41c.

8.5 Es seien a und b die Seiten von $ABCD$ wie in Abb. 21.42. Die beiden grauen Dreiecke ABE und BCF sind deckungsgleich, und damit ist $|BE| = |BF|$. Da die stumpfen Winkel in den grauen Dreiecken $150°$ sind, ist die Summe der beiden grauen Winkel am Eckpunkt B gleich $30°$ und damit ist $\angle EBF = 60°$, und das Dreieck BEF ist gleichseitig. Nach dem Kosinussatz hat es die Seitenlängen $|BE| = |BF| = |EF| = \sqrt{a^2 + b^2 + ab\sqrt{3}}$. Weiterhin seien G und H die Schwerpunkte von ADE und CDF und O der Mittelpunkt von $ABCD$. Da $|GO| = (3a + b\sqrt{3})/6$ und $|HO| = (3b + a\sqrt{3})/6$, ist $|GH|^2 = |GO|^2 + |OH|^2 = (a^2 + b^2 + ab\sqrt{3})/3$ und damit, wie behauptet, $|GH| = |EF| \cdot \sqrt{3}/3$.

Abb. 21.42

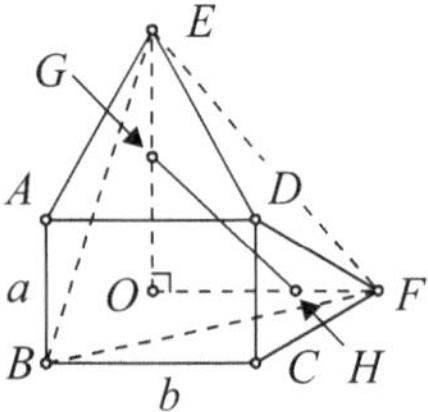

8.6 Die Dreiecke $BC'C$, $BA''C$ und $BB'C$ haben dieselbe Grundseite BC und gleiche Winkel C', A'' und B'. Damit haben sie auch denselben Umkreis, wie man in Abb. 21.43 erkennt. Also ist $\angle CA''B' = \angle B$ (in dem Dreieck ABC). Da $\angle BCA'' = \angle B + \angle C$ (in dem Dreieck ABC), folgt $\angle C'CA'' = \angle C$, und somit sind die Strecken $A''B'$ und $C'C$ parallel. Entsprechend sind auch $A''C'$ und $B'B$ parallel, und $AC'A''B'$ ist, wie behauptet, ein Parallelogramm.

Abb. 21.43

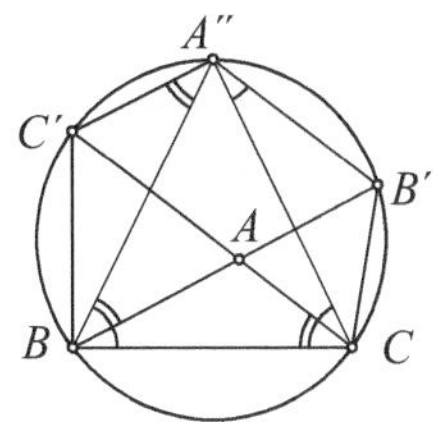

8.7 Siehe Abb. 21.44 [Bradley, 1930].

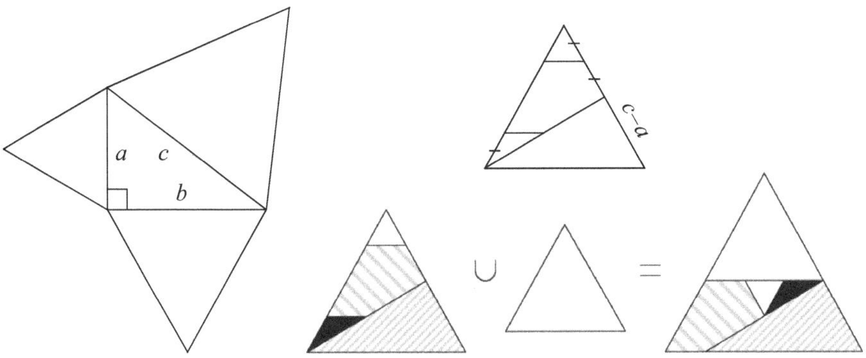

Abb. 21.44

21.9 Kapitel 9

9.1 Berechnen wir die Potenz von A in Bezug auf den Kreis mit $b = |AC|$ und $c = |AB|$, so erhalten wir $(c - a)(c + a) = b^2$ oder $c^2 = a^2 + b^2$.

9.2 Es seien AB, CD und EF die drei Sehnen. Wir definieren $a = |PA|$, $b = |PB|$, $c = |PC|$, $d = |PD|$, $e = |PE|$ und $f = |PF|$. Dann gilt $a + b = c + d = e + f$. Die Potenz von P in Bezug auf den Kreis ist $ab = cd = ef$. Bezeichnen wir mit s die gemeinsame Summe und mit p das gemeinsame Produkt, dann sind $\{a, b\}$, $\{c, d\}$, $\{e, f\}$ jeweils Wurzeln von $x^2 - sx + p = 0$ und daher sind es dieselben Mengen. Ohne Einschränkung der Allgemeinheit setzen wir $a = c = e$. Dann liegen die Punkte A, C und E auf einem Kreis mit Mittelpunkt P. Außerdem liegen sie auf dem gegebenen Kreis und daher handelt es sich um dieselben Kreise. Außerdem ist P der Mittelpunkt des gegebenen Kreises [Andreescu und Gelca, 2000].

9.3 $\{A, X, Z_b, Y_c\}$ liegen auf einem Kreis, da AXZ_b und AXY_c rechtwinklige Dreiecke mit der gemeinsamen Hypotenuse AX sind, dem Durchmesser des gemeinsamen Umkreises. Entsprechendes gilt für $\{B, Y, X_c, Z_a\}$ und $\{C, Z, X_b, Y_a\}$ (Abb. 21.45a).

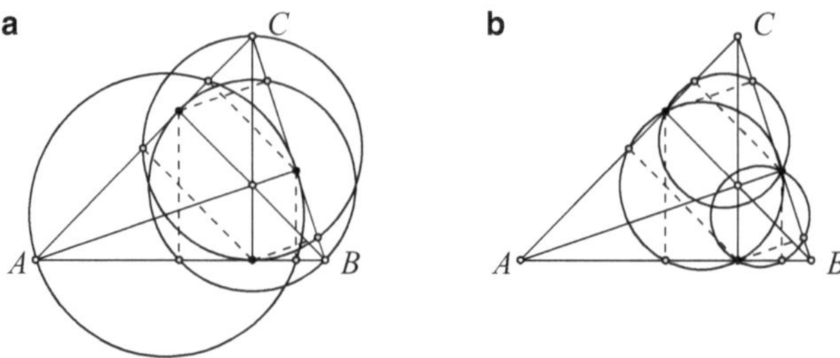

Abb. 21.45

9.4 $\{X, Y, X_c, Y_c\}$ liegen auf einem gemeinsamen Kreis, da XYX_c und XYY_c rechtwinklige Dreiecke mit der gemeinsamen Hypotenuse XY sind, dem Durchmesser des gemeinsamen Umkreises. Gleiches gilt für $\{Y, Z, Y_a, Z_a\}$ und $\{Z, X, Z_b, X_b\}$ (Abb. 21.45b).

9.5 Der Abstand zwischen dem Observatorium und dem Erdmittelpunkt beträgt 6382,2 km und damit ist die Potenz 53.592,84 km². Der Abstand zum Horizont ist die Quadratwurzel der Potenz oder rund 231,5 km.

9.6 Wie üblich seien a, b, c die jeweiligen Seiten gegenüber den Winkeln bei A, B bzw. C. Die Potenz von A in Bezug auf den Umkreis von $CBZY$ ergibt $c\,|AZ| = b\,|AY|$, und die Potenz von B in Bezug auf den Umkreis von $ACXZ$ ergibt $c\,|BZ| = a\,|BX|$. Die Summe dieser beiden Beziehungen ergibt $c^2 = a\,|BX| + b\,|AY|$. In beiden Fällen ist $|BX| = a - b\cos C$ und $|AY| = b - a\cos C$ und somit folgt:

$$c^2 = a(a - b\cos C) + b(b - a\cos C) = a^2 + b^2 - 2ab\cos C$$

[Everitt, 1950].

9.7 In Abb. 21.46 sieht man, dass die beiden zusätzlichen Winkel den Wert y haben. Damit ist $\angle DOB = 2y$ und $\angle B = 90° - y$, weil ΔDOB gleichschenklig ist. Da $ABDC$ ein Sehnenviereck ist, gilt $x + (90° - y) = 180°$ oder $x - y = 90°$.

Abb. 21.46

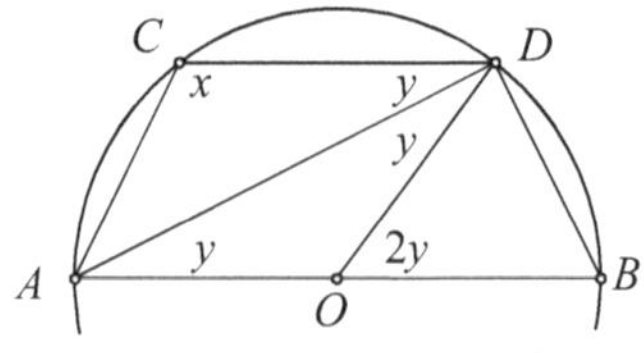

21.10   Kapitel 10

10.1 Man drehe das innere Quadrat um 45° wie in Abb. 21.47.

Abb. 21.47

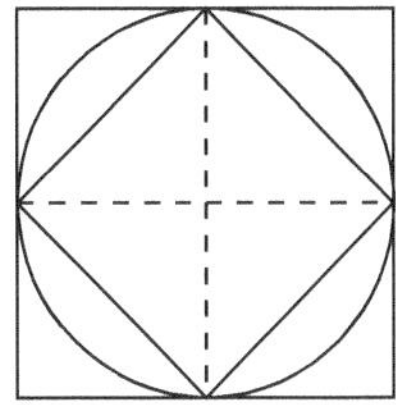

10.2 Da Q ein Sehnenviereck ist, gilt der Satz von Ptolemäus, $pq = ac + bd$, und da Q auch ein Tangentenviereck ist, folgt $a + c = b + d$. Eine doppelte Anwendung der Ungleichung zwischen arithmetischem und geometrischem Mittelwert ergibt somit:

$$8pq = 2(4ac + 4bd) \leq 2[(a + c)^2 + (b + d)^2] = (a + b + c + d)^2 \,.$$

10.3 Die Mittelpunkte der beiden Kreise in Abb. 10.20 liegen auf der Winkelhalbierenden OC von $\angle AOB$, die gleichzeitig die Höhe von O in $\triangle AOB$ ist (Abb. 21.48). Setzen wir $|OA| = 1$, dann ist $|OD| = \sqrt{2}/2$.

Abb. 21.48

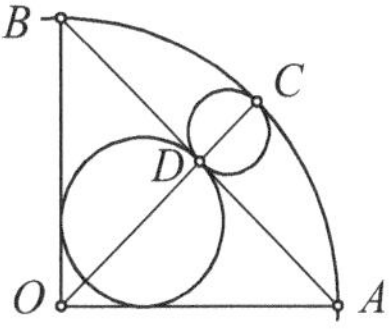

Also ist der Durchmesser $|CD| = (2 - \sqrt{2})/2$. Doch nach Aufgabe 7.5a ist der Inkreisdurchmesser zu $\triangle AOB$ gleich $|OD| = 2 - \sqrt{2} = 2|CD|$ [Honsberger, 2001].

10.4 Wir bezeichnen die Strecken $|OA|$ usw. mit a, b, c usw., und K_1, K_2, K_3, K_4 seien die Flächen der grau unterlegten Dreiecke in Abb. 21.49. Da die gegenüberliegenden Winkel ober- und unterhalb von O gleich sind, ebenso wie die Winkel bei A und C und bei B und D, erhalten wir:

$$\frac{K_1}{K_2} = \frac{ae}{cg}, \quad \frac{K_3}{K_4} = \frac{df}{bh}, \quad \frac{K_1}{K_4} = \frac{ax}{by} \quad \text{und} \quad \frac{K_3}{K_2} = \frac{dx}{cy} \,.$$

Also ist

$$\frac{K_1 K_3}{K_2 K_4} = \frac{adef}{bcgh} = \frac{adx^2}{bcy^2} \,.$$

Abb. 21.49

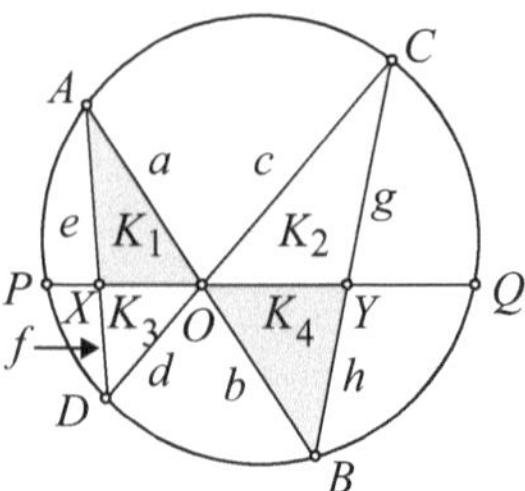

Damit folgt für das Verhältnis der Potenzen der Punkte X und Y in Bezug auf den Kreis:

$$\frac{x^2}{y^2} = \frac{ef}{gh} = \frac{(p-x)(q+x)}{(p+y)(q-y)} = \frac{pq - x(q-p) - x^2}{pq + y(q-p) - y^2}\,.$$

Dies lässt sich zu $pq(y-x) = xy(q-p)$ vereinfachen, woraus sich das gesuchte Ergebnis ergibt [Bankoff, 1987].

10.5 In Abb. 21.50 haben wir $ABCD$ sowie den Durchmesser DF und die Sehne CF eingetragen. Es ist $\angle DAE = \angle DFC$, da beide Winkel denselben Kreisbogen aufspannen, außerdem ist $\triangle DCF$ ein rechtwinkliges Dreieck.

Abb. 21.50

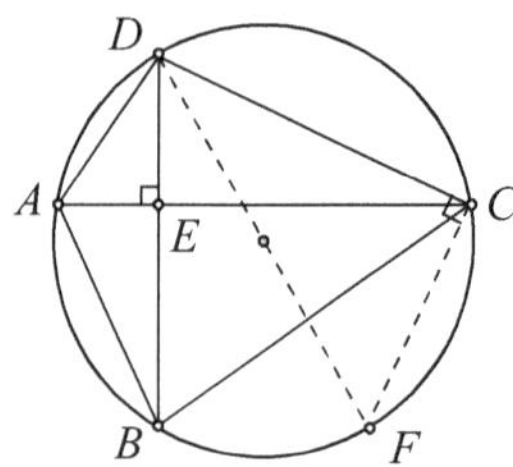

Also gilt $\angle ADE = \angle FDC$ und somit $|AB| = |CF|$, weil es Sehnen zu denselben Bogenlängen sind. Insgesamt erhalten wir:

$$|AE|^2 + |BE|^2 + |CE|^2 + |DE|^2 = |AB|^2 + |CD|^2$$
$$= |CF|^2 + |CD|^2 = (2R)^2\,.$$

10.6 Wenn $ABCD$ sowohl ein Sehnentrapez als auch ein Tangententrapez ist wie in Abb. 21.51a, gilt $\angle A + \angle C = \angle B + \angle D$ und $\angle A + \angle D = \angle B + \angle C (= 180°)$. Also ist $\angle A = \angle B$ und $ABCD$ ist gleichschenklig. Dies bedeutet: arc $AC =$ arc BD, arc $AD =$ arc BC und $|AD| = |BC|$. Diese Seitenlänge bezeichnen wir mit u, und es seien x und y die beiden parallelen Grundseiten wie in Abb. 21.51b.

Dann ist $x + y = 2u$, sodass $u = (x+y)/2$. Es sei h die Höhe von $ABCD$. Nach dem Satz des Pythagoras, angewandt auf das graue Dreieck, gilt damit $h = \sqrt{xy}$.

Abb. 21.51

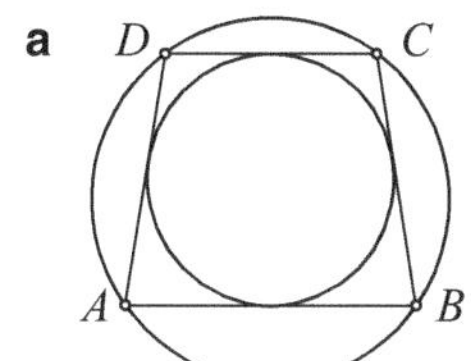
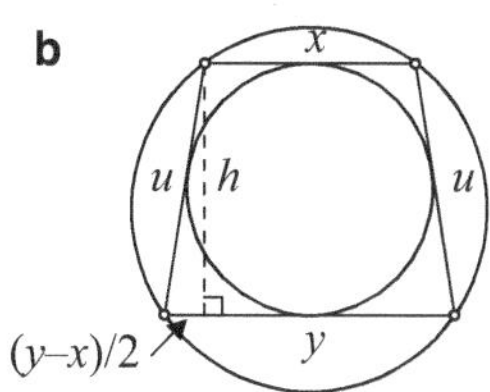

21.11 Kapitel 11

11.1 Man zeichne die Strecken PQ, BP und CQ wie in Abb. 21.52. Da $\triangle APB$ und $\triangle AQC$ gleichschenklige Dreiecke und BP und CQ parallel sind, gilt:

$$\angle BAC = 180° - (\angle PAB + \angle QAC)$$
$$= 180° - (1/2)(180° - \angle APB + 180° - \angle AQC)$$
$$= (1/2)(\angle APB + \angle AQC) = (1/2)(180°) = 90°.$$

Abb. 21.52

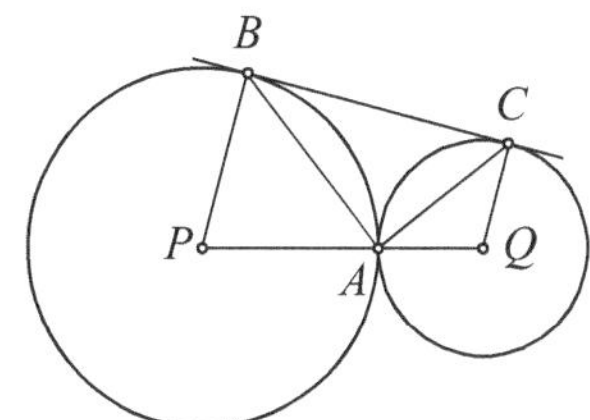

11.2 Mit den Verfahren zur Winkelbestimmung aus Abschn. 9.2 erhalten wir $\angle QPR = x/2 = (z - y)/2$ und somit $x + y = z$. Die Kreise müssen nicht tangential sein.

11.3 Man zeichne die Strecke AO, die den gegebenen Kreis bei P schneidet (Abb. 21.53). Da AO den Winkel $\angle BAC$ halbiert, müssen wir nur zeigen, dass BP den Winkel $\angle ABC$ halbiert. Daraus folgt, dass P der Inkreismittelpunkt von $\triangle ABC$ ist. Da $\triangle OPB$ gleichschenklig ist, gilt:

$$\angle CBO + \angle PBC = \angle PBO = \angle OPB = \angle PAB + \angle ABP.$$

Doch $\angle CBO = \angle PAB$, da entsprechende Seiten senkrecht aufeinander stehen. Daher ist $\angle PBC = \angle PBA$, und BP halbiert $\angle ABC$.

Abb. 21.53

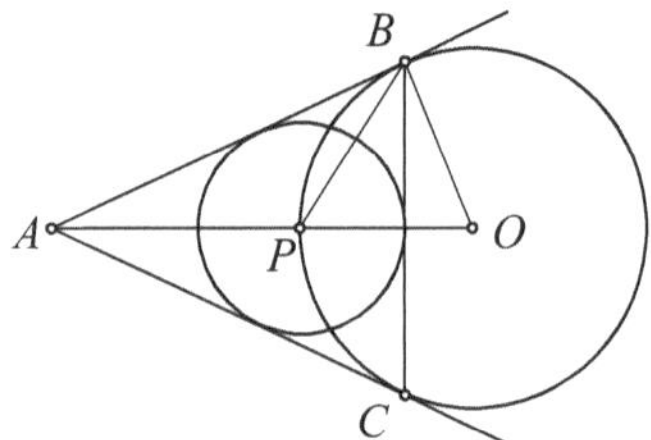

11.4 Man drehe die Figur wie in Abb. 21.54. Die x-Koordinate des Schwerpunktes können wir auch durch die Differenz der beiden Schwerpunkte der Kreisscheiben ausdrücken:

$$2x \cdot (\pi \cdot 1^2 - \pi x^2) = 1 \cdot (\pi \cdot 1^2) - x \cdot (\pi x^2) \,.$$

Abb. 21.54

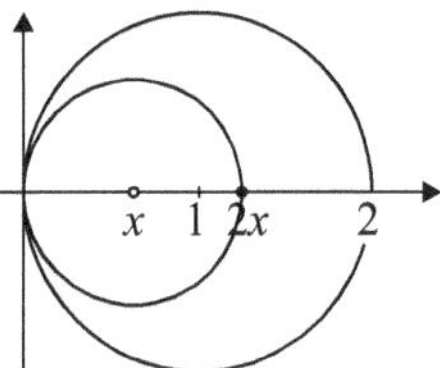

Dies führt auf die Gleichung $x^3 - 2x + 1 = 0$, die drei reelle Wurzeln hat: 1, $-\phi$ und $1/\phi$. Nur die letzte Wurzel ist in diesem Fall sinnvoll [Glaister, 1996].

11.5 Zwei Wurzeln ($\sqrt{1}$ und $\sqrt{4}$) sind der Radius und der Durchmesser der beiden Kreise. Die anderen sieht man in Abb. 21.55.

Abb. 21.55

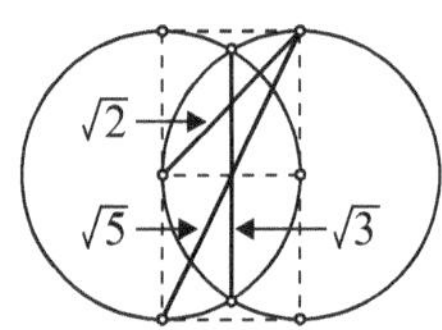

11.6 Nennen wir die beiden Radien der Kreisbögen, zwischen denen das kreisförmige Fenster liegt, r und $2r$, so ist sein Radius $r/2$, und sein Mittelpunkt liegt beim Schnittpunkt von zwei Kreisbögen mit den Radien $3r/2$ (Abb. 21.56).

Abb. 21.56

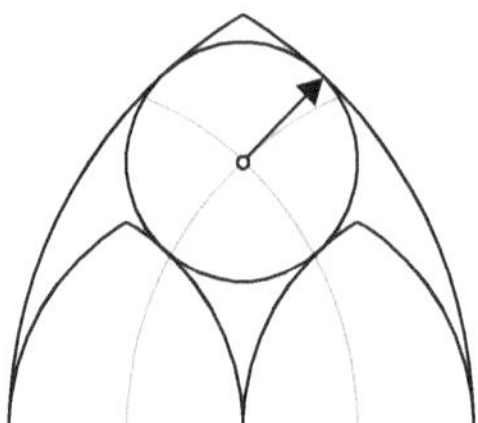

11.7 Es sei $RQPST$ eine Sehne des äußeren Kreises wie in Abb. 21.57. Die jeweilige Potenz von P in Bezug auf die Kreise ist eine Konstante, z. B. $|PQ|\cdot|PS| = c$ und $|PR|\cdot|PT| = k$. Da $|ST| = |QR|$ folgt:

$$k = (|PQ| + |QR|)(|PS| + |ST|) = (|PQ| + |QR|)(|PS| + |QR|)$$
$$= |QR|\cdot(|QR| + |PQ| + |PS|) + c = |QR|\cdot(|QR| + |QS|) + c\,.$$

Abb. 21.57

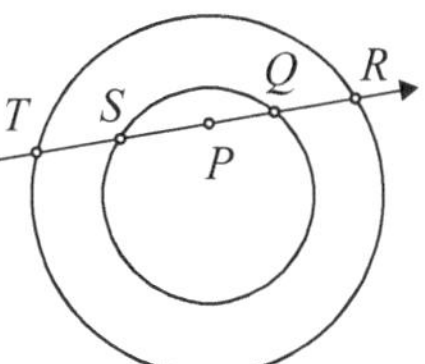

Also ist $|QR|\cdot(|QR| + |QS|)$ konstant und $|QR|$ ist maximal, wenn $|QS|$ minimal ist. Die Ungleichung für den arithmetischen und geometrischen Mittelwert, angewandt auf $|PQ|$ und $|PS|$ mit $|PQ|\cdot|PS| = c$, besagt, dass $|QS|$ minimal wird, wenn P der Mittelpunkt von QS ist. Doch P halbiert QS genau dann, wenn PR senkrecht zu der Strecke von P zum gemeinsamen Mittelpunkt der beiden Kreise steht [Konhauser et al., 1996].

11.8 Da $\angle OMP$ ein rechter Winkel ist, liegt M auf dem Kreisbogen um P mit Durchmesser OP innerhalb von C.

11.9 Die Verhältnisse entsprechender Seiten in ähnlichen Dreiecken führen auf folgende Beziehungen:

$$\frac{|VP|}{r} = \frac{|VP| + r}{R} = \frac{|VP| + r + r'}{r'}\,.$$

Daraus folgt $R = 2rr'/(r + r')$.

11.10 Aus Abb. 21.58 ergibt sich:

$$|AB|^2 = (r_1 + r_2)^2 - (r_1 - r_2)^2 = 4r_1 r_2$$

und damit das Ergebnis.

Abb. 21.58

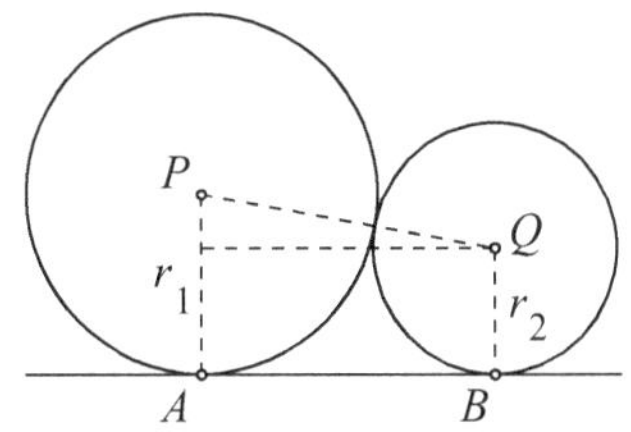

11.11 Aus der Lösung von Aufgabe 11.10 erhalten wir $|AC| = 2\sqrt{r_1 r_3}$, $|CB| = 2\sqrt{r_2 r_3}$ und $|AC| + |CB| = |AB| = 2\sqrt{r_1 r_2}$. Also ist $\sqrt{r_2 r_3} + \sqrt{r_1 r_3} = \sqrt{r_1 r_2}$. Das gesuchte Ergebnis ergibt sich nach Division durch $\sqrt{r_1 r_2 r_3}$.

21.12 Kapitel 12

12.1 Aus dem Hinweis und mit der Notation aus Abb. 12.6b erhalten wir $A + B + C + D = T_1 + T_2 = T$.

12.2 Wegen der rechten Winkel bei Q, R und S können wir wie in Abb. 21.59 Kreise durch P, R, B, Q sowie durch P, R, S und C zeichnen. Damit folgt $\angle PRS + \angle PCS = 180°$. Doch $\angle PCS = 180° - \angle PBA = \angle PBQ = \angle PRQ$, und somit ist $\angle PRS + \angle PRQ = 180°$. Also liegen Q, R und S auf derselben Geraden.

Abb. 21.59

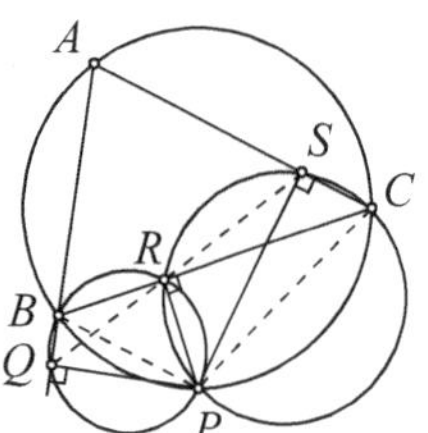

12.3 Man betrachte die sich schneidenden Kreise als einen Graphen mit V Vertices (die Schnittpunkte der Kreise), E Kanten (die Kreisbögen) und F Flächen (Gebiete in der Ebene) und verwende die Formel von Euler: $V - E + F = 2$. Jeder Kreis schneidet alle anderen Kreise, also enthält er $2(n-1)$ Vertices und $2(n-1)$ Kanten. Also ist insgesamt $E = 2n(n-1)$. Da jeder Vertex zu zwei Kreisen gehört, ist $V = n(n-1)$ und somit $F = 2 + 2n(n-1) - n(n-1) = n^2 - n + 2$.

12.4 Zwei. Die eine ist AB. Die andere ist durch PAQ gegeben, wobei der Kreis C_3 die Spiegelung von C_1 an der Tangente zu C_1 im Punkt A ist (Abb. 21.60).

Abb. 21.60

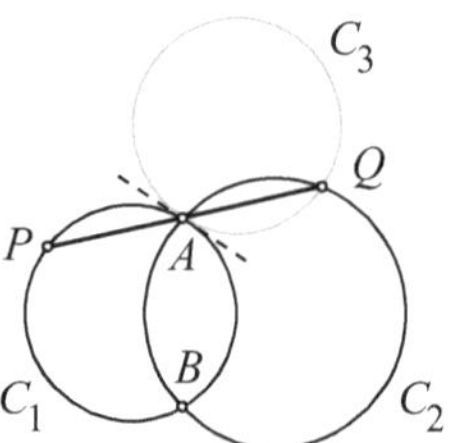

12.5 Wir bezeichnen mit K die Fläche des grau unterlegten Gebiets in Abb. 12.16. Dann gilt $K = 2L + 4M - 1$, wobei L die Fläche des linsenförmigen Gebiets zwischen zwei Viertelkreisen ist, deren Mittelpunkte an den Enden einer der Diagonalen des Quadrats liegen, und M ist die Fläche von einer der vier schmalen Gebiete neben den Kanten des Quadrats. Also ist $L = 2(\pi/4) - 1 = \pi/2 - 1$. Außerdem ist M gleich der Differenz zwischen der Fläche des Quadrats und der Summe der Flächen von zwei Kreissektoren (mit dem Winkel $\pi/6$, also der Fläche $\pi/12$) und einem gleichseitigen Dreieck mit der Kantenlänge 1, also $M = 1 - 2(\pi/12) - \sqrt{3}/4 = 1 - \pi/6 - \sqrt{3}/4$. Damit folgt $K = 1 + \pi/3 - \sqrt{3} \approx 0{,}315$.

12.6 Die Lösung des Brötchen-Problems beruht auf der Tatsache, dass die drei Durchmesser der Kreise bei den angegebenen relativen Abmessungen ein rechtwinkliges Dreieck bilden (Abb. 21.61a). Die zwei kleineren Brötchen haben somit zusammen dieselbe Fläche wie das große. Teilen wir daher das größte Brötchen in zwei gleiche Hälften, haben wir bereits zwei gleiche Viertelanteile zum Verteilen (Abb. 21.61b). Legen wir nun das kleinere der verbliebenen Brötchen auf das größere und schneiden den überstehenden Rand wie in Abb. 21.61c ab, so entspricht die grau unterlegte Fläche wieder einem Viertelanteil aller Brötchen und das kleinste der Brötchen zusammen mit dem weißen Anteil des Rands ist der letzte Anteil. Wir erhalten somit vier gleiche Anteile, und es sind insgesamt nur fünf Teile dafür notwendig.

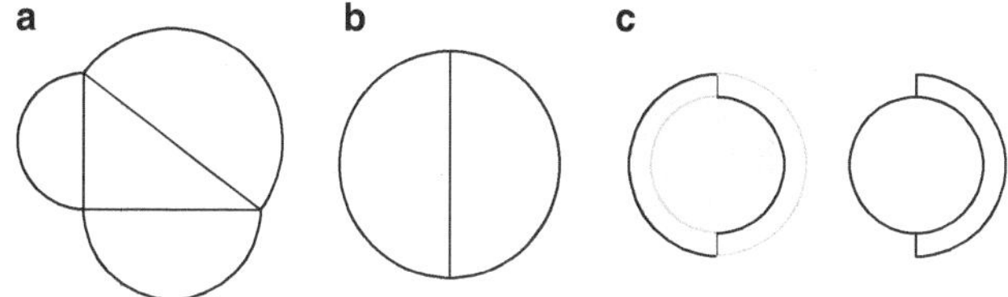

Abb. 21.61

12.7 Man verbinde die Mittelpunkte der Kreise zu einem gleichseitigen Dreieck. Dann ist die Fläche des grau unterlegten Anteils in Abb. 12.8 gleich der Fläche $\sqrt{3}r^2$ des Dreiecks minus der Summe $\pi r^2/2$ der Flächen der drei Kreissektoren, also $(\sqrt{3} - \pi/2)r^2$.

12.8 Ja. Siehe Abb. 21.62.

Abb. 21.62

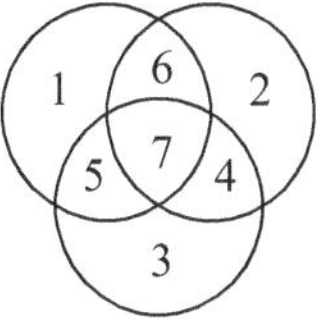

12.9 Das Dreieck PAB ist gleichschenklig, sofern $|PA| = |PB|$, $|PA| = |AB|$ oder $|PB| = |AB|$. Da $\triangle ABC$ gleichseitig ist, folgt aus Abb. 21.63, dass es für die Lage von Punkt P zehn verschiedene Möglichkeiten gibt [Honsberger, 2004].

Abb. 21.63

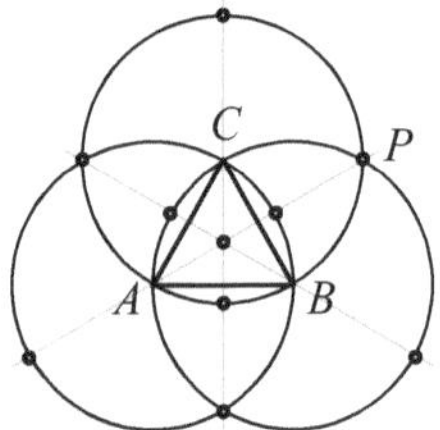

12.10 Da die drei Winkel bei F in Abb. 12.19 jeweils 120° sind und die Winkel bei A', B' und C' jeweils 60°, verlaufen die Umkreise der drei grauen Dreiecke jeweils durch F. Also stehen die Strecken zwischen den Mittelpunkten der Umkreise von $\triangle ABC'$ und $\triangle AB'C$ senkrecht auf der gemeinsamen Sehne AF. Das Gleiche gilt für die Sehnen BF und CF.

21.13 Kapitel 13

13.1 Dieses Ergebnis ergibt sich aus dem Teppichsatz, sofern die Summe der Flächen der Vierecke $AMCP$ und $BNDQ$ gleich der Fläche $ABCD$ ist (Abb. 21.64). Die Fläche des Vierecks $AMCP$ ist gleich der Summe der Flächen der Dreiecke ACM und ACP. Die Fläche des Dreiecks ACM ist gleich der Hälfte der Fläche des Dreiecks ABC, und die Fläche des Dreiecks ACP ist gleich der Hälfte der Fläche des Dreiecks ACD. Also ist die Fläche des Vierecks $AMCP$ gleich der Hälfte der Fläche des Vierecks $ABCD$. Eine entsprechende Beziehung gilt für das Viereck $BNDQ$ und somit ist die Summe der Flächen der Vierecke $AMCP$ und $BNDQ$ gleich der Fläche von $ABCD$ [Andreescu und Enescu, 2004].

Abb. 21.64

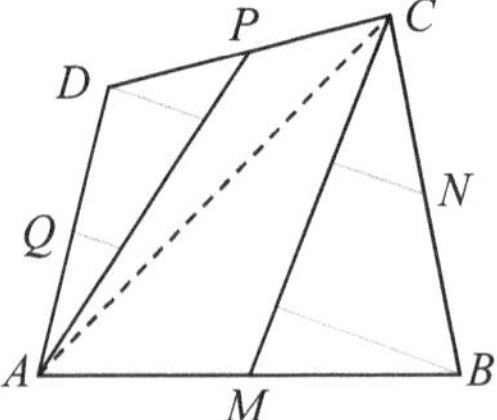

13.2 Zum Beweis müssen wir nur zeigen, dass die Summe der Flächen von $PMQN$ und $PRQS$ gleich der Fläche von $ABCD$ ist. Man bezeichne die Eckpunkte der drei Rechtecke wie in Abb. 21.65 und zeichne die Diagonalen von $PMQN$ und $PRQS$ (gestrichelte Linien). Es sei O ihr gemeinsamer Schnittpunkt.

Da O der Mittelpunkt von PQ ist, liegt er auf der vertikalen Symmetrieachse von $ABCD$, und da O auch auf MN liegt, befindet sich der Punkt auch auf der horizontalen Symmetrieachse von $ABCD$, und damit ist O der Mittelpunkt von $ABCD$. Daraus ergibt sich, dass $|DS| = |CN| = |AM|$, und somit ist SM parallel zu AD.

Abb. 21.65

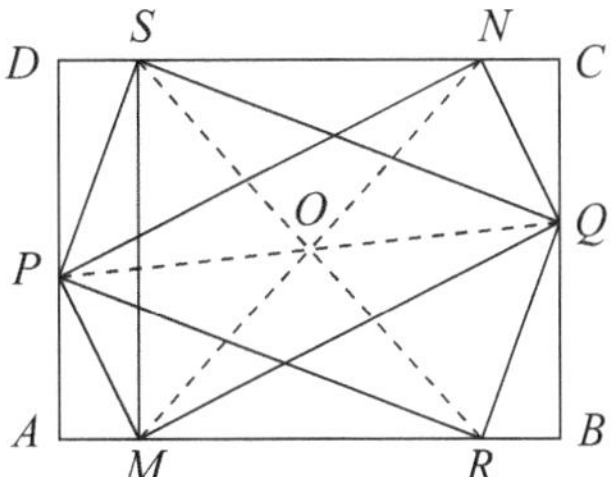

Das grau unterlegte Viereck $PMQS$ setzt sich aus zwei Dreiecken PMS und QSM zusammen. Die Fläche von PMS ist die Hälfte der Fläche von $AMSD$, und die Fläche von QSM ist die Hälfte der Fläche von $MBCS$, also ist die Fläche von $PMQS$ die Hälfte der Fläche von $ABCD$. Entsprechend ist $PMQS$ die Vereinigung der beiden Dreiecke PQM und PQS, und damit ist seine Fläche gleich der Hälfte von $PMQN$ plus der Hälfte von $PRQS$. Also ist, wie behauptet, die Fläche von $ABCD$ gleich der Summe der Flächen von $PMQN$ und $PRQS$ [Konhauser et al., 1996].

13.3 In Abb. 13.13a gilt $a/2 + b/2 \geq \sqrt{ab}$, was der Ungleichung zwischen dem arithmetischen und geometrischen Mittelwert entspricht [Kobayashi, 2002]. In Abb. 13.13b gilt $a^2/2 + b^2/2 \geq [(a+b)/2]^2$. Bilden wir die Quadratwurzel, so erhalten wir die Ungleichung zwischen dem arithmetischen Mittelwert und der Wurzel aus dem Mittelwert der Quadrate.

Abb. 21.66

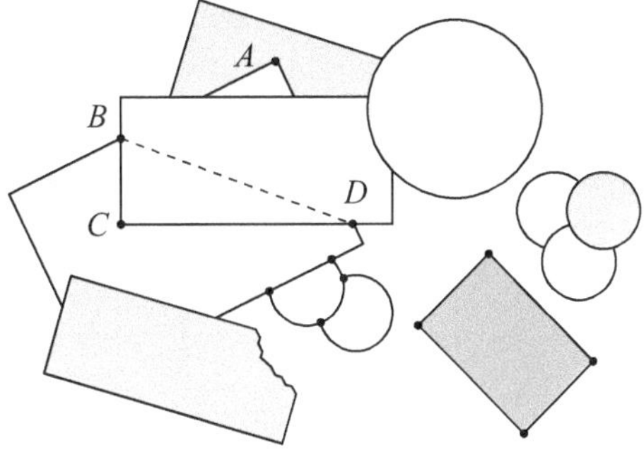

13.4 Die drei Mengen von jeweils vier Punkten, die auf einem Kreis liegen, sind in Abb. 21.66 durch schwarze Punkte gekennzeichnet: Die vier Ecken des frei liegenden Rechtecks, die vier Punkte auf der kleinen weißen Kreisscheibe und die

Punkte A, B, C und D. Für die letzte Menge zeichne man die Strecke BD und betrachte sie als den Durchmesser eines Kreises. Da die Winkel bei A und C jeweils rechte Winkel sind, liegen sie auf einem Kreis mit BD als Durchmesser.

Die vierte Menge aus vier Punkten auf einem Kreis besteht aus folgenden Punkten: A, dem nicht markierten Schnittpunkt unmittelbar rechts unterhalb von A, B und der nicht markierten Ecke direkt oberhalb von B. Die vier Punkte liegen auf einem Kreis, dessen Durchmesser die Strecke von B zu dem Punkt unterhalb von A ist.

13.5 A überdeckt mehr als die Hälfte der Fläche von B. Man betrachte dazu die Fläche des Dreiecks, dessen Eckpunkte aus dem gemeinsamen Eckpunkt von A und B sowie der ganz rechts liegenden Ecke von B und der links liegenden Ecke von A besteht. Seine Fläche ist die Hälfte der Rechtecksfläche.

21.14 Kapitel 14

14.1 Angenommen, der Radius der Monade sei 1. Wir müssen jeweils nur beweisen, dass Yin halbiert wird. (a) Yin wird halbiert, da die Fläche des kleinen Kreises $\pi/4$ ist. (b) Die Fläche innerhalb des kreisförmigen Schnitts ist $\pi/2$ und wegen der Symmetrie ist die Fläche von Yin innerhalb des Schnitts $\pi/4$. (c) Mit den in den Anmerkungen angegebenen Radien hat der Teil des Yin neben dem Mittelpunkt der Monade die Fläche

$$\frac{\pi}{8\phi^2} + \frac{\pi\phi^2}{8} - \frac{\pi}{8} = \frac{(2-\phi)\pi}{8} + \frac{(1+\phi)\pi}{8} - \frac{\pi}{8} = \frac{\pi}{4}$$

[Trigg, 1960]. (d) Man verwende das Verfahren aus Abb. 14.4, allerdings mit vier statt sieben Bereichen.

14.2 Siehe Abb. 21.67 [Duval, 2007].

Abb. 21.67

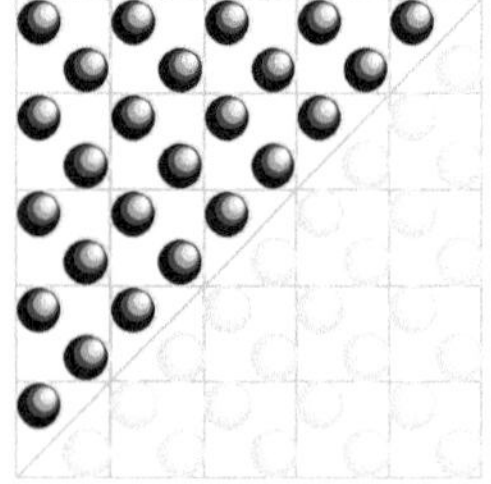

14.3 Siehe Abb. 21.68 [Larson, 1985].

Abb. 21.68

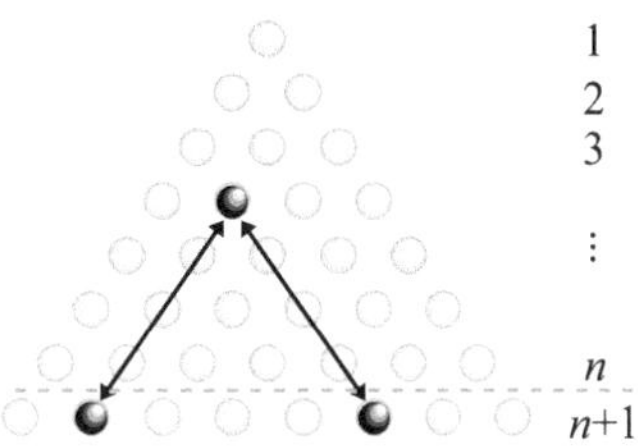

14.4 Es sei $N = 2^n(2k + 1)$, wobei $n \geq 0$ und $k \geq 1$. Wir schreiben $2N$ als das Produkt aus $m = \min\{2^{n+1}, 2k + 1\}$ und $M = \max\{2^{n+1}, 2k + 1\}$. Da $(M - m + 1)/2$ und $(M + m - 1)/2$ natürliche Zahlen sind, deren Summe M ist, können wir $2N$ durch die Anordnung der Kugeln in Abb. 21.69 darstellen.

Abb. 21.69

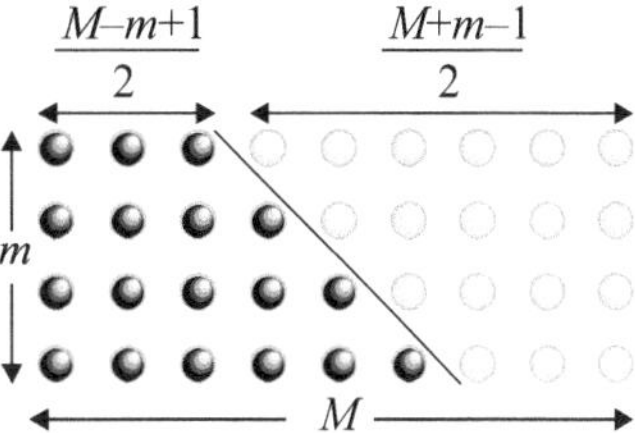

$$\text{Also ist } N = \frac{M - m + 1}{2} + \frac{M - m + 3}{2} + \cdots + \frac{M + m - 1}{2} \quad \text{[Frenzen, 1997]}.$$

14.5 Man bilde drei Kopien von $1^2 + 2^2 + 3^2 + \cdots + n^2$ Würfeln wie in Abb. 21.70a und füge sie zu dem Objekt in Abb. 21.70b zusammen. Zwei Kopien davon bilden einen Quader mit den Abmessungen $n \times (n + 1) \times (2n + 1)$ wie in Abb. 21.70c. Division durch 6 ergibt die Formel.

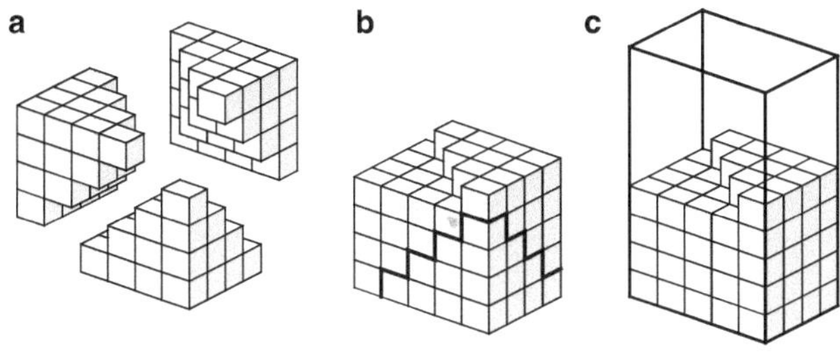

Abb. 21.70

14.6 Durch Symmetrieüberlegungen erhält man jeweils (i) $\pi/2$, (ii) $(\pi \ln 2)/8$, (iii) 1, (iv) 0, (v) $1/2$, (vi) π.

14.7 Man zeichne eine Gerade von A tangential an die Randkurve des Yin mit Berührpunkt T. Nun zeichne man eine Strecke vom Endpunkt der Diagonalen gegenüber A durch T bis zum Schnittpunkt mit dem Rand von Yin bei S. Dann kann B irgendwo auf dem Teil des durch A verlaufenden Randes zwischen T und S liegen (Abb. 21.71a).

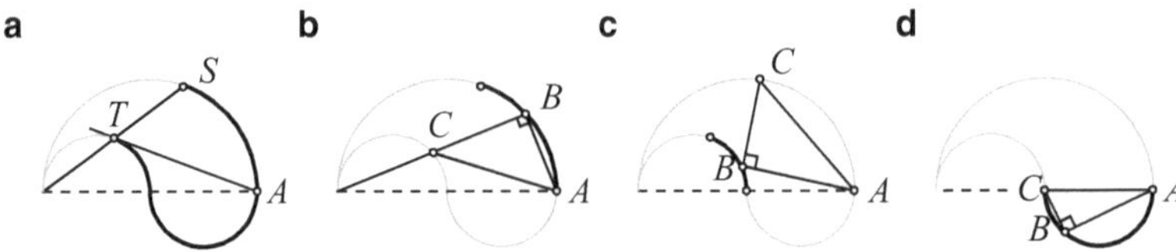

Abb. 21.71

In den Abb. 14.6b–d sehen wir drei Fälle für den rechten Winkel bei B und den Ort des Eckpunktes C.

21.15   Kapitel 15

15.1 Es sei n eine Trapezzahl, die sich als Summe aus m aufeinanderfolgenden natürlichen Zahlen beginnend mit $k + 1$ schreiben lässt. Dann gilt (mit $T_0 = 0$):

$$n = (k + 1) + (k + 2) + \cdots + (k + m) = T_{k+m} - T_k$$
$$= \frac{(k + m)(k + m + 1)}{2} - \frac{(k)(k + 1)}{2} = \frac{m(2k + m + 1)}{2}.$$

Eine der beiden Zahlen, m oder $2k + m + 1$, ist ungerade und die andere gerade. Ist n also eine Trapezzahl, kann sie keine Potenz von 2 sein [Gamer et al., 1985].

15.2 Beide Rekursionsformeln ergeben sich unmittelbar aus (15.1).

15.3 Siehe Abb. 21.72 [Nelsen, 2006].

Abb. 21.72

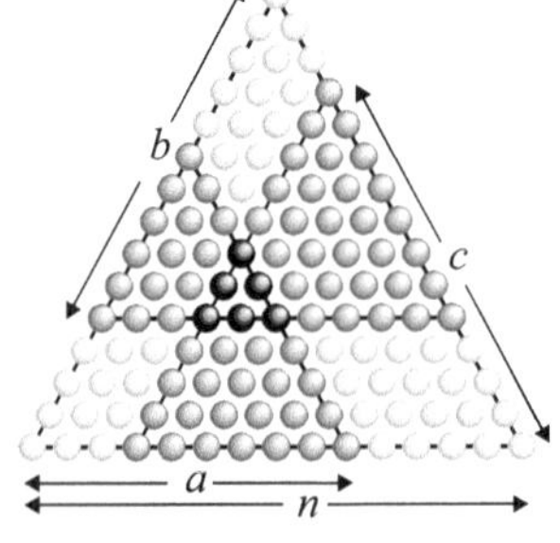

15.4 In Abschn. 15.5 haben wir gezeigt, dass die Summe der Quadrate der Diagonalen von einem Eckpunkt plus den Quadraten der beiden angrenzenden Kanten gleich $2nR^2$ ist. Bilden wir die Summe über alle Eckpunkte, wird jede Diagonale und jede Seite doppelt gezählt. Also ist die Summe gleich $(1/2)n(2nR^2) = n^2R^2$ [Ouellette und Bennett, 1979].

15.5 Die beiden spitzen Winkel an der Grundseite sind jeweils $\pi/2-\pi/n$ und jeder der anderen $n-2$ stumpfen Winkel ist $\pi - \pi/n$. Man beachte, dass in Abb. 15.17b der Winkel des grauen Dreiecks an jedem Eckpunkt der Polygonzykloide gleich π/n ist und jeder der beiden Winkel in dem weißen Dreieck $\pi/2 - \pi/n$.

15.6 In Abb. 15.18b sei L_k die Länge des Abschnitts der Polygonkardioide in den gleichschenkligen Dreiecken mit den gleichen Seiten d_k. Da $d_k = 2R\sin(k\pi/n)$ folgt:

$$L_k = 4R\sin\frac{k\pi}{n}\sin\frac{2\pi}{n} = 2R\left[\cos\frac{(k-2)\pi}{n} - \cos\frac{(k+2)\pi}{n}\right]$$

und somit ist die Länge der Polygonkardioide:

$$\sum_{k=1}^{n-1} L_k = 2R\sum_{k=1}^{n-1}\left[\cos\frac{(k-2)\pi}{n} - \cos\frac{(k+2)\pi}{n}\right]$$
$$= 4R\left(1 + 2\cos\frac{\pi}{n} + \cos\frac{2\pi}{n}\right) = 8R\cos^2\frac{\pi}{n} + 8r$$

$(r = R\cos(\pi/n))$.

15.7 Der Neigungswinkel einer Sehne sei θ_0, dann ist die Länge der Sehne

$$2a(1 + \cos\theta_0) + 2a(1 + \cos(\theta_0 + \pi)) = 4a\,.$$

21.16 Kapitel 16

16.1 Der Sinussatz angewandt auf das graue Dreieck (Abb. 21.73) liefert $(a_2 + b_3)/(c_3+d_1) = \sin D/\sin A$. Entsprechend folgt $(b_2 + c_3)/(d_3+e_1) = \sin E/\sin B$, $(c_2 + d_3)/(e_3 + a_1) = \sin A/\sin C$, $(d_2 + e_3)/(a_3 + b_1) = \sin B/\sin D$ und $(e_2 + a_3)/(b_3+c_1) = \sin C/\sin E$. Das Produkt dieser Gleichungen führt auf (16.2) [Lee, 1998].

Abb. 21.73

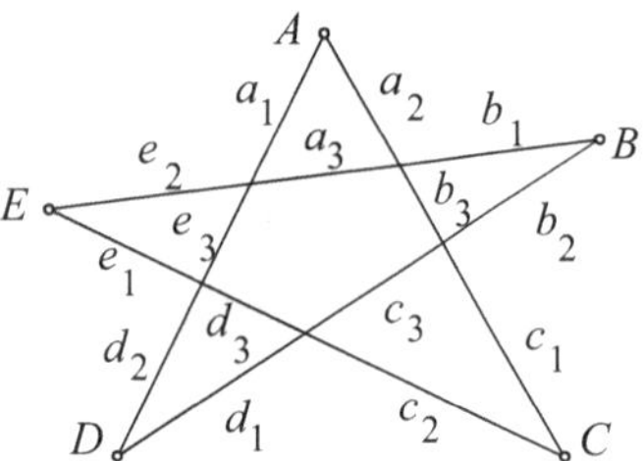

16.2 Da Fläche(CDE) = Fläche(DEA), ist die Strecke AC parallel zu DE. Entsprechend ist jede Diagonale des Fünfecks parallel zu einer Kante. Also ist $ABCF$ (Abb. 21.74a) ein Parallelogramm und Fläche(ACF) = Fläche(ABC) = 1.

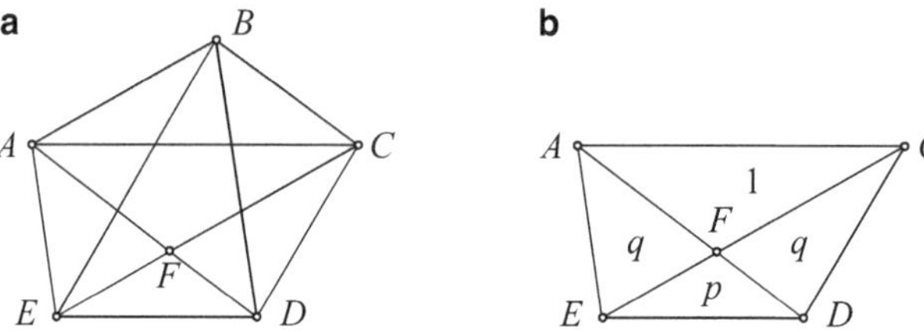

Abb. 21.74

Es seien p = Fläche(DEF) und q = Fläche(CDF) = Fläche(AEF) mit $p + q = 1$. Da die Dreiecke ACF und AEF dieselbe Grundseite AF und die Dreiecke CDF und DEF dieselbe Grundseite DF haben, folgt $1/q = q/p$ oder $p = q^2$ (Abb. 21.74b). Also ist $q^2 + q = 1$, sodass $q = \phi - 1$ und $p = 2 - \phi$. Die Fläche des Fünfecks ist $1 + 1 + p + 2q = \phi + 2$ [Konhauser et al., 1996].

16.3

(i)   Man lösche einige der Strecken in Abb. 16.30b und zeichne dafür einige andere Strecken, sodass man das Muster aus Abb. 21.75a erhält. Offensichtlich handelt es sich bei dem Dreieck um ein rechtwinkliges Dreieck, dessen Katheten im Verhältnis 3:4 stehen. Daraus folgt das Ergebnis.

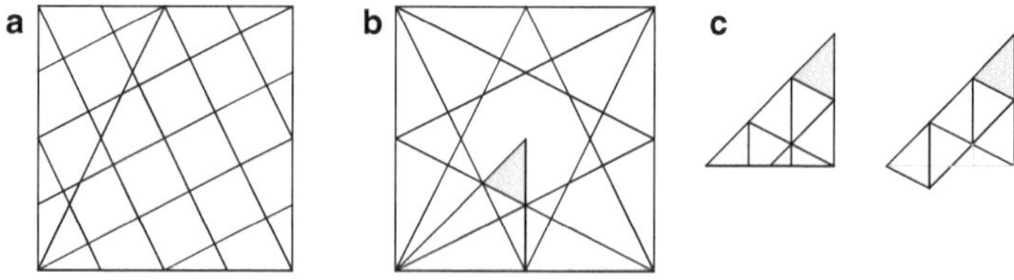

Abb. 21.75

(ii) Wir müssen nur zeigen, dass die Fläche des dunkelgrauen Teils des unterlegten rechtwinkligen Dreiecks in Abb. 21.75b genau 1/6 der Fläche des gesamten unterlegten Dreiecks ausmacht. Dies verdeutlicht Abb. 21.75c.

16.4 Ja, siehe Abb. 21.76.

Abb. 21.76

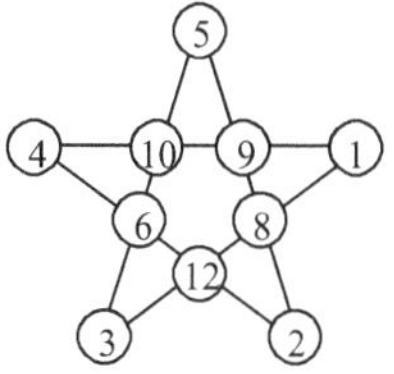

16.5 Wir müssen zeigen, dass $a + b + c = x + y + z$ (Abb. 21.77).

Abb. 21.77

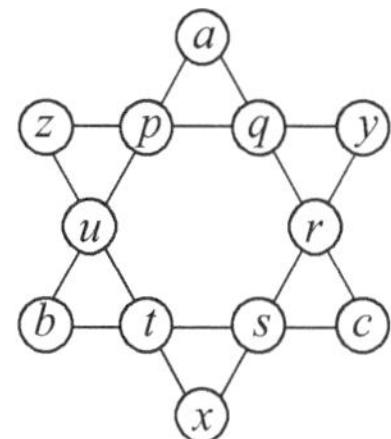

Es sei N die magische Konstante. Für die Summen der Zahlen entlang der sechs Linien erhalten wir

$$a + p + u + b = N = x + r + s + y$$
$$b + t + s + c = N = y + p + q + z$$
$$c + r + q + a = N = z + u + t + x.$$

Daraus folgt das Ergebnis, indem wir die drei Gleichungen addieren und gemeinsame Terme (p, q, r, s, t, u) auf beiden Seiten kürzen. Entsprechend muss in jedem magischen Achteck die Summe der vier Zahlen in den Ecken der beiden großen Quadrate gleich sein.

16.6 Aus der Abb. 21.78 wird deutlich, dass $r(9,3) = 10$, und 9 ist der kleinste Wert für n, sodass $r(n,3) > n$.

Abb. 21.78

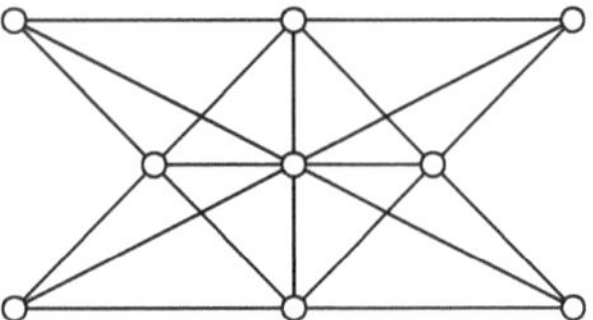

16.7 Ja, siehe Abb. 21.79, wo $\bigcirc$ einen ungefällten und $\bullet$ einen gefällten Baum bezeichnen.

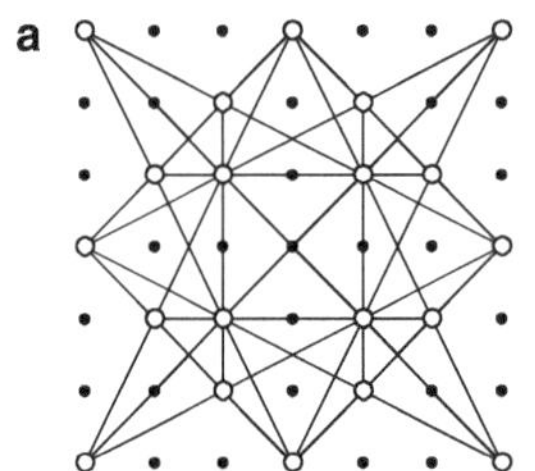

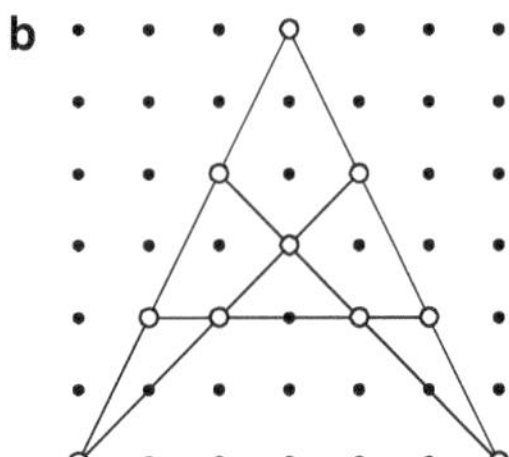

Abb. 21.79

16.8 In Abb. 21.80 ist AB die Kante des Zehnecks und FD eine Kante des $\{10/3\}$ Sterns. Man zeichne die Durchmesser BE und GC durch den Mittelpunkt O. Da es sich um ein gleichförmiges Zehneck handelt, sind die Abschnitte AB, GC und FD parallel, ebenso die Abschnitte AF, BE und CD. Also handelt es sich bei den beiden unterlegten Vierecken um Parallelogramme, sodass, wie behauptet [Honsberger, 2001]:

$$|FD| = |HC| = |HO| + |OC| = |AB| + |OC| .$$

Abb. 21.80

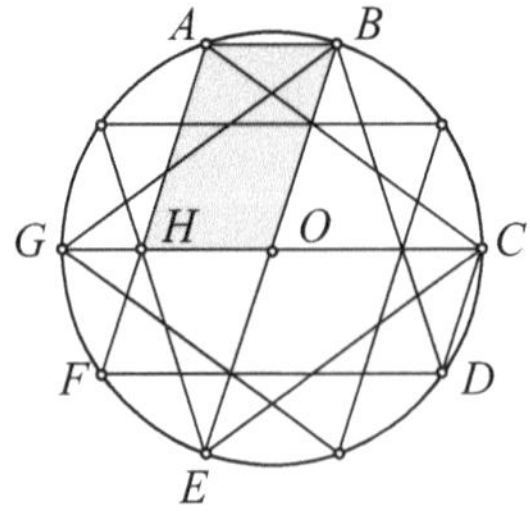

16.9 Siehe Abb. 21.81.

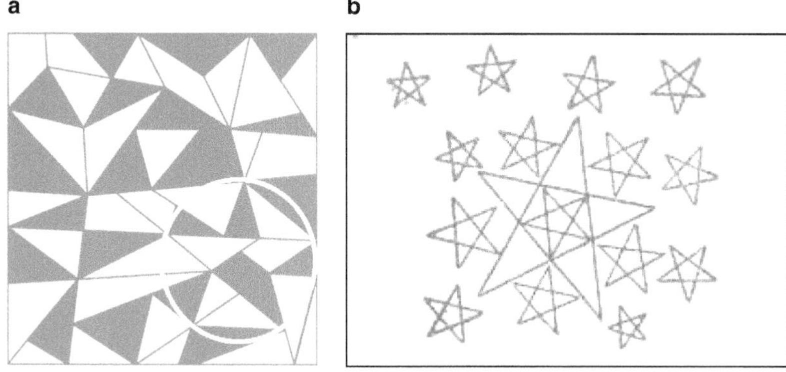

Abb. 21.81

16.10 Wie in Abb. 21.82 angedeutet, seien die Abmessungen des Rechtecks x und 1. Da das gesamte Rechteck dem grau unterlegten Teil ähnlich ist, erhalten wir $x/1 = 1/(x/2)$ und somit $x = \sqrt{2}$.

Abb. 21.82

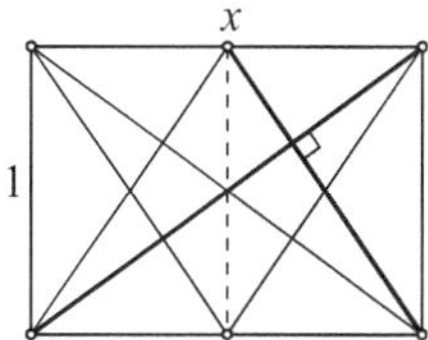

21.17   Kapitel 17

17.1 $\dfrac{1}{8} + \dfrac{1}{16} + \dfrac{1}{32} + \cdots = \dfrac{1}{4}$ und $\dfrac{2}{9} + \dfrac{2}{27} + \dfrac{2}{81} + \cdots = \dfrac{1}{3}$.

17.2 Abbildung 21.83 zeigt die erste Iteration. Hier wurden 25 Damen auf einem 25×25-Schachbrett verteilt, sodass sie sich nicht gegenseitig angreifen [Clark und Shisha, 1988].

Abb. 21.83

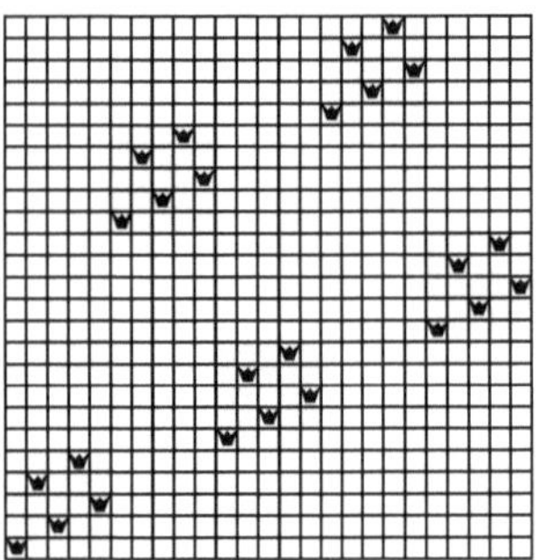

17.3 Das ursprüngliche Dreieck habe die Kantenlänge 1, außerdem seien A_n die Fläche und L_n die Randlänge nach n Iterationen. Dann sind $A_n = (3/4)A_{n-1}$ und $L_n = (3/2)L_{n-1}$ mit $A_0 = \sqrt{3}/4$ und $L_0 = 3$, sodass $A_n = (3/4)^n \cdot (\sqrt{3}/4)$ und $L_n = 3(3/2)^n$. Daraus folgt das Ergebnis.

17.4 Es seien A_n die Fläche und P_n der Umfang der Löcher im Sierpiński-Teppich nach n Iterationen. Man kann leicht zeigen, dass $A_n = (8/9)^n$ und $P_n = (4/5)[(8/3)^n - 1]$, woraus das Ergebnis folgt.

17.5 In Abb. 21.84 verdeutlichen die Teile a, b, c, d jeweils die Fälle $n = 2, 3, 4, 5$. Das rechtwinklige Dreieck in Abb. 21.84a ist gleichschenklig, in Abb. 21.84b sind die spitzen Winkel $30°$ und $60°$, in Abb. 21.84c ist das rechtwinklige Dreieck beliebig, und in Abb. 21.84d haben die Katheten die Länge 1 und 2.

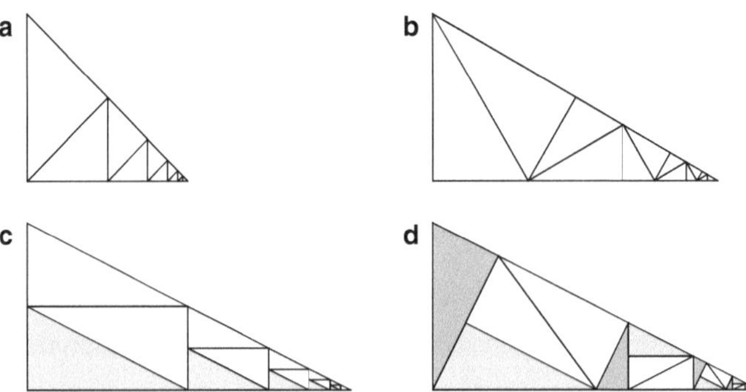

Abb. 21.84

17.6 Da $\phi - 1 = 1/\phi$, $1 - 1/\phi = 1/\phi^2$ usw., sind die Flächen in Abb. 17.22c jeweils 1, $1/\phi^2$, $1/\phi^4$, $1/\phi^6$, usw., deren Summe gleich der Fläche ϕ des ursprünglichen Dreiecks ist.

21.18   Kapitel 18

18.1 $\dfrac{2}{9} + \dfrac{2}{81} + \dfrac{2}{729} + \cdots = \dfrac{1}{4}.$

18.2
(i)   Es seien $a = F_n$ und $b = F_{n+1}$, sodass $a + b = F_{n+2}$ und $b - a = F_{n-1}$.
(ii) Die Beziehung (i) ist äquivalent zu $F_{n+1}^2 - F_n F_{n+2} = F_{n-1} F_{n+1} - F_n^2$. Also haben die Ausdrücke in der Folge $\{F_{n-1} F_{n+1} - F_n^2\}_{n=2}^{\infty}$ denselben Betrag und alternierendes Vorzeichen. Wir müssen also nur den ersten Fall $n = 2$ betrachten: $F_1 F_3 - F_2^2 = 1$, also ist $F_{n-1} F_{n+1} - F_n^2$ gleich $+1$ wenn n gerade ist und -1 wenn n ungerade ist, d. h. $F_{n-1} F_{n+1} - F_n^2 = (-1)^n$.

18.3 Die Beziehung folgt aus Abb. 18.12, wenn man den Winkel α in den hellgrauen Tatamis durch sein Komplement ersetzt [Webber und Bode, 2002].

18.4 Siehe Abb. 21.85.

Abb. 21.85

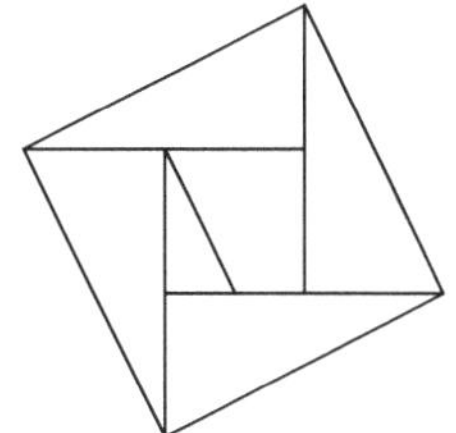

18.5 Abbildung 21.86a entnehmen wir, dass $1 \geq 4pq$, sodass $(1/p) + (1/q) = 1/pq \geq 4$. Entsprechend folgt aus Abb. 21.86b, dass

$$2\left(p + \frac{1}{p}\right)^2 + 2\left(q + \frac{1}{q}\right)^2 \geq \left(p + \frac{1}{p} + q + \frac{1}{q}\right)^2 \geq (1 + 4)^2 = 25\,.$$

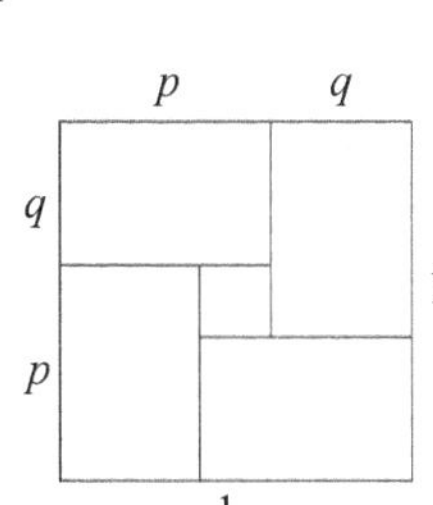
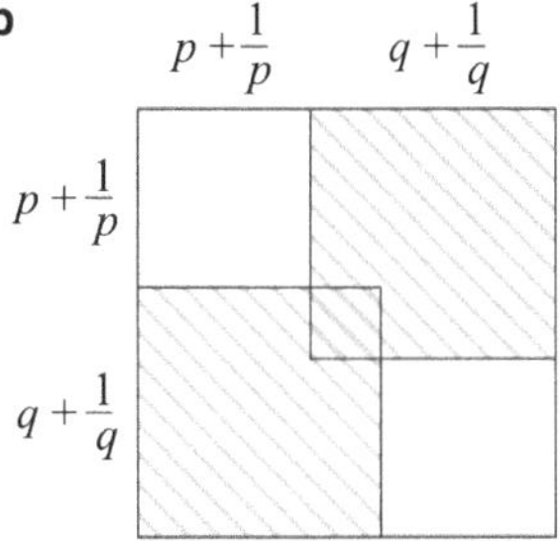

Abb. 21.86

18.6 Der Hinweis führt uns auf

$$T_{8T_n} = \frac{8T_n(8T_n + 1)}{2} = 4T_n(2n + 1)^2 \,.$$

Ist T_n also eine Quadratzahl, dann gilt dies auch für T_{8T_n}. Da $T_1 = 1$ eine Quadratzahl ist, erzeugt diese Beziehung eine unendliche Folge von Dreieckszahlen, die gleichzeitig Quadratzahlen sind.

18.7 Siehe Abb. 21.87.

Abb. 21.87

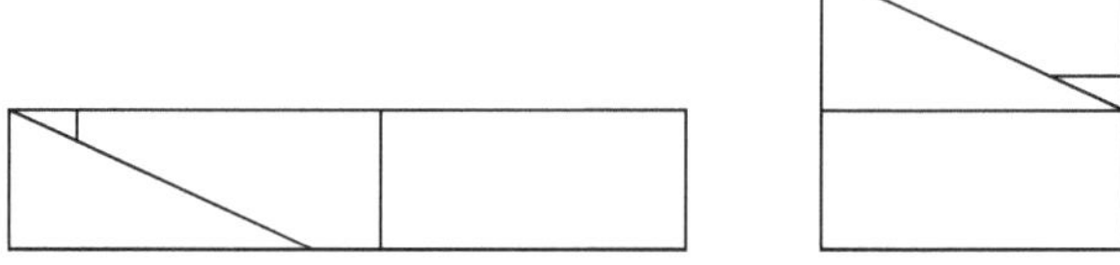

18.8 In Abb. 21.88 ist in allen Fällen die Kantenlänge des großen Quadrats gleich $F_{n+1} = F_n + F_{n-1}$. In den Abb. 21.88bc ist die Kantenlänge des kleinen mittleren Quadrats gleich F_{n-2}.

Abb. 21.88

a 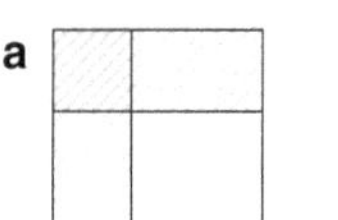 b 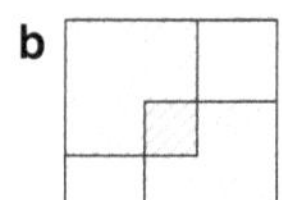 c 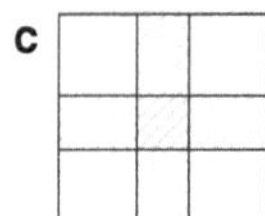

21.19 Kapitel 19

19.1 Für $A = (a, 1/a)$ und $B = (b, 1/b)$ ist $M = ((a + b)/2, ((1/a) + (1/b))/2)$, und wenn $P = (p, 1/p)$ ist, folgt:

$$\frac{1/p}{p} = \frac{((1/a) + (1/b))/2}{(a + b)/2} = \frac{1}{ab} \,.$$

Also ist $p = \sqrt{ab}$ und $1/p = \sqrt{1/ab}$ [Burn, 2000].

19.2 Der Beweis ergibt sich unmittelbar aus der Beobachtung, dass die beiden grauen Dreiecke in Abb. 21.89 dieselbe Fläche haben.

Abb. 21.89

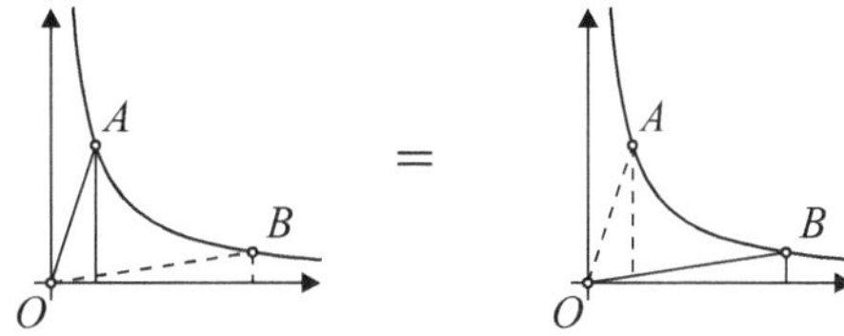

19.3

(i) Für $x > 0$ folgt aus (19.2), dass $1/(1 + x) < [\ln(1 + x)]/x < 1$, und für x in $(-1,0)$ ergibt sich aus (19.2), dass $1 < [\ln(1 + x)]/x < 1/(1 + x)$.

(ii) Man verwende (19.3) mit $\{a,b\} = \{1, 1 + x\}$.

19.4 Ersetzen wir in Teil (i) von Aufgabe 19.3 x durch $x^{1/n} - 1$, so erhalten wir $1 - x^{-1/n} < (1/n)\ln x < x^{1/n} - 1$ oder $n(1 - x^{-1/n}) < \ln x < n(x^{1/n} - 1)$. Dies ist äquivalent zu $\ln x < n(x^{1/n} - 1) < x^{1/n} \ln x$. Man nehme den Grenzwert $n \to \infty$.

19.5 Man wähle in (19.3) $\{a,b\} = \{1 - x, 1 + x\}$.

19.6 Man ersetze in (19.3) a durch $\sqrt{a}$ und b durch $\sqrt{b}$. Dadurch erhält man:

$$\sqrt[4]{ab} \leq \frac{2(\sqrt{b} - \sqrt{a})}{\ln b - \ln a} \leq \frac{\sqrt{a} + \sqrt{b}}{2} \, .$$

Multiplizieren wir mit $(\sqrt{a} + \sqrt{b})/2$ erhalten wir die beiden inneren Ungleichungen in (19.4). Die äußeren Ungleichungen sind äquivalent zur Ungleichung für den arithmetischen und den geometrischen Mittelwert [Carlson, 1972].

21.20   Kapitel 20

20.1 Ja. Abbildung 21.90 zeigt Beispiele aus dem Real Alcázar in Sevilla.

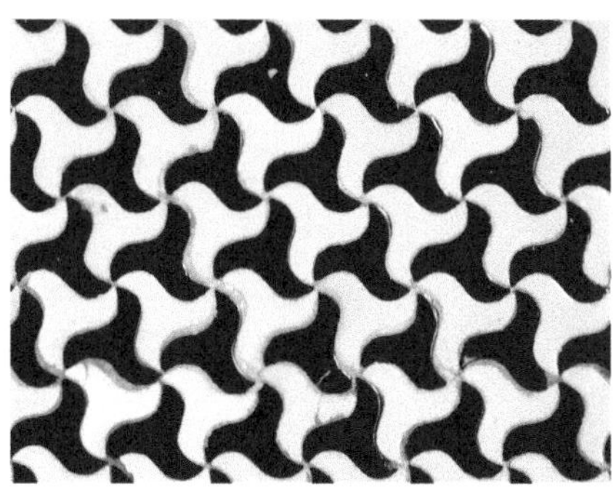

Abb. 21.90

20.2 Siehe Abb. 21.91.

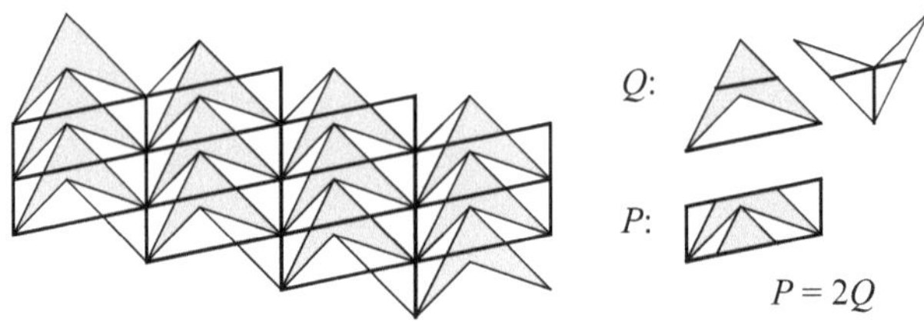

Abb. 21.91

20.3 Dazu verwendet man den Beweis von Bhāskara; siehe Abschn. 18.1.

20.4 Aus dem Hinweis ergibt sich, dass die Fläche des kleineren Quadrats gleich 4 ist und die Fläche des größeren Quadrats gleich 10. Also hat das kleinere Quadrat 2/5 der Fläche des größeren (Abb. 21.92).

Abb. 21.92

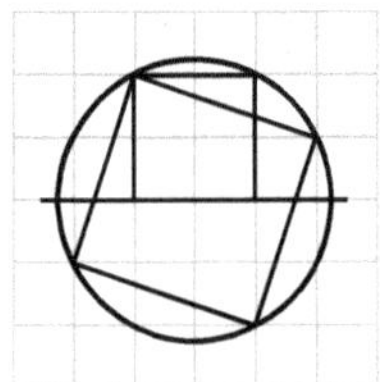

20.5 Aus dem Hinweis (Abb. 21.93) folgt, dass wir nur die Fläche des mittleren Dreiecks bestimmen müssen, da alle vier Dreiecke der Vecten-Konfiguration dieselbe Fläche haben. Die Fläche des mittleren Dreiecks erhalten wir, indem wir es dem 20 Hektar großen gestrichelten Rechteck einbeschreiben: $20 - (5/2 + 9/2 + 4) = 9$ Hektar. Also ist die Fläche des gesamten Gebiets $26 + 20 + 18 + 4 \times 9 = 100$ Hektar.

Abb. 21.93

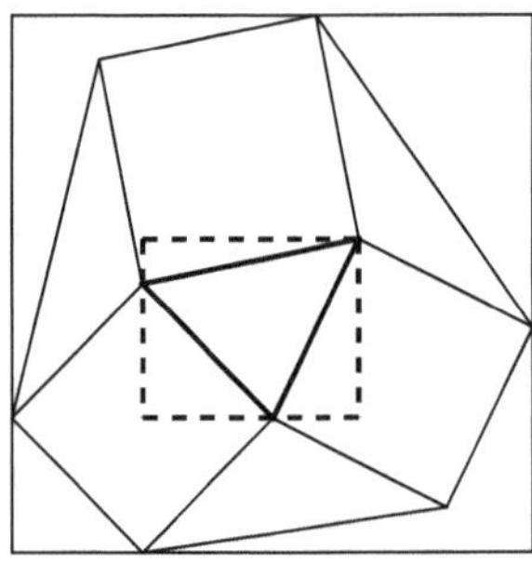

20.6 Abbildung 21.94 entnehmen wir, dass die Summe $|a||x| + |b||y|$ der Flächen der beiden Rechtecke gleich der Fläche eines Parallelogramms mit den Kantenlängen $\sqrt{a^2 + b^2}$ und $\sqrt{x^2 + y^2}$ ist.

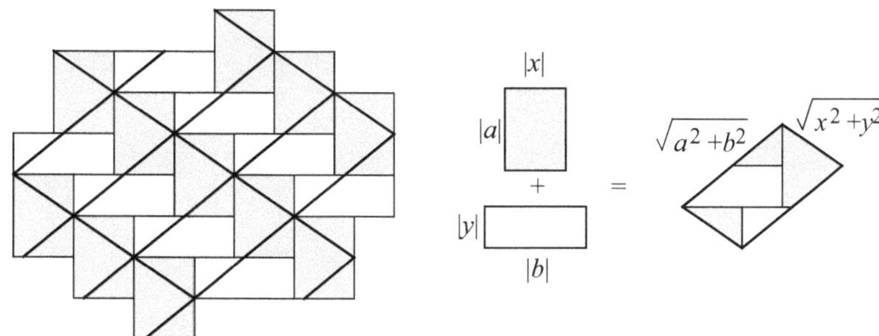

Abb. 21.94

Die Fläche eines Parallelogramms mit diesen Kantenlängen ist kleiner als die Fläche eines Rechtecks mit denselben Kantenlängen, also folgt:

$$|ax + by| \le |a||x| + |b||y| \le \sqrt{a^2 + b^2}\,\sqrt{x^2 + y^2}\,.$$

Literatur

Aaboe, A.: Episodes From the Early History of Mathematics. Random House, New York (1964)

Abbott, E. A.: Flatland: A Romance of Many Dimensions. Seeley & Co., London (1884) (deutsch: Flächenland; herausgegeben und übersetzt von Peter Buck, Verlag Franzbecker (1990))

Ajose, S. A.: Proof without words: Geometric series. Mathematics Magazine, 67, S. 230 (1994)

Alsina, C. und Nelsen, R. B.: Math Made Visual: Creating Images for Understanding Mathematics, Mathematical Association of America, Washington (2006)

Alsina, C. und Nelsen, R. B.: Geometric proofs of the Weitzenböck and Hadwiger-Finsler inequalities. Mathematics Magazine, 81, S. 216–219 (2008)

Alsina, C. und Nelsen, R. B.: When Less is More: Visualizing Basic Inequalities. Mathematical Association of America, Washington (2009)

Alsina, C. und Nelsen, R. B.: Charming Proofs: A Journey Into Elegant Mathematics. Mathematical Association of America, Washington (2010) (deutsch: Bezaubernde Beweise – Eine Reise durch die Eleganz der Mathematik. Springer Spektrum (2013))

Andreescu, T., und Enescu, B.: Mathematical Olympiad Treasures. Birkhäuser, Boston (2004)

Andreescu, T., und Gelca, R.: Mathematical Olympiad Challenges. Birkhäuser, Boston (2000)

Apostol, T. M., und Mnatsakanian, M. A.: Cycloidal areas without calculus. Math Horizons, September, S. 12–16 (1999)

Ayme, J.-L.: La Figure de Vecten. http://pagesperso-orange.fr/jl.ayme/Docs/La%20figure%20de%20Vecten.pdf, Zugriff am 12. 12. 2014

Ball, H. H. R.: A Short Account of the History of Mathematics. Macmillan and Co., London (1919) (Neuabdruck: Dover Publications, New York (1960))

Banchoff, T., und Giblin, P.: On the geometry of piecewise circular curves. American Mathematical Monthly, 101, S. 403–416 (1994)

Bankoff, L.: The metamorphosis of the butterfly problem. Mathematics Magazine, 60, S. 195–210 (1987)

Bell, A.: Hansen's right triangle theorem, its converse and a generalization. Forum Geometricorum, 6, S. 335–342 (2006)

Benjamin, A. T., und Quinn, J. J.: Proofs That Really Count. Mathematical Association of America, Washington (2003)

Bicknell, M., und Hoggatt Jr., V. E. (eds.): A Primer for the Fibonacci Numbers. The Fibonacci Association, San Jose (1972)

Bishop, E. M.: The use of the pentagram in constructing the net for a regular dodecahedron. Mathematical Gazette, 46, S. 307 (1962)

Bivens, I. C., und Klein, B. G.: Geometric series. Mathematics Magazine, 61, S. 219 (1988)

Blundon, W. J.: On certain polynomial associated with the triangle. Mathematics Magazine 36, S. 247–248 (1963)

© Springer-Verlag Berlin Heidelberg 2015

C. Alsina, R.B. Nelsen, *Perlen der Mathematik*, DOI 10.1007/978-3-662-45461-9

Bogomolny, A.,: The Taylor circle, aus: Interactive Mathematics Miscellany and Puzzles. http://www.cut-the-knot.org/triangle/Taylor.shtml, Zugriff am 12.12.2014

Bogomolny, A.,: Three circles and common chords, aus: Interactive Mathematics Miscellany and Puzzles. http://www.cut-the-knot.org/proofs/circlesAndSpheres.shtml, Zugriff am 12.12.2014

Bolt, B., Eggleton, R., und Gilks, J.: The magic hexagon. Mathematical Gazette, 75, S. 140–142 (1991)

Bonet, J.: The Essential Gaudí. The Geometric Modulation of the Church of the Sagrada Familia. Portic, Barcelona (2000)

Bracho López, R.: El Gancho Matemático, Actividades Recreativas para el Aula. Port-Royal Ediciones, Granada (2000)

Bradie, B.: Exact values for the sine and cosine of multiples of $18°$. College Mathematics Journal, 33, S. 318–319 (2002)

Bradley, H. C.: Solution to problem 3028, American Mathematical Monthly, 37, S. 158–159 (1930)

Branner, B.: The Mandelbrot set, in R. L. Devaney und L. Keen (Hrsg.), Chaos and Fractals (Proceedings of Symposia in Applied Mathematics, 39). American Mathematical Society, Providence, S. 75–105 (1989)

Brousseau, A.: Sums of squares of Fibonacci numbers. In: A Primer for the Fibonacci Numbers; M. Bicknell und V. E. Hoggatt Jr. (Hrsg.). The Fibonacci Association, San Jose, S. 147 (1972)

Burk, F.: Behold: The Pythagorean theorem. College Mathematics Journal, 27, S. 409 (1996)

Burn, R. P.: Gregory of St. Vincent and the rectangular hyperbola. Mathematical Gazette, 84, S. 480–485 (2000)

Burr, S.: Planting trees. In: The Mathematical Gardner, D. A. Klarner (Hrsg.). Prindle, Weber & Schmidt, Boston, S. 90–99 (1981)

Cajori, F.:Historical note. American Mathematical Monthly, 6, S. 72–73 (1899)

Carlson, B. C.: The logarithmic mean. American Mathematical Monthly, 79, S. 615–618 (1972)

Clark, D. S., und Shisha, O.: Proof without words: Inductive construction of an infinite chessboard with maximal placement of nonattacking queens. Mathematics Magazine, 61, S. 98 (1988)

Coble, S.: Proof without words: An efficient trisection of a line segment. Mathematics Magazine, 67, S. 354 (1994)

Conway, J. H.: The power of mathematics. In A. F. Blackwell und D. J. C. MacKay (Hrsg.) Power. Cambridge University Press, Cambridge, S. 36–50 (2005)

Conway, J. H., und Guy, R.: The Book of Numbers. Copernicus, New York (1996)

Coxeter, H. S. M., und Greitzer, S. L.: Geometry Revisited. Mathematical Association of America, Washington (1967)

Cupillari, A.: Proof without words. Mathematics Magazine, 62, S. 259 (1989)

Dancer, W.: Geometric proofs of multiple angle formulas. American Mathematical Monthly, 44, S. 366–367 (1937)

DeTemple, D., und Harold, S.: A round-up of square problems, Mathematics Magazine, 69, S. 15–27 (1996)

Deiermann, P.: The method of last resort (Weierstrass substitution). College Mathematics Journal, 29, S. 17 (1998)

Dudeney, H.: The Canterbury Puzzles and Other Curious Problems. T. Nelson and Sons, London, 1907 (Neuabdruck: Dover Publications, Inc., New York, 1958)

Dudeney, H.: Amusements in Mathematics. T. Nelson and Sons, London, 1917 (Neuabdruck: Dover Publications, Inc., New York, 1958).

Duval, T.: Preuve sans parole. Tangente, 115, S. 10 (Mars-Avril 2007)

Eddy, R.H.: A theorem about right triangles. College Mathematics Journal, 22, S. 420 (1991)

Eddy, R.H.: Proof without words. Mathematics Magazine, 65, S. 356 (1992)

Erdős, P.: Problem and Solution 3746. American Mathematical Monthly, 44, S. 400 (1937)

Esteban, M. A.: Problemas de Geometria. Federación Española de Sociedades de Profesores de Matemáticas, Cáceres, Spain (2004)

Euler, L., in: Leonhard Euler und Christian Goldbach, Briefwechsel 1729–1764. A.P. Juskevic und E. Winter (Hrsg.), Akademie Verlag, Berlin (1965)

Everitt, R. G.: Corollaries to the "chord and tangent" theorem. Mathematical Gazette, 34, S. 200–201 (1950)

Eves, H.: In Mathematical Circles. Prindle, Weber & Schmidt, Inc., Boston (1969) (Neuabdruck: Mathematical Association of America, Washington, 2003).

Eves, H.: Great Moments in Mathematics (Before 1650), Mathematical Association of America, Washington (1983)

Flores, A.: Tiling with squares and parallelograms. College Mathematics Journal, 28, S. 171 (1997)

Freeman, J. W.: The number of regions determined by a convex polygon. Mathematics Magazine, 49, S. 23–25 (1976)

Frederickson, G. N.: Tilings, Plane & Fancy. Cambridge University Press, New York (1997)

Follett, K.: *The Pillars of the Earth*. William Morrow and Company, Inc., New York (1989) (deutsch: Säulen der Erde. Bastei Lübbe GmbH, 1990)

Foss, V. W.: Centre of gravity of a quadrilateral. Mathematical Gazette, 43, S. 46 (1959)

Frenzen, C. L.: Proof without words: Sums of consecutive positive integers, Mathematics Magazine, 70, S. 294 (1997)

Gallivan, B. C.: How to Fold Paper in Half Twelve Times: An Impossible Challenge Solved and Explained. Historical Society of Pomona Valley, Pomona CA (2002)

Gamer, C., Roeder, D. W., und Watkins, J. J.: Trapezoidal numbers. Mathematics Magazine, 58, S. 108–110 (1985)

Gardner, M.: Mathematical Carnival. Alfred A. Knopf, Inc., New York (1975)

Gardner, M.: Some new results on magic hexagrams. College Mathematics Journal, 31, S. 274–280 (2000)

Gattegno, C.: La enseñanza por el filme matemático. In C. Gattegno et al. (Hrsg.): El Material Para la Enseñanza de las Matemáticas, 2°. Editorial Aguilar, Madrid, S. 97–111 (1967)

Glaister, P.: Golden earrings. Mathematical Gazette, 80, S. 224–225 (1996)

Golomb, S.: A geometric proof of a famous identity. Mathematical Gazette, 49, S. 198–200 (1965)

Gomez, J.: Proof without words: Pythagorean triples and factorizations of even squares. Mathematics Magazine, 78, S. 14 (2005)

Gutierrez, A.: Geometry Step-by-Step from the Land of the Incas. www.agutie.com, Zugriff am 12.12.2014

Hansen, D. W.: On inscribed and escribed circles of right triangles, circumscribed triangles, and the four square, three square problem. Mathematics Teacher, 96, 358–364 (2003)

Heath, T. L.: The Works of Archimedes. Cambridge University Press, Cambridge (1897)

Hill IV, V. E.: President Garfield and the Pythagorean theorem. Math Horizons, S. 9–11, 15 (Februar 2002)

Hoehn, L.: A simple generalisation of Ceva's theorem. Mathematical Gazette, 73, S. 126–127 (1989)

Hoehn, L.: Proof without words. College Mathematics Journal, 35, S. 282 (2004)

Hofstetter, K.: A simple construction of the golden section. Forum Geometricorum, 2, S. 65–66 (2002)

Honsberger, R.: Mathematical Gems. Mathematical Association of America, Washington (1973)

Honsberger, R.: Mathematical Gems II. Mathematical Association of America, Washington (1976)

Honsberger, R.: Mathematical Morsels. Mathematical Association of America, Washington (1978)

Honsberger, R.: Mathematical Gems III. Mathematical Association of America, Washington (1985)

Honsberger, R.: Episodes in Nineteenth and Twentieth Century Euclidean Geometry. Mathematical Association of America, Washington (1995)

Honsberger, R.: Mathematical Chestnuts from Around the World. Mathematical Association of America, Washington (2001)

Honsberger, R.: Mathematical Delights. Mathematical Association of America, Washington (2004)

Hoz, R. de la: La proporción cordobesa. Actos VII Jornadas Andaluzas de Educación Matemática, Publicaciones Thales, Córdoba, S. 65–74 (1995)

Houston, D.: Proof without words: Pythagorean triples via double angle formulas. Mathematics Magazine, 67, S. 187 (1994)

Hungerbühler, N.: Proof without words: The triangle of medians has three-fourths the area of the original triangle. Mathematics Magazine, 72, S. 142 (1999)

Johnson, R. A.: A circle theorem. American Mathematical Monthly, 23, S. 161–162 (1916)

Johnston, W., und Kennedy, J.: Heptasection of a triangle. Mathematics Teacher, 86, S. 192 (1993)

Kazarinoff, N. D.: Geometric Inequalities. Mathematical Association of America, Washington (1961)

Kempe, A. B.: How to Draw a Straight Line: A Lecture on Linkages. Macmillan and Company, London (1877)

Kliem, F.: Archimedes' Werke: Mit modernen Bezeichnungen / herausgegeben und mit einer Einleitung versehen von Sir Thomas L. Heath. Deutsch von Fritz Kliem. O. Häring, Berlin (1914)

Kimberling, C.: Encyclopedia of Triangle Centers, http://faculty.evansville.edu/ck6/encyclopedia/ETC.html, Zugriff am 12.12.2014

Kobayashi, Y.: A geometric inequality. Mathematical Gazette, 86, S. 293 (2002)

Konhauser, J. D. E., Velleman, D., und Wagon, S.: Which Way Did the Bicycle Go? Mathematical Association of America, Washington (1996)

Kung, S. H.: Proof without words: The Weierstrass substitution. Mathematics Magazine, 74, S. 393 (2001)

Kung, S. H.: Proof without words: The Cauchy-Schwarz inequality. Mathematics Magazine, 81, S. 69 (2008)

Lamé, G.: Un polygone convexe étant donné, de combien de manieres peut-on le partager en triangles au moyen de diagonals? Journal de Mathématiques Pures et Appliquées, 3, S. 505–507 (1838)

Lamoen, F. van: Friendship among triangle centers. Forum Geometricorum, 1, S. 1–6 (2001)

Lange, L. H.: Several hyperbolic encounters. Two-Year College Mathematics Journal, 7, S. 2–6 (1976)

Larson, L.: A discrete look at $1 + 2 + \cdots + n$. College Mathematics Journal, 16, S. 369–382 (1985)

Lee, C.-S.: Polishing the star. College Mathematics Journal, 29, S. 144–145 (1998)

Lindström, B., und Zetterström, H.-O.: Borromean circles are impossible. American Mathematical Monthly, 98, S. 340–341 (1991)

Long, C. T.: On the radii of the inscribed and escribed circles of right triangles – A second look. Two-Year College Mathematics Journal, 14, S. 382–389 (1983)

Loomis, E. S.: The Pythagorean Proposition. National Council of Teachers of Mathematics, Reston, VA (1968)

Loyd, S.: Sam Loyd's Cyclopedia of 5000 Puzzles, Tricks, and Conundrums (With Answers). The Lamb Publishing Co., New York (1914). Vollständiger Abdruck: http://www.mathpuzzle.com/loyd/

Lushbaugh, W., zitiert in Golomb, S.: A geometric proof of a famous identity. Mathematical Gazette, 49, S. 198–200 (1965)

Mabry, R.: Proof without words. Mathematics Magazine, 72, S. 63 (1999)

Mabry, R.: Mathematics without words. College Mathematics Journal, 32, S. 19 (2001)

Mandelbrot, B.: Fractals: Form, Chance, and Dimension. W. H. Freeman, San Francisco (1977)

Martin, G. E.: Polyominoes: A Guide to Puzzles and Problems in Tiling. Mathematical Association of America, Washington (1991)

Melville, H.: Moby Dick. Harper & Borthers, New York, 1851 (deutsch Fitz Güttinger; Dt. Taschenbuch-Verlag, München, 1994)

Moran Cabre, M.: Mathematics without words. College Mathematics Journal, 34, S. 172 (2003)

Nakhli, F.: Behold! The vertex angles of a star sum to 180°. College Mathematics Journal, 17, S. 338 (1986)

Nelsen, R. B.: Proof without words: The area of a salinon, Mathematics Magazine, 75, S. 130 (2002a)

Nelsen, R. B.: Proof without words: The area of an arbelos, Mathematics Magazine, 75, S. 144 (2002b)

Nelsen, R. B.: Proof without words: Lunes and the regular hexagon. Mathematics Magazine, 75, S. 316 (2002c)

Nelsen, R. B.: Mathematics without words: Another Pythagorean-like theorem. College Mathematics Journal, 35, S. 215 (2004)

Nelsen, R. B.: Proof without words: A triangular sum. Mathematics Magazine, 78, S. 395 (2005)

Nelsen, R. B.: Proof without words: Inclusion-exclusion for triangular numbers. Mathematics Magazine, 79, S. 65 (2006)

Niven, I.: Maxima and Minima Without Calculus. Mathematical Association of America, Washington (1981)

Okuda, S.: Proof without words: The triple-angle formulas for sine and cosine. Mathematics Magazine, 74, S. 135 (2001)

Ollerton, R. L.: Proof without words: Fibonacci tiles. Mathematics Magazine, 81, S. 302 (2008)

Ouellette, H., und Bennett, G.: The discovery of a generalization: An example in problem-solving. Two-Year College Mathematics Journal, 10, S. 100–106 (1979)

Pedoe, D.: Geometry and the Liberal Arts. St. Martin's Press, New York (1976)

Plaza, Á.: Proof without words: Mengoli's series. Mathematics Magazine, 83, S. 140 (2010)

Polster, B.: The Shoelace Book. American Mathematical Society (2006)

Powell, A. B.: Caleb Gattegno (1911–1988): A famous mathematics educator from Africa? Revista Brasiliera de História de Matematica, Especial no. 1, S. 199–209 (2007)

Pratt, R.: Proof without words: A tangent inequality. Mathematics Magazine, 83, S. 110 (2010)

Priebe, V., und Ramos, E. A.: Proof without words: The sine of a sum. Mathematics Magazine, 73, S. 392 (2000)

Rawlins, A. D.: A note on the golden ratio. Mathematical Gazette, 79, S. 104 (1995)

Rigby, J. F.: Napoleon, Escher, and tessellations. Mathematics Magazine, 64, S. 242–246 (1991)

Rosin, P. L.: On Serlio's construction of ovals. Mathematical Intelligencer, 23:1, S. 58–69 (Winter 2001)

Salazar, J. C.: Fuss' theorem. Mathematical Gazette, 90, S. 306–307 (2006)

Satterly, J.: The nedians of a triangle. Mathematical Gazette, 38, S. 111–113 (1954)

Satterly, J.: The nedians, the nedian triangle and the aliquot triangle of a plane triangle. Mathematical Gazette, 40, S. 109–113 (1956)

Schattschneider, D.: Proof without words: The arithmetic mean-geometric mean inequality. Mathematics Magazine, 59, S. 11 (1986)

Schaumberger, N.: An alternate classroom proof of the familiar limit for e. Two-Year College Mathematics Journal, 3, S. 72–73 (1972)

Scherer, K.: Difficult dissections. http://karl.scherer.com/index, Zugriff am 12.12.2014

Sher, D. B.: Sums of powers of three. Mathematics and Computer Education, 31:2, S. 190 (Spring 1997)

Sierpiński, W.: Pythagorean Triangles. Yeshiva University, New York (1962)

Sipka, T. A.: The law of cosines. Mathematics Magazine, 61, S. 113 (1988)

Snover, S. L.: Four triangles with equal area. In: Nelsen, R.: Proofs Without Words II. Mathematical Association of America, Washington, S. 15 (2000)

Snover, S. L., Waivaris, C., und Williams, J. K.: Rep-tiling for triangles. Discrete Mathematics, 91, S. 193–200 (1991)

Struther, J.: Mrs. Miniver. Harcourt Brace Jovanovich, Publishers, San Diego (1990)

Styer, R.: Trisecting a line segment. http://www41.homepage.villanova.edu/robert.styer/trisecting%20segment/. Seite vom 25. April 2001 (nicht mehr aktiv)

Tanner, J. H., und Allen, J.: An Elementary Course in Analytic Geometry. American Book Company, New York (1898)

Tanton, J.: Proof without words: Geometric series formula. College Mathematics Journal, 39, S. 106 (2008)

Tanton, J.: Proof without words: Powers of two. College Mathematics Journal, 40, S. 86 (2009)

Teigen, M. G, und Hadwin, D. W.: On generating Pythagorean triples. American Mathematical Monthly, 78, S. 378–379 (1971)

Trigg, C. W.: Bisection of yin and of yang. Mathematics Magazine, 34, S. 107–108 (1960)

Venn, J.: On the diagrammatic and mechanical representation of propositions and reasonings. The London, Edinburgh, and Dublin Philosophical Magazine and Journal of Science, 9, S. 1–18 (1880)

Villiers, M. de: Stars: A second look. Mathematics in School, 28, S. 30 (1999)

Wagner, D. B.: A proof of the Pythagorean theorem by Liu Hui (third century A.D.). Historia Mathematica, 12, S. 71–73 (1985)

Wagon, S.: Fourteen proofs of a result about tiling a rectangle. American Mathematical Monthly, 94, S. 601–617 (1987)

Wakin, S.: Proof without words: 1 domino = 2 squares: Concentric squares. Mathematics Magazine, 60, S. 327 (1987)

Walker, R. J.: Note by the editor. American Mathematical Monthly, 49, S. 325 (1942)

Warburton, I.: Bride's chair revisited again! Mathematical Gazette, 80, S. 557–558 (1996)

Webber, W. T., und Bode, M.: Proof without words: The cosine of a difference. Mathematics Magazine, 75, S. 398 (2002)

Wells, D.: The Penguin Dictionary of Curious and Interesting Geometry. Penguin Books, London (1991)

Williamson, R. S.: A formula for rational right-angles triangles. Mathematical Gazette, 37, S. 289–290 (1953)

Woods, R.: The trigonometric functions of half or double an angle. American Mathematical Monthly, 43, S. 174–175 (1936)

Wu, R. H.: Arctangent identities. College Mathematics Journal, 34, S. 115, 138 (2003)

Wu, R. H.: Euler's arctangent identity. Mathematics Magazine, 77, S. 189 (2004)

Yocum, K. L.: Square in a Pythagorean triangle. College Mathematics Journal, 21, S. 154–155 (1990)

Sachverzeichnis